‖北京针灸名家丛书‖

# 毫发金针

# 胡荫培


主　　编　钮雪松

编　　委　王桂菊　王　霞　温利娟

王　铭　闫松涛　钮雪梅

倪国勇　王　平

主　　审　胡益萍　钮韵铎





中国中医药出版社

·北京·

**图书在版编目（CIP）数据**

毫发金针——胡荫培/钮雪松主编. —北京：中国中医药出版社，2012.10（2022.8重印）

（北京针灸名家丛书）

ISBN 978-7-5132-0796-6

Ⅰ.①毫… Ⅱ.①钮… Ⅲ.①针灸疗法 Ⅳ.①R245

中国版本图书馆CIP数据核字（2012）第025288号

中国中医药出版社出版

北京经济技术开发区科创十三街31号院二区8号楼

邮政编码 100176

传真 010-64405721

山东百润本色印刷有限公司印刷

各地新华书店经销

*

开本 880×1230 1/32 印张 14.375 彩插 0.25 字数 364千字

2012年10月第1版 2022年8月第3次印刷

书 号 ISBN 978-7-5132-0796-6

*

定价 58.00 元

网址 www.cptcm.com



**服务热线 010-64405510**

**购书热线 010-89535836**

**微商城网址 https：//kdt.im/LIdUGr**

**官方微博 http：//e.weibo.com/cptcm**

## 内容简介

胡荫培教授为祖传三代世医，是四大名医施今墨先生的得意弟子，曾代理华北国医学院院长之职。《毫发金针——胡荫培》一书是继承、整理胡荫培教授的学术思想与临床经验的一部很有价值的著作。书中从理论与临床实践相结合的角度阐述了胡氏针法的临证特点和学术价值。胡老虽已作古，但他的再传弟子、外孙——钮雪松医师，多年来不断地走访、收集资料，整理编写此书，使金针的学术思想和技艺继续传承和发扬。

# 《北京针灸名家丛书》
## 编委会

1974 年胡荫培在积水潭医院

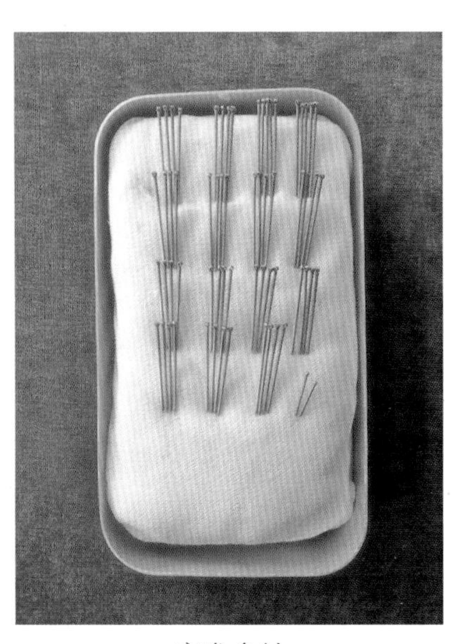

毫发金针

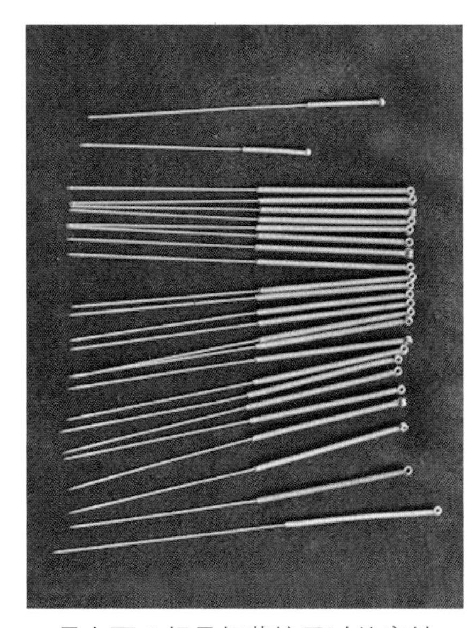

最上面 2 根是胡荫培用过的毫针

# 前言

针灸疗法作为祖国传统医学中重要的组成部分，有着数千年的历史，针灸疗法理论与技术的形成和发展离不开一代又一代的针灸人。黄帝与岐伯等的君臣问对，成就了以《灵枢》为代表的针灸理论体系；扁鹊著《难经》，阐发针灸经旨，丰富了针灸理论；皇甫谧删浮除复，论精聚义，撰成《甲乙经》，使针灸疗法自成体系；其后历朝历代，贤人辈出，涪翁、郭玉、葛洪、杨上善、孙思邈、窦默、徐凤、杨继洲、高武、李学川，直至民国的承淡安、黄石屏等，如璀璨群星，闪耀在针灸历史的天空。正是这些精英的薪火传承，才成就了针灸的繁盛大业。

北京有着800年的历史，特殊的历史地位和厚重的文化积淀，造就了众多针灸名家。王乐亭、胡荫培、牛泽华、高凤桐、叶心清、杨甲三、程莘农、贺普仁……这些德高望重的针灸前辈，成为了北京近现代针灸学术的代表人物，他们的学术思想和精湛技艺推动了北京地区针灸学术的发展，在北京地区针灸史上留下了浓墨重彩的一笔。他们的道德情操、学术思想和临床技艺是针灸界的宝贵财富，应当深入挖掘整理并发扬光大。

北京针灸名家学术经验继承工作委员会是在北京针灸学会领导下的一个学术研究组织，她的主要任务，就是发掘和整理北京地区针灸名家的学术思想和临床技艺，凡在北京地区针灸界有一定影响力的、德高望重的、有独特学术思想和临床技艺的针灸专家，都是我们工作的对象。我们本着客观、求实、慎重、细致的原则，力求全面展示针灸名家们的风采，展示他们的学术价值和影响力，为推动北京地区针灸学术的发展，为针灸疗法促进人民健康，提高生活质量作出自己的贡献。

这套丛书对于我们来说是工作成果的体现，对广大读者来说是走进针灸名家，向他们学习的有利工具。通过它，可以了解这些针灸名家的追求与情怀，可以感受到他们的喜怒哀乐，可以分享他们的临床所得，使自己得到受用无穷的精神食粮。这就是我们编辑这套丛书的目的。

**北京针灸名家学术经验继承工作委员会**
**《北京针灸名家丛书》编辑委员会**
**2012年8月**

# 贺 序

针灸术在我国历史悠久，早在《黄帝内经》中，就对针灸方法及适应证、禁忌证做了详细的论述。唐宋时期更是针灸理论发展的高峰阶段。但由于历史条件的限制，针灸医学发展缓慢。特别是清政府，因拘于封建礼教，于1822年（道光二年）时曾下令太医院废止针灸科，随后又借口针灸“脱衣露体，有伤大雅”而鄙视针灸医，致使针灸从业者日少，学者匿迹，针灸疗法濒于失传。至清末民初时，针灸医术在北平地区仍不盛行，直至20世纪30～40年代以后才逐渐有所发展。著名针灸学家王乐亭教授和胡荫培教授就是在针灸事业不景气的历史背景下脱颖而出的佼佼者。当时中医界的印象是“穷扎针、富外科”。可是这两位针灸医生非同一般，他们的病人很多，诊所的巷内车水马龙，门庭若市。他们的业务情况不单在针灸界显眼，就是在整个中医业界内也算是突出的，所以在当时的京城内享有“南王”（王乐亭）“北胡”（胡荫培）的盛名。他们利用针灸技术广泛地为群众诊治疾病，积累了丰富的经验。

胡荫培教授为祖传三代世医，是四大名医施今墨先生的得意弟子，曾代理华北国医学院院长之职。1935年考取医师执照，开办医馆，1953年参加北京中医学会门诊部工作，1958年调入北京积水潭医院任针灸科主任。他行医50余年，技术精湛，博学医理，医德高尚，精通内、妇、儿科，擅长运用家传针术，手法娴巧，不拘泥于古法，且有所创新，治疗得心应手，独树一帜，在京津、华北、苏浙地区均享有较高声誉。因其所用毫针多是金制的，且针体较细，进针时无痛苦，故世人送他“毫发金针”之雅号。

《毫发金针——胡荫培》一书是继承、整理胡荫培教授的学术思想与临床经验的一部很有价值的著作。书中从理论与临床实践相结合的角度，阐述了胡氏针法的临证特点和学术价值。胡老虽已作古，但他的再传弟子、外孙——钮雪松医师，多年来不断地走访、收集资料，整理编写此书，使金针的学术思想和技艺继续传承和发扬。这种精神非常可贵，值得提倡。这标志着中医针灸事业后继有人，不断进步。当今针灸已被联合国教科文组织列入“人类非物质文化遗产代表名录”，针灸的发展已引起多方面的关注和重视，新时代的针灸人才辈出，是令人欣喜的大好现象。

当《毫发金针——胡荫培》即将出版之际，余特书短文以示推荐之意。

国医大师 贺普仁

**2012 年 8 月 26 日**

# 钮 序

纵观中国医学发展史，针灸医学渊源最久。早在商朝（公元前16世纪～公元前11世纪）开始使用铁器的时代，就出现了以金丝作为铁铸件装饰的工艺技术，至春秋战国时期（公元前770年～公元前221年），这种工艺已十分流行，生产和工艺技术完全达到了以金制针的水平，因此，使用金针的历史最早可以追溯到商朝。

1968年，在河北省满城县西汉（公元前202年～公元25年）刘胜墓中出土的金银针共9根，其中金针4根已距今2000多年，且制作相当精致。

古代关于金针的文献记载不多，专著还没有见到，仅有的文献记载表明，古人认为金针疗效超过其他材质针，但理论认识多属肤浅臆断，不够深入。

从19世纪中叶到20世纪中叶，我国针灸医学的文献中出现了很多关于金针的记载，反映出了那一时期我国针灸界使用金针的盛况，当时的医家对金针的治疗作用已有进一步认识。

特别是在20世纪三四十年代，京城针灸界出现两位擅用金针治病的医家——王乐亭和胡荫培。他们所用之针皆为金制，大者长至6寸，小者细如毫发。两位分别在南城和北城开设医馆，施金针之术专攻疑难病证，活人无数，名冠京城。北京近代医学史上称他们为“南王”“北胡”。

新中国成立后，金针学术得到了广泛应用和发扬。1984年新中国第一部金针专著《金针王乐亭》出版问世，因其内容殷实，操作性强，耐读耐看，颇受广大针灸学者的欢迎。10年后，《金针再传》又问世，反映了王派弟子传承金针技艺，广泛应用于临床的情况。惜一直未有介绍胡荫培先生的专著问世，实为一大憾事。

2005年1月，第一家从事金针研究、开发和推广的学术团体“北京市东城金针研究学会”成立。该会的宗旨即是：挖掘和整理王乐亭和胡荫培两位金针大师的学术思想和临床技艺，促进金针学派的发展，推动金针技艺的传承和发扬，服务于社会，造福于人民。

近年来，随着金针研究学会的各项工作不断深入，两位大师的学术思想和临床经验得到了全面的总结，为了使他们的“宝贵遗产”流芳后世，2010年1月，受北京针灸学会委托，北京市东城金针研究学会组织编写《毫发金针——胡荫培》和《金针大师——王乐亭》两部学术专著，旨在挖掘胡、王两位大师的学术思想和精湛针法，推动北京针灸界的学术发展，并为后人留下宝贵的资料。

《毫发金针——胡荫培》一书由胡荫培教授的再传弟子钮雪松医师主编。为了使读者完整解读胡荫培教授辛勤耕耘的一生，本书尽最大努力地收集了胡老的照片、手稿、笔记、教材、论文，以及临床资料、医疗验案等，通过这些资料全面介绍了胡氏的学术思想、针法技艺和临床经验，内容翔实、全面，临床经验部分均为“干货”，具有较高的文献和应用价值，是一部较好的理论与实践相结合的宝贵资料。本书的完成也弥补了没有专著介绍胡荫培先生的遗憾。

北京市东城金针研究学会会长 钮韵铎

2012年8月17日

# 编写说明

胡荫培教授是笔者的外祖父，为祖传三代世医，幼承家学，随父习医，少年即受岐黄之术熏陶，及长又拜施今墨为师，就读于华北国医学院研究生班。22岁考取医师执照，开办医馆，持金针济世救人，誉冠京城，有“毫发金针”之美名。新中国成立后，投身新中国医疗事业，结束私人开业，进入北京积水潭医院工作，辛勤耕耘，鞠躬尽瘁。

胡荫培教授行医50余载，临床经验颇丰。生前曾整理、总结了大量的医案，并撰写了学术著作，惜“文革”中被付之一炬，未能传世，成为终生之憾。作为胡荫培教授的后人，笔者肩负着继承和发扬胡氏医术的重任。多年来，不断地走访他的弟子，查找历史档案，搜集遗世医案，挖掘和整理他的宝贵经验，终编撰成集，拟书名为《毫发金针胡荫培》。希望在他百年诞辰之际付梓，在完成他的夙愿，告慰他的在天之灵的同时，也使他的学术思想泽被当代，传之后世。

本书的内容分为六章。

第一章为医家小传，介绍胡荫培教授从医的经历及学术思想的形成过程，内容翔实、丰富，且记述了很多鲜为人知的感人事迹，反映了他励志和传奇的一生。

第二章为培公医话，载录了胡荫培教授在医疗实践中的临证验案和应用针药结合治疗疑难病症的心得体会，以及平时胡老利用诊余对学生们所讲述的案例，或学生们在侍诊时所记录的学习笔记等。本章内容由胡老的弟子提供素材并整理而成。

第三章为临证指南，重点整理和记录了胡荫培教授临证的常规治疗方法，包括内、妇、儿、外、骨、及五官科共计100个病种。对每一种疾病，都选择了临床中最为常见的1～2个证型进行辨证论治，组方取穴及手法应用，且对用穴特点、配伍机制加以分析。同时，结合现代医学对有关诊断、发病机理、症状特点和防治方法予以阐述。

第四章为医案精选，选录了20篇临床医案。通过这些医案，可以窥见胡荫培教授善于针药并用治疗疑难病症并屡获奇效的精彩画面。充分显示了先贤“医者，一针、二灸、三用药”之论的正确与精辟。

第五章为医论研究，载录了胡荫培教授生前总结和发表的4篇学术论文，如《关于色素膜炎针刺治疗探讨》、《环跳穴在临床的应用》等。

第六章薪火传承，记录了胡荫培教授亲传弟子及再传弟子的学术论文。这些文章始终贯穿着胡荫培教授的学术思想，是胡荫培教授学术思想的传续。

附录部分包括胡荫培教授的生平年表和配穴精义两部分。配穴精义是选录了胡老在临床教学中颇为重视的一些配穴原则，推荐其弟子在临床中所掌握的部分知识。

本书编写本着“多一些实用，少一点空谈”的原则，以继承传统、发扬创新为目标，着重临床经验总结，以求简明、实用，便于针灸医师临床参考，并为针灸教学提供素材。

在本书的整理编撰过程中，始终得到胡老的弟子老中医王桂菊、家父钮韵铎教授、家母胡益萍医师的指导，并承他们亲自审阅，使本书的可信性得到保证，令笔者十分感动。

本书在整理过程中，得到闫松涛、王霞、王平、倪国勇、温利娟等医师及王铭女士的热情支持和帮助，他们为胡氏医术的传承与发扬付出了辛勤的劳动，在此一并致谢。

**钮雪松**

**2012年8月12日**

# 目录

# 第一章
# 医家小传

1913 年 3 月 19 日，一名男婴降生在河北省保定市清苑县的中医大夫胡鉴衡家，这个男婴就是后来享誉京城的一代名医胡荫培……

……祖传三代世医，医疗教学五十余载，神手佛心，针药并施，活人无数，誉满京师，有“毫发金针”之赞。

## 一、幼承家学　师出名门

1913 年 3 月 19 日，一名男婴降生在河北省保定市清苑县的中医大夫胡鉴衡家，这个男婴就是后来享誉京城的一代名医胡荫培。胡家两代行医，据清苑县县志记载，其祖父胡子卿擅中医方脉，悬壶乡里，在当地小有名气。其父胡鉴衡自幼随父佐诊，苦读岐黄之术，早年拜河南安阳的李可亭先生（北京四大名医之一施今墨的舅父）为师。学成后，回乡在善堂赠医施药，济困扶危，不遗余力。胡家常备一些自制的急救药品，对患者广泛施舍，不计报酬，乡野百里颇具盛名。

20 世纪初，胡子卿辞世，胡鉴衡携全家迁居北平，居住在北城东四十二条 22 号，并开了私人门诊。当时的胡荫培只有 5 岁。也许是信仰的缘故，胡鉴衡主要为宗教界服务，前来求诊的多为僧侣、居士，他也经常到寺庙和庵堂为出家人诊病施药。他乐善好施，不图盈利，诊费低廉，以致虽行医数年，但家境并不宽裕，在北平也没有多大的名气。

胡荫培成长在这样的中医世家，受祖父辈的影响，少年时代就对医道情有独钟，立志长大后也要从医，济世救人。胡鉴衡见他天资聪颖、性格淳朴、勤奋好学、言行谨慎，是学医的好苗子，便对他寄予了厚望，从小严加管教，倾心传授医学知识。

胡荫培从小就很用功，6 岁在北新桥香饵胡同小学上学，12 岁到位于安定门内大三条的北平私立崇实中学（现为北京市第二十一中学）念中学，4 年后高中毕业。16 岁那年他考取了北平辅仁大学（校址是现在的西城区定阜大街 1 号）。在念书的这些年里，他除了在学校学好各门课程外，回到家还要向父亲学习中医。父亲要他从小就背诵医典歌赋，初始是背诵浅显通俗的《医学三字经》《药性赋》等，继之攻读言辞难解的《濒湖脉学》《汤

头歌诀》等。父亲对他的教导颇为严厉，要求他背过的条文、歌赋能出口成诵并理解其意。为强化记忆，父亲时常对他“突袭”提问，若某段经文背不上来，免不了要受到训斥。严师出高徒，正是父亲的精心培育和严格训练，为胡荫培后来诊疗理论的创新和技术的运用打下了坚实的基础。经过日积月累的苦读与钻研，他对中医典籍的掌握和传统理论的理解都有了大的飞跃，达到了辨识透辟、由博返约的高度。

在随父学医的过程中，胡荫培对古老的针灸疗法产生了浓厚的兴趣。看到父亲经常给患者扎针，他也仿照制作了一个小针包，插上不同尺寸的毫针，暗自练习，并常在自己身上试着扎针。父亲见他很有悟性，就在诊余给他讲解进针要领、补泻手法、针刺禁忌、晕针的救治方法等，还教他背诵《玉龙歌》《针灸十四经尺寸歌诀》《禁针穴歌》。有一次他过生日，父亲买了一本清代方慎安著的《金针秘传》送给他，他高兴得爱不释手。父亲有位老朋友吴彩臣先生，擅长针灸，他就经常去找吴先生学习请教，经吴先生的传授指点，他的针灸技艺越发纯熟。

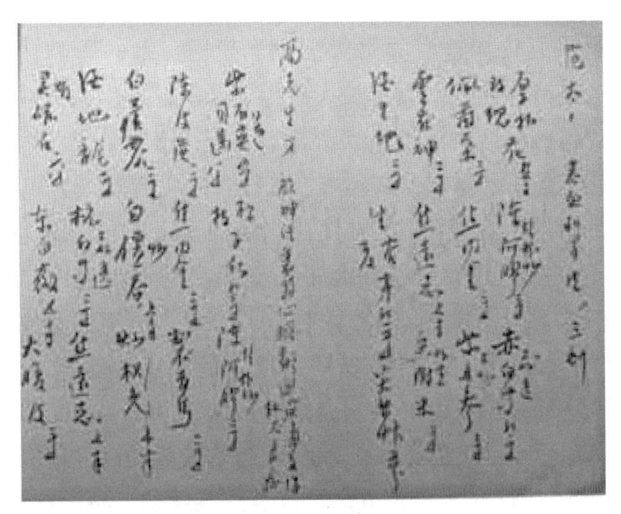

胡荫培临证笔记

除了熟读医典、勤习针术外，书法也是他当时必不可少的一门功课。在父亲的严教下，胡荫培练得了一手好毛笔字，尤擅楷书、行书。他生前的诊脉医案、治病心得以及学术文章，都是用小楷书写。现在保留下来的一些手迹，还有许多是用毛笔书写的，非常漂亮。他女儿胡益萍回忆：“父亲对书法颇有心得，他常说，写毛笔字一定要有恒心和毅力，要持之以恒，戒骄戒躁，不能一曝十寒。他常常督促我们，只要工夫深，铁杵磨成针。只要按学习规律坚持临池不辍，必然学有所成。”

1931 年，胡鉴衡拟创办京都平民医院，他联系医门同道，筹备建院事宜，制定规章制度，报请北平市卫生局和警察署批准。因终日奔走，殚精竭虑，不慎冒触风寒，染病卧床，不久后便辞世了。他创办医院的梦想最终未能实现，这成为他最大的遗憾。

父亲的突然病故，给 18 岁的胡荫培造成了极大的心理创伤，他强忍悲痛，咬紧牙关，肩负起了照顾全家的重担。为继承父亲的遗愿，专心于医道，他放弃了刚读两年的大学，转而发奋努力，考入了由萧龙友、孔伯华、施今墨等人组建的北平国医学院。1932 年春，施今墨先生又创建华北国医学院，并亲任院长，胡荫培、王大经等 5 名学员遂一起转入华北国医学院，成为研究生班学员继续学习。后王大经又转

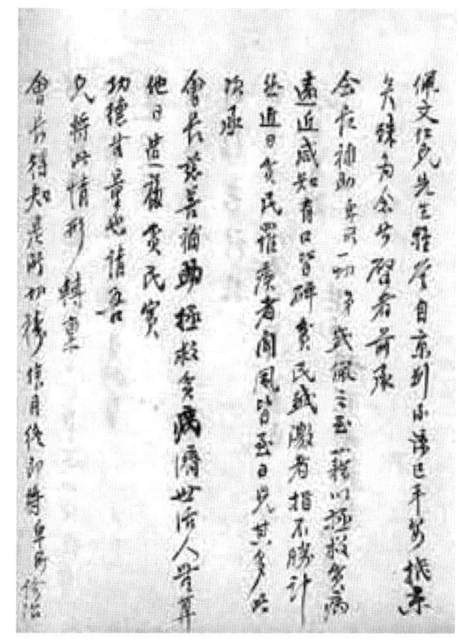

民国北京名医胡鉴蘅（创办京都平民医院）毛笔信稿

入第一期学员班学习，而胡荫培则一直陪侍在施今墨先生身边，充当助教的角色。虽然从现存的华北国医学院的学员名单上找不到胡荫培的名字，但他的学术水平应在其他学员之上。

华北国医学院在课程设置上以中医为主，“中西兼授，融会贯通”。中医课程有《中国医学史》《内经》《难经》《伤寒论》《金匮要略》、温病、本草，以及内、外、妇、儿、针灸等学科，另有生理卫生、解剖学、病理学、细菌学、药理学、诊断学、传染病学等多门西医学科。无论中医学科还是西医学科，胡荫培都学得很好，成绩优异。施今墨先生对他颇为赏识，不仅悉心传授医术，还委派他担任一些教务工作。由于他为人谦逊，待人诚恳，学习勤奋，办事严谨，一直侍于恩师左右，最终成为施今墨的三大弟子之一。另外两人，一位是施老的女婿祝谌予，一位是施门入室大弟子魏舒和。

胡荫培之所以能成为施今墨的弟子，还有个鲜为人知的秘密：他的父亲胡鉴衡和施今墨曾共同拜在施今墨的舅父，南阳名中医李可亭先生的门下学医，俩人是同门师兄弟。出道后，也许是太过于热心为宗教界服务，胡鉴衡的社会活动甚少，因此在北平并无名气；而施今墨却成了家喻户晓的北平四大名医之一。为了潜心培养儿子，胡鉴衡生前就将胡荫培托付给了自己的师兄弟。此后，不管是在北平，还是在天津、济南、太原、张家口、石家庄、上海、杭州、南京等地，胡荫培都一直跟随在施今墨先生身边侍诊，足迹几乎遍及半个中国。在侍诊过程中，他开阔了眼界，增长了见识。因他早年间曾跟父亲和吴彩臣先生学过针灸，有一手好针法，故在随施今墨先生侍诊时，遇到需要针刺治疗的特殊病患，施先生就在开方的同时，让他配合扎针，这样就弥补了施先生不擅针灸的缺憾。就这样，胡荫培不负父望，在施先生的耳提面命下，凭着自己扎实的中医理论功底和娴熟的针灸技术，成了当时誉满京城的针灸大师，在北京针灸发展史上，留下了不可替代的一笔。

## 二、毫发金针　誉冠京城

1935年，22岁的胡荫培参加了北平市卫生局针灸医师资格考试。当时报名参试的人很多，公布成绩时，考取的只有2人，胡荫培以第1名的成绩取得了针灸医生执业资格。同年，他继承了位于东四十二条的父亲生前的私人诊所并重新开业，独立行医。开业后，他以家传针灸及施门弟子名世，主治内、妇、儿科杂病。他虽年轻，但非常敬业，看起病来一丝不苟，尤擅讲明医理，辨证分析透彻，令患者心悦诚服。开业初期，诊室只有胡鉴衡租下的两间北屋，病人也不甚多。但很快，胡荫培先生诊病技术高超、疗效卓著的口碑就在患者之间传播开了，前来看病的患者越来越多，门诊业务日渐繁忙。每天早上6点半就开始接诊，一直要看到下午1点半。有些慕名而来的人甚至半夜就在诊所外等候。因为病人多，一些小贩也趁机做起了生意，诊室门外常有卖吃食的、卖糖豆儿的、吹糖人儿的、卖小玩意儿的，人力车常常是七八辆排在门口，等着接送病人，真可谓门庭若市。在北城一带，胡荫培医馆已经是小有名气了。随着门诊量的增加，诊室也由开始租用的两间北屋逐渐发展到了7间，这就有了相当的规模。仅两三年的光景，整个22号大院就成了胡荫培的私宅。

现在的东四十二条74号大院（原为22号），就是当年胡荫培医馆的旧址。那是一座标准的老北京四合院，院落坐南朝北，高大的门楼依稀留有当年雕画的痕迹。门道非常宽敞，朱红色的大门，大青石的台阶，门楣上曾悬挂着一面刻有“神手佛心”的大牌匾，那是当年北京宗教界代表为感谢胡氏父子多年来的服务，特意赠送的，喻义：胡氏父子具有出神入化的手艺和佛家的慈悲心肠。门外东侧路南的院墙上也曾悬挂着十几块牌匾，皆为各界所赠。可惜这些匾额均毁于“文革”，未能传世。

一进院门，左手一排7间北屋，就是当年胡荫培医馆的诊室，右边是门房，是当年挂号的地方，也叫号房。大门西侧1间北屋是车库，曾经停放着胡荫培出诊用的汽车和摩托车。

进入大门，绕过南侧高3米的影壁墙，沿着甬道步入内宅，有东西两个院子，分别住着胡氏家眷和亲友。胡荫培住在东院的3间正房，高大宽敞，每间足有20平方米，东西两侧各带一间耳房，是他的居室兼书房。房屋为清式建筑风格，雕梁画栋，前出廊子后出厦，东西厢房、南北房及院落间都有廊子相连，即使雨雪天，行走于院内也不会湿鞋。

据胡益萍回忆：家门鼎盛时期，大约是1946年前后，这院子住着几十口人，除了家眷亲戚外，还有看门的、司机、厨子、佣人等……院内种植着合欢树、枣树，还有葡萄架、花圃和大鱼缸。医馆除了诊室外，还设有门房、号房，仅每天上午就要接诊100多位患者，扎针的有六七十人，开方的有四五十人。医馆除了配有专人挂号、看门、做勤杂外，还有专人当助手，负责协助胡荫培叫号、起针，安排患者。新中国成立后朝阳区小庄医院针灸科主任潘春秀医师，就是当年一直跟在他身边做助手的内侄女。

胡家的后人至今还留有当年医馆使用的铜号牌。由于来看病的人很多，要排队等候，因此就特制了三种不同的挂号牌。一种是带有数字序号的椭圆形小牌，黄铜浇铸而成，铜牌大约有5cm长，3cm宽，上面有“胡荫培医馆”、“特诊”的字样，下面有数字序号，这是专为接受金针治疗的患者所制的号牌；另外一种是带“特诊”二字而无序号的铜牌，类似于

胡荫培医馆挂号牌

现在的急诊号，高热和重症病人可凭此牌优先诊疗；还有一种是直径大约 3cm 大小的圆形铜牌，印有“胡荫培诊所”字样和序号，这是普通门诊病人排队的顺序号。除了发烧及重病号以外，其他病人都要以号牌为依据安静排队等候。由此可见当时胡荫培诊所的病人之多。

为什么专门有“金针”治疗一项呢？为什么胡荫培又被称为“毫发金针”呢？这里是有缘由的。上世纪 40 年代初期，北平城有两位针灸医生擅用金针治病，一位是王乐亭，他用的金针长 6 寸，在南城堪称一绝；另一位就是胡荫培，他所用针具是以 24k 纯金加钢特制而成的，针极细如毫发，柔软而有韧性，在北城也是赫赫有名，所以就有了“毫发金针胡荫培”的美誉。

那为什么二人同用金针而又有粗细之分呢？这里也有缘由。当时王乐亭住在城南，而城南是底层老百姓居住的地方，由于贫穷，居住环境较差，许多人身体衰弱、营养不良，因而患瘰疬，也就是淋巴结核的病人很多，而王乐亭先生的 6 寸金针较粗，对于瘰疬有特殊疗效，因而他常常以之为患者治病，“金针王乐亭”的称呼也就随之而来。而当时上流社会的达官贵人大多住在北城，他们衣食无忧，很少得传染病或外科病，大多患内科或妇科病，加上他们都很娇气，怕疼，因此住在北城的胡荫培就以比较细软的金针为他们治病，为与王乐亭的 6 寸金针相区别，就有了“毫发金针”的称呼。这两位金针大师的理论造诣和临床技术都堪称一流，患者无数，后来都成为京城针灸界的顶尖人物，在近代北京医史中，被冠以“南王北胡”之称。

据著名评书表演艺术家连丽如先生回忆，自新中国成立前，她的父亲连阔如和胡荫培就是好朋友，连家人有病都请胡荫培诊治。当时连阔如在广播电台说评书，精彩纷呈，能达到万人空巷的效果。连先生在说书当中也不忘给胡荫培做宣传，当他的段子说到精彩、悬念之处，醒木一拍，便为听众做介绍：“毫发金针胡荫培，在东四十二条 22 号，专治内、妇、儿科疑难杂症。”评书广播的宣传效应，更令胡荫培的声名大振，医馆的生意愈加火爆。胡连二人结为挚友，至今，两家依然有通家之好，成为世交。胡家后人中，女婿钮韵铎、外孙钮雪松，与连丽如一家仍有深交，平素时有往来。

早年间，能利用商业街霓虹灯做广告的医生，实属罕见。而胡荫培则除了通过连阔如的评书广播做宣传外，在东安市场里也有“毫发金针胡荫培”的霓虹灯宣传招牌，这是因为那时东安市场内有家老药店“西鹤年堂”，每晚 5 ~ 7 点，胡荫培都会在西鹤年堂坐堂行医，药店的刘东家和他是好友，特地制作了霓虹灯广告牌为他做宣传。说起来还有个趣闻，当今的针灸名家钮韵铎教授，那时还是个六七岁的孩子，有一天，他跟随祖父去逛东安市场，他指着霓虹灯上不认识的字问祖父，祖父便停下来指着巨大的彩色招牌，一个字一个字地教他读“毫发金针胡荫培”。谁想到这一念，便给幼小的钮韵铎留下深刻的印象，为他日后读医专，结识胡荫培的女儿，进而成为胡家的乘龙快婿结了一个缘。67 年过去了，年过古稀的钮韵铎教授回想起儿时的情景依然历历在目，十分感慨。

1945 年，名冠京城的胡荫培医技日臻成熟，被卫生界选为北平国医公会理事，1946 年，施今墨离京外出 1 年，由胡荫培代理华北国医学院院长的职务，亦可见其当时在中医界的影响和地位。

北平解放前夕的某一天，医馆门外来了几位神秘人物要见胡先生，经门房通报后，其中一男一女不在诊室看病，而是被直接引往内宅，先生在客厅为他们诊脉，并开了药方。待客人走后，家人方知前来就诊的是解放军首长林彪和叶群夫妇。那时，解放大军的围城指挥部设在通县宋庄。

## 三、报效祖国　一心为公

1949年，新中国成立，中医也获得了新生。1950年5月30日，北京中医学会在北京中山公园来今雨轩宣告成立。1951年4月21日，北京中医学会成立了针灸委员会，主任委员高凤桐，委员有王乐亭、刘介一、胡荫培、尚古愚。他们遵照学会的部署，积极开办针灸研究班，为适应新中国卫生事业的需要，有计划、有步骤地培训了全市90%以上的针灸医生，并培养出一批针灸医疗骨干和师资力量。1952年底，在北京市公共卫生局的支持下，北京中医学会在西单十八半截胡同开办了针灸门诊部（北京市西城区护国寺中医医院的前身），胡荫培同王乐亭、牛泽华等针灸学会委员，自愿放弃自己诊所的部分业务，每天到门诊部参加半天的诊疗工作。由于门诊部汇聚了京城知名的针灸专家，技术精湛、服务周到，对贫困市民提供免费服务，因而得到广大群众的热烈欢迎。

胡荫培为了每天下午能到西单的针灸门诊部上班应诊，舍弃了自家诊所的部分业务。由于病人多，忙不过来，他又在西四南缸瓦市甲46号租房开了分诊所。这间诊所的面积不大，只有两间诊室。他每天下午从针灸门诊部下班后，就立即赶往分诊所，为慕名前来的患者诊疗，整日忙碌，不知疲倦。

1958年秋，胡荫培受北京市卫生局的聘任，来到积水潭医院针灸科工作，结束了他23年的私人开业生涯，成为建国后积水潭医院的第一任针灸科主任。当时的积水潭医院是新创办的综合性医院，虽然以骨伤科为重点，但是各科专家人才济济，是北京市四家重点医院之一，所以病人非常多。在那个热火朝天的年代，时代的热情也感染了胡荫培。正值壮年的他，本来就十分敬业，为了适应社会的需要，就更加努力地工作了。他每天上午提前半小时到单位上班，一进诊室就开始为病人治疗，常常是工作到下午1点还下不了班。医院给他配了两个年轻的徒弟做助手，徒弟都累得吃不消了，可他依然精力充沛。门诊结束后，下午还经常参加政治学习、院务会议，处理科里的日常工作，在百忙中还要挤出时间给徒弟们讲课、整理医案、撰写论文、到院外会诊等，他的日程经常是安排的满满的，而他也乐此不疲。

由于他工作积极努力，多次受到院领导的表扬。其女儿胡益萍回忆道：“记得有一次父亲患肠炎，诱发了多年的老毛病脱肛，疼痛使父亲满头大汗，但是他仍然带病坚持门诊工作，一天也没有休息。”父亲这种干劲的来源，用他自己的话讲：“中医药学是祖国的优秀文化，只有世代相传才能发展，我们有责任去继承、去实践、去整理，共同努力为中医事业作贡献，这样才能对得起老祖宗。”除了医院和科里的工作，胡荫培还热心中医针灸界的社会工作，并曾担任东城区的政协委员。

## 四、平凡家事　传奇人生

说起胡荫培的家事，那要从他娶亲时说起。青年时期的胡荫培，耽于学业，心无旁骛，对婚姻之事并不上心。在他17岁那年，一天父亲胡鉴衡约了两位朋友去崇文门外潘少平巡长家喝酒，见到潘家的大姑娘，模样俊俏，举止大方，干活麻利，做得一手好饭菜，抻面尤其拿手，抻出的面条又细又筋斗，得到叔伯们的一致夸赞。胡父心中暗自喜欢，第二天，便托朋友刘俊臣去潘家提亲，潘巡长知道胡家公子一表人才，便欣然答应了这门亲事。潘家的姑娘叫燕玲，小胡荫培2岁，两家长辈商议，给他俩先定了亲，等过两年胡荫培大学毕业后就给他们完婚。不曾想，没到1年，胡鉴衡就病故了。胡荫培在潘家的帮助下为父亲料理了后事，大学也没读完，已定的婚约不得不向后拖延。胡荫培投入施公门下，戴孝苦读，后又考取了医师执照，继承父业开了私人医馆。就在那一年，22岁的胡荫培提着彩礼来到潘家，准备迎娶燕玲小姐。

大婚的那天，热闹非常，锣鼓喧天，鞭炮齐鸣，新郎官胡荫培乘着汽车前往潘家迎亲，四人抬的三顶大轿子被抬出了巷子，轿子一红两绿，红色的轿子是给新娘子乘坐的，绿色的轿子坐的是接亲、送亲的太太。迎亲队伍浩浩荡荡，簇拥着新人回到东四十二条22号，拜天地后，胡荫培和潘燕玲正式结为夫妻。

潘燕玲为人贤惠，勤俭持家，过门后为胡荫培生了三子一女：长子胡春生，次子胡春林，三子胡春方，女儿胡益萍。胡荫培非常重视孩子的教育，不忘从小培养他们对医学的兴趣，除了三公子从事体育外，其余孩子都学了医。先生不仅对子女们亲授医术，还为他们寻访名师。长子胡春生被送到名医瞿文楼、岳美中门下学习。出师后在中关村医院工作，中年后定居香港，开私人诊所行医。次子胡春林考入了北京中医学院，毕业后分配到新疆工作。女儿胡益萍，毕业于北京中医学校大专班，分配到北京市和平里医院工作。几个儿女皆学有所成，在他们各自的工作岗位上都有不错的发展。

胡荫培与王乐亭是同一时期活跃在京城针灸行业中的佼佼者，他们都运用金针给人治病，门诊业务都非常繁忙。他们是好朋友，年龄虽相差18岁，但总能聊到一块、玩到一起。王乐亭在北京中医医院有个弟子钮韵铎，是个诚实能干的青年医师，很受老师器重。上学时，曾与胡荫培的女儿在一所学校学习，两人一见如故，萌生爱意，王乐亭得知后，主动充当“月下老”，为他俩牵红线，到胡荫培那里去提亲。经过胡家屡次考验，同意了这门亲事。于是“毫发金针”嫁女，“金针大王”保媒，成了京城中医界的一篇佳话。钮胡大婚当天，嘉宾众多，由王乐亭教授及夫人吴文玉女士为他们证婚，内科专家王大经、儿科专家冯泉福、眼科专家丁化民、施派名医魏舒和（因病住院，长子代替）等医坛名宿都前来祝贺。连末代皇帝爱新觉罗·溥仪也在夫人李淑贤的陪同下登门道贺，并送给新人一幅亲笔题写的扇面。胡家招了如意女婿，先生的学术传承重任落到了钮韵铎和胡益萍的肩上，他们尽心尽力地帮助先生整理病案、总结宝贵的临床经验，并汇编成册。

胡女大婚时的合影，前排左二起：王大经、王乐亭、冯泉福、丁化民、魏天麟（魏舒和之子），后排左一为胡荫培、左五为胡益萍、左六为钮韵铎。

1966年，“文革”风暴平地而起，一切文化的东西都在扫荡之列，胡荫培也被打成了反动学术权威、牛鬼蛇神。“8月18日”毛泽东接见红卫兵后的一天，东四十二条胡同口开进一辆大卡车，停在了22号院门前，车上呼啦啦地跳下一大群戴红袖标的人，不由分说冲进院里，翻箱倒柜，把院子翻了个底朝天，胡家被抄家了。胡先生多年来整理的医案、已编写大半的临床经验集、数千支金针、收藏的医书古籍、明清家具，以及名人字画、古玩，整整装满了7辆大卡车，全被拉走了。门口的牌匾被砸了，胡荫培也被押走了，胡夫人被剃了阴阳头，就连刚结婚的女儿胡益萍也未能逃脱，被强行剪了头发。胡家大院被强占，成为北京“红旗红卫兵”总部。胡氏一家人被迫搬到胡同东边的一处公租房居住。被关押的胡荫培，整日被批斗，所受迫害难以言表。1967年秋天，造反派在医院地下室用皮带和棍棒打他，腰椎被打坏了。他回不了家，就睡牛棚，在锅炉房烧锅炉，在洗衣房洗衣服，没有工资，还不许接触外人。再强健的身体也经受不起这样折磨，“文革”的迫害使他身染痾疾，晚年由于腰伤加重，以致长期瘫痪在床。

上世纪70年代初期，对胡荫培的管制已经解除，但还没有恢复工作。有一次，他随医疗队去房山巡回医疗，医疗队在当地为一位农民做手术，除了主刀大夫、麻醉大夫启用了最优秀的人选外，保证手术供应开水所用的锅炉，就确定由胡荫培来烧，一方面是表示对这台手术的重视，同时也是表示对即将结束改造的胡荫培的重用。手术结束后，病人家属千恩万谢，感谢党、感谢毛主席，感谢大夫们给他治好了病。带队的领导说：“你知道吗？给你烧锅炉的每月都挣200多块呢！”听了这话真是让人哭笑不得。1971年春天，胡荫培恢复了工作，回到了自己热爱的医疗岗位。粉碎了“四人帮”后的80年代初期，胡荫培才得以落实被查抄的部分物资和房产，搬回了22号大院儿。但可惜的是，那些浸透了多年心血的医案、临证笔记、书稿，再也找不到了。即使这样，他也从无怨言，总是说：“同那些死去的比，我还活着就是幸运呀！”

几十年来，胡荫培一直潜心于对人才的培养和教育，40年代初期，他在繁忙的门诊之余，兼任华北国医学院实习教授，讲授施今墨医案。新中国成立后，胡荫培曾受聘到北京中医进修学校任教，讲授针灸学。在积水潭医院任科主任时，他重视对年轻大夫的培养，悉心传授徒弟。每年都要制定详细的业务培训计划，组织科里的业务考试。他不但要亲自出题，还要注明答案，考试前，还会给学生们授课，讲解知识要点，以提高青年医生的业务能力。每次考试结束后，他都要认真批改试卷。至今还保存有当年他给学生们批改的针灸试卷，可见他当年教学态度之严谨，对工作认真、一丝不苟。即使退休以后，他在家中还经常要给徒弟们讲解医案、传授经验。直到晚年他病重卧床时，还不忘教导子女们多学习、多钻研、多总结。尽他最后一点余力，为后人们多传授一些临床经验。对他热爱一生的针灸事业真是做到了鞠躬尽瘁，死而后已。

## 五、高风亮节　可歌可敬

胡荫培先生不仅是一位学术造诣极高的针灸大家，还是一位具有民族正义感和同情心的侠义人士。在危急时刻，他可以为保护自己的同胞毫不畏惧，挺身而出。1943 年夏的一天，他的医馆忽然跑进来一个慌里慌张的女学生，一进门就向正在看病的胡荫培求救，原来是后面有日本鬼子在追她。情况十分危急，容不得多想，胡荫培马上将她带进诊室，要她趴在诊床上，在她身上扎了几根针，并盖上布单遮住脸。这时，两个日本鬼子冲了进来，大喊着要找花姑娘。他们穷凶极恶地四处乱闯，挨屋搜查。当搜到藏有女学生的诊室时，胡荫培挡在了他们面前，不让他们搜查，他义正词严地说：“这里是诊室，只有病人，没有你们要找的什么花姑娘！”一个鬼子恼羞成怒，抓起地上的铜制痰盂就往他头上砸，当时鲜血就顺着他的额头流了下来，诊室里的病人都为他捏了一把汗。鬼子扫了一眼诊室，没有见到他们想要找的人，就悻悻地离开了。女学生得救了，诊室里的患者看到满脸是血的胡先生心疼地说：“让您受委屈了”。可他却说：“没什么，为保护自己的同胞，值得！”这件不畏强暴、见义勇为的壮举一直流传至今，日本兵在他的额头上留下的那道伤疤，直至晚年时都依稀可见。

解放战争时期，胡荫培有一辆漂亮的黑色雪佛莱轿车，是天津的一位患者送给他的。那年他34岁，不太懂驾驶技术，但他还是从天津一溜歪斜地把车开回了北京。这样的车在当时的北平城总共也没有几辆，京剧大师梅兰芳有一辆。因为除了财富之外，它更是身份的象征，在北平城可出尽风头，因此这辆车是他的心爱之物。他十分喜爱这辆车，后来还专门配了司机。除了出诊时乘坐外，还经常约好友王乐亭开着车去钓鱼。新中国成立之初，国力困乏，百废待兴，国家号召全国人民购买公债，捐款捐物，支援国家建设，支援抗美援朝，胡荫培深晓民族大义，以国家利益为先，积极响应这一号召，毫不犹豫地卖掉了自己心爱的雪佛莱，换成了一辆摩托车以备出诊使用，剩下的钱全部买了国债。记得当时有“人民胜利折实公债”和“国家经济建设公债”。从那以后，几乎每年他都要购买。当时的中医界他购买的公债最多，是名副其实的第一名。不少公债买了以后并没有打算赎回，直至“文革”被抄家时，家中还有不少没赎的公债。

## 六、仁心仁术　神手佛心

胡荫培自幼饱读诗书，深受儒家思想影响，把孙思邈的“普同一等，一心赴救”当成座右铭，认为为病人排忧解难，是做医生应具备的职业道德，是做人的根本。正因为有如此崇高的境界，他对患者一视同仁，无尊卑贵贱、贫穷富有之分，只求为他们解除病痛。遇到穷困的病人，绝无嫌弃之意，相反总是要救助他们。

1947年，数九寒冬的腊月，河北省三河县的一对夫妇，为看病一路乞讨来京，因为没钱，求医无门，饥寒交迫，倒卧在朝阳门城楼下，一位好心的人力车夫见到后，把他们拉到胡荫培的医馆，找胡大夫救命。胡荫培得知后，立刻放下手中的工作，安排助手把病人抬进诊室。只见他们衣衫褴褛，面容憔悴，男的已经高烧 7 天了。经诊脉、查体温后，胡先生在脉案中这样写道："冬瘟失治，表邪入里化热，急拟表里双解之法救之。"处方拟好后，叫家中车夫老赵师傅带上钱到宏仁堂取药急煎，给病人服用，并留他们在家中免费食宿调养。3 天后，病人烧退病愈，胡夫人拿出家中一些干净的旧衣服送给这对夫妇，让他们回家的路上穿暖和了，胡荫培又送给他们 10 块大洋，作为回三河县的盘缠。这对夫妇被胡先生的慷慨救济感动得泣不成声，在门口"神手佛心"的大匾下，长跪不起，边磕头边喊："恩人哪，胡大夫，我们全家永远忘不了您的大恩大德。"

上世纪 50 年代初，东城区香饵胡同有一赵老太太，无儿无女、无收入，得了精神分裂症，那时叫癫狂病，嬉笑打骂不认人，又哭又唱，满街乱跑。胡荫培闻知后，带上助手上门施治。先生看过病人后，认为"此病为痰迷心窍所致。治当开窍醒神，清心化痰，解郁散结之法"。随即一针直刺百会，行捻转手法；接着，以强刺激手法刺人中，针尖透刺至鼻直至泪出。然后刺左内关、右神门；针后赵老太长叹了几口气，其狂即止，精神转安。胡荫培安慰了她一番，又送给她一丸苏合香丸和一盒牛黄清心丸。那时出一次诊 7 块钱，1 丸苏合香丸 5 块钱（当时市面上最好的 44 斤装的"冰船牌面粉"1 袋要 6 块钱）。经两次上门治疗，赵老太太的病就好了。"谢谢胡大夫！"病愈后的赵老太在街坊的陪同下来到医馆，给先生道谢，感激之情难以言表。

新中国成立前，有许多人力车夫，劳累过度，积劳成疾，重则吐血。当时中医界有四大重症的说法，即风、痨、臌、膈，十分难治，病人往往有生命危险。吐血，就是属于痨病的一个症候。凡患此病的人力车夫来医馆求医，胡荫培向来不收诊费（普通诊费是 1 块钱），除了给他们开方治病，还送给他们云南白药止吐血。那时云南白药即贵又少，很难买。先生每年都会采办一些，以供急需，但多数都救济穷人了。

先生诊治每位患者后都要留下医嘱。除了给病人讲解如何煎服中药，还会耐心地嘱咐病人日常调护方法、饮食禁忌等事宜。比如：对哮喘的治疗要注意避风寒，忌食油腻肥甘、生冷辛辣；对疮疡癣疥的治疗要注意避湿热，忌食辛辣刺激、鱼虾羊肉等腥发食物；对患了痨病的穷苦病人，因没钱买肉、蛋，只能吃便宜的蔬菜，他就嘱咐病人吃大碗的白水煮菠菜，因为菠菜保肺，这样对治疗有帮助；对手术后伤口久不愈合的病人，会嘱咐他们喝牛肉汤补充气血，利于伤口愈合；而对肝阳上亢引发的眩晕症病人则嘱一定不能喝牛肉汤，以免助火生痰；对那些悲观、厌世、有轻生之念的病人，他会热心地安慰和劝解，鼓励他们树立战胜疾病的信心，使病人在诊疗和医嘱中处处都能领略到医者细致周到、体贴入微的那一份关爱之情。

“人命大于天！”胡荫培在治病中一向秉承着珍视生命、对医疗工作高度负责的态度，为救病人，他常常是不惜一切代价。上世纪 50 年代的一天，他上了半天班刚骑车回到家，午饭还没来得及吃，电话铃就响了，话筒里传来紧急会诊任务，有个患儿生命垂危急需他前往救治。他不顾疲劳，立即拿上针盒，骑车赶奔儿童医院。到了抢救室一看，是一个长时间高烧、昏迷不醒、呼吸已经极其微弱的患儿，他顾不得擦汗，一面询问病史，一面取出毫针，在患儿的手足十二井穴上点刺放血，做促醒复脉治疗。他守在患儿身边不时地行针，同急诊科的医生们并肩抢救，经过十几个小时不断的治疗和护理，患儿终于苏醒了，体温也降了下来，脱离了生命危险。每每回忆这一往事，胡氏后人们都为先生的仁心仁术而自豪。

“普同一等，一心赴救”这一座右铭，已经成为胡家的家训，胡家从医的后人，一直恪守着这一家训，传承着仁爱之心，并在为患者的诊疗过程中努力实践着。

## 七、医术精湛　济世度人

胡荫培先生医术高超，胆识过人，手法独特，许多西医都不好解决的疑难杂症，经他治疗后，都能手到病除。解放初期，北新桥明堂大院 6 号有一个叫刘青云的中年妇女，她的丈夫是国民党的旧僚，新中国成立前夕随蒋介石去了台湾，家中生活没了依靠。她的乳腺上长了个的软瘤，有核桃大小，她怕是不好的东西，又惧怕西医手术，于是听邻居介绍，辗转找到先生，求他医治。先生诊察病情后，断定她的瘤是良性的，可以不开刀用针刺治疗。于是他采用围刺散结法，将十余根金针从瘤的周围轻轻平刺插入瘤体，行针 1 小时后，再徐徐将针起出，此法每日或隔日施治 1 次，针治 5 次后，瘤体开始缩小，治了不到 20 次，软瘤竟完全消失了，刘氏喜极而泣，顿首相谢！杏林同道亦称赞先生之医技高明，感叹金针治病之神奇！

妇产科手术后拔了尿管，病人常出现排尿困难，会阴肿痛，严重时会并发尿路感染。西医对此颇为犯愁，常求助中医治疗，先生每遇此症，往往针刺中极、水道、三阴交，5 针即刻见效，仅一次治疗就能解决问题。

北大医院妇产科主任何伯仪，曾经是胡先生的病人，深知先生医技高明，凡临床上遇到的棘手病例，都虚心向先生讨教。有一例手术病人，术后伤口久不愈合，于是便请先生会诊。先生看病人面色晦暗、形体消瘦，且忧虑重重，茶饭不思，知其心理压力大，就安慰她说："你的病是可以治好的，伤口愈合慢是由于脾胃湿热，阻滞中焦，导致饮食不消，肌肉不长。俗话说，饱养恶疮。你一定要有信心，要配合。"因为在住院期间吃汤药不便，于是先生就用针刺治疗，上取内关、神门穴安神养心；中取上、中、下脘、天枢、气海调理中焦气机，增强脾胃运化；下取足三里、阴陵泉、太冲，疏肝理气，清热利湿。针刺手法补泻结合，隔日治疗1次。并对她承诺，针6次一定能好。先生为她针治了两周之后，手术伤口果然基本痊愈。随后先生又让他的助手王桂菊大夫去治疗了1周，伤口就痊愈了。病人在最后一次针灸治疗时向医生说："王大夫，你别生气呀，先生下针犹如石头压进去，一下到底，酸麻胀都有，你的手法和针感，跟先生那是没法比的呀！"王桂菊老人回忆起这一段往事时，还是津津乐道。

医学界一直流传着"外科不治癣，内科不治喘"的说法。牛皮癣，即银屑病，是让中西医大夫都头疼的顽症。胡荫培先生在治疗牛皮癣上，有一套自己独特的方法。除了内服中药，还运用梅花针叩刺患部，在背俞穴上放血，见效很快。对甲状腺肿大，俗称"大脖子"的治疗，他也有绝活，采用金针刺拨局部阿是穴，再配上理气化痰的中药，一般治疗15次即可痊愈。另外，对落枕、闪腰岔气、打嗝、便秘、梅核气、喑哑、眩晕、失眠、心律失常及各种急慢性疼痛等临床常见病证，先生都有自己独特的治疗方法，往往都是一针见效。

因为先生的医术高超，享誉京城，很多社会名流和演艺明星都慕名前来找他治病。著名的京剧表演艺术家梅兰芳大师就曾是先生的病人。有一次，梅大师演出前受了风寒，嗓子哑了，还伴有咳嗽，专程来请胡荫培诊治，先生为梅大师扎了一次针，并开了3剂药，梅大师服用后，很快就好了，可以如期登台演出，为表谢意，专门派人给先生送来了戏票。新中国成立初期，时任中国戏曲学院院长、四大名旦之一的程砚秋先生，因不慎受风导致面瘫，出现一侧口眼歪斜，额纹消失，眼闭不实。突如其来的急症令他无法上台，又恐延误治疗会影响日后的舞台形象，十分焦急。经人引荐找到先生，先生诊察后，安慰他不要着急，注意休息，并保证不出一个月即能痊愈。遂遣祛风活络之药方，针刺患侧攒竹、阳白、四白、颧髎、迎香、下关、翳风、承浆、地仓透颊车等头面腧穴，再配上合谷、足三里、太冲、内庭等四肢腧穴。仅一次治疗便见到效果，共针了6次，程先生的脸就完全康复了，日后照常上台演出。而观众、票友们和媒体对此均不知情，成为梨园界的一宗秘闻。

“文革”前夕，日本医务界代表团访华，前来积水潭医院参观。院党委领导特别安排了胡荫培为外宾演示中国针灸技法。演示前，党委荣书记先向代表团介绍了针灸科，并找来几名半身不遂、口眼歪斜的病人做病例，请胡荫培演示针灸治疗。代表团中的一位成员要求亲身体验一下针感，胡荫培就为这位外宾针刺了合谷、中渚各1针，日本客人体验后对胡先生的针术非常佩服，他说，进针时没有痛感，入针之后局部酸麻沉胀，针感强烈，没想到小小银针有那么大的威力。代表团离开前向医院领导表示，他们想邀请胡先生去日本讲学，传授医术，院方表示愿意安排（后因“文革”开始，这一设想没能实现）。日本代表团随即派人送来锦旗，上书“医术精湛”。院党委决定，这面锦旗由胡先生个人保管。可惜在“文革”中，这面锦旗也被付之一炬。

“文革”后期，全国大兴针灸麻醉，积水潭医院也不例外。1973年秋天，骨科病房有个住院病人，因颈椎压迫脊髓，造成高位不完全性截瘫，需要马上手术。但是病人对麻药过敏，这令手术大夫颇为犯愁。于是，主刀大夫骨科主任宋献文教授请胡先生做针刺麻醉，配合手术。颈椎这么大的手术采用针麻，医院此前尚无先例，手术难度大、风险高，麻醉能不能成功，是关系到手术成败的关键，也关系到病人的安危，一旦针麻失败，病人就会有生命危险。何况胡先生刚结束审查，恢复工作，让这样一个刚被摘掉“反动学术权威”帽子的人做针刺麻醉，院方也承担着一定的风险。在院方的周密准备下，首例针麻下颈椎手术开始实施，胡先生不慌不忙，端坐在手术台前，他先针刺病人的三阳络透内关穴，予深刺，行捻转重手法；再用4寸不锈钢针，避开手术切口，在颈椎棘突两侧的夹脊穴从下至上沿皮透刺，随后把电针仪的导线夹到针柄上，接通电源，做强刺激。手术进行了100分钟，胡荫培始终坐在台前不停的捻针。手术室里，参观的进修大夫、外国留学生、本院医生，足有几十人，里里外外围了个水泄不通。在场的人，无不为胡先生捏了一把汗。直至手术结束，病人始终没有感到疼痛。手术进行的非常成功，主刀大夫宋献文长出了一口气，他向胡先生表示感谢，感谢他成功地进行了针麻，保证了手术的顺利进行。巧的是，胡荫培的女婿钮韵铎那时正在积水潭医院进修，他也亲眼目睹了这一近似于传奇的惊险场面。手术台下，他同老丈人亲切握手，翁婿共庆针麻的成功！

胡荫培先生在中医界有较高的声望，被评选为京城十大名医，世人称之为“毫发金针”。胡荫培的针法颇具特色，后人总结有四大特点，即精准、轻快、稳重、灵验。

所谓“精准”，一是针刺取穴要精，二是定位要准。先生治病一概辨证取穴，治病求本，喜从根上治，强调结合主症，选关键之穴，一击而中，能用单穴就不用组穴，故先生选穴少而精。针刺时，定位要求准确，不能偏离经脉，讲究针尖方向，随治疗目的和补泻手法而定。

所谓“轻快”，是指先生持针刺穴之法，针尖刺入表皮的一瞬间，由于进针手法快速，犹如闪电，令病人无疼痛之感。要做到这一点，不仅需要有强劲的指力，还需掌握和体察病人的气息，善于转移病人的注意力，且针尖与皮肤保持90° 刺入，以便减轻阻力，降低疼痛感。

所谓“稳重”，则是指针刺过皮后，进针要平稳坚定，按天、地、人三部插入，不偏不晃。重，就是要有穿透感，如重石压进去，进针深度恰到好处，手下会有沉紧之感，此为得气之应。

所谓“灵验”，是指行针过程中，医者运用提插捻转等手法，激发病人经气运行，畅达全身或气至病所。施针时，先生会让病人配合做一些动作，如治梅核气时，边捻针边令病人做吞咽动作；治胁肋痛时，要病人展臂扩胸呼气；治急性落枕和腰痛时，要病人做局部关节的屈伸活动。只片刻间即可见效，病人皆称“一针就灵”。先生的手上，好像有股气流，针刺时随心而发，收放自如，常找先生扎针的病人都能感觉到。这可能与他多年来练习太极和导引之术有关。

胡荫培注重养生，平日里不忘锻炼身体，他结交了京城太极名家朱怀远大师，拜师学习，练习站桩、推手和呼吸导引法。从年轻时开始，每天清晨起床后的第一件事情就是练功。这使他有了强健的体魄，以致先生整日忙于业务仍能保持良好的状态和过人的精力。

## 八、富而不奢　贵而不骄

在近代京城名医中，胡荫培先生算得上是白手起家，勤劳致富的一位，与其他医林同道们相比，他致富的主要途径是源于他多年经营的私人医馆和他的主要服务对象中有相当一部分是大宅门里的富人。

新中国成立前，胡荫培医馆门诊看病一次收1块大洋，出诊一次要7块大洋，收入不菲。后来因业务需要，他不断买房，扩大医馆业务，到上世纪40年代中期，他医馆所处的东四十二条22号院的30余间房子，已完全成为他的私产。后来他又将这座两亩地大小的四合院修葺一新，说明他的家境相当的殷实。

但是，富裕的胡荫培，在生活上却崇尚节俭，他不近烟酒，不打牌，没有不良的嗜好，从不奢侈浪费。在家中吃饭也没有什么特别的要求。胡夫人擅长厨艺，平时最常做的就是手擀面，有客人来访时，往往会烹饪几样拿手的下酒菜，如红烧肉、酱豆腐肉、攘柿子椒、冬菜包子等。先生口味重，喜欢吃鲁菜、淮扬菜。过生日时，喜欢叫长子胡春生去东兴楼买只烤鸭回来在家吃，很少带家人在外面用餐。

平日里，先生说话态度温和，不苟言笑。但是对周围所有人都关心爱护，诚心帮助。家中有个干杂活儿的老董，没有工作，先生就主动帮助他联系，在百货大楼给他安排了正式工作。门房的侄女、甚至连他常去西服店中的小伙计，他都给予帮助。当时有对姓宋的夫妇，在春雨胡同59号经营一家照相馆，新中国成立前夕，国民政府发行金圆券，他们兑换了许多，没想到物价飞涨，金圆券急剧贬值。到后来，手中的金圆券已经是一文不值，由此买卖垮了，几乎倾家荡产。两人想回大连老家，苦于无钱买车票。先生得知后，二话没说，主动拿出一笔钱资助他们，作为他们回家的盘缠。先生就是这样慷慨大度，熟识他的人提起先生，都交口称赞。

除了日常门诊外，每晚，他还要到大宅门里出诊。当时不少的政界高官、教育界人士、高级演艺明星、商界巨贾等社会名流都来请先生看病。如张学良的弟弟张学思，就和他有交往。那时，每次张学思一到北平，都会请他去起士林吃西餐；天津四大绸缎庄之一的娄家，与先生交好，娄老太太经常请先生看诊调理，少掌柜娄世炎也和他交往密切。到后来，先生将妹妹介绍给娄世炎，两人一见钟情，不久便结秦晋之好。通过娄世炎的关系，不少天津的富商也来北平找先生治病，像启东洋灰公司的总经理沙永昌，前文提到的那辆雪佛莱汽车就是先生治好他的陈年顽疾后赠送给先生的。另外，像蔡畅、郝治平、裴丽生、爱新觉罗·溥杰、嵯峨浩夫人等政坛、社会名流也时常来请胡荫培到府上看病。

先生十分注意自己的形象，每次出诊及外出应酬，穿着都十分讲究，头发总是梳理的一丝不乱，衣帽穿戴搭配得当，不乏高档呢绒面料，以示对对方的尊重。可是一回到家中，他马上脱掉外出时的衣服，换上洗得干干净净、穿着随意的旧衣服，把外出时穿的衣服仔细叠好收起来。其实，以他当时的经济实力和收入，完全用不着这样。而每每遇到患病的穷人，他却总能慷慨解囊，毫不吝惜，不仅赠医舍药，还经常送钱送物。

胡荫培喜欢听戏，喜欢看电影。在诸多戏曲中他最爱京剧，他家中收藏了许多老唱片，闲暇时便打开留声机听上几段。通过看病他结交了不少京剧界的名角，像京剧表演艺术家李万春、李少春、叶盛兰、李砚秀、梁小鸾、言慧珠，有“四块玉”之称的侯玉兰、李玉茹，还有高玉倩等都与先生有交往。特别是李少春和侯玉兰夫妇是胡府的常客，先生会在名家的指点下唱上两句，李少春还曾教先生练功、吊嗓子、扎马步，现在胡家后人还藏有当年李少春送先生的练功腰带。出于对梨园界的热爱，先生培养他的长孙女胡巧辰学习京剧，考入了中国京剧院，毕业后成为北京青年京剧团的一名武旦演员，那是后话。

除了京剧界的朋友多外，先生通过诊病也和很多电影明星熟识，像《赛金花》的主演王莹、《渔光曲》的主演王人美、著名电影演员赵丹、林默予、金山、孙维世等。曲艺界也有不少好友，像前文提到的评书表演艺术家连阔如、唱京韵大鼓的骆玉笙、孙书筠。甚至连相声界的侯宝林先生也曾数次问诊于先生。由此可见胡荫培在京城文艺界中的社交面极广。

## 九、一代名医　誉威长存

1987 年 3 月 16 日，胡荫培先生因患卧床综合征，突发肺部感染，不幸去世，时年仅 74 岁。

在胡益萍的回忆录中，记载了先生去世前的一段往事：

记得那是1987年春节后的一个晚上，他抚摸着自己的手，指着手掌外侧对我们说："手太阳小肠经的输穴——后溪穴，是治疗功能性腰痛比较好的穴位，因为这个穴能通督脉……"语气是那么沉重，声音是那么低沉，显然已经力不从心。他老人家语塞了，流下了眼泪，做了两个摇头的动作。我们被这种突然的情况惊呆了，霎时间脑海中出现了一种不祥的征兆，泪水顿时涌出……第二天父亲出现咳嗽、气短、高烧等一系列肺部感染的体征。尽管积水潭医院安排了最好的专家，使用了不少的高档药品，但病情日渐加重，老人家明显瘦弱，终于在1987年3月16日（农历丁卯年2月17日）上午8时15分与世长辞，享年74周岁。

12天之后，在八宝山革命公墓为胡荫培举行了追悼会。

这一天正值北京的早春二月，气温很低，风也很大，天气阴沉，是典型的"春寒"时节，八宝山革命公墓礼堂内摆满了花圈和挽联，先生生前的同事、学生、亲朋好友闻讯后纷纷赶来送别这位德高望重的中医教授、针灸专家。

追悼会由积水潭医院党委书记肖秀芝同志主持，北京市政协副主席、积水潭医院院长王澍寰教授致悼词，先生长子胡春生代表家属向领导和来宾致词答谢。送花圈、挽联的有卫生部部长崔月犁、公安部常务副部长李广祥、中国科协副主席裴丽生、国家中医管理局局长吕炳奎、北京市卫生局局长刘俊田及中国中医研究院、北京中医学院（即现在的北京中医药大学）、北京医学院、全国中医学会（即现在的中国中医药学会）、全国针灸学会（即现在的中国针灸学会）、北京中医学会、北京针灸学会、北京中医医院、协和医院、同仁医院、友谊医院、天坛医院、宣武医院、朝阳医院、安定医院、积水潭医院等。挽联有"持针砭，救死扶伤；调汤药，妙手仁心"、"誉威长存"、"金针济世"、"绝代神针"等等，评价甚高。

参加追悼会的有卫生部副部长郭子恒、中国民间中医药研究开发协会秘书长言林、著名老中医赵绍琴、贺普仁、吉良晨、曹希平、张士杰、金伯华教授及各单位领导和中医同道、亲朋好友350多人。来宾与胡老夫人及家属一一握手，表示慰问。

胡荫培先生的骨灰于1987年7月14日上午10时安葬于京西的万安公墓。在墓碑上面刻有“墓志”，文曰：

**墓　志**

著名中医耆宿、针灸专家胡荫培，字少衡，河北省清苑县人。祖传三代世医。医疗教学五十余载，神手佛心，针药并施，活人无数，誉满京师，有“毫发金针”之赞。发表许多医学论文，培养弟子遍及中外，为发展我国中医事业作出了巨大贡献。

尊敬的胡老，安息吧。

胡荫培先生行医50余年，先后担任过华北国医学院讲师、教授、代理院长，北京国医公会理事，北京中医学会理事，北京市第二中医门诊部顾问，北京市中医进修学校教师、顾问，北京积水潭医院针灸科主任，北京国际针灸研究生班临床导师、中医教授，北京中医学会针灸分会顾问，卫生部医学科学委员会委员，1954年曾任东城区政协常委。

主要学术论著有:《胡荫培临床经验》《胡荫培医案选编》《痱痿疾病论治》《中风病的辨证施治》《环跳穴的应用》等30余篇，另著有《鉴翁医案》、《留耕堂医话》，惜“文革”中被焚。无论是学术研究、专业理论，还是人才培养，或临床实践，胡荫培先生都建树不凡，他的学术思想、针灸技艺和宝贵的临床经验，在中医针灸发展史上起到了承前启后的作用，为我国的针灸事业做出了重大贡献。

传授门人有：潘春秀、王桂菊、胡春生、胡春林、胡益萍、王木琴、陆续华、钮韵铎、伍实善。

再传弟子有：钮雪松、钮雪梅、闫松涛、王霞。

# 第二章
# 诊疗医话

本章介绍胡荫培教授诊疗医话 20 则，部分为胡老亲撰，部分为侍诊弟子记录，皆临诊所见鲜活之事。文虽短小，意趣盎然，内涵丰富，读后受益匪浅。

## 一、诊脉

余陪施公赴太原出诊时，南郊有一大庙十方禅林，庙特大香火盛，内有方丈延龄七十余岁，望之如三十许，精于医。诊脉不问亦不许病人自述，切脉后诊断如神，丝毫不错。人称老僧有神术，有人询问其有何神术？老僧叹曰："此无他，熟能生巧耳。"老僧曾五年诊平人脉无数，细心体会，病人脉一经切诊，即了然于胸中，细研脉之独大独小，数之快慢，此皆易查。必须同中求异，异中求病情，则病无遁情，此即僧之神术。即此一端，可知祖国医学欲求精进，必须有相当熟练参悟功夫，所谓炉火纯青，绝非一蹴而就也。

## 二、瘀血

余幼年随父赴清苑办事，常有人求诊。一日有军人求诊其病，据述骑马郊外，马惊坠骑，足挂蹬中，走三余里，人受伤昏迷不醒。在教会医院（彼时只一教会医院）经西医（意大利医生）打针人醒，胸中痛甚，西医束手无策。经先父诊脉，脉浮紧而不调，断为瘀血停于胸中，泄不可，化瘀而不能急救，当时甚是棘手。沉思良久酌定以下方法：用瓜蒂三钱，桃仁、红花各一两，浓煎速服；并急刺血会膈俞之后大吐黑紫瘀血一盆，胸中朗然。后服调补而愈，得庆更生云。

## 三、阴虚肝旺

苏联专家夫人叶福列莫娃年五十四，患心脏病兼高血压，在苏未治。来我国后即在友谊医院治疗，甚久不愈，西医各种疗法具备历试未果。余在积水潭医院专家门诊应诊时来诊。余诊查患者体力特衰，精神疲倦，面红戴阳，据述头晕、心悸、多梦、口干、神志不宁，舌绛，脉间歇。心电图：心率不规律。余思复脉汤是仲景治心悸之主方。经曰“燥淫于内，金气不足，治以甘辛。”[①]余变其法加生脉二甲，龙牡，麦冬，清肺热养肺阴，阿胶滋阴柔肝，益气养液，调荣诸法消息出入；同时配合针治，取曲池、内关、太溪、太冲隔日刺之，诊治三月余而显效。此证治疗波动甚多，始终认清症候，主动治疗，否则稍欠信心即无效矣。在治疗中始终坚持辨证施治的基本原则，而终获佳效。

**注：**①王晋三《古方选注》说：“此汤仲景治心悸，王焘治肺痿，孙思邈治虚劳，三者皆是津涸燥淫之证，《至真要大论》说：‘燥淫于内，金气不足，治以甘辛’也。第药味不从心肺，而主乎肝脾者，是阳从脾以致津，阴从肝以致液，各从心肺之母以补之也。人参、麻仁之甘以润脾津，生地、阿胶之咸苦以滋肝液，重用地、冬浊味，恐其不能上升，故君以炙甘草之气浓，桂枝之轻扬，载引地、冬上润肺燥，佐以清酒，芳香入血，引领地、冬归心复脉，仍使以姜、枣和营卫，则津液悉上供于心肺矣。”

## 四、偏头痛

上世纪70年代初，医院办公室主任陪同一位市委领导到门诊看病，自述左侧偏头痛病已多年，每逢工作疲劳，或缺觉、或感冒必然发作。每次疼痛少则七八天，多则半个月方能缓解，严重影响正常工作。经神经科检查，诊断为血管神经性头痛，虽经多方治疗，药物基本相同，不外解热止痛、消炎、镇静、维生素之类，已然作用不大；也曾服中药川芎茶调饮、羚羊钩藤汤及各种中成药，均无大效。闻针灸可止痛，遂抽暇前来试。查：本次头痛两天，发于左侧，抽掣又似跳动；痛点可缓慢移动。夜阑痛尤甚，以至难寐，心烦急躁，时恶心欲吐，便略硬。舌红苔薄白，脉弦细。脉证合参，病属肾阴不足，肝气郁结，风袭脑络。治以疏肝解郁，养血通络。取毫针刺百会、风池、太阳透率谷、内关、合谷、神门、三阴交（行针 30 分钟）。起针后头痛大减，约定次日复诊。又用《辨证录》之“散偏汤”加味予服。川芎、白芍、柴胡、白芷、香附、郁李仁、白芥子、全虫、胆草、甘草、羚羊角粉（冲服）。针药结合，冀收养血荣筋，清肝解郁之效。调治 3 天，头痛缓解，再继续治疗，巩固调理三月未见复发。该领导亲感针灸奇效，深为赞许，后为中医工作不吝增力。

## 五、高烧

1962 年秋月，余受友之邀，赴唐山延诊。至医院观察室，已晚七时许。见患者为一男孩，年方十四，其左手输液，鼻孔吸氧，茎中导尿，可知危重。主管医师云，患孩于一周前放学回家时因行走无力而跌扑，翌晨两膝以下竟麻痹而不能行走。速急诊于西医，内科、神经科共同会诊后诊为：逆行性脊髓炎。虽用多种西药治疗罔效，现患孩已瘫痪，平乳下感觉全无，高烧 40℃已 6 天，二便失禁、胸闷、呼吸困难，惟神志尚清，言语对答顺畅。即查体温 40.2℃，观其面色红赤，唇干而焦，口渴欲冷饮。舌质深红，苔薄白，脉数而有力。主管医师恳乞中药退烧，以解燃眉之急。脉证合参，病属温毒侵络，热入营血，急拟清热解毒、凉血和营之法。遣《千金要方》之“犀角地黄汤”加味：广角粉、生地、白芍、丹皮、茅根、银花、连翘、元参。取 1 剂，急煎。另取三棱针刺手十二井穴放血。嘱晚十一时、凌晨三时各灌服中药 1 次。余次晨七时须返京，六时再测病孩体温，已降至 36.8℃，病孩家属及主管医师皆露欢颜。此案取效迅速，主要认症准确，措施得力，主攻高烧，功在针药相伍之妙。

## 六、口疮

新中国成立前，晋剧名角郭先生，时年逾四旬，以美食家名于世，为人豪爽，善交际，人缘颇佳，夙日纵情口腹，恣食肥甘辛辣，又嗜烈酒浓茶。一日由余同乡相陪前来就诊。郭生自诉：患口疮五年，时好时坏，多方求治，仅得短效，因慕名求医，望除病根。诊查所见，其舌体右侧边缘处有一溃疡如蚕豆大小，呈凹陷状，疮面披有一层浅黄色分泌物。口中腥臭，舌体胀大且有齿痕，质紫暗，苔黄白腻。又询之胸膈满闷，腹胀，矢气恶臭，大便不畅极黏滞。脉弦滑有力。脉证合参，病属胃肠滞热，湿浊上蒸。法当清热降浊，通滞除湿，需用泻法。拟选善治湿热上蒸之病候的《伤寒论》“麻黄连翘赤小豆汤”与“姜连散”合方加味。处方：麻黄、连翘、赤小豆、苍术、茯苓、干姜、胡黄连、竹叶、公英、滑石块、生甘草。水煎服 5 剂。寒热杂投，以驱邪扶正。再取毫针刺劳宫、后溪、下巨虚、隐白。针药相伍，共济清胃火、除湿浊之功。服药后大便畅通，每日排便二三次，量甚多。便前腹略坠痛，便后全身轻松舒适。复循此方案，并令忌辛辣，食清淡，免浓茶，少饮酒，郭生一一遵嘱不怠。前后调治三周，复发性口腔溃疡已然痊愈。回顾其效，功在下法。半年后，郭生邀余观戏，知其口疮未再复发，五年疴疾三周得除，足见辨证施治之优势。

## 七、督脉虚痛

内亲侄女，29 岁。产后 80 天，恶露早净、乳汁充足、大便通调，惟后脑空虚作痛，颈酸、脊背沉胀痛楚，腰骶疼痛且凉，尾肛不时抽痛。前医诊为产后感寒，予羌活胜湿汤治之，以祛风胜湿，解表止痛。服药月余，疼痛反重。无奈，由其母搀扶来诊所求治。此时其疼痛已两月有余，观其舌淡红苔白，脉沉细无力，询其口干不渴，肌肤发凉，畏冷。脉证合参，病属大龄初产，气血两伤，阳气不充，督脉虚痛，并非风寒袭络。用羌独活误汗，焉能有效？故变通为温补。选《兰室秘藏》之“当归补血汤”与验方“十补丸”合方加减：鹿角胶、熟地、生黄芪、当归、狗脊、杜仲、川断、茺蔚子、寄生、秦艽、细辛、桂枝、白芍、炙甘草。再取毫针刺百会、命门、长强、后溪。针药配合，补气养血，温阳益肾，填督和荣。针治 2 次，服药 3 剂后，脊柱痛减，再进 4 剂背痛止，后脑已舒，尾肛抽痛亦止。经 20 天调治，诸症尽消，母女二人高兴不已，特来请安致谢。此案说明，痛有虚实之分，虚寒者当温补之，则血脉得充，痛当自除，针药并施疗效甚殊。

## 八、皮痹疽

余曾治河北省一九龄男童。三年半前其额头正中宽 1.5cm、长 3 ～ 4cm 一块皮肤出现淡红色长条状病斑，随病情进展，皮肤逐渐萎缩并发亮变硬。在当地县医院、地区医院治疗三月，病情未能控制，病灶面积增大。之后，由省医院转到北京协和医院。经有关专家以内服及外用药治疗两年，仍罔效，且病灶继续扩大，毛发脱落，色素沉着，皮肤萎缩变薄如羊皮纸样，宽 2 公分、长 9 公分许。经病友介绍，前来求治。细查：舌淡红，苔薄白，脉沉细。病属皮痹疽，西医称为硬皮病（结缔组织疾病）。此乃营血不足，外受风邪，气血凝滞，肌肤失荣。故拟综合治疗，取毫针向病灶中心围刺，相互穿透。遣《医宗金鉴》之“桃红四物汤”加味：生芪、当归、党参、川芎、赤白芍、熟地、桃仁、红花、丹参、鸡血藤、桂枝。再拟黑附片、白附子、干姜、桂枝、红花、透骨草煎汤外洗。以上诸法相伍，温经散寒、活血化瘀、调和营卫。患童亦相配合，经综合治疗半年余，沟状病灶处肌肉基本平整，皮肤弹软，毛发渐长，患童面润光泽，身高体壮，与半年前判若两人。家长致谢再三，携子返乡继续读书。

## 九、喉痹咳嗽

上世纪50年代后期，一位女播音员随民工参加兴修水利工程，因感冒发烧后未能休息调理，遗留咳嗽一症。患者咳嗽白痰，冬夏之季为重，口渴欲饮，咽喉干燥且痒，常因喉壁刺激诱发咳嗽，屡用化痰药、止咳药、消炎药、利咽药皆未能根治，严重影响工作，甚为痛苦，竟达20年之久，经病友介绍慕名求治。经诊查，舌淡红，苔白少津，脉沉细。月经提前，大便日解，喜食辛辣，夏日贪凉，冬天易感。《灵枢·邪气脏腑病形》篇云："形寒饮冷则伤肺"、"阴虚火灼，会厌失养，症见咽痒喉痹、微痛或微肿。"脉证合参，病属肺热阴虚，咽喉失润。故拟针刺尺泽、列缺、鱼际、太溪。并遣《医学心悟》之"止嗽散"加减：陈皮、桔梗、荆芥、紫苑、百部、白前、僵蚕、钩藤、地龙、灯笼、射干、地丁、生石膏、甘草。针药结合共济宣肺止咳，育阴利咽之效，并嘱患者防感冒，免辛辣，勤饮水，忌海鲜。连续治疗三周后，诸症皆消。半年后在广播中又听到该女播音员的清亮而美妙的声音，倍感亲切。

## 十、实喘

书画家刘先生，年过五旬，抗战胜利后，由江苏迁居北京。经友人介绍前来诊所就医。自述哮喘三年，经常服中西药，基本平稳。惟到北方后，因气候干燥，常患感冒而诱发哮喘，余诊查：此次风寒感冒 7 天，喘重咳轻，胸憋气促，不能平卧，喉中痰鸣，痰白清稀，易咯出，口干不渴，大便稍干不畅。舌质微红，苔白厚，脉滑数。脉证合参，病属肺热兼感，气失清肃，痰湿内阻，咳逆喘息。遵《伤寒论》之“小青龙汤”、“麻杏石甘汤”合方加减。处方：施覆花、鹅管石、海浮石、黛蛤散、干姜、五味子、细辛、生石膏、麻黄、杏仁、射干、厚朴、前胡、紫菀、苏子、甘草。再以毫针刺风门、肺俞、尺泽、内关、鱼际。针药相配共济解表清里，肃肺化痰。经治一周后喘平、表解、痰消，遂一直未见复诊。逾一年，忽刘君来访，执意邀余过府做客，推辞再三，乃从命前往。刘府宽敞气派，书房中极品甚多，目不暇给，然悬挂于北墙之上一大幅精美仿宋体书法引余注意，乃为刘君所书余为其开之中药处方，刘君语余：“此方愈吾顽疾，每逢偶感风寒，必遵原方服三帖，喘即安然度过。为防遗失，故书写悬之以作纪念。”刘君又赠余《冬雪腊梅》画作一件，以示谢意。

回味此方，配伍甚为得当，每逢“表不解、里有热，咳喘痰盛者”，服之皆有良效。

## 十一、虚喘

上世纪 60 年代，医院内科刘医师之岳母纪老夫人，年逾古稀，病喘多年，发作不分冷热季节，每发则胸膈满闷，气促难续，时轻时重。故经常到医院输液、输氧，重时则需住院治疗，以度危难。近日喘息复发，病房医师邀余会诊。见患者靠坐床头，面色晦暗发青，唇口干燥，吸气较深，有痰不多，平卧胸憋，动则喘甚，气不能接，神疲气怯，手足发凉，懒怠活动，纳少无食欲，大便 2 日 1 行。舌质浅红，苔白厚，脉象虚大。脉证合参，属脾胃气弱，冲脉逆上，肾不纳气之候。拟选《医学衷中参西录》之“镇摄汤”加味治之。处方：党参、生赭石、生芡实、生山药、山萸肉、清半夏、茯苓、熟地、泽泻、诃子、五味子、罂粟壳、细辛。再取毫针点刺气海、内关、太渊、复溜。针药相配，共济固肾纳气之效。经针刺治疗3次，服中药4剂后，患者胸膈满闷缓解，呼吸稍畅，诸症见轻而出院。再拟前方去芡实加白术，继续服药；并取艾条灸、关元、足三里，每日20分钟。遵上法调治两个月，虚喘大见好转，未再因喘息而住院。正所谓：“肺为气之主，肾为气之根，肺主出气，肾主纳气，阴阳相交，呼吸乃和；若出纳升降失常，斯喘作矣。”

## 十二、阴黄

有回族陈姓妇女求诊，年三十许，容貌却似半百之人。其面目与全身皆黄，色泽晦暗如烟熏，病已三载，多处求医不验。容貌日丑，配偶渐嫌，竟致婚变，情绪益悲，痛不欲生。诊查其症，神疲乏力，肌肤不温，喜温暖，口不渴，欲热饮，胃中嘈杂，饥不能食，小便不畅，大便滞涩，月经错后，量极少，白带不多。舌质浅红，苔白，脉象沉迟。脉证合参，病属脾胃虚寒，脾阳不振，湿从寒化，浊阻胆汁，浸淫肌肉，溢于皮肤而成。古人有“无湿不成疸”之说。姑拟《兰室秘藏》之“当归补血汤”与“茵陈理中汤”合方加味。处方：茵陈、生芪、当归、党参、白术、茯苓、干姜、血余炭、猪板油（凡回族患者药中使用猪板油，务须患者及家属同意）、炙甘草。再配合针刺肝俞、胆俞、脾俞、胃俞、肾俞（补法），针药并施，共济温阳化湿，益气养血之效。调理半年，患者病况转佳，容貌与病前判若两人，重现当年之靓丽。来年正月，陈女携一男登门拜年，告知乃其前夫，今已破镜重圆，夫妻躬身致谢，泪已盈眶。

## 十三、呕吐

解放初期，有一总后勤部军官，呕吐两年，时常发作，吐出物多为胃液且伴有少量食物。工作紧张或心情不爽时则发作频繁，夙喜饮酒、嗜浓茶。近月来病势加重，虽屡经中西药治疗，收效甚微，尤近日闻及药味即呕。周身疲乏，胸膈满闷，胃脘壅堵，吐之则舒。舌质淡红，苔白厚而滑腻，脉象沉滑。脉证合参，病属饮停中焦，清阳不升，湿浊不降。姑取针刺中脘、内关、足三里。再拟《金匮要略》之法，遣“小半夏汤”加“五苓散”合用：法半夏、生姜、茯苓、猪苓、泽泻、白术、桂枝（少量频服，以防胃不受纳）。针药并施共济利水渗湿，和胃止呕之效。经认真调理，两周后诸症皆安，呕吐之痼疾未再复发。此证虽重，但脾胃运化功能尚存，且患者配合戒茶戒酒，故能全功告捷。

## 十四、湿浊上犯

某男，机关干部，59岁，身体素健，除工作紧张时血压稍高，余无他苦。单位组织体检，发现血肌酐、尿素氮偏高，诊为肾功能不全。先后求治三位中医，处方多为益气补肾之品，西洋参、生黄芪、太子参、冬虫夏草之类。连续服药半年之久，以上指标不降反升，病情不缓反重，尤以恶心一症为甚，恶闻油烟气味，闻则呕不能食。烦躁，胸闷，气短，面赤，耳鸣，口渴，嗜冷饮，便秘，尿少，时而尿闭。速到西医急诊，经输液、注射、口服各种对症药物，病仍不见稍缓。诊查：舌质红，苔白厚腻，脉象滑数。脉证合参，病属湿浊上犯，滞留中焦，水气逆升则呕吐难已。姑拟《局方》之“藿香正气散”加减：藿香、佩兰、苏叶、茯苓、陈皮、半夏、厚朴、腹皮、桔梗、滑石、甘草、生姜（急煎一剂）。并取三棱针急刺两中缝穴，放出血与黄色黏液，病人吐立止。药后诸症平稳安然入睡。此例仍属湿浊上犯，理当化湿利水，则脾胃自和。若一味补虚，必致实实之误，医者应以为戒。

## 十五、腹痛

上世纪60年代为培训赤脚医生，医院遣余等三人赴房山深山某卫生院授课。甫至翌日，正授课时，忽院内大哗，乃一少女在隔壁诊室登桌而跃，不能自已。观者皆以其为癫狂发作，余等皆到诊室观看。其父云：此女已腹胀痛二日，大便六日未行，是以烦躁不宁，虽服泻药，但了无便意。急请同来之外科医生详细检查，初步诊为机械性肠梗阻，病情危及，理应即刻手术。然卫生院条件简陋，无法施术。县医院虽有条件，却又因山路难行，路途遥远，难以前往。无奈之下，唯有一试中医针灸，或可挽回。余即为其诊查，见脉弦滑有力，舌质深红，苔黄厚干燥少津，切其腹，胀满而痞硬拒按。追询近来饮食情况，知其一周前曾狂食炒玉米花。思忖再三，遵吴鞠通之滋阴攻下法，遣增液承气汤，用药：大黄、厚朴、枳实、芒硝、元参、麦冬、生地（急煎）。足三里深刺、强刺，持续捻转。约20分钟许，闻及肠鸣，中药煎毕即刻顿服。50分钟后，患者排便近一小盆，腹胀痛随即缓解。半天时间排泄4次，病人转危为安，在场者皆拍手称赞。针药诊治急诊并非不可，然为医者要有胆有识。无奈城市医院急诊室中医难有用武之地。

## 十六、虚寒泄泻

余曾医治街坊孙老太，年过花甲，身高体胖，伏天仍着毛衣裤。多年腹泻，日三四次，便呈稀溏。更医数位，服多种中西药物，皆难收效。前经某医诊为脾肾阳虚，中气不足，医治五月，其药量渐增为生黄芪 80g，炒白术 30g，黑附片 50g，补骨脂 30g，肉桂 15g，便次虽减，日解两次，然仍稀溏。家属携其登门来诊，欲再增加附子用量，以痊泄泻之苦，其情堪怜。余细为之诊：后背发冷，双膝至足冰凉，心悸，自汗，血压 178 / 92mmHg，面色偏红，唇干微渴。舌质淡红，苔白厚，脉象沉滑有力。慎思之，患者心悸、汗出、血压升高、应与附子超量有关，如此用法实不敢苟同。用药不效，理应变通，妄增用量，徒生变证，病家不满，或可理解。余认为证属病久寒凝，络脉瘀滞，应拟温阳补血，驱寒通滞，兼以涩肠分利之法。遵《外科证治全生集》“阳和汤”加味治之。处方：熟地、白芥子、鹿角胶、阿胶、麻黄、炮姜、肉桂、诃子、苍术炭、伏龙肝、泽泻、滑石、甘草。4 剂，水煎服。两周后病人复诊，自述服药 4 剂，泄泻已止，每日排便 1 次，呈条状。乃复购前方 6 剂，共服 10 剂后，畏寒大减。心悸平复，汗出亦少，血压 128 / 72 mmHg。疗效满意，信心倍增，求继续调治。再用火针刺腰背部及下肢外侧，针药合治两月，诸症皆轻，情况稳定，能做日常家务，多年之泄泻已然痊愈。

## 十七、血崩

1954 年春某日，余针灸门诊业后返家，见诊室有一中年女患，面色苍白，由家属搀扶坐在痰盂上。急询其因，其夫云：病人三旬，经期尚准，惟经量甚多，逢精神紧张则出血更甚，经期少则五六日，多则十余日，常需服止血药或注射止血针，虽多处求医，终未根治，故贫血多年。现为经期第三天，因出血过多，经友人介绍慕名前来。诊查所见：面色㿠白，声怯，心慌，气短。舌质绛，苔白，脉象沉弦而无力，平日腰脊酸痛，行经时腹胀痛，四肢乏力，经后头晕，失眠，大便正常。病属肝郁脾虚，中气不足，冲任失固。治宜理气疏肝，补阳益阴，摄血固冲。拟方：醋柴胡、白芍、阿胶、鹿角胶、海螵蛸、蒲黄炭、黑升麻、生龙牡、沙苑子、杜仲炭、金狗脊、北沙参，炙甘草。服3剂后血止，精神振作，气力有增。调治半年，月经正常，未再血崩。

## 十八、阳痿

我曾治朋友之子，26岁，新婚之夜发现阳痿不举，未交即泄。之后，每逢临房则心情惆怅，故性事不能成功，甚为苦恼。经诊查：舌质淡红苔薄白，六脉沉稳、两尺不弱，惟左关独大。腰无痛楚，尿亦不频，时善太息。脉证合参，肾虽不足，但不致发生阳痿之症。经再三追问缘由，方吐露真情。其婚前早有性伴侣，已然两年有余，至今情谊甚深，彼此交合甚为融洽。由于女大八龄，且有配偶，如此隐私，新娘难解，惟自己内心有负罪感，严重干扰情趣。病属情志不遂，肝气郁结，肝木不能疏达宗筋之所聚，而现“阳痿”。故拟《局方》之“逍遥散”加味治之，处方：柴胡、白芍、当归、白术、远志、小草、茯苓、炙甘草。再配合针刺心俞、肝俞、肾俞，针药结合共奏疏肝解郁，交通心肾之效。嘱患者远离旧情，善待新人，积极调理，两月之后一切正常，夫妻皆喜，登门致谢。此乃治疗“阳痿”之趣闻。

## 十九、白淫

上世纪50年代曾治一农妇，41岁，自诉几年来夜寐梦多，尤以深秋、严冬为甚，乱梦纷纭，难以表述，醒后下身流出黏液甚多，无何秽味，质黏色白清稀。晨起周身倦怠，四肢无力，气短心悸，眩晕纳少，喜卧汗出，健忘心烦。月经量少，白带不多，面色青黄。舌质淡红，苔黄白而腻，少津液，脉见浮大中空之芤象。患者虽年过四旬，然只得一女，夫妇有无男之忧，故多年来房事有增无减，强己所难，有违生理。思虑伤及心脾，纵欲耗竭肾精。病属欲火妄动，房劳过度，病久体虚，心肾两伤，神不藏舍，夜寐梦交，精关失固，发为白淫。《金匮要略》说："脉得诸芤动微紧，男子失精，女子梦交，桂枝龙骨牡蛎汤主之。"姑遵仲景法加味治之，处方：生龙牡、桂枝、白芍、生姜、大枣、甘草、远志、菖蒲、茯苓、胆草、炒知柏。再配合针刺内关、神门、三阴交、太溪、太冲。针药结合，共济补心安神，收敛固摄之效，调理两月而收功。此类病患非少，然女子惧羞而避之不谈，多数病人无从治疗。实乃封建礼教之害也。

## 二十、惧床症

上世纪40年代后期，北城某汽车行张经理，年近四旬，不幸中年丧妻。三月前续弦赵氏，年二十许。新婚之夜，同床时新娘剧痛而昏，从此惧床，令双方十分痛苦。一日余前往修车，因与张经理稔熟，遂向余吐露隐私，恳切之情溢于言表。余嘱其先携妻去西医妇科做详细检查，未几，夫妻携检查记录来诊所，阅：阴道缺乏分泌液体润滑，故而干涩作痛，其余均属正常。欲求中医治疗，经诊查：患者体形瘦小，面色稍黄少泽，舌质淡红，苔薄白。脉沉细稍数，自述口、鼻、眼皆干燥，口渴喜饮，尿黄，便秘，手足心热，月经先期量不多，平夙喜食辛辣。病属阴虚火旺，津液不足之候。选《医方集解》之"二至丸"、"五子衍宗丸"合方加味。处方：女贞子、旱莲草、菟丝子、五味子、枸杞子、覆盆子、车前子、牛膝、地骨皮。再针刺血海、曲泉、三阴交、太溪、水泉、照海、足三里。针药结合，共济滋补肝肾、育阴生津之功效。并嘱严忌辛辣之味。调治两月余，津液生，疼痛除，房事美满。一年后得一男婴，不胜欣喜，遂登门致谢，并承诺日后修车、换件一律减免，足见其感激之情。

胡荫培手稿

# 第三章
# 临证指南

按内、妇、儿、五官、皮外、骨伤科系统，分别介绍100种临床常见病的中医针灸治疗方案，内容翔实，实用性强，可作为针灸医师的临床参考。

# 一、内科病证

## （一）头痛（血管神经性头痛）

血管神经性头痛，俗称偏头痛。是以头的一侧、前额或头顶部位出现突发性疼痛，并有头皮血管跳动，痛如裂如劈，甚则伴有恶心、呕吐，疼痛缓解后犹如平人一样为特征的病证。

典型偏头痛常在青春期发病，多有家族史，头痛前有典型的视觉先兆（闪光幻觉），开始为一侧眶上、眶后或额颞部的钝痛，因而具有搏动性，后呈持续性的剧烈跳痛。该病以女性多见，呈周期性发作，并不恒定于一侧，以日夜持续疼痛为特点，多由焦虑、紧张、疲劳及感冒因素所致。

头为诸阳之会，手足三阳经均上行于头、面，足厥阴经上会于巅顶。由于受邪的脏腑经络不同，头痛的部位亦有所不同。如太阳头痛位于枕项；阳明头痛位于额、眉；少阳头痛位于头颞；厥阴头痛位于巅顶。根据头痛的发作程度、性质、部位及其他兼症表现，可作鉴别。

偏头痛以实证为多，以肝经（脏）病证为主。肝气郁结、肝血瘀闭、肝经寒凝、肝火上炎均以实证为临床表现，实际对每一位患者而言，纯寒纯热之症并不多见，往往是寒热与虚实相互兼见者居多。血管神经性头痛的中医治疗法则宜从“通”字着眼，所谓“不通则痛”、“通则不痛”是治疗偏头痛的核心手段，当然在疏通的过程中活血、理气、散寒、泄热结合辨证，因人而异，各有侧重。

**【讨论证型】**头痛·血虚肝郁型（血管神经性头痛）

**【临床表现】**偏头痛反复发作，呈周期性，发作时呈持续性。头痛剧烈，呈搏动性、局限性，甚则可有锥刺样或跳动样头痛发生。疼痛相对固定，但有沿神经走行方向移动的现象，大多发生于单侧。舌质暗紫，脉沉、弦、涩。其兼症有恶心呕吐、睡眠较差、心烦急躁、头晕耳鸣等。

【**辨证**】肾阴不足，肝气郁结，风袭脑络。

【**治则**】疏肝解郁，养血通络。

【**主穴**】百会、风池、太阳透率谷、合谷。

【**辅穴**】适当选择：①巅顶部位痛：加上星、四神聪。②前额部位痛：加攒竹、列缺。③侧头部位痛：加角孙、中渚。④后头部位痛：加天柱、后溪、列缺。⑤恶心呕吐者：加内关。⑥神志不宁者：加神门、三阴交。⑦肝郁气滞者：加阳陵泉、太冲。⑧心烦急躁者：加内关、曲泽。⑨体虚疲倦者：加足三里、照海。⑩瘀血内阻者：加膈俞或膈俞刺络放血。

【**刺法**】以毫针先刺百会穴，由前向后逆督脉循行而刺之，应用捻针手法泻之。风池用轻刺，平稳刺入，不做手法；太阳透率谷，用长针沿皮透刺，轻手法，平补平泻，皆针患侧。合谷取双侧，应用提插、捻转手法泻之。留针 30 分钟，隔日治疗 1 次。

【**配伍机制**】百会穴为督脉腧穴，善于疏通督脉的经脉之气。能沟通膀胱经与督脉之交流，具有清热开窍、平肝息风之功；风池为胆经腧穴，能清除足少阳经脉气之风热，协调胆与三焦经和阳维脉的经脉互通，具有开窍醒神、疏风活络之效；百会、风池相助，有息风清热之能，两者相得益彰；率谷为胆经腧穴，是胆与膀胱经脉气相通的交会穴，由于得到经外奇穴的相助，其治疗头痛的作用倍增，此为妙用；合谷为大肠经原穴，凡手阳明经的病证皆可应用，为四总穴之一。正如《玉龙歌》所说："偏正头风有两般，有无痰饮细推观，若然痰饮风池刺，倘无痰饮合谷安。"诸穴相配，五穴皆阳，局部与远端取穴，共济疏肝解郁、养血通络之功效。再适当选择辅穴，组成治疗血管神经性头痛的针刺方案。

【备注】

（1）血管神经性头痛经常发作者，其诱因有五，患者应特别注意：①疲劳；②睡眠不足；③感受风寒；④着急生气，心情不好；⑤喜食辛辣、肉食、海鲜等上火的食品，俗话说“鱼生火、肉生痰”，要警惕之。

（2）血管神经性头痛，为发作性的颅内和颅外血管功能障碍。中医学称为“偏头风”、“少阳头痛”。其病因是由于脏腑功能失调，导致经气不畅，血瘀所致。取针刺或放血法能起到理气、活血之功效。但在治疗过程中，应排除器质性疾病所引起的偏头痛。

（3）头部穴位在针刺操作时，医生一定要取轻手法。若手法过重，相反加重局部的疼痛，因为刺激过量会伤及骨膜，出现新的损伤性痛阈。

（4）若病情需要时，可以针药结合治疗。清·陈士铎著《辨证论》其中有治疗头痛疗效卓著的“散偏汤”，可供参考应用。

## （二）眩晕（高血压）

眩是眼花，晕是头晕，二者同时并见，故统称为“眩晕”。轻者闭目即止；重者如坐车船，旋转不定，不能站立，或伴有恶心、呕吐、汗出，甚则昏倒等症状。眩晕在头目，巅顶之上，唯风可到。早在《素问·至真要大论篇》中说：“诸风掉眩，皆属于肝。”《素问玄机原病式·五运主病》认为，本病的发生是由于风火，故有“风火者皆属阳，多为兼化，阳主乎动，两动相搏，则为之旋转”的论述。《景岳全书·眩晕》指出：“眩晕一证，虚者居其八九，而兼火、兼痰者不过十中一二耳。”并强调“无痰不作眩”。

眩晕乃中风之渐，尤其是高血压、形体胖、肝阳上亢、肝肾阴亏者，应予以充分重视。若见血压急剧升高、眩晕头痛、四肢麻木、手足震颤，甚而卒仆者，此乃中风前驱症，当警惕有发生中风的可能。

眩晕与晕厥的区别：眩晕通常无意识障碍，但较为剧烈者，偶尔也有瞬间意识丧失。眩晕可分为耳源性（周围性）、脑性（中枢性）两大类型。耳源性眩晕另作讨论；脑性眩晕包括高血压、椎-基底动脉供血不足、脑动脉硬化、癫痫、颅内占位性病变和颅内感染性病变等。

眩晕病程较长，其间常见虚实证候之间转化，多数表现为本虚标实之证。一般最初是肝肾阴虚，进而化为阴虚肝热，继则发展为阴虚阳亢，最后形成肝风内动。其治疗原则，常从肝论治，无论针治、药治，还是针药并施，皆以息风、潜阳、泄火、化痰为法，同时要配合降逆。

**【讨论证型】**眩晕·阴虚阳亢型（原发性或继发性高血压病及中风前驱症）

**【临床表现】**头晕目眩，头部胀痛，心烦易怒，失眠多梦，耳鸣惊悸，肢体麻木，面红目赤，口苦干渴。舌质红，苔黄白，脉弦滑数或弦细数。血压波动超出正常值。

**【辨证】**阴虚阳亢，肝热上冲，肝风内动。

**【治则】**滋阴清热，平肝息风。

**【主穴】**百会、风池、曲池、合谷、足三里、太溪、太冲。

**【辅穴】**适当选择：①头痛且胀者：加上星、太阳。②嘴唇麻木者：加承浆。③嘴角流口水：加地仓。④痰涎壅盛者：加丰隆。

**【刺法】**先以毫针刺百会穴，由前向后，逆督脉循行而刺，并行捻针手法泻之。再刺风池，平稳刺入，不做手法；曲池、合谷、足三里、太冲皆用提插、捻转手法泻之；太溪穴浅刺、轻刺，行捻针手法补之，双侧皆刺。留针 30 分钟，隔日治疗 1 次。

**【配伍机制】**高血压引起的眩晕，其根源是阴虚阳亢，病机的发展是肝热上冲，眩晕的病理表现是肝风内动。其治疗应当是标本兼治。取太溪为肾经的腧穴、原穴，乃足少阴经之脉气所注，属输土穴，具有滋阴补肾之功；太冲为肝经输穴、原穴，乃足厥阴经之脉气所注，属输土穴。具有疏肝理气，镇肝息风之效。二穴相助，共求滋阴平肝降火之力；曲池为手阳明大肠经合穴，配足阳明胃经合穴足三里，两穴均属合土穴。阳明经多气多血，泻阳明则清泄阳经热邪。若再借助太冲之力，则清肝热，潜肝阳，有直折之效；百会、风池有息风之能；妙在合谷、太冲相配，善泄亢盛的肝阳而清头目。两穴阴阳相助，开通气血，上疏下导，阴平阳秘，气血调和，有“开四关”之称。《胜玉歌》说“头痛晕眩百会好”。《通玄指要赋》讲：“头晕目眩，要觅于风池。”诸穴相配，共济滋阴清热、平肝息风之功效，再适当选配辅穴，组成治疗高血压引起的眩晕病证之针刺方案。

**【备注】**

（1）血压数值以当天未服降压药为准。收缩压、舒张压升高或两者之中有一项异常即可诊断为高血压。正常成年人在休息状态下，收缩压和舒张压的差值介于30~40mmHg，小于30mmHg或大于40mmHg均属不正常。研究发现，脉压异常者，其心血管意外的发生率要较脉压正常者高得多。我们平时在量血压时，一看收缩压和舒张压均在正常范围，便以为血压是正常的。殊不知，脉压也是一项特别重要的指标，很多疾病都可表现出脉压异常。

（2）脑中风的预兆应高度警惕：①突然单眼或双眼短暂发黑或视物模糊。②突然看东西复视或伴眩晕。③突然一侧手、脚或面部有麻木或伴有肢体无力。④突然眩晕或伴有恶心呕吐，甚至伴有心慌汗出等。⑤突然说话舌头发卷，说话不清楚。⑥没有任何预感，突然跌倒或伴有短时神志不清。有上述症状发生时，应立即到医院检查，争取早治疗，效果较好。

（3）近年来，随着饮食结构和生活方式的改变，高血压的发病率呈逐年上升的趋势，已成为我国中老年人的常见病和多发病。

（4）医生应提醒患者：①少吸烟、不饮酒、饮食低盐及低脂、忌辛辣。②调节情志，避免紧张、焦虑、烦恼情绪，保持镇静平和心态。③保持大便通畅，每日排便1~2次最宜。④如果做到以上3条，再经过医生妥善的治疗，高血压病可以取得较好疗效。另外，一定不能排斥西药的降压作用。⑤如果病情需要，可以配合中药汤剂，以“羚角潜阳汤”加减，取其针药并施的方法，疗效更佳。

## （三）眩晕（低血压）

眩晕，即指成人收缩压低于90mmHg，舒张压低于60mmHg，主要症状表现为直立时出现头重脚轻、视物昏花、模糊不清、晕厥、全身无力、发音含糊和共济失调的病证，并不会出现一般昏厥患者的面色苍白、出汗和恶心等先兆症状，一般男性为女性的3 ~ 4倍。初起病时，患者需直立相当时间才出现症状，而且较轻微，渐加重，甚至不能连续站立1 ~ 2小时，患者可能伴有神疲、乏力、头晕、气短等全身性虚弱症状。

《灵枢·海论》说：“髓海不足则脑转耳鸣，胫酸眩冒，目无所见，懈怠安卧。”《灵枢·口问》说：“故上气不足，脑为之不满，耳为之苦鸣，头为之苦倾，目为之眩。”

低血压的病因大都为植物神经系统功能失调，血压降低而致脑血流量不足，可能为一种原发于中枢神经系统的疾病。中医认为，本病的基本病机为脾肾两亏，气血两虚，清阳不升，血不上荣，髓海空虚所致。治以益肾补元，健脾升阳益气。

**【讨论证型】**眩晕·气血虚弱型（低血压）

**【临床表现】**头晕目眩，动则加剧，劳累即发，面色苍白，唇甲无华，发色不泽，神疲乏力，心悸怔忡，失眠健忘，纳少，脘痞腹胀，舌淡，脉虚细。

【辨证】气血两虚，髓海空虚，脑失所养。

【治则】益气养血，健脾补肾。

【主穴】百会、中脘、关元、足三里。

【辅穴】适当选择：①脾肾两虚：加脾俞、肾俞（阳虚者加灸）。②肝肾两虚：加三阴交、太溪。③肝胆虚热：加阳陵泉、行间。④心悸失眠：加大陵。

【刺法】以毫针先刺百会，由后向前，顺督脉循行刺之，使用捻针补法。中脘、关元皆直刺，用捻针补法。足三里刺双侧穴，用提插、捻转相配合的手法补之。留针 30 分钟，隔日治疗 1 次。

【配伍机制】百会穴为督脉腧穴，是与手足三阳经的七脉之会，“阳脉之海”善能疏调督脉经之脉气运行。具有清热开窍，平肝息风，健脑宁神，升阳举陷之功；中脘为任脉经腧穴，胃之募穴，“腑会中脘”能调理任脉之气畅通。该穴与内之胃体相应，其调理中焦功不可没，具有健脾消积、理气和胃之效。《十四经要穴主治歌》说：“中脘主治脾胃伤，兼治脾痛疟痰晕，痞满翻胃尽安康。”关元穴为任脉腧穴、强壮要穴，可促使任脉之气的阴阳平衡。该穴下通足三阴，上达手少阳，是治疗任脉与肝、脾、肾、膀胱各经的脉气相关之疾病要穴。具有培肾固本，回阳固脱，温经散寒之效。足三里为胃经的腧穴、合穴，乃足阳明经之脉气所入，属合土穴。具有调理脾胃，调和气血，理气消胀之用。《玉龙歌》说：“黄疸四肢无力，中脘、足三里。”亦为四总穴之一“肚腹三里留”。诸穴相配，共济益气养血、健脾补肾之效。再适当选择辅穴，组成治疗低血压引起眩晕病证的针灸方案。

【备注】

（1）从临床资料中发现，在低血压的患者中有相当一部分人很不重视吃早餐。有的人没有吃早餐的习惯，还有的患者同是简单应付，这种不规律的生活方式应当改善，否则对健康会带来负面影响。

（2）低血压主要分为5类：①原发性低血压，又称体质性低血压，常见于情绪不稳，体质瘦弱的老人，女性多见。②继发性低血压，如失血、休克、心肌梗死等，由于血量减少，外周血管阻力降低而致。③体位性低血压，即直立性低血压，长期站立或从平卧位变为直立位时发生的低血压，常见于植物神经功能失调引起。④内分泌功能紊乱所致的低血压，常由于低钠、血容量减少、心搏减少等引起。⑤慢性消耗性疾病及营养不良所致的低血压，如结核病、慢性肝病、慢性肾病、重症糖尿病等。

（3）青少年低血压不容忽视。近年来发现，有些青少年的血压偏低，收缩压低于90mmHg，而舒张压达不到60mmHg。由于长期的血压偏低，使机体组织器官、尤其是大脑减少供血等引起。这类青少年容易感到头晕眼花，乏力气短，心悸，胸闷，精神难以集中，记忆力较差而健忘，往往伴有食欲不振，精神疲倦，畏冷喜暖，手足不温等。青少年低血压属功能性疾患，常无器质性病变。

（4）低血压对老年人的身心健康危害极大。老年人引发低血压的原因是多方面的：老年人各器官功能均衰退、神经调节功能低下；动脉硬化使动脉弹性减小；体质虚弱；在闷热或室内缺氧的环境中站立过久，以及长期卧床、体位突然改变等。老年人低血压常有头晕、眼花、疲倦、头痛、健忘、心慌气短、睡眠欠佳等表现。

（5）血压过低的患者应当配合服用中药，应用“补中益气汤”与“桂枝汤”合方加减。一派补中益气和营之品，能达到益气建中，升压调荣之功效。

## （四）中风偏瘫（脑血管病后遗症）

中风的记载始于《内经》，《素问·调经论篇》指出：“血之与气，并走于上，则为大厥，厥则暴死，气复反则生，不反则死。”中风偏瘫是指中风经过救治后，神志清醒，并出现左侧或右侧上下肢瘫痪、不能随意运动的后遗症。

常见的症状是半身不遂、言语不利、口眼歪斜、口流涎、吞咽困难或发呛、二便不能控制等。

现代医学统称“脑血管病”，临床包括脑出血、蛛网膜下腔出血、脑血栓形成、脑栓塞等。

中风后遗症皆以偏瘫为主症，不论中脏腑、中经络，或脑血管病为出血性、缺血性，其留有的后遗症大致相同，所以针灸治疗方法也没有大的区别，只是病情轻重之差异。

肢体瘫痪的轻重相比，主要决定于脑血管病变的性质和部位。①上肢重、下肢轻者为大脑中动脉病变，下肢先恢复，病例占绝大多数。②上肢轻、下肢重者为大脑前动脉病变，上肢先恢复，病例占很少部分。③上肢、下肢轻重相同，为大脑后动脉病变，上下肢同时恢复，病例比例很少。④脑出血的部位大都在内囊，急性期后，偏瘫可逐渐成为痉挛性，上肢屈曲、内收，下肢呈直伸，腱反射亢进，运动能力可有恢复。近端比远端恢复为好，手指精细运动的恢复最迟并最差；外囊出血者效果较好。

总之，临床所见中风偏瘫者，缺血性（脑血栓形成、脑栓塞）与出血性（脑出血、蛛网膜下腔出血）的比例为7:1，缺血性占多数。

**【讨论证型】**中风偏瘫·阴虚阳亢型（脑血管病后遗症）

**【临床表现】**半身不遂，口眼歪斜，面红目赤，头晕且痛，耳鸣烦躁，舌强语言不利，吞咽发呛，患侧肢体僵硬拘挛，血压偏高，大便秘结，舌质红，苔黄白，脉弦滑。

**【辨证】**阴虚阳亢，脑络瘀阻，经脉失养，发为风痱。

**【治则】**滋阴潜阳，通络化瘀。

**【主穴】**①百会、风池、曲池、足三里、三阴交、太溪。②百会、太阳、曲池、合谷、阳陵泉、昆仑、太冲。以上两组配方交替使用。

【辅穴】适当选择：①头晕目眩：加风府。②语言不利：加廉泉或金津、玉液点刺出血。③神志模糊：加人中、涌泉。④吞咽发呛：加听宫、翳风。⑤手不伸握：加合谷透劳宫、中渚。⑥中气不足：加气海、关元。

【刺法】第①组：以毫针先刺百会，由前向后逆经刺，应用捻针平补平泻法。再刺风池，以轻刺、平稳刺入，不做手法；曲池、足三里、三阴交、太溪皆用提插、捻转手法补之。双侧皆刺，留针 30 分钟，隔日治疗一次。第②组：以毫针先刺百会，由前向后逆经刺，应用捻针平补平泻法。再刺太阳，以轻刺、浅刺，不做手法；曲池、合谷、阳陵泉、昆仑皆用提插、捻转手法补之。太冲穴泻之，只刺患侧。留针 30 分钟，隔日治疗一次。

【配伍机制】治疗中风偏瘫，主穴共计 11 穴，其中阳经占 8 穴，阴经占 3 穴，阳经为主导，阴经占少数。阳主动，阳经善疏通经脉，特别是阳明经多气多血，胆经利关节而缓筋通脉，膀胱经散风邪，尤其是督脉为手足三阳经七脉之会，是“阳脉之海”；配合阴经穴，其中足三阴经肝、脾、肾经各占 1 穴，而达到阳生阴长，阴阳之脉相配，乃至阴平阳秘；在 11 个主穴之中，包括“五输穴” 6 穴，占有半数之比例。《黄帝明堂灸经》说：百会治“言语謇涩，半身不遂。”《通玄指要赋》讲：“头晕目眩，要觅于风池。”诸穴相配，共济滋阴潜阳，通络化瘀之功效。再适当选择辅穴分别组成两组，治疗中风偏瘫的针刺方案，交替使用。

【备注】

（1）治疗偏瘫，可配两组处方，方义均为标本兼施。治其本者滋补肝肾，治其标者潜阳息风。二者同等重要，但疏通经络、活血清热的作用必须兼备。

（2）治疗中风偏瘫的经验体会：①治疗取穴要少，重点突出主穴。例如：百会、曲池、足三里，或阳陵泉、太溪，或昆仑。②手法补泻分明，刺激不宜过强，因为此类患者多为形盛气虚之体质，强刺激可伤正气，反而疗效较慢，即所谓“欲速则不达”。

（3）脑血管病后遗症的治疗时机：大量临床资料表明，脑血栓患者宜早期针灸治疗，脑出血患者一般在病情稳定后即可针灸治疗，适当配合药物与按摩的综合治疗亦有必要。在治疗过程中，要督促患者主动或被动地功能锻炼和进行语言练习，这是提高疗效，促使生活自理、功能重建的必要措施。

（4）脑血管病患者如何防止再次发病：中风偏瘫患者再次发病是常见情况。每逢“立冬”开始，脑血管病进入多发季节，尤其是元旦至春节期间更是发病高峰，复发病例多见。笔者认为便秘，舌质深暗，苔厚腻，血压波动上升，情绪容易激动，这些都是再次发病的多见症状或体征。一旦出现这些症状或体征，就应立即采取治疗措施。若治疗得当，可减少发病，对预后很有意义。

（5）腔隙性脑梗死是临床常见病：腔隙性脑梗死（简称腔梗）非常多见，实际上就是现在所称脑梗死的一种。腔梗的梗死面积很小，直径一般不超过 1.5cm。它多发生在大脑深部的一些部位。由于供应这些部位血液的动脉多是脑动脉的末梢，分支细小，供血范围有限，单一小支的阻塞，只引起很小范围的脑组织坏死，坏死的脑组织被吸收形成小的腔隙，因此称为腔隙性脑梗死，约占脑梗死的 20% 。一般腔梗的危险性很小，预后良好，多数患者经一至数周治疗后好转或痊愈，可恢复正常的工作和生活。

（6）治疗偏瘫，属于“风痱”者，临床应用金·刘完素的“地黄饮子”加减，效果较好，若运用针药结合则效果更佳。

## （五）面瘫（面神经炎）

周围性面瘫是面神经炎症所致的一种疾病，多在 20 ~ 40 岁发病，男性略多，无明显季节性。通常急性起病，于数小时内达到顶峰。患者往往是在清晨起床洗脸、漱口时发现口角歪斜、面肌麻痹，患侧眼裂较大，鼻唇沟较浅，口角低，不能皱眉，闭目不紧，鼓腮时患侧有漏气，饮水、漱口时，水由患侧口角漏出。部分患者有舌部味觉减退。

《灵枢·经筋》说："足之阳明，手之太阳筋急，则口目为僻……"手、足阳经均上行头面部，当病邪阻滞面部经络，尤其是手太阳和足阳明经筋功能失调，均能导致面瘫的发生。

面瘫除面神经炎症所致外，其他还有血管性（脑血管意外、脑血管畸形可产生中枢性面瘫）、损伤性（颅底骨折、乳突或面部损伤所致）、肿瘤性（听神经纤维瘤最常引起周围性面瘫）等。

周围型面瘫病多由感受风寒后病毒感染，引起局部面神经营养障碍、血管痉挛，导致神经缺血、水肿而发病。

面瘫的分型与鉴别，见表3-1：

**表3-1　　面瘫的分型与鉴别**

| 分型 | 额纹 | 舌尖 | 血压 | 病因 | 中医辨证 |
|---|---|---|---|---|---|
| 中枢型 | 正常 | 偏 | 较高 | 脑血管病 | 内中风 |
| 周围型 | 消失 | 居中 | 正常 | 风寒袭络 | 实中络 |

**【讨论证型】**面瘫·风寒袭络（面神经炎、周围型面瘫）

**【临床表现】**感受风邪，突然发生内耳或乳突部疼痛，流涎、流泪，口歪向健侧，目不能闭合，不能皱额、蹙眉，鼻唇沟变浅或歪斜。可伴有恶风、发热、头痛、鼻塞、颈部肌肉僵硬。舌苔薄，脉浮。

**【辨证】**风寒袭络，气血紊乱，营卫失调。

**【治则】**顺通气机，宣散风寒。

**【主穴】**翳风、迎香、阳白、颧髎、地仓透颊车、合谷、内庭。

**【辅穴】**适当选择：①耳后疼痛：加风池。②眼裂较大：加攒竹、丝竹空。③口角低垂：加大迎。④眼睛流泪：加四白。

**【刺法】**以毫针刺患侧，翳风、迎香、阳白、颧髎皆用轻刺、浅刺，不用手法；地仓透颊车，手法尽量轻巧；合谷、内庭皆用捻转手法，平补平泻；双侧皆刺。留针30分钟，两周之内每日治疗1次，两周之后隔日治疗1次。

**【配伍机制】**面瘫之病因，乃手太阳、足阳明经功能失调。在主穴之中选定小肠经的颧髎为重点，再取阳明经的地仓、颊车、内庭及迎香、合谷。颧髎为小肠经腧穴，善清手太阳经脉之风热。具有清热祛风，通经活络之功；地仓等三穴皆为胃经腧穴，均能疏导足阳明经之脉气运行；迎香、合谷都是大肠经之腧穴，可以调节手阳明经之脉气畅通，阳明经多气多血，取阳明经有理气活血之用，五穴共奏宣散风寒、清热活血、疏通经络之效；翳风穴为三焦经腧穴，可调理手少阳经之脉气郁滞；阳白穴为胆经腧穴，又是三焦、胆、大肠和胃经与阳维脉之交会，具有一穴能沟通五条经脉的特殊作用。且有清热平肝，活血通络之效。《玉龙歌》说："口眼歪斜最可嗟，地仓妙穴连颊车。"《类经图翼》讲：四白"主治……流泪，眼痒，口眼歪斜。"《玉龙歌》说："头面纵有诸般疾，一针合谷效如神。"诸穴合力，远近搭配，以阳经穴为主要构架，共济顺通气机、宣散风寒之功效，再适当选择辅穴，组成治疗颜面神经麻痹的针刺方案。

**【备注】**

（1）面瘫的瘫痪面积计算方法：一般面瘫的发生多见于单侧，往往以患侧与健侧相比较来计算。将单侧的颜面分为4部分，即①前额与额纹；②眼的闭合与速度；③纵鼻与鼻横纹；④口角与示齿、鼻唇沟，每部分各占25分。以患侧的功能动作与健侧相比，根据差距给分，最后4部分所得分数之"和"为瘫痪比例，以此量化病的程度，便于书写病历和患者对病情的了解。

（2）周围性面瘫，中医辨证称为实中络，所谓急性期是指病后 7 ~ 9 天的发展阶段。一般年轻患者为 7 天，年长患者为 9 天。渡过急性期之后进入恢复期，则病情稳定逐渐向好的方向转化。

（3）周围性面瘫的针刺治疗，初起即应介入，不宜等待时日。但急性期阶段宜轻刺、浅刺，进入恢复期则应视患者的体质选择中、强刺手法。若治疗两个月之后仍未痊愈者，应考虑患者的气虚血瘀特点，选用透刺针法配合补益中气的强壮腧穴，可有相当疗效。

（4）在治疗阶段，患者应注意保持充足的睡眠和休息，切勿再受风寒，忌食辛辣，积极配合医生的治疗。

（5）可配合服用中药治疗，应用“乌药顺气汤”与“牵正散”合方加减治疗有效。

### （六）面抽（面肌痉挛）

面抽是以阵发性、不规则的一侧面部肌肉不自主抽搐为特征的病证。起初多为眼睑，逐渐扩散至一侧面部和口角，痉挛范围不超过面部神经支配区，少数可伴面部轻微疼痛，后期可有肌无力、肌萎缩。

面抽的诱发因素为膝状神经节受到病理性刺激，如精神紧张、疲劳、面部随意运动、用眼过度等。面瘫久治不愈再受风寒，也可诱发本病。多见于中年女性，常有明显的情绪诱因。

中医认为，面抽为面部经筋拘急，临床可分风寒袭络和肝风内动两大类，其中肝风内动者较为多见。可分别以祛风通络和养血息风法治之。古人有“治风先治血，血行风自灭”的理论可用于指导本病的治疗。兹列表以参照比较（表 3-2），便于鉴别。

表 3-2　　面瘫、面抽、面痛对照

| 中医病名 | 西医病名 | 特 征 | 治疗大法 |
| --- | --- | --- | --- |
| 面 瘫 | 颜面神经麻痹 | 麻 痹 | 疏风通络 |
| 面 抽 | 面肌痉挛 | 抽 搐 | 养血息风 |
| 面 痛 | 三叉神经痛 | 疼 痛 | 缓筋止痛 |

**【讨论证型】**面抽（面肌痉挛）· 血虚风动型

**【临床表现】**颜面一侧肌肉抽搐，多发于中年妇女，时发时止，无明显诱因；或可因情志不遂，劳累，疲乏，睡眠不足之后发生。兼有眩晕，耳鸣，心烦，急躁等症；舌质淡红苔白，脉弦细。

**【辨证】**阴虚肝旺，血不荣筋。

**【治则】**滋阴清热，养血息风。

**【主穴】**风池、四白、后溪、太溪。

**【辅穴】**适当选择：①阳明热盛：加合谷、列缺。②阴虚肝旺：加太冲、照海。③痰湿内阻：加丰隆、阴陵泉。④病久虚寒：加头维、厉兑。

**【刺法】**以毫针先刺患处风池，应用捻针手法平补平泻；再刺患侧四白穴，浅刺不做手法；后溪可强刺泻法，太溪用捻针补法，双侧皆刺。留针 30 分钟，隔日治疗 1 次。

**【配伍机制】**风池为胆经腧穴，善于疏导足少阳经脉气。具有清热平肝，疏风通络之功；四白为胃经腧穴，能清解足阳明经脉气之风热。具有散风清热，通调腑气，疏通经络；后溪为小肠经输穴，乃手太阳经之脉气所注，属输木穴，又是八脉交会穴，可通调小肠与督脉之交流。具有宣通阳气，通络止痉之效；太溪为肾经输穴、原穴，乃为足少阴经之脉气所注，属输土穴。阴经无原穴，而是以输代原，凡肾经之病皆可取太溪为重点，具有清肺益肾、滋补下焦之能。以上四主穴相配，共济滋阴清热、养血息风之功效。再适当选择辅穴，组成治疗面肌痉挛的针刺方案。

【备注】

（1）面抽者，经针刺治疗取效后，一定要特别注意饮食起居，心情愉快，否则复发率较高。临床发现，感冒、疲劳、睡眠差、生气都是诱发本病或加重病情的不利因素，患者应警惕。

（2）面抽是一种顽固且易复发的疾病，要求患者耐心治疗，而医者也应在一种方法未取效时，及时改用另一种穴位刺法。如果必要时，可配合中药治疗。应用“犀角地黄汤”与“四物汤”合方加减疗效较好，再适当选配镇肝息风之品，犀角粉可以羚羊角粉代替。

（3）面抽的发生，一般认为与面神经的脱髓鞘改变有关，面神经脱髓鞘导致面神经核内产生异常电兴奋灶，引起面肌痉挛。面肌痉挛的产生大致可分为两类：①血管因素：目前已知有80%～90%的面肌痉挛是由于面神经出脑干区存在血管压迫所致，包括动脉或静脉压迫，或是它们的共同压迫。②非血管因素：桥脑小脑角的占位性病变，如肉芽肿、肿瘤和囊肿等因素亦可造成面肌痉挛。

## （七）面痛（三叉神经痛）

面痛即颜面疼痛，是三叉神经分支范围内反复出现的阵发性短暂剧烈疼痛，有时亦可为持续性疼痛。但耳后、枕项、颞部等处发生的疼痛不属于此。该病多于40岁后起病，女性较多。疼痛反复发作和缓解，在发作数周或数月后，常可自行缓解一定的时间。在发作期，出现阵发性闪电样剧烈疼痛，如刀割、钻刺、火灼，阵痛持续时间仅数秒，频率自一日数次至一分钟多次。突然出现的剧痛常反射性地引起同侧面部肌肉抽搐。在疲劳、睡眠差、感冒、生气时都能诱发或疼痛加重。

《素问·刺热篇》有“两颌痛”、“颊痛”的记载。明·王肯堂

《证治准绳》说："面痛皆属于火……暴痛多实，久痛多虚。"

颜面疼痛，在临床上常以三叉神经痛为主治病证，可分为原发性与继发性两种。原发性者发病机制不明，但不伴神经功能破坏症状，如感觉减退等；继发性者可由肿瘤、蛛网膜炎、多发性硬化等引起，呈持续性疼痛，伴有神经功能破坏症状。中医治疗以原发性为主，一般实证、热证为多，故清热泻火、祛风通络为常法。针灸缓解疼痛效果好。

**【讨论证型】**面痛·肝郁化火型（三叉神经痛）

**【临床表现】**颜面疼痛为阵发性、灼热样抽痛，以颊、颔为多。目赤口苦，心烦易怒，夜寐不宁。脉弦数，舌质红，苔黄白。

**【辨证】**木郁化火，肝热生风，络脉瘀滞。

**【治则】**滋阴平肝，缓痉息风，活血止痛。

**【主穴】**风池、列缺、合谷、太冲。

**【辅穴】**适当选择：①痛在第1支：加太阳透率谷、攒竹、阳白。②痛在第2支：加禾髎、颧髎。③痛在第3支：加大迎、地仓透颊车、承浆。④偏于风寒者：加百会。⑤偏于风热者：加翳风。⑥兼有痰湿者：加丰隆。

**【刺法】**以毫针轻刺风池，应用捻针手法平补平泻，只取患侧。列缺斜刺、轻刺，不做手法；合谷、太冲用提插、捻转手法泻之。双侧皆刺，留针30分钟，隔日治疗1次。

**【配伍机制】**风池为胆经腧穴，善能疏导足少阳经之脉气畅通，能沟通三焦、胆经与阳维脉之交流，具有开窍醒神、疏风活络之功；列缺为肺经腧穴、络穴，可驱散手太阴肺经脉气之表邪，能交流肺与大肠经之间的脉络，并与任脉沟通，为肺经脉气所集之处，具有清泄肺肠之热，可祛风散邪，是四总穴之一；合谷为手阳明大肠经原穴，而手阳明大肠经与足阳明胃经同属阳明，同为多气多血之经，故泻此穴能达到泻阳明，进而泄全身偏盛之气的目的；太冲为足厥阴肝经原穴，泻此穴能直泄亢盛的肝阳而清头目。二穴配伍，一气一血，一阴一阳，开通气血，上疏下导，阴平阳秘，且有调和气血之妙。以上四主穴，共济滋阴平肝，缓痉息风、活血止痛之功效。再适当选择辅穴，组成治疗三叉神经痛的针刺方案。

**【备注】**

（1）三叉神经痛患者经针刺治疗取效后，一定要特别注意饮食起居，心情愉快，否则复发率较高。临床发现感冒、疲劳、睡眠差、生气都是诱发面痛，或加重病情的不利因素，患者应警惕。

（2）在饮食方面，一定忌食辛辣、酒类及海鲜发物，特别是高热量、易上火的食品都应当禁忌。

（3）如果病情较重者，可配合服中药汤剂。以“芍药甘草汤”与“四物汤”合方加减，达清热平肝，缓痉息风，活血止痛之功。

## （八）感冒（流行性感冒）

流行性感冒即时行感冒，是指由感冒病毒所引起的一种急性呼吸道传染病，起病急，病情轻重不一，高热、乏力、周身肌肉酸痛是主要特征，体温可高达39℃～40℃；伴头痛，鼻塞，流涕，喷嚏，咽痛，干咳等。少数患者有鼻衄，食欲不振，恶心，便秘或腹泻等胃肠道症状。《素问·（遗篇）刺法论》说：“五疫之至，皆相染易，无问大小，病状相似。”概括了对时行感冒发病情况的认识，本病多呈群体性发病，传染面较广。

《诸病源候论·时气病诸候》说：“夫时气病者，此皆因岁时不和，温凉失节，人感乖戾之气而生，病者多相染易。”《医学源流论·伤风难治论》说：“凡人偶感风寒，头痛发热，咳嗽涕出，俗语谓之伤风……乃时行之杂感也。”

时行感冒是由于时行病毒侵袭人体而发病。以风邪为主，一般以风寒、风热为多见。若四时六气失常，“春时应暖而反寒，夏时应热而反冷，秋时应凉而反热，冬时应寒而反温”（《诸病源候论·时气病诸候》）。非时之气夹时行病毒伤人，则更易引起发病，且不限于季节性，病情多种，往往互相传染流行。

**【讨论证型】**感冒·风热兼感型（流行性感冒）

**【临床表现】**发热恶寒，无汗或有微汗，头痛，鼻塞流涕，咽喉肿痛，周身乏力，肢体酸痛，口干或有呕逆。舌质微红、苔白，脉浮数。

**【辨证】**肺热兼感风寒，营卫失调。

**【治则】**宣肺疏表，解毒清热。

**【主穴】**大椎、风池、风门、列缺。

**【辅穴】**适当选择：①头痛头晕：加百会、太阳。②高烧无汗：加合谷、手足十二井穴（刺络放血）。③鼻塞流涕：加迎香、肺俞。④咽喉肿痛：加少商（刺络放血）。⑤咳嗽痰多：加尺泽、丰隆。

**【刺法】**先以毫针刺大椎，应用捻针法平补平泻。再刺风池，平稳刺入，不做手法；风门浅刺用泻法；列缺斜刺、轻刺捻针泻之。双侧皆刺，留针 30 分钟，每日治疗 1 次。

**【配伍机制】**大椎穴为督脉腧穴，是手足三阳经七脉之会。善于疏解督脉之风寒。具有散寒镇惊、解表清热之功。《伤寒杂病论》指出：“太阳与少阳并病，头项强痛，或眩冒，时如结胸，心下痞硬者，当刺大椎第一间。”风池为胆经腧穴，又为手足少阳、阳维脉交会穴，能疏通足少阳经之脉气运行，沟通三焦、胆经与阳维脉之间的脉气交流。具有开窍醒神，疏风活络之效。《十四经要穴主治歌》说：“风池主治肺中寒，兼治偏正头疼痛。”风门为膀胱经腧穴，又为督脉、足太阳交会穴，可疏解足太阳经脉气之风寒。太阳主表，风门穴为风寒入侵之门户。具有宣肺解表，清热疏风之能；列缺为肺经腧穴、络穴，有宣解手太阴经脉气之外邪，同时可以沟通肺与大肠之脉络，通于任脉，为肺经脉气所集之处。具有清肺、大肠之热，宣肺平喘止咳之效，为四总穴之一“头项寻列缺”。以上四主穴，共济宣肺疏表、解毒清热之功效。再选择适当辅穴，组成治疗风热兼感之针刺方案。

**【备注】**

（1）对于感冒的辨证，主要根据恶寒发热的孰轻孰重、渴与不渴，咽喉红肿与否，以及脉象的数与不数、舌苔的黄白等，以区分风寒与风热两大类。流行性感冒传染性强，症状重，在辨证上属于风热者占绝大多数，属于纯正的风寒者则只占少数。所以说，“肺热兼感”型流行性感冒在临床实践中占十之八九。

（2）感冒是临床上最常见的疾病之一，发病率较高，特别是时行感冒，多在人口稠密的地方和公共场所传播流行，预防本病发展尤为重要。医生应提醒患者：①感冒流行期间，避免集会或集体娱乐活动，老幼病残及易感者少去公共场所。②室内经常开窗通风，保持空气新鲜。③加强户外体育锻炼，提高身体抗病能力。④秋冬气候多变，注意加减衣服，多饮开水，多吃清淡食物。

（3）流感患者应配合清热解表的中药治疗，“银翘散”与“麻杏石甘汤”合方加辛夷、苍耳子、板蓝根等疗效较好。

### （九）外感咳嗽（支气管炎）

咳嗽是肺失清肃，宣降失调，肺气上逆的临床症状，又称咳逆。咳为无痰而有声，肺气伤而不清；嗽是无声而有痰，脾湿而为痰。在临床常常是痰声并见，很难截然分开，故通称为咳嗽。

根据发病原因，可分为外感咳嗽和内伤咳嗽两大类。《景岳全书·杂证谟·咳嗽》篇说：“咳嗽之要，止惟二证，何为二证？一曰外感，二曰内伤。”外感咳嗽是因外邪侵袭引起，内伤咳嗽是因脏腑功能失调引起。一般而言，外感咳嗽，起病急，病程短，常伴肺卫表证，均属实证；内伤咳嗽，病程长，常反复发作，伴有其他脏腑虚实见证。

在临床上，咳嗽要根据病程的时间长短，是否有过感冒，咳嗽的节律、声音、有痰无痰、痰的颜色、痰的稠稀、咳嗽是白天和夜间的轻重对比、有无咽痛、咽痒的刺激、是否口干、喜热饮喜冷饮，这都是辨证的依据。

**【讨论证型】**咳嗽·肺热兼感（支气管炎）

**【临床表现】**咳嗽病程短，起病急骤，兼见咳嗽声重，咽喉作痒，咯痰色白、稀薄，头痛发热，鼻塞流涕，形寒无汗，苔薄白，脉浮紧者，为外感风寒证；咳嗽咯痰黏稠、色黄，身热头痛，汗出恶风，苔薄，脉浮数者，为外感风热证。

**【辨证】**肺热感寒，失其清肃，咳逆上气。

**【治则】**宣肺清热，化痰止咳。

**【主穴】**①肺俞、尺泽、列缺。②肩髃、曲池、肺俞、太渊。

**【辅穴】**适当选择：①表邪未解：加大椎。②肺热尚存：加鱼际。③咽喉干痒：加照海。④咳逆较甚：加天突。⑤痰涎壅盛：加丰隆。⑥内热便秘：加合谷。

**【刺法】**第①组：取俯卧位，以毫针先刺肺俞，直刺、浅刺，捻针平补平泻法；尺泽深刺，泻法；列缺斜刺，轻手法，平补平泻。双侧皆刺，留针 30 分钟，隔日治疗 1 次。第②组：取俯卧位，以毫针先刺肺俞，直刺、浅刺，捻针平补平泻法；肩髃、曲池深刺，泻法；太渊轻刺、浅刺，不做手法。双侧皆刺，留针 30 分钟，隔日治疗 1 次。

**【配伍机制】**肺俞为膀胱经腧穴，肺的背俞穴，善有疏调足太阳经之脉气运行，具有调肺气、清虚热、和营血之功；尺泽为肺经合穴，乃手太阴经脉气所入，属合水穴，具有清热止咳、疏经活络之效；列缺为肺经腧穴、络穴，能宣手太阴经脉气之闭阻，可沟通肺与大肠经的脉气交流，具有宣肺平喘止咳之用。《玉龙歌》说："咳嗽寒痰列缺强。"以上三穴，局部与远端相配，共同组合为第①方案。

肩髃、曲池皆为大肠经腧穴，相互接力可以疏通手阳明经之脉气畅通，肺与大肠相表里，大肠经腑气清则肺经滞热除，两经相安则咳喘亦平；太渊为肺经输穴、原穴，乃手太阴经之脉气所注，属输土穴。阴经无原穴，太渊是以输代原，所以太渊穴是治疗肺经疾病的重要取穴，具有宣肺利咽、理气通络之能；再加上足太阳经的肺俞穴以宣肺散热。以上四穴共同组合为第②方案。

【备注】

（1）咳嗽与支气管炎相应，支气管炎是指气管、支气管黏膜及其周围组织的非特异性炎症。多数是由细菌或病毒感染引起的。此外，气温突变、粉尘、烟雾和刺激性气体也能引起支气管炎。临床上以咳嗽、咳痰或伴有喘息及反复发作为特征，又分慢性支气管炎和急性支气管炎两种。急性支气管炎以流鼻涕、发热、咳嗽、咳痰为主要症状，并有咽喉痛、声音嘶哑、轻微胸骨后摩擦痛。初期痰少，呈黏性，以后变为脓性。烟尘和冷空气等刺激都能使咳嗽加重。慢性支气管炎主要表现为长期咳嗽，特别是早晚咳嗽加重。如果继发感染，则发热、怕冷、咳脓痰。

（2）外感咳嗽是常见病、多发病，多为实证。在治疗过程中应祛邪利肺，预防的重点在于提高机体卫外功能，增强皮毛腠理御寒抗病能力。不可食用辛辣刺激、油腻之品，以免咳嗽会加重。

（3）咳嗽反复发作，与经常反复感冒有直接关系。所以，预防感冒首先应清理肺热。也就是说，没有肺热就不会轻易感冒，不感冒就不会发生咳嗽。正如《灵枢·邪气脏腑病形篇》说："形寒饮冷则伤肺。"

（4）咳嗽若兼有表证时，可以在肺俞穴上加拔火罐，是为加强疏风解表的作用，应用得当，疗效肯定。

（5）肺热兼感咳嗽，若有咽喉干痒之刺激症状者，则属于喉痹咳嗽。此类病证采用针药结合，针刺前穴配合服汤剂“止嗽散”加利咽清热之品则疗效甚佳。

### （十）哮喘（支气管哮喘）

哮喘是一种常见的反复发作性疾病，“哮”是呼吸急促，喉间有痰鸣音；“喘”是呼吸困难，甚则张口抬肩。《医学正传》说：“大抵哮以声响名，喘以气息言。”起病有缓急不同，病程有长短不一，好发于秋冬两季。鼻痒喷嚏、流涕，咳嗽，胸闷往往是哮喘发作的前驱症状，可自行缓解。急性发作时，可出现咳嗽、多痰、喘息、哮鸣；如果哮喘出现持续状态时，张口呼吸，两肩耸起；缺氧时出现口唇、指甲紫绀、二氧化碳潴留、呼吸性酸中毒与代谢紊乱。如果发生呼吸衰竭而得不到及时抢救，很可能会造成死亡。

《景岳全书·喘促》说：“气喘之病，最为危候，治失其要，鲜不误人，欲辨之者，亦惟二证而已。所谓二证者，一曰实喘，一曰虚喘也。”《证治汇补·哮病》说：“哮为痰喘之久而常发者，因内有壅塞之气，外有非时之感，膈有胶固之痰，三者相合，闭拒气道，搏击有声，发为哮病。”

本病的基本病机为痰饮内伏。小儿每因反复感受时邪而引起，成年者多由久病咳嗽而形成。痰饮阻塞气道，肺气升降失常，而发为痰鸣哮喘。发作期可见气阻痰壅，阻塞气道，表现为邪实证；如反复发作，必致肺气耗损，久则累及脾肾，故在缓解期多见虚象。

**【讨论证型 1】**哮喘·痰湿壅肺型（支气管哮喘）

**【临床表现】**病程或长或短，当复感表邪时哮喘发作，哮喘声高气粗，呼吸深长，呼出为快，咳喘，痰黏，咯痰不爽，喉中痰鸣，甚则不能平卧。胸中烦闷，或见身热口渴，小便黄，大便秘，苔黄腻，脉滑数。

【辨证】痰热壅盛，阻塞气道，肺失清肃。

【治则】宣肺解表，化痰平喘。

【主穴】肩髃、尺泽、内关、鱼际。

【辅穴】适当选择：①宣肺解表：加曲池、风门。②胸中烦闷：加膻中、身柱。③痰盛阻塞：加丰隆、合谷。

【刺法】以毫针刺，肩髃、尺泽可深刺，捻针平补平泻法；内关、鱼际应浅刺、轻刺，可不做手法。双侧皆刺，留针30分钟，隔日治疗1次。

【配伍机制】肩髃穴为大肠经腧穴，善于疏通手阳明经之脉气运行，能沟通阳明经与阳跷脉的经气交流，具有调理气血、宣肺化痰之功；阳明经多气多血，大肠通则肺气宣，肩髃治咳喘乃经验用穴。尺泽为肺经合穴，乃手太阴经之脉气所入，属合水穴，具有清热止咳、降逆平喘之效；内关为心包经腧穴、络穴，有疏导手厥阴经之脉气郁结，内关能沟通心包经与三焦经的脉气交流，具有清泄包络、宽胸理气之能；鱼际为肺经荥穴，乃手太阴经之脉气所溜，属荥火穴，具有解表调肺、理气通络之能。诸穴相配，共济宣肺解表、化痰平喘之功能。再适当选择辅穴，组成治疗痰湿壅肺型哮喘的针刺方案。

【讨论证型2】哮喘·肾不纳气型（支气管哮喘）

【临床表现】喘息日久，静则短气，动则喘甚，呼多吸少，气不得续，神疲乏力，痰涎不多，夜尿频、尿量少，形寒肢冷喜暖，或有下肢浮肿，面色青黄，唇紫，舌淡黯，苔白厚，脉沉细。

【辨证】肺气久伤，下元虚衰，肾不纳气。

【治则】补肾纳气，益肺平喘。

【主穴】气海、复溜、太渊。

【辅穴】适当选择：①饮食呆滞：加中脘、足三里。②肾气虚衰：加关元（灸）。③胸闷心悸：加心俞、肺俞、肾俞（点刺）。

【刺法】先以毫针直刺、深刺气海穴，用捻针补法；再轻刺、浅刺太渊，不做手法；复溜浅刺，用捻针补法。双侧皆刺，留针30分钟，隔日治疗1次。

**【配伍机制】**气海穴为任脉腧穴，强壮要穴，有振兴任脉经之气血，益气补肾，调理冲任之功；复溜为肾经经穴，乃足少阴经之脉气所行，属经金穴，具有滋肾润燥、回阳救逆之效；太渊为肺经输穴、原穴，乃手太阴经脉气所注，属输土穴，为八会穴之一“脉会太渊”，具有宣肺利咽、理气通络之用。《神应经》记载太渊主治“咳嗽饮水”。《玉龙歌》说：“咳嗽风痰，太渊、列缺宜刺。”以上主穴，肺肾合力，任脉相助，三个阴经穴，远近搭配，共济补肾纳气、益肺平喘之功效。再选择辅穴，组成治疗肾不纳气型哮喘的针灸方案。

**【备注】**

（1）本病与西医的支气管哮喘相应。支气管哮喘是一种常见的呼吸道过敏性疾病，以阵发而带有哮鸣声音的气喘为其主要表现，常伴有咳嗽。严重者可持续发作。由于支气管分支或其细支的平滑肌痉挛，管壁黏膜肿胀和管腔内黏稠的分泌物增多，使空气不能顺利地呼出所引起。常迁延多年，可引起肺气肿。

（2）喘证以呼吸急促，甚至张口抬肩为其特点。临床辨证首应审其虚实。实证：呼吸深长有余，呼出为快，气粗声高，脉数而有力，病势骤急，其治在肺。虚证：呼吸短促难续，深吸为快，气怯声低，脉微弱或浮大中空，病势徐缓，时轻时重，过劳则甚，治重于肾。叶天士指出：“在肺为实，在肾为虚。”

（3）哮喘每有伏饮顽痰，因气候、饮食、情绪等诱因而发作。发作期的治疗以宣肺降气、控制症状为主，重在治肺。缓解期当重视治本，哮喘多痰饮，患者必然存在肺、脾、肾不足的体质基础。但一般而言，哮喘发作以祛邪为主，但见阳气暴脱之哮喘持续状态，又必须回阳固脱。

（4）哮喘的预防调护也很重要，平时要慎风寒、适寒温、节饮食，少食黏腻和辛热刺激之品，以免助湿生痰动火。已病者，则应注意早期治疗，力求根治，尤需防寒保暖，避免受邪而诱发；忌烟酒，远房事，调情志，饮食清淡且富有营养；加强锻炼，增强体质，增强机体抗病能力，但活动量应根据个人体质强弱而定，不宜过度疲劳。

### （十一）胸痹（缺血性心脏病）

胸痹是指以胸部闷痛，甚则胸痛彻背、短气、喘息不得卧为主症的一种病证。多发于40岁以上的中老年人，表现为胸骨后或左胸发作性闷痛、不适，甚至剧痛向左肩背沿手少阴心经循行部位放射，持续时间短暂，常由情志刺激、饮食过饱、感受寒冷、劳倦过度而诱发，亦可在安静时或夜间无明显诱因而发病。多伴有短气乏力，自汗心悸，甚至喘促，脉结代；多数患者休息或除去诱因后症状可以缓解。

《金匮要略·胸痹心痛短气病脉证治篇》说："胸痹之病，喘息咳唾，胸背痛，短气，寸口脉沉而迟……"《圣济总录·胸痹门》说："胸痛者，胸痹痛之类也……胸膺两乳间刺痛，甚则引背胛，或彻背膂。"

"缺血性心脏病"全称"冠状动脉粥样硬化性心脏病"，主因负责心脏心肌供血的冠状动脉发生粥样硬化，造成管腔狭窄，甚或堵塞，使心脏血液供应不足，甚或完全断绝，致使心肌营养缺如乃至坏死，产生一系列严重的临床症状。

《素问·痹论篇》说："脉痹者，血凝泣而不流。""心痹者，脉不通。"胸痹的发生，主要是由气滞血瘀，血脉瘀阻而致不通则痛。六淫寒邪所侵，以致寒凝脉涩，拘急收引；饮食不慎，膏粱厚味，变生痰湿，痰湿侵犯，占据清旷之区；或痰热灼络，火性上炎；或气血津液阴阳不足，以致虚而血行缓慢等，均可导致成瘀发病。

【讨论证型】胸痹·气虚血瘀型（缺血性心脏病）

【临床表现】心胸疼痛较为剧烈，如刺如绞，痛处固定，入夜为甚，或痛引肩背，可伴胸闷，日久不愈，止发无常，可因情绪紧张，劳累过度引起，面色晦暗，唇甲青紫。舌质黯，有瘀点，脉弦涩或结代。

【辨证】胸阳不振，痰湿内阻，气虚血瘀。

【治则】通阳化滞，理气宣痹。

【主穴】至阳、间使、神门、行间。

【辅穴】适当选择：①呼吸不畅：加膻中、中脘。②胸前堵闷：加内关。③上肢憋胀：加曲泽、通里。

【刺法】先以毫针刺至阳穴，捻转手法平补平泻，得气后病情较稳定时则起针。仰卧位再刺间使、神门，皆用轻手法捻针，行补法；刺行间用提插、捻转平补平泻法。双侧皆刺，留针 30 分钟，隔日治疗 1 次。

【配伍机制】至阳穴为督脉腧穴，善调督脉经脉气之畅通，可开胸宣痹、活血化瘀、清利痰湿；间使为心包经经穴，乃手厥阴经脉气所行，属经金穴，专走上焦，可通经络、化痰湿、宽胸理气；神门为心经原穴，为手少阴经之脉气所注，属输土穴，具安神定志、清营凉血之功；行间为肝经荥穴，乃厥阴经脉气所溜，属荥火穴，具有清肝泄火、清热凉血、疏经活络之用。以上四主穴，三阴一阳，心包与心、脾经相合力，共济通阳化滞、理气宣痹之功效。再适当选择辅穴，组成治疗胸痹的针刺方案。

【备注】

（1）胸痹心痛以胸骨后或心前区发作性闷痛为主，亦可表现为灼痛、绞痛、刺痛或隐痛、含糊不清的不适感等，持续时间多为数秒钟至 15 分钟之内。若疼痛剧烈，持续时间长达 30 分钟以上，休息或服药后仍不能缓解，伴有面色苍白、汗出、肢冷、脉结代，甚至旦发夕死，夕发旦死，为真心痛的证候特征。

（2）活血化瘀法是治疗胸痹的重要方法，但切不可抛开辨证施治，一味活血化瘀。瘀血的形成，多由正气亏损，气虚、阳虚或阴阳两虚而致，亦可因寒凝、痰浊、气滞发展而来。本病具有反复发作、病程日久的特点，单纯血瘀实证者较少，故临床治疗时，应注意活血化瘀中佐以益气、养阴、化痰、理气之法治疗。

（3）缺血性心脏病是中老年人的常见病和多发病，在日常生活中，如果出现下列情况，要及时就医，尽早发现冠心病。①劳累或精神紧张时出现胸骨后或心前区闷痛，或紧缩样疼痛，并向左肩、左上臂放射，持续3～5分钟，休息后自行缓解者；②体力活动时出现胸闷、心悸、气短，休息时自行缓解者；③反复出现脉搏不齐，不明原因心跳过速或过缓者；④饱餐、寒冷或看惊险影片时出现胸痛、心悸者；⑤夜晚睡眠枕头低时，感到胸闷憋气，需要高枕卧位方感舒适者；⑥熟睡或白天平卧时，突然胸痛、心悸、呼吸困难，需立即坐起或站立方能缓解者。

（4）医生应告知胸痹患者：①合理饮食，控制高胆固醇、高脂肪食物，多吃素食；同时要控制总热量的摄入，限制体重。②生活规律，避免过度紧张；保持充足睡眠，培养多种情趣；保持情绪稳定，切忌急躁、激动。③进行适当的体育锻炼，增强体质。④不吸烟，不酗酒，吸烟可使动脉壁收缩，促进动脉粥样硬化；而酗酒则易情绪激动，血压升高。⑤积极防治老年慢性疾病，如高血压、高脂血症、糖尿病等，这些疾病与冠心病关系密切。

## （十二）心悸（心动过速）

成人心率超过100次/分，西医称“心动过速”，中医称为“心悸”。心悸包括惊悸和怔忡，是指患者自觉心中悸动、惊惕不安，甚则不能自主的病证，一般多呈阵发性，每因情绪波动或劳累而发作，常伴胸闷、气短、眩晕、失眠、健忘、耳鸣等症。

惊悸与怔忡又有不同。《秘传证治要诀及类方·怔忡篇》说：

“怔忡即忪悸也。忪悸与惊悸若相类而实不同。”惊悸多由外因引起，偶因惊恐、恼怒而发，全身情况较好，其证较为浅暂；怔忡每由内因而发，外无所惊，自觉心中惕惕，稍劳即发，全身情况较差，其来也渐，其病较为深重。《红炉点雪·惊悸怔忡健忘篇》说：“惊者，心卒动而不宁也；悸者，心跳动而怕惊也；怔忡者，心中躁动不安，惕惕然如人将捕之也。”但惊悸、怔忡亦有密切联系，因惊悸日久，可发展为怔忡。

心悸多由心气不足，气阴两虚，血脉瘀阻，心神不安所致。《素问玄机原病式》说：“水衰火旺而扰火之动也，故心胸躁动，谓之怔忡。”《素问·痹论篇》说：“心痹者，脉不通，烦则心下鼓。”

**【讨论证型】**心悸·气阴两虚型（心动过速）

**【临床表现】**心悸不安，心烦少寐，怔忡懋闷，略有心痛，头晕目眩，或兼手足心热，耳鸣，腰酸，舌质微红，苔薄白，脉细数。

**【辨证】**心脉阻滞，气阴两伤，瘀而化热。

**【治则】**益气养阴，理气通脉，凉血清热。

**【主穴】**内关、神门、心俞、太溪。

**【辅穴】**适当选择：①睡眠甚差：加三阴交。②心前区痛：加郄门、膻中。③五心烦热：加复溜。④心神不宁：加厥阴俞。

**【刺法】**先以毫针刺心俞，取双侧，不宜过深，捻针补法。再刺内关、神门，皆轻刺、浅刺，平补平泻法；太溪用捻针补法。双侧皆刺，留针30分钟，隔日治疗1次。

**【配伍机制】**心俞为膀胱经腧穴、心的背俞穴，善有疏通足太阳经之脉气运行，具有疏通心络、养心安神之功；内关为心包经络穴，能调理手厥阴经之脉气郁结，可沟通心包经与三焦经的表里两经的脉气交流，具有宽胸理气、强心定志、理气解郁之效。两穴协力，心俞作用于心，内关作用于心包络，君臣共治，神明得安。神门为心经输穴、原穴，乃手少阴经之脉气所注，属输土穴，是治疗心经疾病的要穴，具有安神定志、清营凉血之效；太溪为肾经原穴，乃足少阴经之脉气所注，属输土穴，是治疗肾经疾病的要穴，具有滋阴补肾、通利三焦之能。《玉龙歌》说："胆寒由是怕惊心……夜梦鬼交心俞治。"《千金要方》讲："凡心实者，则心中暴痛，虚则心烦，惕然不能动，失智，内关主之。"《针灸大成》指出，神门主"惊悸呕血及怔忡"。以上诸穴配伍，共济益气养阴、理气通脉、凉血清热。再适当选择辅穴，组成治疗心悸的针刺方案。

【备注】

（1）年轻人出现心动过速，往往是因为青春期的植物神经功能不稳定，很容易出现紊乱或功能失调。一般不须特殊治疗，青春期后心悸便能自愈。青春期心动过速虽不是器质性病变，但心跳加速时，特别是心率超过 140 次 / 分，也是很不舒服的，所以心动过速在每分钟 120 次 / 分，就应适当休息，服一些对症治疗的药物。但对老人、冠心病患者就会引发心肌缺血，心衰发作，诱发心肌梗死。如果心动过速来自心室，是很危险的一种心动过速，会造成患者的猝死，所以老年人出现心动过速应加以重视。

（2）心动过速可试用以下急救方法：①让患者大声咳嗽；②手指刺激咽喉部，引起恶心、呕吐；③嘱患者深吸气后憋住气，然后用力作呼气动作；④嘱患者闭眼向下看，用手指在眼眶下压迫眼球上部，先压右眼。同时数脉搏次数，一旦心动过速停止，立即停止压迫。切勿用力过大，每次 10 分钟，压迫一侧无效时再换对侧，切忌两侧同时压迫。有青光眼、高度近视者禁忌，同时口服心得安片。如果上述办法不能缓解，患者仍头昏、冷汗出、四肢冰凉，应立即送医院救治。

（3）心悸初起，治疗及时，比较容易恢复。若失治或误治，病情亦可由轻转重，由实转虚，所以掌握心悸发生的时间长短及服药后病情的转归，是好转还是恶化是极为重要的。在治疗期间，应避免精神上的刺激，给予良好、安静的环境，充分休息，加强生活护理，少食辛辣食物，对本病恢复也有辅助作用。

### （十三）不寐（神经衰弱）

不寐又称失眠、目不瞑、不得卧，以经常不能获得正常睡眠为临床表现，有不易入睡、睡而易醒、早醒不再能睡，甚而彻夜不眠等轻重不同程度的情况发生。患者一般从上床就寝至开始入睡的时间超过 30 分钟，一夜之间总的睡眠时间与总的就寝时间之比低于 85%。睡眠后白天身心疲惫，精神不振，从而影响正常生活、工作、学习及身心健康。

本病可见于西医学的神经衰弱，认为是由于长期过度的紧张脑力劳动、强烈的情绪波动、久病后体质虚弱等，使大脑皮层兴奋与抑制相互失衡，导致大脑皮层功能紊乱而致。

《灵枢·大惑论》说："卫气不得入于阴，常留于阳。留于阳则阳气满，阳气满则阳跷盛；不得入于阴则阴气虚，故目不瞑矣。"《灵枢·邪客》说："今厥气客于五脏六腑，则卫气独行于外，行于阳，不得入于阴。行于阳则阳气盛，阳气盛则阳跷陷，不得入于阴，阴虚，故不瞑。"可见，总因阳盛阴衰、阴阳失和而致不寐。

**【讨论证型】**不寐·神志不宁型（神经衰弱）

**【临床表现】**经常不易入睡，或多梦睡不实，醒后难入睡，醒得早，甚至彻夜不眠。次日头晕耳鸣，精神疲倦，性情急躁。舌质淡红，苔白，脉沉细。

**【辨证】**肝肾阴虚，君火独亢，心肾不交，神志不宁。

**【治则】**交通心肾，镇静安神。

**【主穴】**神门、三阴交。

**【辅穴】**适当选择：①阴虚肝旺：加太溪、太冲。②痰热内扰：加中脘、丰隆。③心肾不足：加心俞、肾俞。④心脾两虚：加心俞、脾俞。⑤心胆郁热：加内关、丘墟。

**【刺法】**以毫针先刺神门穴，轻刺、浅刺，可以不做手法；再刺三阴交，应用捻针补法。双侧皆刺，留针 30 分钟，隔日治疗 1 次；若病情严重者亦可每日治疗。

**【配伍机制】**取神门穴为心经输穴、原穴，乃手少阴经之脉气所注，属输土穴，阴经无原穴，乃以输代原，是治疗心经病证的重要取穴，故具有安神定志、清营凉血之功。《十四经要穴主治歌》指出："神门主治悸怔忡，呆痴中恶恍惚惊，兼治小儿惊痫证，金针补泻疾安宁。"三阴交为脾经腧穴、经穴，善于调理足太阴经脉气之运行，是足三阴经交会穴，太阴常多气少血。足三阴经均上交于任脉，任脉起于胞宫，又为"阴脉之海"。冲脉亦起于胞宫，有"血海"之称，具有健脾利湿、通调水道、理气通滞之效。《针灸甲乙经》记载："惊不得眠，三阴交主之。"以上对穴，共济交通心肾、镇静安神之功效。适当选择辅穴，组成治疗不寐的针刺方案。

**【备注】**

（1）睡眠与梦的关系：人在睡眠中都会做梦，梦约占睡眠时间的 1/4。有些梦在醒来时是有记忆的，但很多梦没有留下记忆。俗话说：日有所思，夜有所梦。其实上半夜的梦境多与当日或近期记忆有关，下半夜的梦境多与远事有关；黎明前的梦多不着边际，知觉成分偏多，这时的梦容易被记忆。为什么在睡眠时会做梦呢？因为睡觉时，人停止了行动，人体进入休整期，做梦并不代表睡眠质量不好。做梦可以消除疲劳，休整身体；做梦可以对知识进行整理，分类与积累；做梦还是顿悟与创新的机会，历史上有很多发明是在睡梦中顿悟发明的；做梦还可以使人保持良好的心态，将白天的一切烦恼抛之脑后。睡眠质量与人的健康相关，梦境影响人的精力和心情。所以凡是恐怖性睡梦，例如坠入深渊、打架、追赶、恐惧、杀人等紧张、可怕的睡梦者应当请医生治疗。

（2）《灵枢·淫邪发梦》记载："阴气盛则梦涉大水而恐惧，阳气盛则梦大火而燔烈，阴阳俱盛则梦相杀；上盛则梦飞，下盛则梦堕；甚饥则梦取，甚饱则梦予；肝气盛则梦怒，肺气盛则梦恐惧、哭泣飞扬；心气盛则梦善笑恐畏；脾气盛则梦歌乐，身体重不举；肾气盛则梦腰脊两解不属。"

（3）神经衰弱和精神分裂症是性质完全不同的两类疾病。在长期的临床研究和观察中，没有发现神经衰弱发展或转变成精神分裂症。研究发现，个别精神分裂症患者早期有"头昏、头痛、周身不适、情绪波动、多疑、失眠和记忆力减退"等神经衰弱症状。但精神分裂症患者与神经衰弱患者有本质的不同，前者对自己的疾病并不像后者那样焦虑与重视，往往听之任之，缺乏求治的主动性，而精神分裂症患者的情感反应明显减退，对人冷淡、对工作不负责任、对亲人缺乏应有的热情。

（4）对于不寐患者，除治疗外，还应注意患者的精神因素，劝其解除烦恼，消除思想顾虑，避免情绪激动，睡前不吸烟、不喝酒和浓茶等东西，每天应该参加适当体力劳动，加强体育锻炼，增强体质，养成良好的生活习惯。在治疗过程中，如果不注意精神和生活调摄，往往影响疗效。

## （十四）嗜睡（嗜眠症）

嗜睡是一种神经性疾病，它能引起不可抑制性睡眠的发生。嗜睡的特点是不论昼夜，时时欲睡，唤之能醒，醒后又复睡。这些睡眠阶段会经常发生，且发生的时间多不合时宜，例如当说话、吃饭或驾车时。尽管睡眠可以发生在任何时间，但最常发生的是在不活动或单调、重复性活动阶段，当发生在从事活动的时间段，就会有造成危险的可能性。

《灵枢·寒热病》说："阳气盛则瞋目，阴气盛则瞑目。"《脾胃论·肺之脾胃虚论》说："脾胃之虚，怠惰嗜卧。"《丹溪心法·中湿》说："脾胃受湿，沉困无力，怠惰好卧。"可见嗜睡的主要病理是阴盛阳虚所致，因阳主动，阴主静，阴盛故多寐，故脾虚湿盛是嗜睡的主要病机。

嗜眠症是患者总想入睡的一种表现，病轻者白天的嗜睡可以克制，病情严重的白天也较难控制。一天的睡眠时间明显增加。患者可伴有头昏，疲乏无力，视觉模糊，精神呆滞等症状。嗜睡程度重的会影响患者的日常生活和正常工作。

**【讨论证型】**嗜睡·脾虚胆热型（嗜眠症）

**【临床表现】**精神萎靡或昏聩，常欲寝卧嗜睡，倦怠身重，头重如裹，胸闷脘痞，纳呆呕恶，口苦心烦，头晕目眩，少气懒言。舌质微红，苔白厚腻，脉弦滑。

**【辨证】**脾虚湿困，胆经蕴热，精神昏浊。

**【治则】**清热化湿，健脾醒神。

**【主穴】**人中、内关、太冲、隐白。

**【辅穴】**适当选择：①中气不足：加中脘、气海。②痰湿内阻：加丰隆、足三里。③心肾两虚：加心俞、肾俞。④肝胆郁热：加阳陵泉。

**【刺法】**以毫针刺人中穴，轻刺、浅刺皆可。内关浅刺，轻度捻转，平补平泻法；太冲用提插、捻转、强刺手法泻之；隐白用浅刺，重刺即可，若体壮病久者，可改用刺络放血法。双侧皆刺，留针 30 分钟，隔日治疗 1 次。

**【配伍机制】**人中穴为督脉腧穴，善能疏导督脉之气机，是沟通督脉与大肠、胃经经气的交会穴，具有清热化痰、开窍启闭、复苏宁神之功，《类经图翼》记载人中主治"不省人事，癫痫卒倒"；内关为心包经腧穴、络穴，有疏通手厥阴经脉气之郁结，能使心包经与阴维脉相互交流，为八脉交会穴之一，具有宽胸理气、和胃安神之功，故有"胸胁内关谋"之谚；太冲为肝经输穴、原穴，乃足厥阴经之脉气所注，属输土穴，能疏通肝、胆经气往来，具有疏肝理气、镇肝息风、清热化湿之效；隐白为脾经腧穴、井穴，乃足太阴经脉气所出，属井木穴，具有扶脾益胃、调和气血、启闭开窍、急救苏厥之能。以上四主穴，三阴一阳，以厥阴为重任，共济清热化湿、健脾醒神之功效。再适当选配辅穴，组成治疗嗜睡症的针刺方案。

**【备注】**

（1）嗜睡多与脾、胆、心三脏有关。其机理分析：①脾喜燥而恶湿，脾虚则运化失司，水湿停留，湿为阴邪，最易遏阻阳气，清阳不升，故令人多寐；②胆热多睡者，胆腑清静，决断自出，今肝胆俱实，营卫壅塞，则清静者浊而扰，故精神昏愦、常欲寝卧也（《圣济总录》）；③心阳宣发，气血通达，人体则时而动、时而卧，反之则身困体倦，嗜卧多寐。综上所述，临床较多见到脾虚生痰，郁久化热，痰热内扰肝胆，导致嗜睡症。

（2）有人认为嗜眠症不是病态，但临床中所遇患者都是很痛苦的，所以应当认真对待，积极治疗。肯定地说，这是疾病，而且大多数患者的证型都是属于脾虚胆热型。

（3）嗜睡患者常常不能自我控制，工作或外出时应注意避免发生危险，且需注意选择清淡饮食，节制肥甘厚腻食物及烟、酒、茶叶等，以免助湿生痰。

（4）嗜睡病久者，应选择针药结合治疗，则效果更佳，如下方剂较为妥善，仅供参考：莲子心、菖蒲、川黄连、胆草、连翘、山药、扁豆、生石膏、知母、丹皮、六一散、佩兰。清热化湿，健脾醒神。

### （十五）自汗、盗汗（多汗症）

自汗、盗汗是指因阴阳失调，营卫不和，腠理开阖不利而引起汗液外泄的病证。不因外界环境因素的影响，而白昼时时汗出，动辄益甚者，称为自汗；寐中汗出，醒来自止者，称为盗汗。

《医学正传·汗证》说："盗汗者，寐中而通身如浴，觉来方知，属阴虚，营血之所主也……盗汗宜补阴降火。"《三因极一病证方论·自汗证治》说："无问昏醒，浸浸自出者，名曰自汗。"

多汗症的主要病因是因为出汗中枢的反射作用、植物神经功能紊乱所致，神经系统的其他功能则完全正常。全身性的如基础代谢率增高（如甲状腺功能亢进）、毒素（如发热疾病）、某些反应（如休克、恶心）、情绪激动（如恐惧、惊骇）均可引起多汗症。局限性如汗腺机能失调、刺激交感神经（如脑动脉瘤）、神经损害（如脊髓痨）也可引起多汗症。

《丹溪心法》说："盗汗属血虚、阴虚。""自汗属气虚、血虚、湿、阳虚、痰。""自汗之症，未有不由心、肾俱虚而得之者。"本病病因病机为肺气不足、营卫不和、阴虚火旺、邪热郁蒸等，而自汗属阳虚、气虚者多，盗汗属阴虚火旺者多。

**【讨论证型】**自汗、盗汗·腠理不固型（多汗症）

**【临床表现】**自汗而出，量较多，尤其上半身为甚，汗液不黏腻，汗味偏淡；或盗汗夜发，汗量多，可入睡后不久即出汗，醒后即汗止。平素气短心悸，夜寐不实，神疲，时有烦躁。舌质微红，苔白，脉沉或细。

**【辨证】**气阴两虚，营卫失调，腠理不固。

**【治则】**益气固表，敛阴止汗。

**【主穴】**阴郄、合谷、复溜。

**【辅穴】**适当选择：①自汗较多：加曲泉。②盗汗较多：加百劳。③肝肾阴虚：加照海、然谷。④气阴两伤：加间使、中极。

**【刺法】**以毫针刺阴郄穴，轻刺、浅刺，稍作捻针补法；再轻刺合谷，用捻转手法平补平泻；复溜穴可用提插、捻转补法；双侧皆刺。留针 30 分钟，隔日治疗 1 次。

**【配伍机制】**阴郄穴为心经郄穴，善调手少阴经脉气之阴血。该穴乃心经之脉气深集间隙的重要穴位之一，对缓解内脏急性疼痛有速效，具有行气血、安心神、止盗汗之功。《百症赋》说："阴郄、后溪，治盗汗之多出。"合谷为大肠经原穴，能清解手阳明经之脉气蕴热，是四总穴之一，具有清泄肺气、通降肠胃之效，而且有"无汗能发，有汗能止"之特效；复溜为肾经经穴，乃足少阴经之脉气所行，属经金穴，具有滋肾润燥、回阳固脱、利水消肿之能。三主穴相配，有阴有阳，心肾沟通，共济益气固表、敛阴止汗之功。再适当选择辅穴，组成治疗自汗、盗汗的针刺方案。

**【备注】**

（1）《素问·经脉别论篇》说："饮食饱甚，汗出于胃；惊而夺精，汗出于心；持重远行，汗出于肾；疾走恐惧，汗出于肝；摇体劳苦，汗出于脾。"说明自汗与脏腑功能失调有密切关系。

（2）汗出之时，腠理空虚，易感外邪，故当避风寒，以防感冒。汗出之后应该及时揩拭。出汗较多者，应经常更换内衣，以保持清洁。

（3）单纯出现的自汗、盗汗，一般预后比较好。伴见于其他疾病过程中的自汗、盗汗，则病情往往较重，且需原发疾病好转、治愈，则自汗、盗汗才会减轻或消失。

### （十六）脏躁（癔症）

脏躁是以精神抑郁，心中烦乱，无故悲伤欲哭，哭笑无常，呵欠频作为主要表现的情志疾病。脏躁一词始见于《金匮要略·妇人杂病》篇："妇人脏躁，喜悲伤欲哭，像如神灵所作，数欠伸，甘麦大枣汤主之。"本病的发病年龄多在16～40岁之间，女性多于男性。

本病的临床症状可分为两类：一是精神障碍，其特点为情感色彩浓厚、夸张而做作、易受暗示，患者常有大哭大笑、大喊大叫、蹬足捶胸、装模作样等表现，甚者可出现癔症性昏厥。二是躯体机能障碍，包括运动障碍（亦称癔症性瘫痪）、感觉障碍（视觉、听觉障碍，有的自觉喉部梗塞感）、植物神经系统机能障碍。本病诊断主要根据发病与精神因素的密切相关，临床症状能排除器质性病变者。脑萎缩、额叶肿瘤等病，初起亦可见癔症样发作，要注意鉴别。

“脏躁”，顾名思义，是由于阴液不足，内脏失于润养，以致产生躁扰不宁，精神失常的临床表现。本病的发生多为较重的精神刺激所致，诸如所愿不遂、忧思太过、殷望有成之事忽然破灭、怒无所申、愤无所泄、情志郁结于中，或亲故突然离丧、悲哀无度等均是致病之重要因素。而本病又每多罹患于体质素虚之人，故体质素弱亦是本病发作的重要因素之一。

本病多因情志不遂，抑郁恼怒，不仅见于妇人，男子亦能病此，但临床上以妇人为多见。病机变化主要责之于心脾两虚，神不守舍，故治疗宜养心宁神、补中缓急为妥。

**【讨论证型】**脏躁·心脾两虚型（癔症）

**【临床表现】**神志恍惚，喜怒无常，时悲时笑，心烦不安，心悸失眠，梦多善惊，坐卧不定。苔黄舌红，脉细数。

**【辨证】**肝郁气滞，心脾两虚，悲忧伤神。

**【治则】**补心健脾，疏肝解郁，甘润滋养，镇静安神。

**【主穴】**素髎、巨阙、内关、三阴交。

**【辅穴】**适当选择：①昏迷僵仆：加人中、合谷、太冲、涌泉。②胸闷气短：加膻中。③哭笑无常：加神堂、噫嘻。④肝郁气滞：加阳陵泉、太冲。⑤夜寐不宁：加神门。⑥痰涎壅盛：加丰隆、足三里。

**【刺法】**以毫针轻刺素髎穴，不做手法，平稳刺入即可；再直刺巨阙穴，中度捻针，平补平泻法。内关轻刺、浅刺；三阴交捻针用补法。双侧皆刺，留针 30 分钟，隔日治疗 1 次。

**【配伍机制】**素髎穴为督脉腧穴，善于疏通督脉经之脉气运行，具有醒神开窍、清热苏厥之功；巨阙为任脉腧穴，有调理任脉经之脉气阴阳、宽胸化痰、安神理气之效。以上两穴一阴一阳，任督二脉前后接应，沟通内外，相得益彰。内关为心包经络穴，能疏导手厥阴经之脉气郁滞，且有调理心包与三焦经的脉气往来、清泄包络、宽胸理气、疏肝解郁之能；三阴交为脾经经穴，又是肝、脾、肾三经的交会穴，可协调足太阴经脉气与足厥阴、少阴经的畅通。四个主穴，一阳三阴，远近配合，有调和阴阳之力，共济补心健脾、疏肝解郁、滋养肝肾、镇静安神之功效。再选择适当辅穴，组成治疗脏躁的针刺方案。

**【备注】**

（1）对“妇人脏躁，喜悲伤欲哭，像如神灵所作”之理解：妇人脏躁必兼心慌心悸，心烦少寐，多梦纷纭，精神恍惚，悲喜无常，坐卧不安……皆为心神不宁，魂不守舍所致。所谓像如神灵所作，意喻似有神鬼在暗中支配发病似的。本病之发，时间较短，亦无规律性：有连续发作的；亦有发作一次，多时不发的，但发作以后，精神十分疲惫，所以出现“数欠伸”，即发作后呵欠连天，十分倦怠的现象。所以《金匮要略》妇人杂病篇拟定“甘麦大枣汤”治之。

（2）脏躁之病在农村发病率较高，但绝对不是鬼神作祟，笔者认为与文化程度低、长期心情压抑不无关系。

（3）脏躁的发生与素体虚弱、阴液不足有关，平素宜服滋阴润燥之品，忌服辛辣燥烈之食物，以免灼伤阴液，导致阴虚火旺，热扰心神。平素生活要有规律，要注意摄生，避免紧张和情绪过激，保证充足的睡眠时间，心情要开朗、愉悦，以避免疾病的发生。此外，本病在针药治疗过程中，应配合精神心理疗法。

## （十七）痫证（癫痫）

痫证是一种反复发作的神志异常的疾病，又名“癫痫”或“羊痫风”。其特征为发作性精神恍惚，甚则突然仆倒、昏不知人、口吐涎沫、两目上视、四肢抽搐，或口中如做猪羊叫声，移时苏醒。

《素问·奇病论篇》说：“人生而有病癫疾者，病名曰何？安所得之？岐伯曰：病名为胎病，此得之在母腹中时，其母有所大惊，气上而不下，精气并居，故令子发为癫疾也。”《诸病源候论·癫狂候》说：“癫者，卒发仆也，吐涎沫、口歪、目急、手足缭戾，无所觉知，良久乃苏。”《临证指南医案》说：“痫病或由惊恐，或由饮食不节，或由母腹中受惊，以致脏气不平，经久失调，一触积痰，厥气内风，卒焉暴逆，莫能禁止，待其气反然后已。”

临床上，痫应与中风、晕厥、痉证相区分。痫之典型发作与中风、晕厥均有突然仆倒、昏不知人等。但癫痫有反复发作史，发作时口吐涎沫，两目上视，四肢抽搐，或作怪叫声，可自行苏醒，无半身不遂、口眼歪斜等症；中风则仆地无声，昏迷时间长，醒后常有半身不遂等后遗症；晕厥则面色苍白，四肢厥冷，或见口噤握拳，手指拘急，而无口吐涎沫、两目上视和病作怪叫之症，临床上不难鉴别。痫和痉都有四肢抽搐等症状，但痫仅见发作之时，兼有口吐涎沫、发作怪叫、醒后如常人；而痉证多见持续发作，伴有角弓反张、身体强直，经治疗恢复后仍有原发疾病存在。

**【讨论证型】**痫证·肝火痰热型（癫痫）

**【临床表现】**发作时昏仆抽搐吐涎，或有叫吼。平日脾气急躁，心烦失眠，咯痰不爽，口苦而干，便秘，舌红苔黄腻，脉弦滑数。

**【辨证】**肝火偏旺，火动生风，煎熬津液，结而为痰，风痰阻塞心窍。

**【治则】**清肝泻火，化痰开窍。

**【主穴】**鸠尾、涌泉。

**【辅穴】**适当选择：①昏仆抽搐：加人中、合谷、太冲。②痰壅神迷：加丰隆。③头晕目眩：加百会。④肝胆郁热：加阳陵泉。⑤发作频频：加腰奇。

**【刺法】**以毫针刺鸠尾穴，令患者高举双臂到头顶，针由下向上刺，针尖紧贴剑突后缘，刺入一寸许，轻度捻针，平补平泻法；涌泉穴直刺，强刺激，捻转泻法。双侧皆刺，留针30分钟，隔日治疗1次。

**【配伍机制】**鸠尾穴为任脉腧穴，善清任脉之热邪，任脉连通督脉，能调和阴阳，疏导任督二脉之气机，具有清心化痰、镇静安神之功；涌泉穴为肾经井穴，乃足少阴经之脉气所出，属井木穴，具有清心开窍、镇惊安神之效。二穴配伍，上下结合，豁痰清心之力甚强。正如《席弘赋》所指："鸠尾能治五般痫，若下涌泉人不死。"两穴共奏清肝泻火，化痰开窍之功效。再选择适当辅穴，组成治疗痫证的针刺方案。

**【备注】**

（1）痫证的治疗原则宜分标本虚实。频繁发作时以治标为主，着重清泻肝火、豁痰息风、开窍定痫。休止期应补虚以治其本，宜益气养血、健脾化痰、滋补肝肾、宁心安神。

（2）癫痫是多种原因引起脑部神经元群阵发性异常放电而致发作性运动、感觉、意识、精神及植物神经功能异常的一种疾病。按照癫痫发病原因可分为两类：原发性（功能性）癫痫和继发性（症状性）癫痫。原发性癫痫又称真性或特发性或隐源性癫痫，其真正的原因不明。继发性癫痫又称症状性癫痫，指能找到病因的癫痫。继发性癫痫根据发作情况主要可分为大发作、小发作、精神运动性发作、局限性发作和复杂部分性发作。①大发作，又称全身性发作，多数有先兆，如头昏、精神错乱、上腹部不适、视听和嗅觉障碍。发作时（痉挛发作期），有些患者先发出尖锐叫声，后既有意识丧失而跌倒，有全身肌肉强直、呼吸停顿，头眼可偏向一侧，数秒钟后有阵挛性抽搐，抽搐逐渐加重，历时数十秒钟，阵挛期呼吸恢复，口吐白沫。部分患者有大小便失禁、抽搐后，全身松弛或进入昏睡（昏睡期），此后意识逐渐恢复。②小发作，可短暂（5 ~ 10秒）意识障碍或丧失，而无全身痉挛现象。每日可有多次发作，有时可有节律性眨眼、低头、两眼直视、上肢抽动。③精神运动性发作，可表现为发作突然、意识模糊、有不规则及不协调动作（如吮吸、咀嚼、寻找、叫喊、奔跑、挣扎等）。患者的举动无动机、无目标、盲目而有冲动性，发作持续数小时，有时长达数天，患者对发作经过没有记忆。④局限性发作，一般见于大脑皮层有器质性损害的，患者表现为一侧口角、手指或足趾的发作性抽动或感觉异常，可扩散至身体一侧，当发作累及身体两侧，则可表现为大发作。⑤复杂部分性发作，此类发作伴有意识障碍，对发作经过不能回忆，也可表现为凝视，以及自动症如咂嘴、咀嚼、摸索、游走、拨弄、发哼声，喃喃自语或其他症状和体症。

（3）癫痫患者应避免过度劳累及精神刺激，不宜偏食辛辣、油腻食物，宜戒烟酒。不宜从事高空、水上、驾驶等工作，以免发生意外。

### （十八）头摇（神经性颤动）

头摇，俗称“摇头风”，是指头部摇摆颤动、不能自制的病证。多见于现代医学锥体外系疾病，如震颤麻痹一类疑难证，女性患者多见。

《证治准绳·杂病》：“头摇，风也，火也。二者皆主动，会之于巅，乃为摇也。”“诸风掉眩，皆属于肝。”本病多由肝肾阴亏，气血不足，筋脉失养，虚风内动而致。然临床所见每多有夹痰、夹瘀等标实情况，故施治宜兼顾，往往需要诸法合施，方能取得症消病除之理想疗效。

头摇有少阳经证与阳明腑证之分。风火相煽，猝然头摇，项背强痛，为少阳经证；不大便而头摇者，为阳明腑证。

**【讨论证型】**头摇·阴虚阳亢型（神经性颤动）

**【临床表现】**头部不自主的摇动频率高，其摇头程度与人的情绪变化、注意力集中程度有关，多在情绪激动、精神紧张时症状加重，反之则减；注意力集中时症状加重，反之则轻；醒后症状发作，入睡则症状消失。兼见目眩耳聋，颈项强痛。

**【辨证】**肾阴不足，水不涵木，督脉失畅，虚风内动。

**【治则】**滋补肝肾，养血息风，疏通督脉。

**【主穴】**大椎、风池、腰俞。

**【辅穴】**适当选择：①头晕目眩：加四神聪、长强。②肝肾两虚：加肝俞、肾俞。③肝阳亢盛：加合谷、太冲、腰奇。

**【刺法】**先以毫针刺双侧风池穴，平稳刺入不捻针；再直刺大椎穴；刺腰俞须沿督脉向上斜刺3寸。皆捻针用泻法，留针30分钟，隔日治疗1次。

**【配穴机制】**大椎穴为督脉腧穴，是手足三阳经七脉之会，能沟通阳脉诸经，为“阳脉之海”，善于疏通督脉经之脉气畅通，具有清热散风、通阳理气、镇静安神之效。泻大椎则能潜阳息风，继而泄阳热、镇多动；腰俞为督脉腧穴，能清督脉经脉气之湿热，可治一切风动、肢体颤抖之症；风池为胆经腧穴，能通调胆经、三焦经与阳维脉的沟通，能清疏肝胆、活血通络、养血息风。以上三穴，一胆二督，上下结合，共济滋补肝肾、养血息风、疏通督脉之效。再选择适当辅穴，组成治疗头摇之针刺方案。

**【备注】**

（1）“头摇”之症为何多发生在女性？由于“头摇”之病因

多为气血两虚，阴阳俱损者。凡气血、阴阳皆损伤之体，往往多表现在妇人之身。头为诸阳之会、人体之巅，高巅之上，惟风可至。督脉者，督辖诸阳，其循行“并于脊里，上至风府，入脑”。督脉为病，经气不畅，血虚风动，随经脉上行于头，筋失所养，故而头摇。前贤有“治风先治血，血行风自灭”的理论，所以治疗头摇应疏通督脉的同时，还应关注养血息风之措施，因为“妇人以血为主。”

（2）治疗“头摇”病，尚有两个穴位都有良好的作用。①长强：为督脉腧穴、络穴，督脉与足少阴、足少阳经交会穴。有镇惊息风，调和任督二脉，即调阴阳之效。②腰奇：为经外奇穴，位于尾骨尖端直上 2 寸，善治癫痫等神志病，对于头摇的治疗，亦有一定的疗效。以上两穴，应配合大椎则疗效更佳。

### （十九）肝风（肢体肌肉颤动）

肝风表现为身体局部肌肉出现不自主的肌束颤动，是一种常见的神经系统症状，最多见于面部及四肢，但不会发展为其他严重的神经系统疾病。在大多数人的一生中，都经历过一定程度上的这种肢体肌肉颤动。运动疲劳、急性病毒感染、焦虑及药物使用都可引起。

《临证指南医案·肝风》说：“倘精液有亏，肝阴不足，血燥生热，热则风阳上升，窍络阻塞，头目不清，眩晕跌仆，甚则瘈疭痉厥矣。”

《素问·至真要大论篇》说：“诸风掉眩，皆属于肝。”肝风之病乃为阴虚阳亢，水不涵木，筋脉失养，简称“肝风”，归属于肝，故病名定为“肝风”。它的形成，其标多从火化而来；其本则多由阴亏血少，阴亏则阳盛，风从阳化；血虚则生热，热极生风，因此前人有“风多从火出”之说。大抵肝风上冒巅顶者，阳亢居多；旁走四肢者，血虚为甚。其治疗方法，则不外凉肝、息风、滋阴、养血等几个方面。明代李中梓在《医宗必读》中阐述了“治风先治血，血行风自灭”的论点。

对于“肝风内动，旁走四肢”者的治疗。若病程短，病尚浮浅则疗效较理想，若病程久，病已深化则疗效慢且难治。

**【讨论证型】**肝风·旁走四肢型（肢体肌肉颤动）

**【临床表现】**肢体肌肉颤动，不能自主，眩晕耳鸣，腰膝酸软，情绪紧张时容易颤动，或伴肢体麻木，口干。舌红少苔，脉弦细数。

**【辨证】**阴虚血亏，筋脉失养，肝风内动，旁走四肢。

**【治则】**养血清热，平肝息风。

**【主穴】**风府、筋缩、阳陵泉。

**【辅穴】**适当选择：①四肢颤抖：加曲泽、曲泉。②上肢颤抖：加极泉、神门、大陵。③手腕颤抖：加少海、阴郄。④下肢颤抖：加环跳、三阴交。

**【刺法】**以毫针直刺风府、筋缩，应用捻针补法。再刺阳陵泉以提插、捻转、强刺激手法为泻，双侧皆刺。留针30分钟，隔日治疗1次。

**【配伍机制】**风府穴为督脉腧穴，善于疏通督脉之气，沟通任脉、膀胱经、阳维脉的经脉气机往来。有祛风开窍，通利关节，清心宁神之功；筋缩为督脉腧穴，有调养督脉之血脉、养血荣筋、缓解痉挛、安神宁志之效；阳陵泉为胆经合穴，乃足少阳经之脉气所入，属合土穴，为“筋之会”，具有疏泄肝胆、清热利湿、舒筋活络、平肝息风之效。再选配适当辅穴，组成治疗肝风的针刺方案。

**【备注】**

（1）现代医学中的小舞蹈病、震颤麻痹、风湿性脑病等皆有共同的病因，即肝肾阴虚或阴虚阳盛，复感外邪，邪气侵袭，由表入里，日久化热，阴血受灼，筋脉失于濡养故发为手足颤摇。

病名虽不同，但症状相似。其中医的治疗思路均以滋阴养血，平肝息风为基本方法。

（2）肝风（肢体肌肉颤动）与震颤（帕金森征）有截然不同的差别（表 3-3）：

表 3-3　　肝风与震颤的对照

| 病 名 | 特 征 | 病 理 | 相 关 | 治 法 | 疗 效 |
|---|---|---|---|---|---|
| 肝 风 | 表现四肢<br>多见局部 | 筋脉失养<br>肝风内动 | 周围神经 | 养血清热<br>平肝息风 | 较 好 |
| 震 颤 | 表现全身<br>整体发作 | 血虚肝热<br>风动痰阻 | 中枢神经 | 清热化痰<br>平肝息风 | 较 差 |

（3）书写痉挛症，主要分为三种类型：①痉挛型（肌张力亢进型）：是最常见的一种类型。写字时很快出现痉挛的症状，食指伸直，拇指及其他手指屈曲，骨间肌、前臂肌肉，甚至肩部肌肉收缩，伴有剧烈的疼痛。②麻痹型（无力型）：写字时常有疲劳感，肌肉力弱，不能自主活动，类似麻痹证状，不能使用钢笔，有时沿着神经走行出现疼痛。③震颤型（运动亢进型）：写字时可见摇动性震颤，震颤逐渐增强，尤其是在精神因素影响下更加明显。

## （二十）震颤（帕金森症）

震颤又名“颤症、颤振、振掉”，是头部或肢体摇动颤抖，不能自主的症状。轻者仅有头摇或手足微颤，重者头部振摇，甚至有痉挛样扭转动作，两手或上下肢颤动不止，或兼项强、四肢拘急。本病是一种常见的中老年神经系统变性疾病，多在 60 岁以后发病。本病少数也可在儿童期或青春期发病。《素问·至真要大论篇》说“诸风掉眩，皆属于肝”。“掉”含震颤之意，说明震颤一症属风象，而与肝相关。震颤大多为慢性发作，难以速效，治以缓图，慎用攻伐之术。

震颤与抽搐有所区别。颤，摇也；振，动也。风火相乘，动摇之象。比之抽搐，其势为缓。抽搐多呈持续性，时伴短阵性间歇，手足屈伸，牵引、驰纵交替，部分可兼发热、目上窜、神昏，多见于急性热病或某些慢性病急性发作。震颤是一种慢性疾病过程中的临床表现，以头项、手足不自主颤抖摇动为主，无发热、神昏，其动作幅度较抽搐小而频率快。

帕金森症，又称震颤麻痹，其主要临床特征是震颤，肌肉强直和运动减少。原发性震颤的主要病变在脑黑质和纹状体，至于引起病变的原因至今不明。脑动脉硬化、颅脑外伤、颅内肿瘤、脑炎、一氧化碳中毒、结核、吩噻嗪类与利血平等药物，也可引起类似的临床症状，称为继发性震颤麻痹、帕金森综合征或震颤麻痹综合征。本病属于中医的“内风”、“颤振”范畴。其治疗取效甚慢，医患都需要耐心，且不可过急，否则欲速则不达。

**【讨论证型】**震颤·痰热风动型（帕金森氏症、震颤麻痹、麻痹综合征）

**【临床表现】**肢体颤动粗大，程度较重，不能自主，眩晕耳鸣，面赤烦躁，情绪紧张时颤动加重，或伴肢体麻木，口干苦，大便干。舌红苔黄，脉弦、滑而数。

**【辨证】**血虚肝热，风动痰阻，络脉失和。

**【治则】**清热化痰，平肝息风。

**【主穴】**百会、四神聪、气海、中极、合谷、太冲。

**【辅穴】**适当选择：①痰热上扰：加中脘、丰隆。② 气血两虚：加足三里、血海。③肝肾阴亏：加太溪、照海。④颤抖僵直：加期门、阳陵泉。⑤言语不利：加廉泉、内关。

**【刺法】**以毫针刺百会，由前向后逆经刺为泻法，再平刺四神聪，不做手法。气海、中极直刺，捻针取补法。合谷、太冲皆用提插、捻转，强刺激用泻法。双侧皆刺，留针30分钟，隔日治疗1次。

**【配伍机制】**百会为督脉与足太阳经交会穴，有清热开窍、平肝息风、健脑宁神之功；配合四神聪有加强疏通脑络之用；气海、中极皆为任脉腧穴，可疏通任脉之气血，调节任脉与肝、脾、肾三经的脉气沟通；功在合谷、太冲，有“开四关”之力，其中合谷为大肠经原穴，善调手阳明经之脉气畅通，有清热凉血之能；太冲为肝经原穴，乃足厥阴之脉气所注，属输土穴，具有疏肝理气、镇肝息风、清热利湿之用。诸穴相配，上疏下导，阴平阳秘，气血调和，共济清热化痰、平肝息风之效。再选择适当辅穴，组成治疗震颤的针刺方案。

**【备注】**

（1）震颤是帕金森症发病最早期的表现，通常从某一侧上肢远端开始，以拇指、食指及中指为主，表现为手指像搓丸或数钞票一样运动，然后逐渐扩展到同侧下肢和对侧肢体，晚期可波及下颌、唇、舌和头部。在发病早期，震颤往往是手指或肢体处于某一特殊体位时出现，当变换一下姿势时消失。随着病情的发展，当肢体静止时，突然出现不自主的颤抖；变换位置或运动时，颤抖减轻或停止。这是帕金森病震颤的最主要的特征，称为静止性震颤。 震颤在患者情绪激动或精神紧张时加剧，睡眠中可完全消失。震颤还有一个特点是其节律性，震动的频率一般是4 ~ 7次 / 秒。

（2）护理好震颤患者，是治疗过程中的重要组成部分：①发现病情后，积极给予综合治疗，以延缓病情发展。②保证充足睡眠，避免情绪紧张激动，以减少肌肉震颤加重的诱发因素。③鼓励患者主动运动，如吃饭、穿衣、洗漱等；有语言障碍者，可对着镜子努力大声地练习发音；加强关节、肌力活动及劳作训练，尽可能保持肢体运动功能，注意防止摔跤及肢体畸形残废。④长期卧床者，应加强生活护理，注意清洁卫生，勤翻身拍背，防止坠积性肺炎及褥疮感染等并发症，因帕金森症患者大多死于肺部或其他系统，如泌尿系统等的感染。注意饮食营养，必要时给予鼻饲，保持大小便通畅，以不断增强体质，提高免疫功能，降低死亡率。

## （二十一）胃痛（胃炎、胃溃疡）

胃痛又称胃脘痛，以胃脘部经常发生疼痛为主症，常兼见痞满、吞酸、嘈杂、嗳气、呕吐等。多见于急慢性胃炎、胃溃疡。本病的发生多有工作过度紧张、食无定时、吃饱后马上工作或运动、饮酒过多、过食辛辣、经常进食难消化的食物等诱因。

《素问·六元正纪大论篇》说："木郁发之，民病胃脘当心而痛。"《沈氏尊生书·胃痛》说："胃痛，邪干于胃脘病也……惟肝气相乘为尤甚，以木性暴，且正克也。"《素问·举痛论篇》说："寒邪客于肠胃之间、膜原之下，血不得散，小络引急，故痛。"

胃腑主纳谷，喜润恶燥，以通降下行为顺。治疗以通为主，所谓"通则不痛，不通则痛"。临床以实证为常见，实则以理气解郁、通络化瘀、散寒温胃为主。

**【讨论证型 1】**胃痛·寒邪犯胃型（胃炎、胃溃疡）

**【临床表现】**因感受寒冷或饮食生冷诱发，胃脘疼痛暴作，畏寒喜暖，遇温痛减，以痉挛拘急疼痛者居多，可泛吐清水，口不渴、喜热饮，舌质淡，苔白，脉弦紧。

**【辨证】**寒邪犯胃，邪气受阻，胃寒滞痛。

**【治则】**温中散寒，理气止痛。

**【主穴】**中脘、足三里、脾俞、胃俞。

**【辅穴】**适当选择：①虚性寒痛：脾俞、胃俞加灸。②腹中胀满：加天枢。③胸胁痞闷：加内关。

**【刺法】**先以毫针刺脾俞、胃俞，均刺双穴，直刺用捻针补法，得气后起针；仰卧位刺中脘，直刺，轻度捻针补之。再刺足三里，用提插、捻转手法，平补平泻，双侧皆刺，留针30分钟，隔日治疗1次。

**【配伍机制】**胃俞为足太阳膀胱经腧穴，具有和胃化滞、补虚扶中之功，是胃的背俞穴；脾俞为足太阳膀胱经腧穴，具有健脾利湿、益气和营之效，是脾的背俞穴。二穴相配，胃为阳土，脾为阴土，一阴一阳，一表一里，胃主纳谷，脾主运化，升降协调，脾健胃和。《针灸大成》说："食多身瘦，脾俞、胃俞。"中脘为任脉腧穴，是足阳明胃经募穴，是八会穴之"腑会"，中脘穴与之内胃脘相应，是调理脾胃的消化功能最佳首选，具有健脾消积、理气和胃之能；足三里为足阳明经合穴，乃足阳明经脉气所入，属合土穴，具有调理脾胃、疏通气血、理气消胀之功。中脘位居中焦，足三里作用在脾胃，局部与远端俞募相配，彼此接应，共济温中散寒、理气止痛之效。再选择适当辅穴组成治疗寒邪犯胃的针灸方案。

**【讨论证型2】**胃痛·肝胃不和型（胃炎、胃溃疡）

**【临床表现】**胃脘胀痛，胀甚于痛，或先胀后痛，引及两胁、胸背、腹部，痛无定性，时作时止，攻窜移动，每因情志因素诱发或加重；胸闷，嗳气频繁，或有吞酸，嘈杂，心烦易怒，口干口苦，舌苔白或薄黄，脉弦。

**【辨证】**肝郁气滞，胃失和降，肝胃不和。

**【治则】**理气疏肝，和胃调中。

**【主穴】**中脘、足三里、内关。

**【辅穴】**适当选择：①胸胁痞满：加膻中。②肝胆火盛：加太冲。③肝郁日久：加期门。

**【刺法】**先以毫针刺中脘穴，直刺，用轻度捻针平补平泻法。再浅刺内关穴，用捻针泻法；足三里用捻转、提插补法，双侧皆刺。留针30分钟，隔日治疗1次。

**【配伍机制】**中脘穴为任脉腧穴、胃经募穴，可疏导胃与脾经的脉气，是调理脾胃功能的最佳选择。能沟通小肠、三焦、胃经与任脉的经气交流，是八会穴之“腑会”，可治疗消化系统疾病。《针灸甲乙经》说：“胃胀者腹满胃脘痛，鼻闻焦臭，妨于食，大便难，中脘主之。”足三里为胃经合穴，乃足阳明经之脉气所入，属合土穴，是四总穴之首，具有调理脾胃、疏通气血、理气消胀之效。《灵枢·邪气脏腑病形》讲：“胃病者，腹胀，胃脘当心而痛，上支两胁，膈咽不通，食饮不下，取之三里也。”内关为心包经络穴，善调手厥阴经脉气之畅通，具有清泄包络、宽胸理气、调理血海之能。《神农本草经》讲内关治“心痛腹胀，腹内诸疾”。以上主穴，共济理气疏肝、和胃调中之功。再适当调配辅穴，组成治疗肝胃不和的针刺方案。

**【备注】**

（1）寒邪犯胃，或食生冷寒积于中，阳气被寒邪所遏而不得舒展，致生疼痛。其辨证要点为感受寒邪或有饮食生冷史，脘痛喜温，口不渴，苔白等；胃寒暴作时可见紧脉。以上诸症均以温中散寒法调治。

（2）肝胃不和，者主要是情志不遂，肝气郁结，不得疏泄，横逆犯胃作痛。气病多游走，胁为肝之分野，故疼痛攻撑两胁；肝气郁结，胃失和降，故胃脘胀满、嗳气。正与《伤寒论》之柴胡汤证“往来寒热，胸胁苦满，默默不欲饮食，心烦喜呕，口苦，咽干，目眩，舌苔薄白，脉弦者”等特点相似。因此，理当疏肝和胃法调治。

（3）慢性胃炎是以胃黏膜的非特异性慢性炎症为主要病理变化的疾病。根据胃黏膜的组织学改变，可分为浅表性、萎缩性和肥厚性胃炎。各类型慢性胃炎的临床表现有所不同：浅表性胃炎一般表现为饭后上腹部不适，有饱闷及压迫感，嗳气后自觉舒服，有时还有恶心、反酸及一过性胃痛，无明显体征。萎缩性胃炎主要表现为食欲减退，饭后饱胀，上腹疼痛及贫血、消瘦、疲倦和腹泻等全身虚弱症状。肥厚性胃炎则以顽固性上腹部疼痛为主要表现，食物和碱性药物能使疼痛缓解，但疼痛无节律性。

（4）胃溃疡应与十二指肠溃疡相鉴别。十二指肠溃疡的疼痛多在两餐之间发生，持续不减直至下餐进食或服用抑酸药物后缓解。胃溃疡疼痛发生不规则，常在餐后1小时内发生，经一二小时后逐渐缓解，直至下餐进食后再出现上述节律。十二指肠溃疡的疼痛多在中上腹部，或脐上方偏右处；胃溃疡疼痛多在中上腹偏高处，或剑突下偏左处，疼痛多呈钝痛、灼痛，一般较轻，尚能忍受。除疼痛外，尚有反酸、嗳气、恶心、呕吐等其他胃肠道症状。

（5）医生应嘱胃痛患者饮食有节，防止暴饮暴食，宜进食易消化的食物，忌生冷、粗硬、辛辣刺激性食物。特别是胃中灼痛、反酸、吞酸的患者应禁食酸性、甜食之类食物，防止胃酸过高。应该适当吃些碱性食物为宜，否则会加快溃疡病变发生。另外，尽量避免烦恼、忧虑，保持乐观情绪。

## （二十二）气陷（胃下垂）

胃下垂是指人取站立位时，胃下缘达盆腔，胃小弯切迹低于髂嵴连线。本病是因气虚无力升举，清阳之气不升反下陷，内脏位置不能维固而下垂所致。轻度胃下垂者多无症状，下垂明显者可伴有与胃肠动力及分泌功能较低有关的症状，如上腹不适、易饱胀、厌食、恶心、嗳气及便秘等。有时感觉深部腹隐痛，患者餐后、久站及劳累后，上腹不适常加重。

胃下垂的发生主要和膈肌悬吊力不足，膈胃、肝胃韧带松弛，腹内压下降及腹肌松弛等因素有关。多见于瘦长体型、经产妇、多次腹部手术有切口疝、消耗性疾病伴有进行性消瘦或卧床少动者。

气陷一般是在气虚病变基础上发生的，以气的升清功能不足和气的无力升举为主要特征。气陷病机与脾气虚损的关系最为密切。若素体虚弱，或病久耗伤，可致脾气虚损不足，致使清阳不升，或中气虚陷，从而形成气陷病机。人体之内脏器官位置的相对恒定，全赖气的上升提摄及正常的升降出入运动。所以，在气虚病变机能减退时，则中气下陷，脏腑维系、升举之力减弱，即可造成脏腑组织位置下移而出现胃下垂。

**【讨论证型】**气陷·中气下陷型（胃下垂）

**【临床表现】**X线检查发现胃下垂，自觉上腹不适、隐痛、易饱胀、厌食、恶心、嗳气，伴见头晕眼花、耳鸣、疲乏、气短、自觉气下坠感，舌淡苔白，脉弱。

**【辨证】**脾胃虚弱，中气下陷，升降失和。

**【治则】**健脾益气，升阳举陷。

**【主穴】**梁门（左）、中脘、气海、足三里。

**【辅穴】**适当选择：①肝气郁结：加内关、合谷。②腹中胀痛：加天枢。③脾胃两虚：加脾俞、胃俞。④脾肾不足：加脾俞、肾俞。

**【刺法】**先以毫针直刺梁门左侧穴，必须认真做手法［详见备注（1）］；再刺中脘、气海，皆直刺，轻刺，捻针补法。足三里应用提插、捻转补法，双侧皆刺。留针30分钟，隔日治疗1次。

**【配伍机制】**梁门穴为胃经腧穴，善治足阳明经之脉气郁结，具有调中气、和肠胃、促运化、消积食的功用，梁门穴与内之胃体相应，是主穴中之要穴；中脘穴为任脉腧穴，胃经募穴，能调理胃经与脾经的病证，“腑会中脘”，故善治消化性疾病，正如《针灸大成》讲：“腹胀不通，寒中伤饱，食饮不化，中脘主之。”气海为任脉腧穴，具有益肾固脱、调理冲任之能；足三里为胃经腧穴、合穴，乃足阳明胃经之脉气所入，属合土穴，具有调理脾胃、调和气血之用。诸穴相配，共济健脾益气、升阳举陷之效。

再适当选择辅穴，组成治疗胃下垂的针刺方案。

胡荫培教授曾讲："该方的宗旨是通过益气升阳的方法，达到调中举胃之目的。取左梁门有温胃引气，疏理中焦，直接对胃刺激，促进胃体收缩；配合胃之募穴中脘，对提升中气有关键之功；气海益气补中有举托胃体之效；妙在足三里和胃健脾，助消益中作用最强。"四穴相济，共奏健脾益气、升阳举陷之能。

【备注】

（1）梁门的刺法：针刺治疗胃下垂，患者的体位，应当为仰卧位。其主穴为梁门，取左侧穴。在胃中有少量食物时最适宜，若患者脾脏不大，可行手法，其方法为：取2寸针刺入后，大指向前捻转，得气后徐徐向上提针，患者可体会到有提胃之感，出现这种感应则为有效针感，亦为得气。此穴靠近胃大弯，针之能直接对胃起刺激作用。实行有效手法，可以疏通经络，调和气血，升举中气，调整脏腑功能。提高胃和腹肌张力，增加腹压，从而使下垂的胃逐渐回到正常位置。

（2）胃下垂的患者，饮食应特别注意：①饮食不宜过饱，每餐以七成饱为宜。避免生冷饮食，温性或稍偏热较为稳妥。忌食辛辣、鱼腥发物等刺激性食品。②不宜剧烈运动和超负荷体力劳动。特别是餐后要休息30分钟后，再开始工作。

（3）患者病程已久，或体质较虚者，应配合中药治疗，临床应用"补中益气汤"加减，针药结合其疗效更佳。

### （二十三）呕吐（神经性呕吐）

呕吐是指胃失和降，胃气上逆，迫使胃内容物经食道、口腔吐出的症状。有声无物谓之呕，有物无声谓之吐。临床上，呕与吐常兼见，所以统称呕吐。

神经性呕吐是指自发或故意诱发而发生的反复呕吐，多因不愉快的环境或心理紧张所致。呈反复不自主的呕吐发作，一般发生在进食完毕后，出现突然喷射状呕吐，无明显恶心及其他不适，不影响食欲，呕吐后可进食，体重无明显减轻，无内分泌紊乱现象，且不影响下次进食的食欲。

呕吐与噎膈、反胃均有内容物吐出的临床表现。反胃以朝食暮吐、暮食朝吐、宿食不化为特点，病情迁延，易于反复，为阳虚有寒。噎膈严重者可见呕吐，但初、中期先呈吞咽困难、胸膈胀痛，进行性加重，全身状况较差，与一般的呕吐有所不同。

《圣济总录·呕吐篇》说："呕吐者，胃气上而不下也。"恼怒伤肝，肝失调达，横逆犯胃，胃气上逆；或忧思伤脾，脾失健运，食停难化，胃失和降，而发生呕吐。

**【讨论证型】**呕吐·肝气犯胃型（神经性呕吐）

**【临床表现】**呕吐吞酸，嗳气频作，与情绪有关，伴胸闷、胁痛、脘痞、心烦口苦、烧心嘈杂。舌苔薄微黄，脉弦。

**【辨证】**肝气不舒，横逆犯胃，胃气不和，气逆作呕。

**【治则】**疏肝理气，和胃降逆。

**【主穴】**中脘、内关、阳陵泉、足三里。

**【辅穴】**适当选择：①急性呕吐：加中缝。②痰湿上泛：加丰隆。③肝气犯胃：加行间。④胃气上逆：加合谷、劳宫。⑤脾胃虚弱：加脾俞、胃俞。

**【刺法】**以毫针直刺中脘穴，应用捻针手法，平补平泻。再浅刺内关穴，轻手法捻转；阳陵泉斜刺透向足三里，用捻针泻法，双侧皆刺。留针 30 分钟，隔日或每日治疗 1 次。

**【配伍机制】**中脘穴为任脉腧穴，"腑会中脘"，是治疗消化系统疾病的经验用穴，善于疏调任脉经脉气，中脘穴与内之胃体相应，具有和胃降逆、化滞助消之功。《扁鹊心书》说："呕吐不食，灸中脘五十壮。"内关为心包经腧穴、络穴，能有调和手厥阴经之郁滞，且能沟通心包与三焦经之经脉，具有清泄包络、宽胸理气、调理血海之效。《杂病穴法歌》讲内关"汗吐下法非有他”；阳陵泉为胆经合穴，乃足少阳经之脉气所入，属合土穴，“筋会阳陵泉”，具有疏泄肝胆、清热除湿、疏经活络之能；足三里为胃经合穴，乃足阳明经之脉气所入，属合土穴，为四总穴之首，“肚腹三里留”，具有理气消胀、调理脾胃之用。《针灸甲乙经》指出：“善呕，三里主之。”以上四穴，二阴二阳，阴阳协力，局部与远端相配，共济疏肝理气、和胃降逆之功效。再配合辅穴，组成治疗神经性呕吐的针刺方案。

**【备注】**

（1）刺中缝治呕吐乃民间经验方。中缝穴在手的掌侧，中指第2节横纹中央，为经外奇穴。此穴通手厥阴心包经，与手少阳三焦经相邻。其功能除烦止呕，安中和胃。主治急性呕吐。刺法：取双侧穴，点刺出血或黄白色黏液，一般呕吐即止。

（2）呕吐属于足太阴脾经和足阳明胃经的病变。其致病原因：一般由于脾胃虚弱及寒气侵袭、邪气蕴阻、饮食积滞等，使中焦气机升降失常，胃气上逆而成本病。呕吐是临床常见证候，常伴发于多种疾病。在治疗过程中应注意以下几点：①起居有常，生活有节，避免风寒暑湿秽浊之邪入侵；②保持心情舒畅，避免精神刺激；③饮食方面也注意调理，不宜食生冷瓜果、肥甘厚腻、辛辣香燥、醇酒等；④对呕吐不止的患者应卧床休息，密切观察病情；⑤积极治疗引起呕吐的原发疾病，因为呕吐也可能是原发疾病的一个症状。

（3）神经性呕吐，针治效果较好，若需要配合中药治疗，应用《三因方》的“温胆汤”加苏藿梗疗效甚好。

### （二十四）顽固性呃逆（膈肌痉挛）

呃逆以气逆上冲、喉间呃呃连声，声短而频，不能自制为主证。本病属于膈肌功能障碍性疾病，西医学称为“膈肌痉挛”。由于迷走神经和膈神经受到刺激，引起膈肌异常的收缩运动，吸气时声门突然闭合产生一种呃声。轻者间断打嗝，重者可连续呃逆或呕逆，腹胀、腹痛，个别出现小便失禁。

呃逆之名见《景岳全书·呃逆》：“因其呃呃连声，故今人以呃逆名之……呃逆之大要，亦为三者而已，一曰寒呃，二曰热呃，三曰虚脱之呃。”宋以前称哕。呃逆是在因进食生冷、辛辣，或情志郁怒等因素刺激下，膈间之气不利，引动胃气上冲喉间而致。如因久病体羸而发病的，多为胃气将绝的预兆，治疗不易奏效。

临床上，呃逆应与干呕、嗳气相鉴别。干呕是指胃气上逆，有声无物的症状，类属呕吐范畴。嗳气，是胃内浊气上冲，经食道由口排出，时兼酸腐气味，不同于呃逆之呃呃连声，不能自制。

**【讨论证型】**呃逆·气逆肝郁（膈肌痉挛）

**【临床表现】**呃声连作，持续频频不能自制，胸胁、脘腹胀满，或有嗳气，纳呆。心情郁闷，胁肋引痛，咽干口苦，心烦欲呕。舌质淡红，苔白，脉弦滑。

**【辨证】**肝郁气滞，胃气冲逆。

**【治则】**和胃降逆，理气疏肝。

**【主穴】**膈俞、巨阙、章门、合谷、照海。

**【辅穴】**适当选择：①急性发作：加攒竹、内关。②肝气横逆：加阳陵泉、太冲。③呃逆日久：加肝俞、脾俞。④重病之后：加气海、关元（灸）。⑤反复发作：加颈夹脊。

**【刺法】**先以毫针直刺双侧膈俞，应用捻针补法，得气后起针。仰卧位再刺巨阙，直刺用泻法；浅刺章门，强刺合谷，轻刺照海补之，双侧皆刺。留针 30 分钟，隔日或每日治疗 1 次。

**【配伍机制】**膈俞为膀胱经腧穴，位居背部，为“血会膈俞”，善于疏通足太阳经脉气血，该穴与之内膈肌相应，具有理气宽胸、化痰息风、祛瘀活血之效；巨阙为任脉腧穴，善于疏通任脉之气，为手少阴心经募穴，能治疗心与小肠经的疾病，具有宽胸化痰、和胃降逆之功；章门为肝经腧穴，能解足厥阴经之脉气郁滞，又是足太阴脾经募穴，八会穴之“脏会章门”，可调理脾胃之病证，具有疏肝理气、和胃化滞之能；合谷为大肠经原穴，可疏导手阳明经之脉气，善治大肠经的病证，具有通降胃肠、清泄肺气、清热降逆之效；照海为肾经腧穴，具有降火滋阴、清热理气之效。诸穴配伍，共济和胃降逆、理气疏肝之效。再适当选择辅穴，组成治疗膈肌痉挛的针灸方案。

**【备注】**

（1）对呃逆预后的认识，应当从三种不同情况探讨：①凡身体素质健康，因感受寒凉，偶尔发生呃逆，其病势轻微，属于生理现象，呃逆虽然声音宏大，可不治而愈。②患者因肝胃失和，逆气上冲，呃逆日久持续不断发作反复、频繁，属于病理现象。一般经病因治疗，其呃逆可渐渐平息。③若患者患有严重疾病，例如癌症、脑血管病、心脏病、肺部感染，或肝硬化、尿毒症等，在治疗过程中出现呃逆，其声怯弱、难续、额汗淋淋而出，甚则手足厥冷，此为脱证。病情严重，预后凶险，危在旦夕。

（2）顽固性呃逆久治不愈者，可依据“久病入络”立法治之，选用疏通经络、活血化瘀的方案。若在急慢性疾病的严重阶段，出现呃逆不止，常是胃气衰败之危象，预后不佳。在治疗时，必须调其饮食，畅达情志，才能提高疗效。若药物与针灸同用，往往可收事半功倍的效果。

## （二十五）胁肋痛（肋间神经痛）

胁肋痛是指以一侧或两侧胁肋疼痛为主要表现的病证，是由于胸神经根，即肋间神经由于不同原因的损害，受到压迫、刺激，出现炎性反应，而出现以胸部肋间呈带状疼痛为主症的病证。

《灵枢·五邪》说:“邪在肝，则两胁中痛。”《素问·缪刺论篇》说:“邪客于足少阳之络，令人胁痛不得息。”《杂病源流犀烛·肝病源流》说:“气郁，由大怒气逆，或谋虑不决，皆令肝火动甚，以致胠胁肋痛。”

肋间神经痛的产生，有原发性和继发性两种，临床上常见的是继发性肋间神经痛，而原发性肋间神经痛少见。继发性肋间神经痛是由邻近器官和组织的病变引起，如胸腔器官的病变(胸膜炎、慢性肺部炎症、主动脉瘤等)、脊柱和肋骨的损伤、老年性脊椎骨性关节炎、胸椎段脊柱的畸形、胸椎段脊髓肿瘤，特别是髓外瘤，常压迫神经根而有肋间神经痛的症状。还有一种带状疱疹病毒引起的肋间神经炎，也可出现肋间神经痛。

临床上，该病应该与悬饮相鉴别。悬饮亦可见胁肋疼痛，但其表现为饮留胁下，胸胁胀痛，持续不已；伴见咳嗽、咯痰，呼吸时加重，常喜向病侧卧位，患侧肋间饱满，叩呈浊音，或兼见发热，一般不难鉴别。

**【讨论证型】**胁肋痛·肝气郁结型(肋间神经痛)

**【临床表现】**胁肋胀痛，攻窜不定，痛无定处，时聚时散，每因情绪变化而诱发或加剧，胸闷叹息，嗳气频作，食欲不振，舌苔薄，脉弦。

**【辨证】**肝气郁结，气滞血瘀，脉络不通。

**【治则】**理气疏肝，活血通络。

**【主穴】**支沟、阳陵泉、丘墟。

**【辅穴】**适当选择：①肝气郁结：加内关、太冲。②络脉瘀阻：加膈俞、血海。③胁痛日久：加期门、复溜。

**【刺法】**以毫针刺支沟，应用捻针平补平泻法；再刺阳陵泉、丘墟穴用强刺激泻法，一侧痛刺患侧，两侧痛刺双侧。留针30分钟，行针15分钟时及起针时分别各加做1次手法，隔日或每日治疗1次。

【配伍机制】支沟为三焦经经穴，乃手少阳经之脉气所行，属经火穴，具有调理脏腑、泄热通便、行气止痛之功；阳陵泉为胆经合穴，乃足少阳经之脉气所入，属合土穴，又为八会穴之一，“筋会阳陵泉”，统治筋病，具有疏泄肝胆、和解少阳、舒筋活络、缓急止痛之效。以上两穴为同名经，实乃有效之“对穴”。正如《卧岩凌先生得效应穴针法赋》所讲：“胁下肋边疼，刺阳陵而即止，应在支沟。”丘墟为胆经腧穴、原穴，善于疏通足少阳经之脉气瘀阻，具有祛风利节、通经活络、疏肝理气之能。《针灸大成》说：“胁痛，针丘墟。”以上三穴，三阳合用，皆为“五输穴”的内容。诸穴相配，共济理气疏肝、活血通络之效。再适当选择辅穴，组成治疗肋间神经痛的针刺方案。

【备注】

（1）本病一般表现在一侧或两侧胁肋部疼痛。其病因虽有情志、饮食、外感、体虚及跌仆外伤之分。但针灸门诊所见到的胁肋痛患者，大多数都属于情志病的肝气郁结之证型或外伤性疼痛，因此其病机属于肝络失和或瘀血停滞的实证。其治疗原则理当采取理气疏肝，活血通络之法。所谓“气为血帅，血为气母，气行则血行”之理。

（2）本病疼痛特点：肋间神经痛发病时，可见疼痛由后向前，沿相应的肋间隙放射呈半环形；疼痛呈刺痛或烧灼样痛，咳嗽、深呼吸或打喷嚏时疼痛加重，疼痛多发于一侧的一支神经。查体可发现，胸椎棘突旁和肋间隙有明显压痛；典型的根性肋间神经痛患者，屈颈试验阳性；受累神经的分布区常有感觉过敏或感觉减退等神经功能损害表现。

### （二十六）右胁痛（胆道蛔虫）

胆道蛔虫病是肠道蛔虫的严重并发症，指蛔虫进入胆总管、肝内胆管和胆囊而引起右胁痛。蛔虫从小肠逆行进入胆道，引起胆管和奥狄括约肌痉挛，引起患者突然发作的右胁部疼痛，典型的临床表现为突然发生剑突下阵发性“钻顶”样剧烈疼痛或绞痛。

蛔虫成虫主要寄生在小肠中下段，当人体内环境发生变化时，蛔虫运动习性也会发生改变而上行至十二指肠，钻入胆道而发生胆道蛔虫病。导致蛔虫上窜，钻入胆道的因素有：蛔虫寄生环境发生变化（如高热、腹泻、驱虫药使用不当等），导致消化功能紊乱，肠管蠕动失常，激惹虫体异常活动；胆道括约肌因炎症、结石等处于松弛状态，有利于蛔虫的钻入；蛔虫有钻孔癖性，可逆碱性的胆石而上行。

本病因饮食不洁，误食虫卵，饥饱失时，并在脾胃虚弱基础上形成虫症。蛔虫受扰，上窜入膈，钻入胆道而发病。

**【讨论证型】**右胁痛·蛔厥证（胆道蛔虫）

**【临床表现】**突发右胁部绞痛，弯腰屈背，辗转不宁，痛甚则汗出，四肢发凉，或吐涎沫，或吐蛔虫，时发时止，或伴有寒热，胃肠功能紊乱等证候。舌苔多黄腻，脉滑数。

**【辨证】**虫体阻塞胆道，气机不利，疏泄失常。

**【治则】**通下驱虫，缓急止痛。

**【主穴】**至阳、支沟、阳陵泉。

**【辅穴】**适当选择：①胃脘胀满：加巨阙。②右胁绞痛：加迎香透四白。③肝胆湿热：加胆俞（刺络放血）。④疼痛严重：加灸右胁痛点阿是穴（发烧患者不宜）

**【刺法】**先以毫针直刺至阳穴，应用捻针平补平泻法。再刺支沟、阳陵泉，用提插、捻转，强刺激手法为泻，双侧皆刺。留针 30 ~ 60 分钟，每隔 15 分钟做 1 次手法，隔日或每日治疗 1 次。

**【配伍机制】**至阳穴为督脉腧穴，善行督脉之气，至阳所在与内之肝胆相应。具有清热利湿，疏导肝胆，理气止痛之功；支沟穴为三焦经之经穴，乃手少阳经之脉气所行，属经火穴。有调理脏腑，通关开窍，行气止痛，泄热通便之效；阳陵泉为胆经合穴，乃足少阳经之脉气所入，属合土穴，有疏泄肝胆、和解少阳、舒筋活络、缓急止痛之能，为“筋之会”。以上三主穴，局部与远端相配均有止痛之用。妙在“支沟配阳陵泉”，这一对穴对胁肋疼痛有良好的止痛作用。正如《卧岩凌先生的效应穴针法赋》说:“胁下肋边疼刺阳陵而即止，应在支沟。”诸穴相配，共济通下驱虫、缓急止痛之功效。再适当选择辅穴，组成治疗胆道蛔虫的针灸方案。

**【备注】**

（1）按文献资料介绍:胆道蛔虫在中医学称为“蚘（蛔）厥”或“虫心痛”。按经络学说，四白穴属于足阳明胃经，迎香穴则是手足阳明之会。胆道蛔虫症属手阳明经的内脏病证，这是取迎香透四白穴的针刺依据。一般认为，针刺迎香透四白穴，可解除奥狄括约肌的痉挛，缓解疼痛。有资料认为，针刺迎香透四白穴除能解除痉挛外，还可能加强胆道的收缩功能，增加胆道内压力。同时指出迎香透四白穴短期留针法（30分钟）去针后疼痛复发的原因，可能是在去针后作用迅速消失，而且在很短时间内蛔虫不太可能迅速退出，而致症状复发。长时间留针即可增强功效，避免复发。

（2）胆道蛔虫症在上世纪五六十年代，针灸门诊经常有就诊者，但现在很难见到这样的病例。不过在农村及边远地区依然有胆道蛔虫的患者，因此书写该文以备应用。

## （二十七）腹痛（功能性腹痛）

腹痛是指胃脘以下耻骨毛际以上部位发生疼痛为主症的病证，有大腹、脐腹、小腹、少腹之分。痛在大腹，多为脾胃、小肠受病；痛在少腹，引及两胁，为肝经病；痛在小腹正中，为肾、膀胱及冲任之病。痛在脐周，多为虫病。

《素问·举痛论篇》说“寒气客于肠胃之间，膜原之下，血不得散，小络急引故痛”；“热气留于小肠，肠中痛，瘅热焦渴，则坚干不得出，故痛而闭不通矣”。

腹痛的治疗，多以“通”字立法。所谓“通”者，并非单指通下攻利而言。《医学传真》说：“夫通则不痛，理也，但通之之法，各有不同。调气以和血，调血以和气，通也。下逆者使之上行，中结者使之旁达，亦通也。虚者助之使通，寒者温之使通，无非通之之法也。若必以下泄为通，则妄矣。”故治疗腹痛，以“通则不痛”为原则。

**【讨论证型 1】**腹痛·寒凝腹痛型（功能性腹痛）

**【临床表现】**腹痛急暴，疼痛较剧，呈痉挛拘急状，遇冷则甚，得温痛减，口和不渴，小便清利，大便自可或溏薄，舌苔白，脉弦紧。有受寒凉或进食生冷瓜果病史。

**【辨证】**寒邪直中太阴，寒凝气滞，血脉不畅，不通则痛。

**【治则】**温中散寒，缓急止痛。

**【主穴】**中脘、气海、天枢、足三里。

**【辅穴】**适当选择：①肝脾失调：加章门。②寒邪内阻：加灸神阙。③脐痛难忍：加灸命门。④少腹冷痛：加灸公孙、行间。

**【刺法】**先以毫针刺中脘、气海，皆直刺用捻针补法。再刺天枢取双穴，补法。足三里直刺，用提插、捻转平补平泻法，双侧均刺。留针 30 分钟，隔日治疗 1 次。

**【配伍机制】**中脘为任脉腧穴，善于疏调任脉经之脉气阻滞，是足阳明胃经募穴，能治疗脾胃之病证，为“腑之会”，有健脾消积，理气和胃之功；天枢为胃经腧穴，能理足阳明经脉之气，是手阳明大肠经募穴，能治肺与大肠经之病证，有健脾和胃、行气活血之效；足三里为胃经合穴，乃足阳明经之脉气所入，属合土穴，是四总穴之一，“肚腹三里留”，有调和脾胃、理气和血、疏气消胀之能；气海为任脉腧穴，具有益肾补气、调理冲任之用。以上四主穴，二阴二阳，二任二胃，局部与循经相结合，共济温中散寒、缓急止痛之效。再适当选择辅穴，组成治疗寒凝腹痛的针灸方案。

**【讨论证型2】**腹痛·热结腹痛型（功能性腹痛）

**【临床表现】**腹痛剧烈且拒按，呈持续性或阵发性，逐渐加重，腹胀满，口干口苦，大便秘结不通，或下利清水，溏滞不爽，小便黄，可伴发热。舌苔黄燥，脉滑数有力。

**【辨证】**阳明腑实，热结于里，腑气不通，气血痹阻。

**【治则】**通里攻下，清热导滞。

**【主穴】**中脘、天枢、合谷、上巨虚。

**【辅穴】**适当选择：①肝气郁结：加太冲。②饮食停滞：加内庭。③肝胆蕴热：加阳陵泉。④大便秘结：加支沟。

**【刺法】**先以毫针直刺中脘穴，应用捻针平补平泻法。再刺天枢穴用捻针泻法；合谷、上巨虚用提插、捻转泻法，双侧皆刺。留针30分钟，隔日治疗1次。

**【配伍机制】**中脘为任脉腧穴，具有健脾消积、理气和胃之功；天枢为足阳明胃经腧穴，是手阳明大肠经募穴，具有健脾和胃、行气活血之效。二穴配伍，两经并行，直达病位。合谷为大肠经原穴，善疏通手阳明经的脉气运行，为四总穴之一。有通经活络，疏风解表，清泄肺气，通降肠胃之能。上巨虚为胃经腧穴，可调足阳明经之脉气气血，阳明经多气多血，又是手阳明大肠经下合穴，能使大肠经脉气汇合于足阳明胃经，强化同名经的经气交流。以上四穴，共济通里攻下、清热导滞之效。再选择适当辅穴，共同组成治疗热结腹痛的针刺方案。

**【备注】**

（1）在临床诊治时，必须辨别腹痛的寒热、虚实、气分与血分，才能获效。凡痛势急剧，痛而拒按，或饱时疼痛，多属实痛；痛势隐隐，痛而喜按，或饥时疼痛，多属虚痛。疼痛急迫阵作，腹胀便秘，发热口渴，得寒痛减，多属热痛；若暴痛无间断，遇冷痛增，得热痛减者，多属寒痛。凡腹部疼痛，时聚时散，攻窜不定，为气滞腹痛；腹部刺痛，或如刀割，固定不移，则为血瘀腹痛。

（2）腹痛以寒、热、虚、实为辨证大纲。但在临证时，往往可以相互因果、相互转化、相互兼夹。因此，在辨证施治时，必须抓住主要矛盾，突出主要问题，分析主要症状，审察其相互间的关系，然后处方用针。

（3）腹痛与外科、妇科腹痛的鉴别：内科腹痛常先发热后腹痛，疼痛一般不剧烈，痛无定处，压痛不明显；外科腹痛多后发热，疼痛剧烈，痛有定处，压痛明显，见腹痛拒按、腹肌紧张等，妇科腹痛多在小腹，与经、带、胎、产有关，如痛经、先兆流产、宫外孕、输卵管破裂等，应及时进行妇科检查，以明确诊断。

（4）腹痛患者，当适寒温、慎饮食、悦情志，以免发作。若腹痛剧烈、痛无休止，或伴见面色苍白、恶心呕吐、冷汗、四肢厥逆、脉微细者，应加强观察，以防变证发生。

## （二十八）腹胀（肠胀气）

腹胀又称腹满，指腹部胀满感而外形膨大，触之无形不痛的临床症状。肠胀气是因胃肠道不通畅或梗阻，胃肠道的气体不能随胃肠蠕动排出体外，积聚于胃肠道而引起。肠胀气可以是功能性的也可以是器质性的。

《诸病源候论·腹胀候》说："腹胀者，由阳气外虚、阴气内积故也。阳气外虚受风冷邪气，风冷，阴气也。冷积于腑脏之间不散，与脾气相壅，虚则胀，故腹满而气微喘。"腹胀以脾胃大小肠为主，可因气机升降失司所致。在临床上可分为虚、实两类。

腹胀可与痞满、胸闷同时出现，但应予以分别。痞满以心下胃脘部为主，胀闷满痛不适；胸闷病位在胸，以憋闷难受为主。二者均与腹胀有所不同。腹胀如伴疼痛，当以腹痛为主诉，予以辨证治疗。

**【讨论证型】**腹胀·脾虚气滞（肠胀气）

**【临床表现】**腹部胀满，时作时止，嗳气、矢气则舒，情绪变动时加剧，时引两胁、胃脘。纳少，乏力，便溏，舌质淡，苔薄，脉细弦。

**【辨证】**肝脾失调，中焦郁积，腑气阻滞。

**【治则】**调和肝脾，理气宽中，通调腑气。

**【主穴】**外陵、足三里、阳陵泉。

**【辅穴】**适当选择：①腹胀日久：加阴陵泉、三阴交。②脾肾两虚：加脾俞、肾俞。③矢气恶臭：加支沟、天枢。④虚寒腹胀：加灸神阙。

**【刺法】**先以毫针直刺外陵穴，应用轻度手法捻针，行补法；再刺阳陵泉，用强刺激捻针，行泻法；足三里用捻转、提插补法，双侧皆刺。留针 30 分钟，隔日治疗 1 次。

**【配伍机制】**外陵穴为胃经腧穴，善于疏通足阳明经之脉气壅滞，该穴与内之肠相应，有宽中化滞之用，具有理气止痛、调和肠胃之功。《针灸资生经》说："外陵，主腹中尽疼。"足三里为胃经合穴，乃足阳明经之脉气所入，属合土穴，具有调理脾胃、理气消胀、疏通腑气之效，为四总穴之一，"肚腹三里留"；阳陵泉为胆经腧穴、合穴，乃足少阳经之脉气所入，属合土穴，为"筋之会"，具有疏泄肝胆、清热除湿、疏经活络、缓急止痛之能。以上主穴皆为阳经，局部与远端相配，胆胃两经的合穴相伍，可见疏肝理脾之力很强。共济调和肝脾，理气宽中，通调腑气之功效。再适当选择辅穴，组成治疗腹胀的针灸方案。

**【备注】**

(1)腹胀的虚实分辨:①腹满按之不减,兼有疼痛者多实;腹满按之时减,复如故,无疼痛者多虚。实则从湿、气、食、热治,虚则从脾脏虚寒治。其中以脾虚夹湿者,或寒热错杂两证较为多见。②《景岳全书·肿胀》说:"故有气热而胀者,曰诸腹胀大皆属于热也;有气寒而胀者,曰胃中寒则䐜胀,曰脏寒生满病也。"③肝主疏泄,脾主运化。若情志不遂,肝失疏泄;饮食不调,脾失健运,则表现出肝脾失调之势。需注意情志、饮食因素的诱发,从根源上解决腹胀的原发病因。

(2)肠胀气的预防措施:①勿大量食用高纤维食物:如土豆、面食、豆类,以及卷心菜、花菜、洋葱等蔬菜,因它们容易在肠胃内部产生气体而致腹胀。②不食用难消化食物:如炒豆子、硬煎饼等硬性食物都不容易消化,在肠胃里滞留时间长,产生较多气体而发生腹胀。③改变不良饮食习惯:如进食太快或边走边吃等,因这些不良习惯易吞进空气,常用吸管喝饮料也会使大量空气潜入胃部,引起腹胀。④克服不良情绪:焦躁、忧虑、悲伤、沮丧、抑郁等不良情绪也可能会使消化功能减弱,或刺激胃部产生过多胃酸,而使胃内气体过多,造成腹胀加剧。⑤注意腿、脚的保暖,若下肢感受寒凉则很容易发生腹胀。与此同时,若患者正值消化不良、肠中积滞,即可产生恶臭的矢气。

### (二十九)浮肿(单纯性浮肿)

浮肿,即中医所说的水肿,所谓"单纯性浮肿",是指西医的检查无任何阳性发现,只是体内水液潴留,泛滥肌肤的临床症状,可出现头面、眼睑、四肢、腹背,甚至全身浮肿。严重者可伴有腹水、胸水等。根据病程长短、症候虚实分为阳水和阴水。

水肿与脾、肺、肾三脏关系密切。《金匮要略》论水肿的治疗原则为:"诸有水者,腰以下肿,当利小便;腰以上肿,当发汗乃愈。”实证多由外邪侵袭，气化失常，治宜祛邪为主，用疏风、宣肺、利湿、逐水等法。虚证多由脾肾阳虚，不能运化水湿，治宜扶正为主，用温肾、健脾、益气、通阳等法。

宋·严用和《济生方·水肿门》说：“阴水为病，脉来沉迟，色多青白，不烦不渴，小便涩少而清，大便多泄……阳水为病，脉来沉数，色多黄赤，或烦或渴，小便赤涩，大便多闭。”《景岳全书·肿胀篇》说：“凡水肿等证乃肺、脾、肾三脏相干之病。盖水为至阴，故其本在肾；水化于气，故其标在肺；水惟畏土，故其制在脾。”

临床常见到以下几种浮肿的情况，其中求医者较多。①多见于 20 ~ 40 岁的妇女，水肿常发生在下肢，清晨和上午较轻，下午及晚上加重；平卧减轻，直立时较重，多与劳累和体位有关。②人到老年，由于气血两虚，心肝肾功能逐渐减退，血管壁渗透性增高，常可出现水肿，经各种检查均无异常发现。③由于较长时间坐位或行走，使下肢静脉回流受阻，毛细血管渗出增多，易形成下肢水肿，经休息后水肿可减轻或消失。

**【讨论证型】**浮肿·脾肾两虚型（单纯性浮肿，无其他器质性病变）

**【临床表现】**发病较缓，足跗水肿，渐及周身，身肿以腰以下为甚，按之凹陷，复平较慢，皮肤晦暗，小便短少。或兼脘闷腹胀，纳减便溏，四肢倦怠，舌苔白腻，脉象濡缓；或兼腰痛腿酸，畏寒肢冷，神疲乏力，舌淡苔白，脉沉细无力。

**【辨证】**脾肾两虚，水湿失运，发为肿胀。

**【治则】**温补脾肾，化湿消肿。

**【主穴】**肺俞、水分、阴陵泉。

**【辅穴】**适当选择：①颜面浮肿：加水沟。②上肢浮肿：加偏历。③下肢浮肿：加三阴交。④阴囊水肿：加关元、水道。⑤脾肾阳虚：加灸关元、足三里。

【刺法】以毫针先直刺肺俞穴（不可过深），轻手法捻针补法，取双穴，得气之后起针；仰卧位再刺水分穴，用中度刺激手法补之；阴陵泉用提插、捻转补法，双侧皆刺。留针 30 分钟，隔日治疗 1 次。

【配伍机制】肺俞穴为膀胱经腧穴，肺的背俞穴善于宣肃手太阴经的气机，可治疗肺经、脾经同名经的有关病证，具有宣肺止咳、利水消肿、发表散风之功；水分穴为任脉腧穴，可以调节任脉经之脉气运行，该穴内与小肠相应，有分利清浊、化湿消肿、益气健脾之效。《针灸资生经》指出："水肿……灸水分。"阴陵泉为脾经合穴，乃足太阴经之脉气所入，属合水穴。足太阴经为少气多血之经，脾主运化，有制水之能，具有健脾利湿、通利三焦之用。阴陵泉与水分配伍，利水消肿之力倍增。《百症赋》说："阴陵、水分，去水肿之脐盈。"诸穴相配，共济温补脾肾、化湿消肿之功效。再选择适当辅穴，组成治疗单纯性浮肿的针灸方案。

【备注】

（1）一般而言，阳水属实，多由外感风、热、湿毒而生，病位在于肺、脾。其病程短，发病急，浮肿多由面目开始，自上而下，继及全身，按之凹陷即起；阴水属虚，多由脾肾阳虚而致，病位在于心、脾、肾。其病程长，发病缓，浮肿多由下肢开始，自下而上，继及全身，肿处皮肤松弛，按之凹陷不起，甚而如泥。

（2）水肿根据程度可分三度：①轻度：水肿仅发生于眼睑、眶下软组织、胫骨前、踝部皮下组织，指压后可出现组织轻度凹陷，平复较快。早期水肿，有时仅有体重迅速增加而无水肿征象出现。②中度：全身疏松组织均有可见性水肿，指压后可出现明显的或较深的组织凹陷，平复缓慢。③重度：全身组织严重水肿，身体低垂部皮肤紧张发亮，甚至可有液体渗出，有时可伴有胸腔、腹腔、鞘膜腔积液。

（3）注意调摄饮食：水肿患者应忌盐，肿势重者应予以无盐饮食，轻者予低盐饮食（每日食盐量3～4g）。肿退之后，亦应注意饮食不可过咸。若因营养障碍而致水肿者，不必过于忌盐，饮食应富含蛋白质，清淡易消化，忌食辛辣肥甘之品。

## （三十）消渴（糖尿病）

消渴是由肺、脾、肾三脏热灼阴亏，水谷转输失常所致的以多饮、多食、多尿或消瘦为特征的疾病。消渴虽有上、中、下三消之分，即肺燥、胃热、肾虚之别。但三者有一共同特点，即阴虚燥热。阴虚与燥热是对立统一的，二者往往又互为因果，而阴虚特别是肾阴虚是矛盾的主要方面，故应特别重视。

糖尿病是由遗传因素、免疫功能紊乱、微生物感染及其毒素、自由基毒素、精神因素等各种致病因子作用于机体，导致胰岛功能减退、胰岛素抵抗等引发的糖、蛋白质、脂肪、水和电解质等一系列代谢紊乱综合征。临床上以高血糖为主要特点，典型病例可出现“三多一少”症状。

糖尿病的急性并发症，除感染外，主要有酮症酸中毒、高渗性昏迷、乳酸性酸中毒及慢性病变，主要为微血管病变，包括心血管病变、眼部病变、肾脏病变及神经病变。

**【讨论证型】**消渴·阴虚胃热（糖尿病）

**【临床表现】**多食易饥，口渴多饮，多尿，或尿有甜味，形体消瘦，大便干，舌黄，脉细数。

**【辨证】**禀赋不足，饮食不节，脾胃受损，内蕴积热，消谷伤津，胃阴亏虚。

**【治则】**清胃生津，养阴增液。

**【主穴】**鱼际、三阴交。

**【辅穴】**适当选择：①上消多饮：加肺俞、廉泉、合谷。②中消多食：加胃俞、曲池、内庭。③下消多尿：加肾俞、中极、复溜。④阴阳两虚：加命门、志室、太溪。

**【刺法】**以毫针刺鱼际、三阴交，皆用轻手法捻针，行补法，双侧皆刺。留针 30 分钟，隔日治疗 1 次。

**【配伍机制】**鱼际穴为肺经荥穴，乃手太阴经脉气所溜，属荥火穴，具有养阴润肺、清热利咽、消炎止咳之功；三阴交为脾经腧穴，又为足三阴经之交会穴，太阴经多气少血。足三阴经均上交于任脉，任脉起于胞宫，又为“阴脉之海”。冲脉亦起于胞宫，有“血海”之称，其外行经脉与足少阴经交会，具有健脾利湿、通调水道、理气通滞之效。两穴相配，皆属阴经，一肺一脾，一上一下，合力同治，共挽气阴两伤之局面，共济清胃生津、养阴增液之功效。再选配适当辅穴，组成治疗消渴病的针刺方案。

**【备注】**

（1）本病的基本病机是阴虚为本，燥热为标，故清热润燥、养阴生津为本病的治疗大法。《医学心悟·三消》说：“治上消者，宜润其肺，兼清其胃……治中者，宜清其胃，兼滋其肾……治下消者，宜滋其肾，兼补其肺。”由于本病常发生血脉瘀滞及阴损及阳的病变，以及易并发痈疽、眼疾、劳嗽等症，故应针对具体病情，及时合理地运用活血化瘀、清热解毒、健脾益气、滋补肾阴、温补肾阳等治法。

（2）消渴病是现代社会中发病率甚高的一种疾病，尤以中老年人发病较多。“三多”和消瘦的程度是判断病情轻重的重要标志。早期发现、坚持长期治疗、生活规律、重视饮食控制的患者会预后较好。儿童患本病者，大多数病情较重。并发症是影响病情、损伤患者劳动力及患者生命的重要因素，故应密切关注，及早防治。

（3）糖尿病分 1 型和 2 型两种，其中 2 型糖尿病所占的比例为90%左右。1型糖尿病多发生于青少年，因胰岛素分泌缺乏，依赖外源性胰岛素补充以维持生命。2型糖尿病多见于中、老年人，其胰岛素的分泌量并不低，甚至还偏高，临床表现为机体对胰岛素不够敏感，即胰岛素抵抗。

（4）本病除药物治疗外，生活调摄具有重要的治疗意义。《儒门事亲·三消之说当从火断》说："不减滋味，不戒嗜欲，不节喜怒，病已而可复作。能从此三者，消渴亦不足忧矣。"其中节制饮食具有重要的基础治疗作用。在保证身体合理需要的情况下，应限制粮食、油脂的摄入，忌食糖类，饮食宜以适量米、麦、杂粮，配以蔬菜、豆类、瘦肉、鸡蛋等，定时定量进餐。同时戒烟酒、浓茶及咖啡等，保持情志平和，生活起居规律。

## （三十一）泄泻（急性肠炎）

泄泻是排便次数增多，粪便稀薄，或泻出如水样的病证。古人将大便溏薄者称为"泄"，大便如水注者称为"泻"。《丹台玉案·泄泻门》说："泄者，如水之泄也，势犹舒缓；泻者，势似直下。微有不同，而其病则一，故总名之曰泄泻。"本病一年四季均可发生，但以夏秋两季多见。

急性肠炎是由细菌及病毒等微生物感染所引起的人体疾病，是常见病、多发病。其表现主要为腹泻、腹痛、恶心、呕吐、发热等，严重者可致脱水、电解质紊乱、休克。

《景岳全书·泄泻说》说："泄泻……或为饮食所伤，或为时气所犯……因食生冷寒滞者。""若饮食失节，起居不时，以致脾胃受伤，则水反为湿，谷反为滞，精华之气不能输化，乃至合污下降而泄利作矣。"

本病主要病变在脾胃与大、小肠，发病因素以伤食、寒湿、湿热者居多。主要病机在于脾胃功能障碍，脾胃功能损伤，传导失职，升降失调。

**【讨论证型】**泄泻·寒湿伤脾型（急性肠炎）

**【临床表现】**腹泻急性发作，大便清稀，甚则如水样，腹痛肠鸣，脘痞纳呆，尿少色黄；或伴有恶寒发热，头痛，四肢酸痛乏力。舌苔薄白，脉滑数。

**【辨证】**外感寒湿，袭于胃肠，清浊不分，湿杂而下。

**【治则】**化湿和肠，清浊分利。

**【主穴】**水分、天枢、上巨虚、阴陵泉。

**【辅穴】**适当选择：①暑湿发热：加曲泽、委中，亦可刺络放血。②消化不良：加中脘、足三里。③暑热季节：加合谷。④寒冬季节：加公孙。

**【刺法】**以毫针刺水分穴，应用轻刺捻针补法。再刺天枢双穴，用捻针平补平泻法。上巨虚、阴陵泉用提插、捻转泻法，双侧皆刺。留针30分钟，隔日治疗1次。

**【配伍机制】**水分穴为任脉腧穴，善调任脉经气之运化，该穴内与小肠相应，有泌清浊、利水湿、消水肿之功；天枢为胃经腧穴，大肠经募穴，能疏理足阳明、手阳明两经气机，具有调理阴阳气血，畅通腑气之效。《玉龙歌》云："脾泄之症别无他，天枢二穴刺休差。"上巨虚为胃经腧穴，大肠经下合穴，可调节足阳明经之脉气畅通，且大肠经也下合于胃经之脉；阴陵泉为脾经合穴，乃足太阴经之脉气所入，属合水穴，具有健脾利湿、通调三焦之用。《针灸甲乙经》说："溏不化食，寒热不节，阴陵泉主之。"诸穴相配，二阴二阳，上下贯通，振兴脾胃。共济化湿和肠、清浊分利之功效。再配合辅穴组成治疗急性肠炎的针刺方案。

**【备注】**

（1）泄泻如果不及时合理治疗，日久可迁延至慢性，导致胃肠功能紊乱及其他肠病而成久泄，影响身体健康。因此，认真处理和合理治疗泄泻，是预防久泄的重要措施之一。

（2）急性泄泻主要应与痢疾、霍乱进行鉴别。痢疾以腹痛、里急后重、大便赤白脓血为主症，而泄泻则大便稀薄、无脓血、肛门无后重感。两者虽同有腹痛，但痢疾泻后腹痛不减，泄泻则泻后痛减。霍乱以上吐下泻同时并见作为特征，来势急，发作迅速，常有厥脱变证，也与泄泻有别。

（3）急性肠炎常见的原因有：①细菌感染：在食用了被大肠杆菌、沙门菌、志贺菌等细菌污染的食品，或饮用了被细菌污染的饮料后有可能发生急性肠炎。②饮食贪凉：夏天喜欢吃冷食，喝凉啤酒，易致胃肠功能紊乱，肠蠕动加快，引起急性肠炎。③消化不良：夏天饮食无规律、进食过多、进食不易消化的食物，或者由于胃动力不足导致食物在胃内滞留，引起泄泻。

（4）急性肠炎的治疗，临床可应用《太平惠民和剂局方》的“藿香正气散”加减，针药结合，则疗效显著。

## （三十二）久泄（慢性肠炎）

凡泄泻持续两个月以上者称为久泄。脾胃虚弱者较多见，脾主运化，胃主受纳，因饮食不节，或劳倦内伤，或久病缠绵，脾胃不能受纳水谷和运化精微，水谷停滞，清浊难分，湿杂而下，遂成泄泻。脾肾两虚者是由于久病之后，损伤肾阳，或年老体衰，阳气不足，脾失温煦，运化失常，而致泄泻。总之，脾虚湿胜是泄泻发生的重要因素。《素问·阴阳应象大论篇》说：“湿胜则濡泄。”《景岳全书·泄泻》说：“泄泻之本，无不在脾胃。”

小肠病变引起的腹泻特点是腹部不适，位于腹部两侧或下腹，常于便后缓解或减轻，排便次数多且急，粪量少，常伴有血及黏液；直肠病变引起者，常伴有里急后重。

**【讨论证型】**久泄·脾虚湿困型（慢性肠炎）

**【临床表现】**大便时溏时泻，迁延反复，水谷不化，稍进油腻或饮食不慎则大便次数明显增多，饮食减少，食后脘痞腹胀，精神疲倦，气短懒言，面色萎黄。舌质淡或胖嫩，苔白，脉濡细。

**【辨证】**脾气虚弱，湿浊内生，清阳不升，浊阴不降。

**【治则】**健脾益气，化湿止泻。

**【主穴】**脾俞、中脘、天枢、公孙。

**【辅穴】**适当选择：①脾虚作泻：加阴陵泉、三阴交。②肾虚作泻：加命门、肾俞（或灸）。③少腹冷痛：加灸关元、中极。④小便短少：加水分。⑤日久不愈：加灸神阙。

**【刺法】**先以毫针刺脾俞，直刺，应用捻针补法，双穴皆刺，得气之后起针。再仰卧位刺中脘、天枢，皆用中等刺激，平补平泻。公孙用提插、捻转补法，双侧均取。留针 30 分钟，隔日治疗 1 次。

**【配穴机制】**脾俞为膀胱经腧穴、脾的背俞穴，善于通调足太阳经之脉气流畅，疏导脾、胃、膀胱各经的气血运行，有健脾利湿、理气化痰之功；中脘为胃之募穴，是“腑之会”，《玉龙歌》说“若还脾败中脘补”，可以治疗任脉、胃经和六腑的诸多病证，有健脾消积、理气和胃之效；天枢为大肠之募穴，善能疏导阳明经气，阳明经多气多血，又能调理沟通脾胃之间的经气，具有健脾和胃、化湿理肠之能；公孙为脾经腧穴、络穴、八脉交会穴，通于冲脉，具有调理脾胃、升阳举陷之用，诚如《席弘赋》云“肚痛须是公孙妙”。诸穴相配，共济健脾益气、化湿止泻之效。再适当选择辅穴，组成治疗慢性肠炎的针灸方案。

**【备注】**

（1）慢性腹泻较常见于肠道易激综合征、炎症性肠炎、结肠炎、肠结核、肠神经官能症等。这些疾病及全身其他原因引起的慢性腹泻，均可按以上方法论治。但在辨证施治过程中，要特别注意应在排除肠道肿瘤的前提下进行，否则会误治。病程稍长者应配合中药，采取针药结合的方法，其疗效更佳。

（2）慢性肠炎经过及时适当的治疗，预后良好；如长期反复腹泻，致脾胃气虚，病久及肾，可使病情加剧。若肾虚进一步发展，既不能温运脾阳，又不能固摄于下，而致腹泻无度，则病情趋亡阴亡阳之证，预后多不良。

（3）治疗慢性肠炎的参考方剂为“芍药甘草汤”、“四君子汤”、“四神丸”的合方加减。再适当加升提、固涩、温阳之品，乃是治疗脾肾阳虚久泄的有效良方。

## （三十三）便秘（习惯性便秘）

便秘是指各种原因引起的排便节律改变，排便困难，便结不通的病证。主要表现为粪便坚硬，排出困难，不能每天按时排便；有时由于粪便擦伤肠黏膜，而使粪块表面附有少量血液或黏液，排便时肛门有痛感；严重者可致外痔或直肠脱垂，便秘日久者，常无精神、食欲不振。

便秘在临床上可分为急性与慢性两种。急性者，病程短，多伴有腹腔器官炎症，肠梗阻、阑尾炎及肛门疾患都可发生便秘。高热患者多伴便秘，亦属急性范畴。慢性便秘大多为习惯性便秘，排便功能减退，肠功能紊乱，肠蠕动减弱等均可引起。

《六科准绳》说：“热秘是由大肠燥热所致。”《景岳全书·秘结篇》说：“凡下焦阳虚，则阳气不行；阳气不行，则不能传送而阴凝于下，此阳虚而阴结也。”便秘的主要病机是大肠传导功能失常，可由热积、寒凝、气郁、血瘀、气血津液亏虚引起。

针灸科门诊常见的便秘原因多见以下证型：胃肠燥热，津液耗伤，气机郁滞，年老体虚，气阴两虚等。

**【讨论证型】**便秘·传导阻滞型（习惯性便秘）

**【临床表现】**大便干结，数日不通，面赤心烦，口干口臭，腹胀或痛，小便黄，或伴身热。舌红苔黄，脉滑数。

**【辨证】**气阴两虚，肠燥腑实，传导阻滞。

**【治则】**滋阴润肠，通导积滞。

**【主穴】**支沟、大横、阳陵泉、丰隆。

**【辅穴】**适当选择：①肠中滞热：加合谷、足三里。②气机不降：加中脘、行间。③津液亏少：加照海、复溜。④老人虚秘：加关元、太溪。⑤中气不足：加气海。

**【刺法】**先以毫针刺大横穴，用直刺、轻刺激手法；再刺支沟、阳陵泉、丰隆，皆用提插、捻转的平补平泻手法，双侧均刺。留针30分钟，隔日治疗1次。

**【配伍机制】**支沟穴为三焦经经穴，乃手少阳经之脉气所行，属经火穴，具有调理腑气、泄热通便之功；阳陵泉为胆经合穴，有疏泄肝胆、舒筋活络、缓急止痛之效；大横穴为脾经腧穴，善于疏导足太阴经之脉气运行，又是脾经与阴维脉之会，能沟通两脉相互交流，有调理大肠、化滞通腑之能；丰隆为胃经络穴，可调节足阳明经之脉气畅通，又能沟通胃与脾经的经气往来，具有祛痰化湿、通滞畅腑之用。《千金要方》讲："丰隆主大小便涩难。"以上四主穴，三阳一阴，表里相合，有同名经相配合之力，共济滋阴润肠、通导积滞之效。再选择适当辅穴，组成治疗习惯性便秘的针刺方案。

**【备注】**

（1）治疗便秘，需要注意三个环节：①调畅气机：疏肝健脾，行气化滞，使气机下降，推动肠中之糟粕下移，则腑气疏通而大便畅通；②滋润肠道：使肠中的津液充足，肠壁润滑，保证粪便在肠中下移滑动顺利，粪便能顺利排出体外；③荡涤燥结：由于胃肠滞热，粪便多日不排，形成干硬宿便，严重堵塞肠道，此乃大肠实热所致，应采取清肠化滞的措施，使燥屎软化分解后逐渐攻下。以上三个环节，若能得到全面调节后，则大便通畅无忧矣。

（2）习惯性便秘发生的常见原因：①进食过少，或食物过于精细，缺乏纤维素，使结肠得不到一定量的刺激，蠕动减弱而引起便秘；②工作、生活和精神因素等情况不能及时排便，积粪过久而致便秘；③精神抑郁或过分激动，不良的生活习惯，睡眠不足，使结肠蠕动失常或痉挛而引起便秘；④经常服用泻药或洗肠等，使直肠反应迟钝并失去敏感性而造成便秘。长期使用泻药，可使胃肠道对泻药产生依赖性，除非为解一时之急，最好还是少用或不用泻药。

### （三十四）脱肛（直肠黏膜脱垂）

脱肛即直肠黏膜脱垂，是指肛管、直肠甚至部分乙状结肠移位下降，由肛门脱出。其特点是直肠黏膜及直肠反复脱出肛门外，伴肛门松弛。有因大便用力而脱出者，亦有自行脱出者，有脱出可自行回纳等轻重程度不同的临床表现。

本病多见于体质较弱的小儿和老年人，身高瘦弱者亦易发生。女性因骨盆下口较大，多次分娩，可使盆底筋膜和肌肉松弛，故发病率高于男性。

脱肛初期，便后有黏膜自肛门脱出，并可自行回缩；以后渐渐不能自行回复，须用手上托方能复位。由于肛门括约肌松弛，很少发生嵌顿，一旦嵌顿发生，患者即感局部剧痛，肿物不能手托复位，脱出肠管很快出现肿胀、充血和紫绀、黏膜皱襞消失，如不及时治疗，可发生狭窄和坏死。

《类证治裁·脱肛论治》说："脱肛，元气陷下症也。惟气虚不能禁固，故凡产后及久痢、用力多、老人病衰、幼儿气血不足多有之。"

脱肛临床可分为三度：Ⅰ度：直肠黏膜下移，轻者脱到肛管，重者可脱出肛外 3 ～ 4cm，色红；可见放射性纵沟，触之柔软无弹性；伴有肛管外翻，肛外可见到齿线，便后可自然回复。Ⅱ度：直肠全层脱出肛外 5 ～ 10cm，圆锥形，表面有淡红色；层层折叠环状黏膜皱折，触之较厚，有弹性，肛门松弛，便后有时需用手回复。Ⅲ度：直肠及部分乙状结肠脱出肛外，长达10cm以上，触之厚，肛门松弛无力。

**【讨论证型】** 脱肛·中气下陷型（直肠黏膜脱垂）

**【临床表现】** 直肠脱出肛外，咳时或大便时脱出，亦可见于行走、站立、排尿时，稍用力即脱出，需用手按揉方可回纳。肛头色淡，无红肿热痛，面色萎黄，疲倦乏力，气短声低，纳呆，大便溏，体瘦，舌质淡，脉虚细。

**【辨证】** 脾虚中气下陷，肠道滑脱失固。

**【治则】** 补中益气，升阳固脱。

**【主穴】** 长强、百会。

**【辅穴】** 适当选择：①中气不足：加中脘、气海。②排便困难：加支沟、大横。③肛门肿痛：加承山。④脾肾两虚：加灸命门、关元。

**【刺法】** 以毫针先刺长强穴，深刺2寸，沿尾骨前缘向上直刺；再刺百会穴，顺督脉由后向前刺，随经刺为补法，不做手法。留针30分钟，隔日治疗1次。

**【配伍机制】** 长强穴为督脉络穴，别走任脉，善于疏导督脉经气，可通调任督二脉气机，有调和阴阳、镇痉止痛、凉血固脱之功；百会穴可统帅督脉之气机，有益气升阳之效。《十四经要穴主治歌》指出："百会主治卒中风，兼治癫痫儿病惊，大肠下气脱肛病，提补诸阳气上升。"两穴配伍，同经相合，作用相投，一上一下，共济补中益气、升阳固脱。再选择辅穴组成治疗脱肛病的针灸方案。

**【备注】**

（1）脱肛临床常见的几种病因：①先天不足，发育不全，直肠缺乏周围软组织及骶骨弯度的支持；②病久体弱，营养不良或久泄久痢，使坐骨直肠窝的脂肪被吸收，直肠失去支持；③气血虚衰，年迈机体衰弱，妇女多次分娩，骨盆肌肉松弛，不易固摄，导致脱肛；④腹压增加，因长期腹泻、便秘、前列腺肥大、膀胱结石、慢性咳嗽等持续增加腹压的疾病，使直肠黏膜下层组织松弛，黏膜与肌层分离，导致脱肛；⑤内痔Ⅲ期、肛直肠息肉、肛直肠肿瘤等经常脱出导致肛管括约肌松弛，并将直肠黏膜向下牵引。

（2）脱肛的危害：肠黏膜受损伤发生溃疡时，可引起出血和腹泻。如脱出的肿物不能缩回，容易发生炎症、肿胀，出现疼痛，加重便秘。脱垂在直肠内反复下降和回缩，引起黏膜充血水肿，常由肛门流出大量黏液和血性物。患者常感盆部和腰骶部坠胀、拖拽，会阴部及股后部钝痛等。另外，长期脱垂将致阴部神经损伤产生肛门失禁、溃疡、肛周感染、直肠出血，脱垂肠段水肿、狭窄及坏死的危险。

（3）脱肛的治疗以针药结合疗效最佳，应用金·李东垣的“补中益气汤”加枳壳 20 ~ 30g 为宜。

## （三十五）夜尿频（老年性尿频）

夜尿频是指每日夜间排尿次数增多而每次尿量减少的病证。正常人每日排尿 4 ~ 5 次，夜间 0 ~ 1 次，饮水多或天气寒冷时可稍增，老年人每日排尿次数也可稍增。若每日排尿次数过多，轻者 6 ~ 7 次，重者 10 数次，甚或数 10 次，但排尿总量不变，为病理性尿频，若尿频仅见于夜间，称为夜尿频。

尿频主要病变在于肾与膀胱。实证多为湿热下注，蕴结下焦，膀胱气化失司，约束不利；或肝气失于疏泄，气机郁闭，尿液排泄失常所致。虚证则由肾气不固，封藏失职，膀胱不约，不能制水。《内经》云：“膀胱不约为遗溺。”

尿频之症，应根据病变表现分证型。发病急，初期伴尿急、尿痛，小便黄赤，以湿热蕴结者居多，治法注重清热；病程日久，起病缓，尿频、尿失禁、小便清长，则为脾、肾不足，当予补、涩之法。

**【讨论证型】**夜尿频·下元虚寒型（老年性尿频）

**【临床表现】**小便频数清冷，夜尿多，小便失禁，头晕耳鸣，四肢不温，腰膝酸冷，舌淡，脉沉迟。

**【辨证】**肾气亏损，膀胱不固，下元虚寒。

**【治则】**温肾固摄。

**【主穴】**关元、大赫、太溪。

**【辅穴】**适当选择：①兼有湿热：加蠡沟、三阴交。②尿量甚少：加水道、阴陵泉。③肾阳偏衰：加灸命门、关元俞。

**【刺法】**先以毫针直刺、深刺关元穴，以捻针补法。再刺大赫、太溪均用捻转，提插之补法，双侧皆刺。留针30分钟，隔日治疗1次。

**【配伍机制】**关元穴为强壮要穴，专能疏导任脉之经气，调和阴阳，有“精血之室、元气之所”之称，与足三阴经交会，使肝、脾、肾三经脉气相接，为小肠募穴，善治任脉及小肠经、心经的相关疾病，具有温肾益精、回阳补气、调理冲任、理气除寒之功；大赫为肾经腧穴，可充益足少阴肾经脉气，促进肾经与任脉的沟通协调作用，具有补肾益气、调理下焦之效；太溪为肾经原穴，乃足少阴经脉气所注，为输土穴，具有滋肾阴、清虚热、壮元阳、利三焦、补命火、固州都之能。以上三主穴，皆属阴脉，上下相配，共济温肾固摄之功效。再选择适当辅穴，共同组成治疗老年性尿频的针灸方案。

**【备注】**

（1）尿频多见于尿道、膀胱感染，其次是前列腺增生症，其他如精神性尿频。至于糖尿病、尿崩症、慢性肾炎晚期，尿频而尿量增多，可根据疾病情况，并结合证候表现进行治疗。一般而言，尿道、膀胱感染宜清热利湿，前列腺增生症宜补中益气兼化湿瘀，精神性尿频宜疏肝理气解郁，糖尿病、尿崩症、慢性肾炎宜温补下元。

（2）在现代医学中，老年人尿频除与饮水过多、精神紧张或气候改变等因素有关外，还由于老年人的肾脏大多有不同程度的动脉硬化，影响尿液的浓缩和重吸收，从而导致尿频。

（3）老年性尿频属于肾阳虚寒，膀胱不固者，临床体会以下汤剂疗效较好。若能针药结合者，其治疗效果更佳。药物组成：

益智仁 30g　杜仲炭 15g　菟丝子 15g　枸杞子 15g
补骨脂 15g　何首乌 15g　仙灵脾 10g　车前子 20g（布包）
鹿角霜 15g　建泽泻 10g　熟地黄 20g　紫肉桂　3g
胡桃肉 15g

## （三十六）热淋（泌尿系感染）

热淋即小便疼痛。排尿时尿道、小腹，甚至会阴部出现疼痛的症状，称为尿痛。尿痛常伴有淋漓不畅，加之尿频、尿急等症状，在中医文献上属于“淋证”范畴。

《金匮要略·消渴小便不利淋病脉证并治》指出：“淋之为病，小便如粟状，小腹弦急，痛引脐中。”《景岳全书·卷二十九·淋浊》说：“淋之为病，小便痛涩滴沥，欲去不去，欲止不止者是也。”

尿痛为淋，当分六种，即热淋、石淋、气淋、血淋、膏淋、劳淋。六种淋证均有小便频涩，滴沥刺痛，小腹拘急隐痛。此外，各种淋证又有不同的特殊表现。热淋起病多急骤，小便赤热，溲时灼痛，或伴有发热，腰痛拒按，符合泌尿系感染，或急性发作。其余五种分别为：石淋以小便排出砂石为主症；气淋为小腹胀满，小便艰涩疼痛，尿后余沥不尽；血淋为尿血而痛；膏淋见小便浑浊如米泔水或滑腻如膏脂；劳淋则淋沥不已，时作时止，劳则即发。

《诸病源候论·淋病诸候》说：“诸淋者，由肾虚而膀胱热故也。”又说：“肾虚则小便数，膀胱热则水下涩，数而且涩，则淋沥不宣，故谓之为淋。”淋证的主要病因是湿热蕴结于下焦而小便灼热刺痛，膀胱气化失司而小便频数。总之，热淋大多为实为热，故淋涩、频急、疼痛、不利常兼而有之。

**【讨论证型】**热淋·肾虚膀胱热型（尿道炎、膀胱炎、急性肾盂肾炎）

**【临床表现】**小便灼热刺痛，频数短涩黄赤，排尿不爽，小便胀痛拘急。或有发热、口苦、心烦、呕恶，或腰痛拒按，或有大便秘结。舌质红、苔黄白腻，脉滑数。

**【辨证】**肾气不足，膀胱湿热，通调不利。

**【治则】**补肾清热，疏导膀胱。

**【主穴】**中极、曲泉、阴陵泉、行间。

**【辅穴】**适当选择：①肝气郁结：加三阴交、太冲。②脾虚气弱：加脾俞、足三里。③肾气亏损：加太溪、照海。④腰脊酸痛：加后溪、肾俞。⑤并发高烧：加曲池、合谷或手足十二井放血。

**【刺法】**先以毫针刺中极穴，应用捻针平补平泻法。再刺曲泉、阴陵泉用补法，行间用泻法，皆取双侧。留针 30 分钟，隔日治疗 1 次。

**【配伍机制】**中极穴为任脉腧穴，善于疏通任脉之经气，为膀胱募穴，能治疗任脉与膀胱经的相关疾病，与足三阴经的脉气相通，具有培补肾元、疏导膀胱、清利湿热之功。《千金方》说中极“治腰痛，小便不利”；曲泉为肝经合穴，乃足厥阴经之脉气所入，属合水穴，具有疏利膀胱、清热除湿之效；阴陵泉为脾经合穴，乃足太阴经之脉气所入，属合水穴，具有健脾利湿、通利三焦之能，《杂病穴法歌》讲“小便不通阴陵泉”；行间为肝经荥穴，乃足厥阴肝经脉气所溜，属荥火穴，具有清肝泄火、清热凉血之用。以上四穴皆属阴经，上下结合，共济补肾清热、疏导膀胱之能。再适当选择辅穴，组成治疗热淋的针刺方案。

【备注】

（1）泌尿系统感染的主要途径是上行性感染。细菌由下尿道、膀胱、输尿管逆行上升到肾盂，再到肾实质而发病。这段过程都可称为泌尿系感染。妇女由于尿道短，上行性感染机会较多，以及妊娠时膨大的子宫压迫输尿管，使细菌更易上行。此外，女性经常憋尿也容易发生尿路感染。

（2）泌尿系统急性感染时，往往合并高热，并出现恶寒、头痛、肢体痛楚、脉数等症，状似感冒。但病因不是外感表邪，而是由于局部发炎所致，例如急性尿路感染、急性乳腺炎、急性化脓性扁桃体炎等。中医外科称之为“外科表证”，临床医师不可忽略，因为外科表证不可用汗法，只能用清热解毒凉血的方法进行调治。

（3）热淋的患者应适度多饮水，以利膀胱冲洗。

（4）热淋患者如果病情需要，可配合服用中药汤剂“萆薢分清饮”与“八正散”合方加减。若能针药结合，则疗效更佳。

## （三十七）癃闭（尿潴留）

癃闭是以排尿困难，甚则小便闭塞不通为主症的疾病。其中以小便不畅，点滴而短少，病势较缓者为癃；小便闭塞，点滴不通，病势较急者为闭。一般合称癃闭。西医称为尿潴留，其原因可分为机械性梗阻和非机械性梗阻两大类。机械性梗阻由膀胱、前列腺、尿道病变引起，如肿瘤、结石、增生、水肿和炎症；非机械性梗阻见于腰椎麻醉、肛门会阴手术后、神经源性膀胱功能失调等。中医治疗，以非机械性梗阻者为佳。

癃闭应与淋证进行鉴别。淋证以小便频数短涩，滴沥刺痛，欲出未尽为特征，其小便量少、排尿困难与癃闭相似，但尿频而疼痛，且每天排出小便的总量多为正常，癃闭则无刺痛，每天排出的小便总量少于正常，甚则无尿排出。

《素问·灵兰秘典论篇》说:“膀胱者，州都之官，津液藏焉，气化则能出矣。”《诸病源候论·小便病诸候篇》说:“小便不通，由膀胱与肾俱有热故也。”肾之气化功能失常，关门开阖不利，而发生癃闭。

**【讨论证型】**癃闭·州都失畅型（尿潴留）

**【临床表现】**小便不通，点滴难出，或排尿无力，膀胱内充满尿液而不能自行排出，必须依靠导尿管排出，形寒肢冷，面色㿠白，腰膝冷痛。舌淡，脉沉细。

**【辨证】**肾阳虚，膀胱闭，州都气化失司。

**【治则】**温肾助阳，疏导膀胱，益气排尿。

**【主穴】**中极、水道、三阴交。

**【辅穴】**适当选择:①肺气不宣:加列缺。②中气不足:加中脘、关元。③肾气亏损:加肾俞、太溪。④尿道疼痛:加曲泉、中封。

**【刺法】**以毫针先刺中极穴，应用捻针平补平泻法，再取水道穴直刺捻针补法，三阴交应用提插、捻转强刺激手法为泻，双侧皆刺。留针 30 分钟，1 ~ 2 天治疗 1 次。

**【配伍机制】**中极穴为任脉与足三阴经的交会穴，能疏通任脉之经气，能调理四经之间的经气往来。又是膀胱募穴，能沟通、协调膀胱与肾的经气，具有培补肾元、疏理下焦、通利膀胱之功；水道为胃经腧穴，可调理足阳明经之气血运行，有通调水道、清利下焦湿浊之效；三阴交为足三阴经交会穴，具有协调肝脾肾的脉气交流，健脾胃，助运化，通经络，调气血之能。以上三穴配伍，共济温肾助阳、疏导膀胱、益气排尿之功效。再根据体质情况，选择适当辅穴，组成治疗尿潴留的针刺方案。

**【备注】**

（1）癃闭若得到及时有效的治疗，尿量逐渐增加，是病情好转的标志，通过治疗，完全可以痊愈。如果失治或治疗不当，病情可转为严重，其膀胱功能不能正常收缩而发生尿潴留。所以患者排尿，只能依赖于导尿管，由于异物反复刺激尿道，很容易形成较为严重的尿路感染，引起诸多症状。为了减轻尿路的感染，采取留置导尿管的方式，甚则迫使患者选择膀胱造瘘的最后排尿方式，给患者生活造成困难。

（2）尿潴留根据病理可分为急慢性两类：①急性尿潴留：既往排尿正常，无排尿困难的病史。突然发生的短时间内膀胱充盈，膀胱迅速膨胀而成为无张力膀胱，下腹胀感并膨隆，尿意急迫，不能自行排尿。②慢性尿潴留：由膀胱颈以下梗阻性病变引起的排尿困难发展而来。由于持久而严重的梗阻，膀胱逼尿肌初期可增厚，后期可变薄，黏膜表面小梁增生，小室及假性憩室形成，膀胱代偿机能不全，残余尿量逐渐增加，可出现假性尿失禁。

（3）治疗尿潴留的中药方剂，临床体会以《证治汇补》的“石韦散”加味，其疗效尚可。功效：温肾助阳，疏导膀胱，益气排尿。药物组成：

石韦片 15g　冬葵子 30g　山瞿麦 15g　滑石块 30g
茯苓块 20g　生黄芪 30g　潞党参 20g　车前子 30g（布包）
熟地黄 20g　益智仁 30g　菟丝子 20g　生甘草 10g
肉桂面 1.5g（分冲服）

## （三十八）遗精（青少年梦遗）

遗精有梦遗与滑精之分，有梦而遗精者，名为“梦遗”；无梦而遗精，甚至清醒时精液出者，名为“滑精”。《景岳全书·遗精篇》说：“梦遗滑精，总皆失精之病，虽其证有不同，而所致之本则一。”需指出的是，一月遗精 1 ~ 2 次为正常，属生理现象。若遗精次数过多，每周 2 次以上，则为病态。

《折肱漫录·遗精》说：“梦遗之证，其因不同……非必尽因于色欲过度，以致滑泄。大半……又心有妄想，情动于中，所欲不遂，心神不宁，君火偏亢，相火妄动，扰动精室，亦能促使精液自遗。”《金匮翼·梦遗滑精篇》说：“动于心者，神摇于上，则精遗于下也。”青少年梦遗总因劳心太过、欲念不遂、恣情纵欲等因素，使肾失封藏，精关不固而致遗精。

**【讨论证型】**遗精·心肾不交型（青少年梦遗）

**【临床表现】**经常梦遗滑精，头晕神疲，失眠健忘，思维不能集中，纳少不甘，心烦急躁，腰酸膝软，周身无力，小便微黄，尿频，尿后有余滴。舌质红，苔白或薄黄，脉细数。其中有相当部分患者曾有手淫史。

**【辨证】**少年斲伤过早，心火上炎，肾水亏损，心肾不交。

**【治则】**清心火，滋肾水，交通心肾。

**【主穴】**大赫、关元、三阴交。

**【辅穴】**适当选择：①失眠心悸：加神门。②肾气虚弱：加太溪。③阴部发凉：加然谷。

**【刺法】**以毫针直刺、深刺关元穴，应用捻针补法；再刺大赫穴用补法，三阴交用平补平泻法，双侧皆刺。留针 30 分钟，隔日治疗 1 次。

**【配伍机制】**大赫穴既能疏调足少阴经之脉气，又能沟通肾经与冲脉之交流，具有补益肝肾之功；关元为强壮要穴，与足三阴经交会，是小肠经募穴，直接影响小肠、心经的机能，有“精血之室，元气之所”之赞，具有培肾固本、固精涩精之效；三阴交为足三阴经交会穴，可运行足太阴经之气血，沟通各经之交流。三穴均属阴脉，共奏清心火、滋肾水、交通心肾之功效。再适当选择辅穴，共同组成治疗遗精的针刺方案。

**【备注】**

（1）青少年梦遗对身体的危害：单纯性的青少年梦遗，偶尔发生者，不必惊慌，这是健康发育的正常现象，俗话说“精满自溢”，可以不做治疗。但近年来由于社会的发展，方方面面的影响和刺激，本病在青少年中比较普遍，其直接的原因都是手淫，不同程度地摧残着青少年的身心健康。正如前贤所论：“由于少年斫伤太早，或欲火烧身，损伤肾气而起，致使精关难固，遗洩频繁，将来婚后极易患肾虚早泄，甚至发生阳痿不举，则后悔晚矣。”

（2）医生应嘱患者（家长必须配合）：①注意精神调养，排除杂念，不接触黄色书刊、影像，不贪恋女色。②避免过度脑力劳动，做到劳逸结合，丰富文体活动，适当参加体力劳动。③注意生活起居，节制性欲，戒除手淫，夜晚进食不宜过饱，睡前用温水洗脚，被褥不宜过厚、过暖，衬裤不宜过紧，养成侧卧习惯。④少食醇酒厚味及辛辣刺激性食品。

（3）久遗不愈者，常有痰瘀滞留精道，瘀阻精窍的病理改变，可酌情用化痰祛瘀通络之变法治疗，往往可收奇效。对于这种患者，辨证时不一定拘泥于舌紫脉涩，而应抓住有忍精史，手淫过频，少腹、会阴部及睾丸坠胀疼痛，射精不畅，射精痛，精液黏稠或有硬颗粒状物夹杂其中等特点进行综合分析。

（4）遗精情况严重者，应配合中药治疗，效果较好。临床体会：①精关不固，精液自遗者：可选用《伤寒论》之“桂枝加龙骨牡蛎汤”加刺猬皮、远志、菖蒲、茯苓等加减。②相火妄动，遗泄频繁者：可选用“龙胆泻肝汤”加知母、黄柏等加减方调治。

## （三十九）阳痿（性功能障碍）

阳痿是指阴茎不能勃起进行性交，或阴茎虽能勃起，但不能维持足够硬度以完成性交。这在性功能障碍中最为常见。

一般而言，阳痿的发生随年龄而递增。器质性阳痿在任何时候阴茎都不能勃起，常由血管病变、神经障碍、内分泌紊乱和药物、创伤、手术及年老等因素引起；功能性阳痿通常由精神因素引起，在夜间或清晨阴茎可自发勃起，但在性兴奋或性交时又不能勃起。

《杂病源流犀烛·前阴后阴病源流》中说：“又有失志之人，抑郁伤肝，肝木不能疏达，亦致阴痿不起。”《诸病源候论·虚劳阴痿候》说：“劳伤于肾，肾虚不能荣于阴器，故萎弱也。”

阳痿的发生多责之于肝、肾，而兼及心、脾。肾为作强之官，肝主疏泄之职，若肾阳不振，肾阴亏虚，肝郁气滞，湿热或寒滞于肝经，均可致阳痿。

**【讨论证型】**阳痿·命门火衰型（性功能障碍）

**【临床表现】**多见于青壮年，有长时间手淫史。开始阴茎能举，临房早泄；继则阳痿难举，举之不坚，中途疲软；逐渐发展为阳痿不举，任何刺激皆无举动，形成心脑不能协调之势。精神萎靡，腰膝酸软冷痛，形寒肢冷。舌质淡红，脉沉细无力。患者多数自卑，认为自己性无能而压力重重，部分患者乱服壮阳药，其结果难以挽回。

**【辨证】**斲伤过早，肾阴亏损，命门火衰。

**【治则】**温肾育阴，填精兴阳。

**【主穴】**关元、太溪。

**【辅穴】**适当选择：①惊恐伤肾：加心俞、胆俞。②湿热下注：加阴陵泉。③肾阳衰微：加灸命门、肾俞。④肝气郁结：加内关。⑤心肾不交：加神门、三阴交。

**【刺法】**先以毫针直刺、深刺关元穴，应用捻针补法；再刺太溪穴，捻针补法，双侧皆刺。留针30分钟，隔日治疗1次。

**【配伍机制】**关元穴能鼓动振兴任脉之经气，调和阴阳、沟通内外，具有培肾固本、回阳固脱、温经散寒、固精涩精之效，故有“精血之室，元气之所”之称；同时又能协调足三阴经的脉气往来，是小肠之募穴，“心与小肠相表里”，故可调节心经之神明。太溪为肾经原穴，乃少阴经之脉气所注，属输土穴，具有滋肾阴、清虚热、壮元阳、利三焦、补命火、理胞宫、补肝肾之功。两穴相配，一上一下，阴阴组合，共济温肾育阴、填精兴阳，以图缓功。再配合辅穴，组成治疗阳痿的针灸方案，在治疗过程中千万不可急于求成，而只图一时之快，否则欲速则不达。

**【备注】**

（1）阳痿的治疗，必须辨证论治，切莫一见阳痿即认为“阳虚”，而妄用壮阳药。临床常见到越用壮阳药而阳越痿者。夫妇双方应了解性知识，避免将正常状态视为病态，徒增思想负担。女方应体贴关心，谅解鼓励，并配合男方治疗。

（2）重视肝郁在阳痿发病中的重要性。现代社会，由于生活水平明显提高，医学技术逐渐进步，身体素质不断加强，以及婚姻制度的改革，房劳损伤所致阳痿已显著减少。相反，由于生活节奏快，社会竞争强烈，工作压力大，致精神紧张、情志内伤、肝气郁结引起的阳痿日益增多，所谓“因郁而痿”。因此，要充分认识肝郁在阳痿发病中的普遍性，重视解郁在阳痿治疗中的重要性。

（3）本病预防调护：①节制性欲，切忌恣情纵欲，房事过频，手淫过度，以防精气虚损，命门火衰，导致阳痿。宜清心寡欲，摒除杂念，怡情养心。②不应过食醇酒肥甘，避免湿热内生，壅滞经络，造成阳痿。③积极治疗阳痿的原发病，如糖尿病、动脉硬化、甲状腺功能亢进症、皮质醇增多症等。④情绪低落，焦虑惊恐是阳痿的重要诱因。因此，应调畅情志，怡悦心情，防止精神紧张是预防和调护阳痿的重要环节。⑤为巩固疗效，在阳痿好转时，应停止一段时间的性生活，以免症状反复。

### （四十）手足凉（末梢循环障碍）

手足凉即手足不温，是因末梢血管的血液循环不良所致。一般凉不过腕、踝，仅手、足指趾头不温；重者手足厥逆，手足冷过于腕踝关节，甚而可冷至肘、膝。后者常伴有血压下降，身冷形寒，脉沉微细欲绝。

手足凉是临床常见病证，尤其到了严寒季节，患者穿衣再多也仍手足凉，甚至手足关节出现僵硬、紫暗而不灵活的现象，手足凉不仅出现在冬季，一年四季均可发生，而且严重者在炎热的季节也是如此。一般说来，老年人和体质虚弱之人更易出现手足凉。

手足冰凉的致病机理较为复杂，与人体肾阳虚衰有密切关系，邪热内闭、阳气内郁也可能引起手足冰凉症状。

**【讨论证型】**手足凉·阳郁厥逆型（末梢循环障碍）

**【临床表现】**手足不温，指趾清冷，一般不过腕、踝，胸胁胀痛，或腹痛，或下利，舌苔薄白，脉弦。

**【辨证】**阳气郁遏于内，不能通达四肢。

**【治则】**疏肝理脾，透解郁热。

**【主穴】**手三里、支沟、中冲、阳陵泉、三阴交、厉兑。

**【辅穴】**适当选择：①中气不足：加中脘、关元。②肝郁气滞：加内关、中封。③脾肾两虚：加灸命门、脾俞、肾俞。

**【刺法】**以毫针刺手三里、支沟、阳陵泉、三阴交，皆用捻针补法；中冲、厉兑以毫针浅刺，不做手法或以小三棱针点刺放血，双侧皆刺。留针 30 分钟，隔日治疗 1 次。

**【配伍机制】**手三里为大肠经腧穴，善调手阳明经之脉气血畅通，阳明乃多气多血之经，具有疏通经络、祛风散邪、消肿止痛之功；支沟为三焦经经穴，乃手少阳经之脉气所行，属经火穴，具有疏通经络、调和营卫之效；阳陵泉为胆经合穴，乃足少阳经之脉气所入，属合土穴，又为“筋之会”，统治全身筋病，并能清肝利胆、泄热除湿、疏通筋脉；三阴交为足三阴经交会穴，通三经之血脉。中冲为心包经井穴，手厥阴经脉气之所出，属井木穴；厉兑为胃经井穴，乃足阳明经之脉气所出，属井金穴。两穴一上一下，均有通血脉、畅经气之力。以上六穴相配，共济疏肝理脾、透解郁热之效。再适当选配辅穴，共同组成治疗手足凉的针灸方案。

【备注】

（1）手足凉是一个症状，临床中发现一年四季总是有以手足发凉为主诉的患者。不但年长者有之，年轻者也不少见，特别是女青年更为多见。临床治疗方法不多，而且疗效亦多不理想。今将所见到的几种类型，如手足清冷、手足厥冷、四肢厥逆及两足或小腿冰凉等症，从辨证、立法、病理特点进行分析、讨论，供临床参考表3-4。

（2）手足凉亦称手足冷，手足冷称作“清”，即手足清冷。①冷过腕、踝，称作“厥”，称为手足厥冷。②冷过膝、肘，称作“逆”，称为手足逆冷。③一般四肢冷，多为寒证，称为“寒厥”或“阴厥”，伴见形寒、面青、倦卧。④内热郁结，出现四肢冷，称为“热厥”或“阳厥”。伴见身热、面赤、烦躁。⑤血虚患者，手足亦多冷，甚至睡后下肢不易温暖，必须全面分辨。

表3-4　　手足凉的四种常见证型

| 性质 | 证型 | 特征 | 病理 | 立法 | 方剂 |
|---|---|---|---|---|---|
| 阳厥 | 阳郁厥逆 | 手足不温胁肋胀痛 | 阳气不能通达四肢 | 疏肝理脾 | 四逆散 |
| 血虚 | 血虚寒客 | 手足清冷里寒外热 | 血虚寒客经络，血脉失养 | 养血通脉 | 当归四逆汤 |
| 寒厥 | 阳虚阴厥 | 四肢厥逆形寒倦卧 | 脾肾阳虚，四肢不得温煦 | 温经散寒 | 四逆汤 |
| 寒凝 | 寒凝痹阻 | 阴疽寒凝经脉郁滞 | 营血寒滞，痰凝痹阻，经脉瘀塞 | 温通血脉 | 阳和汤 |

## （四十一）上肢麻木（末梢神经炎）

麻木是肢体或局部感觉减退，甚者感觉丧失的顽固疾患。大抵麻者为轻，而木者为重。麻是肌肤不仁，但犹觉气微流行；木则痛痒不知，真气不能运及。故麻木虽然同称，而程度上却有轻重之分。

考本证发病的原因各有不同，有因风伤卫气、寒伤营血、湿伤肌肉，以及气滞闭着，或营血亏虚，或死血湿痰等，都可以造成麻木。但其主要病机则为营卫失畅，气血俱虚。如《内经》讲："营气虚则不仁，卫气虚则不用。"是以麻木之病都与营卫气血有关。《诸病源候论·风不仁候》说："风不仁者，由荣气虚，卫气实，风寒入于肌肉，使血气行不宣流，其状搔之皮肤如隔衣是也。"《景岳全书·非风诸证治法》说："非风麻木不仁等证，因其血气不至，所以不知痛痒。盖气虚则麻，血虚则木。"所以说，麻木多由气血俱虚，营卫失和，经脉失于濡养而致。

在病理上，麻多属气病，气虚为本，风痰为标；木则多为气病及血，且多夹湿痰死血。二者常同时并见，故合称麻木。临床鉴别要分清虚实，虚证麻木患肢软弱无力，实证则麻木患肢疼痛郁胀。治疗上应遵循"虚者补之，实者泻之"的原则，补法宜补气血、建中焦为主；实证用祛风、散寒、化痰、活血、行气、息风等法。虚实夹杂者，应辨别孰轻孰重，权衡缓急，辨证施治。

**【讨论证型】**上肢麻木·营卫不和型（末梢神经炎）

**【临床表现】**上肢肌肤麻木不仁，气短乏力，舌质淡，苔薄白，脉微涩而紧。

**【辨证】**营卫不和，气血不通。

**【治则】**调和营卫，和血通络。

**【主穴】**肩髃、曲池、外关、中渚。

【辅穴】适当选择：①气血两虚：加中脘、气海。②腕以下麻：加合谷、八邪。③肘以下麻：加手三里、合谷。④肩以下麻：加风池、肩贞。⑤麻木日久：加十宣刺络放血。

【刺法】以毫针刺主穴，皆应用捻转、提插手法补之。若单侧麻木只刺患侧，双侧麻木两侧皆刺。留针 30 分钟，隔日治疗 1 次。

【配伍机制】肩髃穴为大肠经腧穴，善能疏导手阳明经脉之气，有疏经活络、祛风化湿、通利关节、活血化瘀之功；曲池为大肠经合穴，乃手阳明大肠经之脉气所入，为合土穴，具有疏风解表、调和气血、通经活络之效；外关为三焦经腧穴，可调手少阳经脉气之气机，又为十五络穴之一，能沟通手少阳三焦经和手厥阴心包经的脉气，具有通经活络、调和气血之能；中渚为三焦经输穴，乃手少阳经之脉气所注，为输木穴，具有疏通经络、调和营卫之用。《十四经要穴主治歌》说："肩髃主治瘫痪疾，手挛肩肿效非常。"以上四阳穴共奏调和营卫、和血通络之功，再适当配合辅穴，组成治疗上肢麻木的针刺方案。

【备注】

（1）在针灸治疗麻木过程中，如果出现了疼痛便是病情好转的象征。因为经络具有调和阴阳、运行气血、沟通内外、网络全身、营内卫外的作用，从而使脏腑组织之间保持平衡，内外得到协调。《灵枢·本脏》指出："经脉者，所以行血气而营阴阳，濡筋骨，利关节也。"《针灸大成》说："经脉十二，络脉十五，外布一身，为血气之道路也。"所以运用针灸治疗，就可以达此目的。《灵枢·九针十二原》强调针灸的作用在于"通其经络，调其气血"。这说明针刺具有调和气血，使气血运行畅通，从而达到濡养全身，保证全身各组织器官的营养供给，为各组织的功能活动提供了必要的物质基础，使恢复知觉而感疼痛，进一步达到脉络通畅，通则不痛的目的。

（2）本文讨论的麻木，应与中风前驱症相鉴别。因两者均有麻木之症状，但其表现有差异。麻木证表现或是全身麻木，或是局部麻木，多见于上肢，范围较广。而中风前驱症为拇指及食指麻木，此属中风的前兆。前者血压多属正常，后者均合并高血压病，兼有头晕、头痛、心慌、失眠、乏力、渐至麻木，活动不便。中风前驱症的治疗应当采用滋阴潜阳、通络息风之法，以防中风发作。

## （四十二）下肢痿证（多发性神经炎）

痿证是指肢体筋脉弛缓软弱无力，手不能握，足不能行，病肢肌肉逐渐枯萎的一种病证。此病多见于下肢发病，故称“痿躄”。

痿证的特点，类似现代医学中小儿麻痹后遗症、外伤或病理性截瘫、急性脊髓炎、癔症性瘫痪、脊柱结核后遗症、进行性肌萎缩、多发性神经炎、周期性麻痹、重症肌无力，肌营养不良症等，在临症治疗时，针灸是行之有效的主要治疗方法。

《素问·痿论篇》说：“肺热叶焦，则皮毛虚弱急薄，著则生痿躄也。”后世各家根据经旨对痿证的认识又有了进一步的发展，如张景岳认为“元气败伤，则精虚不能灌溉，血虚不能营养”，以致筋骨萎废不用。又如《临证指南医案·痿》邹滋九指出：“痿证之旨不外肝、肾、肺、胃四经之病，盖肝主筋，肝伤则四肢不为人用，而筋骨拘挛；肾藏精，精血相生，精虚则不能灌溉诸末，血虚则不能营养筋骨；肺主气，为清高之脏，肺虚则高源化绝，化绝则水涸，水涸则不能濡润筋骨；阳明为宗筋之长，阳明虚则宗筋纵，宗筋纵则不能束筋骨以流利机关，痿弱之症作矣。”这说明胃弱气少，气血津液的不足，是形成痿证的主要因素。《素问·痿论篇》提出：“治痿者独取阳明。”

痿证须与痹证相鉴别，因痹证后期，由于肢体关节疼痛，不能运动，肢体长期废用，亦有类似痿证之瘦削枯萎者。但痿证肢体关节一般不痛，痹证则均有疼痛，其病因病机也和痿证有异，治法也不同，二者不能混淆。

**【讨论证型】**下肢痿证·湿热浸淫型（多发性神经炎）

**【临床表现】**两下肢筋脉弛缓，软弱无力，因日久不能随意运动而致肌肉萎缩，两足发凉，下肢肢体及关节没有疼痛。舌质红，苔白厚或黄腻，脉滑稍数。

**【辨证】**湿热郁蒸，浸淫筋脉，肢体痿软。

**【治则】**清热利湿，通经活络。

**【主穴】**环跳、伏兔、梁丘、风市、足三里、阳陵泉、解溪。

**【辅穴】**适当选择：①湿热困脾：加阴陵泉、三阴交。②中气不足：加中脘、气海。③肝肾亏损：加太溪、太冲。④病及上肢：加肩髃、曲池、手三里、支沟、合谷。

**【刺法】**以毫针刺环跳、风市、阳陵泉，皆用提插、捻转平补平泻法；伏兔、梁丘、足三里、解溪，均用捻针补法，左右两侧皆刺。留针30分钟，隔日治疗1次。

**【配伍机制】**主穴共有7穴，其中胆经3穴，胃经4穴。环跳、风市、阳陵泉都是胆经腧穴，均可疏导足少阳经之脉气畅通、具有祛风散寒、通经活络、调理关节之功；伏兔、梁丘、足三里、解溪皆为胃经腧穴，善于调理足阳明经之脉气运行，具有调和气血、补益脾胃、化湿清热、疏通经脉之效。《长桑君天星秘诀歌》说："冷风湿痹针何处，先取环跳后阳陵。"诸穴均属阳经，阳主动，疏通作用颇强，"阳明虚则宗筋纵"，补足阳明则气血充，调足少阳则筋脉强壮，其束筋利节之能力得以改善。诸穴配伍，共济清热利湿、通经活络之功效。再适当选择辅穴，组成治疗下肢痿证的针刺方案。

**【备注】**

（1）引起痿证的原因有外感和内伤两种。温热毒邪与久居湿地而致病的属于外感；脾胃虚弱和肝肾亏虚为内伤病因；然外感致病、日久不愈亦必影响内脏的功能，所以两者尚有一定的联系。因此，痿证发病多为外感所致。

（2）何谓五痿？根据病因和证情，临证有五痿之说。五痿的发生虽各有原因，但总的发病原理都和肺脏有密切的关系。《素问·痿论篇》讲："五脏因肺热叶焦，发为痿躄。"五痿分为痿躄（肺痿）、脉痿（心痿）、筋痿（肝痿）、肉痿（脾痿）、骨痿（肾痿）。

（3）"治痿独取阳明"的意义何在？阳明总宗筋之会，诸脉皆受阳明滋养，阳明是宗筋、冲脉的统领，阳明又通过带脉与督脉相连。若阳明不足，宗筋失养而弛纵，不能约束骨节之屈伸，带脉也不能约束阳明经脉，致两足痿软不用，因此，治疗痿证必须取治阳明。"治痿独取阳明"原是指针法，古人多取阳明经解溪、冲阳等穴治痿，但这一治疗原则同样可以运用于药物治疗。如果使病痿者能消化、能吸收，每多气血旺盛，筋骨强劲则软弱肢体理当康复。因此，痿证针手阳明经，药物调理胃与大肠的功能是行之有效的好方法。

（4）痿证与痹证、血痹的比较（表3-5），若能针药结合则疗效较佳。

**表3-5　痿证与痹证、血痹的比较**

| 病名 | 病因 | 特点 | 治疗原则 | 代表方剂 |
|---|---|---|---|---|
| 痿证 | 肺热叶焦 | 软弱不疼 | 燥湿清热、调理脾胃 | 三妙丸加味 |
| 痹证 | 风寒湿痹 | 疼痛为主 | 疏风、散寒、化湿、温通经络 | 和血祛风汤加减 |
| 血痹 | 血行滞涩 | 肢体麻木 | 益气养血、调和营卫 | 黄芪桂枝五物汤加减 |

## （四十三）痹痛（风湿关节痛）

痹证是由于风、寒、湿、热等外邪侵袭人体，导致经络闭阻，气血运行不畅，以肢体筋骨、关节、肌肉等发生疼痛、重着、酸楚、麻木，或关节屈伸不利、僵硬、肿大、变形等为主要临床症状的一种疾病。轻者病在四肢关节肌肉，重者可涉及脏腑。

《诸病源候论·风痹候》说："痹者，风寒湿三气杂至，合而成痹，其状肌肉顽厚，或疼痛，由人体虚，腠理开，故受风邪也。"

四肢关节疼痛以痹证为主。在临床上，痹证由风寒湿热之邪伤人所致，应首辨风寒与湿热。风胜者，疼痛游走不定为行痹；寒胜者，疼痛剧烈固定为痛痹；湿胜者，痛而酸重麻木为着痹；热盛者，热痛红肿为热痹之辨。但风寒湿三者，每多夹杂相混，很难截然划分。故治风痹，当以疏风为主，而以散寒除湿佐之；治寒痹，当以散寒为主，而以疏风除湿佐之；治着痹，当以除湿为主，而以散寒疏风佐之。又热与湿尤多相互缠绵，亦难严格区别，故治湿热痹，应当湿热并除。故辨治痹证必须先辨清风寒湿痹与湿热痹两大类，再于风寒湿痹中察其偏风、偏寒、偏湿之别，于湿热痹中审其热胜、湿胜之异。

**【讨论证型】**痹痛·气血阻滞型（风湿关节痛）

**【临床表现】**以疼痛为主的痹证。其关节疼痛，是指四肢及周身一个或多个关节发生疼痛，每逢气候变化则关节疼痛加重。若经久不愈，反复发作，严重时关节变形、僵硬，四肢关节冷痛、麻木，远端尤甚。

**【辨证】**外邪阻痹，气血不通。

**【治则】**活血通络，益气养血，祛风散寒。

**【主穴】**风池、曲池、阳陵泉、阳辅。

**【辅穴】**适当选择：①肩部疼痛：加肩髃、肩髎、肩贞。

②肘部疼痛：加尺泽、肘髎、手三里。③腕部疼痛：加阳池、阳谷、阳溪。④腰骶疼痛：加肾俞、腰阳关、秩边。⑤膝部疼痛：加梁丘、血海、犊鼻、膝眼。⑥小腿疼痛：加足三里、承山、阴陵泉。⑦踝部疼痛：加昆仑、太溪、解溪。

**【刺法】**以毫针刺以上主穴，皆用提插、捻转手法，用平补平泻法，双侧皆刺。留针30分钟，隔日治疗1次。

**【配伍机制】**曲池为大肠经合穴，有疏风解表、调和气血、通经活络之效；阳陵泉为胆经合穴，为"筋之会"，有疏泄肝胆、清热除湿、疏经活络、缓急止痛之功；阳辅为胆经经穴，有散寒除热、疏肝解郁、通络止痛之能；风池为胆经腧穴，善能疏导足少阳经脉之运行，使气血流畅，营卫调和，有开窍醒神、通经活络之用。以上四穴皆属阳经，其中三穴为胆经，同经相合，同气相投，远近结合，互为接力。共奏活血通络，益气养血，祛风散寒之功效。再适当选择辅穴，针对性较强，组成治疗痹痛针刺方案。

**【备注】**

（1）为正确辨证论治，需掌握临床常见的几种疼痛的性质：①冷痛：多属寒证。其中"实寒"证属寒凝络阻；"虚寒"证属阳气不足。其治则宜温经散寒，疏通脉络。②热痛（灼痛）：多属热证。其中"实热"证属热瘀经脉；"湿热"证属湿热阻滞；"阴虚燥热"证属阴虚筋脉失养。其治则宜凉血清热养阴。③胀痛（跳痛）：多属气滞，治宜理气疏肝。④绞痛（抽痛）：多属气滞血瘀。治宜理气活血化瘀。⑤刺痛：多属瘀血，治宜活血化瘀。⑥隐痛（绵绵作痛）：多属虚寒，治宜补气养血、温经通络。⑦坠痛：多属气虚或气血两亏者，治宜益气养血。

（2）凡痹痛患者，应积极治疗，避免风寒湿邪侵袭。要防止受寒、淋雨和受潮，关节处要注意保暖，不穿湿衣、湿鞋、湿袜等；夏季暑热，不要贪凉受露、暴饮冷饮等；冬季注意保暖，否则痹证进一步发展，病邪由浅入深，由经络而至脏腑，则产生相应的脏腑病变。正如《素问·痹论篇》所指出的“内舍于其合也”。痹证至此，病势重笃，常可虚实并见，涉及范围较广，如肌肉萎缩、关节变形或僵直，或有痰饮、水气、喘咳等证，病变复杂，治疗也就更困难了。

### （四十四）顽痹（类风湿性关节炎）

痹证种类较多，顽痹为痹证之一。临床以四肢小关节疼痛为主要表现，渐至肿胀，僵直变形，功能障碍，严重影响患者的正常生活与工作，长此以往，容易导致精神抑郁、情志不畅而引起筋脉拘急疼痛。该证以青年女性多见。症见手足麻木与刺痛，关节肿胀、僵硬、潮热，渐至变形，最后形成畸形固定屈位。中医学称之为“历节风”、“历节痛”等。现代医学主要见于类风湿性关节炎。

类风湿性关节炎是一种以关节滑膜炎为特征的慢性全身性自身免疫性疾病。滑膜炎持久反复发作，可导致关节内软骨和骨的破坏，关节功能障碍，甚至残废。血管炎病变可累及全身各个器官。

类风湿性关节炎分为周围型和中枢型。中枢型类风湿性关节炎又称类风湿性强直性脊柱炎，是以脊柱为主要病变的慢性疾病，病变主要累及骶髂关节，引起脊柱强直和纤维化，造成弯腰、行走活动受限，并可有不同程度的眼、肺、肌肉、骨骼的病变，也有自身免疫功能的紊乱。周围型类风湿性关节炎主要侵犯手足及四肢关节。

由于患者免疫力下降，类风湿性关节炎可合并肺炎、泌尿系感染、柯兴综合征等疾病。病情严重者，可出现畸形位骨性强直，甚至关节脱位。本病的发展虽然缓慢，但其病理变化又很大。多发而广泛的关节病变给患者带来很大痛苦和严重病残。

【讨论证型】顽痹·筋脉拘急型(类风湿性关节炎)

【临床表现】本病初起多有发热史，经常肢体疲乏，食欲渐差，继则发展为关节疼痛，呈游走性疼痛。尤以指、趾的对称小关节为典型，经医院检验诊为“类风湿性关节炎”。若治之不当，则发展为关节僵硬不能活动。一般患者心理压力较大。舌质淡红苔白，脉弦滑或沉弦。

【辨证】风寒闭阻，枢机不利，升降失司。

【治则】温经通脉，疏风散寒，活血祛瘀。

【主穴】风池透风府

【辅穴】适当选择：①肘部肿痛：加曲池、肘髎、手三里。②手腕肿痛：加外关、阳谷、阳池、阳溪。③五指肿痛：加外关、后溪、八邪。④膝关节痛：加血海、梁丘、犊鼻、膝眼。⑤踝部肿痛：加解溪、丘墟、悬钟、昆仑。⑥足趾疼痛：加足临泣、八风。

【刺法】以毫针从风池穴刺入，缓缓透向风府穴，应用轻微的捻针补法，双侧皆刺。留针 30 分钟，隔日治疗 1 次。

【配伍机制】风府穴为督脉腧穴，有疏通督脉经气之效能。督脉为手足三阳七脉之会，主人体一身之阳，阳主动，所以取风府穴有疏散风寒、通利关节、活血止痛之功；风池善调足少阳经脉之气，具有疏风活络、活血通经、调和气血之用。两穴二阳相助，主宰清除全身风寒湿浊，以阳主气、主动之效能通达气血、宣痹和营、改善顽痹，共济温经通脉、疏风散寒、活血祛瘀之效。再适当选择辅穴，共同组成治疗类风湿性关节炎的针刺方案。

【备注】

(1)本病初期多因风、寒、湿诸邪痹阻经络，以致气血阻滞、运行不畅而发疼痛。邪积日久不去，经络不通，气血不行，郁滞于内则伤及肝肾。肝主筋、肾主骨，肝肾所伤致使筋骨失养而发为骨节顽痛、僵直畸形。

（2）类风湿性关节炎病变活动分期：①急性活动期：以关节的急性炎症表现为主，晨僵、疼痛、肿胀及功能障碍显著，全身症状较重，常有低热或高热，血沉超过50mm/h，白细胞计数超过正常，中度或重度贫血，类风湿因子阳性，且滴度较高。②亚急性活动期：关节处晨僵，肿痛及功能障碍较明显，全身症状多不明显，少数可有低热，血沉异常但不超过50mm/h，白细胞计数正常，中度贫血，类风湿因子阳性，但滴度较低。③慢性迁延期：关节炎症状较轻，可伴不同程度的关节强硬或畸形，血沉稍增高或正常，类风湿因子多阴性。④稳定期：关节炎症状不明显，疾病已处于静止阶段，可留下畸形并产生不同程度的功能障碍。

（3）顽痹患者，由于心理压力较大，多兼肝郁不舒之象。所以要求：保持精神愉快，遇事不可过于激动或长期闷闷不乐，善于节制不良情绪，努力学习，积极工作，心胸开阔，生活愉快，进而使身体健康。保持正常的心理状态，对维持机体的正常免疫功能是重要的。

（4）临床治疗顽痹，选用《伤寒论》的“柴胡加龙骨牡蛎汤”与“柴胡桂枝汤”合方加减，能取得较好疗效，如配合针灸治疗更为妥当。

## 二、妇科病证

### （一）月经不调（月经周期异常）

月经不调，包括月经的周期、经量、经色、经质的改变等。临床常见的有月经先期、月经后期、月经先后不定期等。月经病的致病因素是多方面的，外感因素中以寒、热、湿为主，内伤因素中以忧、思、怒，以及房事不节居多。

**1. 月经先期**

月经先期是指月经周期提前 7 天以上，连续两个月经周期以上者。月经先期常伴有经量、色、质的异常，与月经过多、经期延长并病。

本症主要由气虚和血热所致，也可因肝郁化火或肾虚火旺引起，应根据月经的量、色、质与全身症状判定进行治疗。一般以量多、色紫、质稠为实热；量少、色红、质黏为虚热；量多、色淡、质稀为气虚；量或多或少，色或红或紫，兼胸胁、乳房胀痛者为肝郁化火。

若月经提前十余天，应与经间期出血相鉴别。经间期出血常发生在月经周期第 12 ~ 16 天，出血量较少，或表现为透明黏稠的白带中夹有血丝，出血常常持续数小时，甚或 2 ~ 7 天自行停止，西医称为排卵期出血。经间期出血量较月经期出血量少，临床表现为出血量一次多、一次少的现象，结合 BBT 测定，即可确诊。

本病治疗得当，多易痊愈。若伴月经过多、经期延长者，可发展为崩漏，使病情反复难愈，故应积极治疗。

**【讨论证型】**月经不调·月经先期·血热型（月经周期异常）

**【临床表现】**月经先期，量多，色紫质稠。心烦不安，口渴饮冷，口唇面赤，小便黄。舌红，脉滑数。

**【辨证】**血热内盛，冲任不固，经血妄行。

**【治则】**清热凉血，固冲调经。

**【主穴】**血海、关元。

**【辅穴】**适当选择：①血分实热：加曲池、太冲。②阴虚血热：加三阴交、太溪。③中气不足：加中脘、归来。④色淡血少：加内关、太溪。⑤经量过少：加阴陵泉、曲泉、水泉。

**【刺法】**以毫针直刺关元穴，应用捻针平补平泻法；再刺血海，应用捻针泻法，双侧皆刺。留针 30 分钟，隔日治疗 1 次。

**【配伍机制】**关元穴为肝、脾、肾三经之交会，善于调理任脉之经气，是“精血之室，元气之所”，具有培肾固本、回阳固脱、温经散寒、固精止带之能，为强身防病之要穴；血海具有利湿健脾、补益肝肾、调和气血之能。二者均属阴脉，一上一下，相互接力，共济清热凉血、固冲调经之功效。再适当选配辅穴，组成治疗月经先期的针刺方案。

**2. 月经后期**

月经后期是指月经周期延长 7 天以上（或月经周期在 35 天以上），并连续 2 个周期者，可伴有月经量、色、质的异常。

本病应注意与早期妊娠相鉴别。早期妊娠有早孕反应，妇科检查宫颈着色、子宫体增大、变软，妊娠试验阳性，B 超检查可见子宫腔内有孕囊。月经后期则无以上表现，且以往有月经失调病史。若月经推后，又见阴道下血或小腹痛，更应与胎漏、胎动不安、异位妊娠相鉴别。

《张景岳·妇人规》说：“凡血寒者，经必后期而至，然血何以寒？亦惟阳气不足，则寒从内生，而生化失期，是即所谓寒也。”《丹溪心法》说：“过期而至，乃是血虚。”月经后期以虚寒为主，而属气滞、血瘀、痰湿者，又每夹肝郁、脾虚之证。

月经后期如长期不合理调整，可发展为月经稀发与闭经。生育年龄，若出现月经后期、量少时，可致不孕，应予重视。

**【讨论证型】**月经不调·月经后期·寒凝血滞型（月经周期异常）

**【临床表现】**月经后期，量少，色黯红有血块。面色黯、白，少腹冷痛拒按，得热痛解，畏寒肢冷。舌质淡，脉沉弦。

**【辨证】**寒邪凝泣，经脉滞涩。

**【治则】**温经散寒，活血行滞。

**【主穴】**三阴交、关元。

**【辅穴】**适当选择：①中气不足：加中脘、归来。②肝气郁滞：加内关、章门。③血寒经迟：加灸命门、神阙。④色淡血少：加内关、血海、太溪。⑤经量过少：加阴陵泉、曲泉、水泉。⑥脾肾两虚：加脾俞、肾俞、膈俞。

**【刺法】**先以毫针刺关元穴，应用捻针补法；再刺三阴交，中等刺激，捻转提插取补法，双侧皆刺。留针30分钟，隔日治疗1次。

**【配伍机制】**三阴交为足三阴经之交会穴，具有健脾利湿、通调水道、理气通滞之功；关元为“精血之室，元气之所”，具有培肾固本、回阳固脱、温经散寒、固精止带、强身防病的作用。两穴同属阴经，一上一下，都与肝、脾、肾三经为交会穴，双方特有功能相辅相成，共济温经散寒、活血行滞之功效。再适当选配辅穴，可组成治疗月经后期的针灸方案。

**3. 月经先后不定期**

月经先后不定期是指月经不能按正常周期来潮，提前或错后7天以上，连续发生2个或2个以上月经周期者。一般经期正常，经量不多。

本病是由于肝郁、脾虚、肾虚造成气血失调，冲任功能紊乱，血海蓄积或泄下失去正常的规律。《女科要旨》认为：“女子血旺则阴盛而阳自足，元气由是而恒充，血盛而经自调，胎孕因之而易成；阴血充盛则百病不生，阴血虚少，诸病作焉。”《傅青主女科》认为：“夫经水出诸肾，而肝为肾之子，肝郁则肾亦郁矣；肾郁则气必不宣，前后之或断或续，正肾之或通或闭耳。”

西医认为：发生这种不规则月经的主要原因在于垂体对于卵巢的调节功能失灵，垂体激素不能有效控制卵巢的周期卵泡发育，同时也可能是卵巢对于垂体激素缺乏敏感性。常见于多囊卵巢综合征、卵巢贮备不良、高泌乳素血症、卵巢不敏感综合征、甲状腺功能低下等与女性内分泌功能息息相关的疾病。

本病如能及时治疗，又调护得当，可望治愈。若治疗不及时，或调护不当，则可转化为崩漏或闭经，且治疗比较困难，故应及早积极治疗。

**【讨论证型】**月经不调·月经先后不定期·肝郁脾虚型（月经周期异常）

**【临床表现】**月经周期时而提前，时而延迟，经量少。头晕耳鸣，腰膝酸软，小腹空坠，或经前乳房胀痛。舌淡或红，脉沉弱兼弦。

**【辨证】**肝脾失调，肾气亏虚。

**【治则】**疏肝健脾、益肾调经。

**【主穴】**肾俞、关元、蠡沟。

**【辅穴】**适当选择：①肝郁气滞：加三阴交、太冲。②胸胁胀满：加三阳络、阳陵泉。③小腹胀坠：加地机。④肾气不足：加太溪、照海。⑤肢冷腹痛：加灸命门。⑥长期错乱：加足三里。

**【刺法】**先以毫针刺肾俞双穴，应用捻转、提插中等刺激之补法，得气之后，立即起针，不留针；取仰卧位，再直刺、深刺关元穴，用捻针补法；刺蠡沟用捻针泻法，双侧皆刺。留针30分钟，隔日治疗一次。

**【配伍机制】**肾俞为肾经的背俞穴，具有滋阴补肾、强健腰膝、涩精缩泉止带之效；关元与足三阴经交会，故有一穴畅达四条阴经之力，可培补肾气、回阳固脱、温经散寒、固精止带，故称为“精血之室、元气之所”；蠡沟为肝经络穴，有理气疏肝、清热化湿、解郁活血之用。以上三穴、上下协调，前后呼应，共济疏肝健脾、益肾调经之效。再适当选择合理的辅穴，组成治疗月经先后不定期的针灸方案。

**【备注】**

（1）治疗月经病证的原则，重在调经以治本。至于临床常用的方法，有理气、健脾、补肾等。理气在于通调气机，以开郁行气为本；健脾在于益血之源，以健脾升阳为主；补肾在于益先天之真水，以填精补血为主；但必须结合养火之源，使水充火足，精血俱旺，则月经自调。

（2）月经过多，可由脾气不足，血失统摄所致；也有素体阳盛，或感受邪热，五志化火，血分蕴热所致者；或因人流、流产、产后、放环后，冲任受损，瘀血内阻，血不归经，或瘀热互结，迫血妄行，往往由各种因素的综合作用引起。

（3）医生应嘱患者：①保持精神愉快，避免精神刺激和情绪波动，个别在月经期有下腹胀、腰酸、乳房胀痛、轻度腹泻、容易疲倦、嗜睡、情绪不稳定、易怒或易忧郁等现象均属正常，不必过分紧张。②注意卫生，预防感染：注意外生殖器的卫生清洁；月经期绝对不能性交；内裤要柔软、棉质、通风透气性能良好，要勤洗勤换，换洗的内裤要放在阳光下晒干。③注意保暖，避免寒冷刺激；避免过度疲劳。④不宜吃生冷、酸辣等刺激性食物，多饮开水，保持大便通畅；血热者经期前宜多食新鲜水果和蔬菜，忌食葱蒜韭姜等刺激助火之物；经血量多者忌食红糖；气血虚者必须增加营养，多食牛奶、鸡蛋、豆浆、猪肝、菠菜、猪肉、鸡肉、羊肉等，忌食生冷瓜果。

（4）针灸治疗月经不调疗效甚佳，若以针药结合，则效果更好。临床体会：①月经先期·血热型：可用“清经汤”与“两地汤”合方加减。②月经后期·寒凝血滞型：可用“温经摄血汤”加减。③月经先后不定期·肝郁肾虚型：可用“定经汤”加减。

### （二）痛经（周期性腹痛）

痛经是指在经期前后或正值经期，出现小腹部及腰骶部疼痛，严重时伴有面色苍白、汗出、恶心呕吐、四肢厥冷甚而晕厥，以致影响工作和生活，并随月经周期而发作者。

痛经分为原发性和继发性两种。原发性痛经又称功能性痛经，系指详细检查未能发现盆腔器官有明显异常者，多见于未婚、未育妇女，往往生育后痛经即缓解或消失。继发性痛经大多有盆腔器官实质性病变，如子宫内膜异位症、盆腔炎、盆腔结核等引起。

《诸病源候论》说："妇人月水来腹痛者，由劳伤气血，以致体虚，受风冷之气客于胞络，损伤冲任之脉。"《景岳全书·妇人规》说："经行腹痛，证有虚实。实者或因寒滞，或因血滞，或因气滞，或因热滞；虚者有因血虚，有因气虚。然实痛者，多痛于未行之前，经通而痛自减；虚痛者多痛于既行之后，血去而痛未止，或血去而痛益甚。大都可按可揉者为虚，拒按拒揉者为实。"

病变病位在胞宫、冲任，变化在气血，故治疗以调理胞宫、冲任气血为主。治疗可分两步：经期重在调血止痛以治标，并及时控制和缓解疼痛；平时应辨证求因而治本。

**【讨论证型】**痛经·寒凝血滞型（周期性腹痛）

**【临床表现】**经前数日及经期小腹冷痛，甚而绞痛、刺痛，按之痛甚，遇热而痛稍有缓解；月经后期量少，色黯褐，有血块。舌黯紫有瘀点，苔白润，脉沉紧。

**【辨证】**脾肾两虚，寒凝血滞。

**【治则】**温经散寒，通络止痛。

**【主穴】**中极、地机、三阴交。

**【辅穴】**适当选择：①气滞血瘀：加蠡沟、太冲。②下元虚寒：加关元、足三里。③冲任虚寒：加命门、肾俞。④肾气虚弱：加合阳、太溪。

**【刺法】**先以毫针刺中极，直刺，稍深刺，应用捻针补法；再刺地机、三阴交，捻针补法，双侧皆刺。留针 30 分钟，隔日治疗 1 次。

**【配伍机制】**中极穴为膀胱之募穴，具有培补肾元、调理下焦、通调血室之功；三阴交具有健脾利湿，通调水道，理气通滞之效；地机为脾经郄穴，乃足太阴经脉气深聚之处，具有调和气血、疏通经络、健脾和胃，助消化滞之能。以上三穴，同为阴经，上下接力，通调冲任，共济温经散寒、通络止痛之效。再选配合理的辅穴，组成治疗痛经的针刺方案。

**【备注】**

（1）功能性痛经的子宫因素，主要是：①子宫肌层痉挛导致组织缺血、子宫位置过度倾曲等致使经血排出受阻；②子宫峡部阻力增强，子宫加强收缩而加强排经，从而经前、经期疼痛。应用理气、活血、散寒、通经之法，可较好地缓解功能性痛经，对缓解子宫痉挛、降低子宫内膜和血液中前列腺素的水平，有一定作用。

（2）中医治疗痛经有良好的临床疗效。功能性痛经经及时有效地治疗，常能痊愈；属器质性病变所引起者，虽病程缠绵难获速效，但通过辨证施治也可获得较好的消减疼痛作用，坚持治疗亦有治愈之机会。

（3）医生应嘱患者：①注重经期、产后卫生，以减少痛经的发生；②注意经期保暖，避免受寒，保持精神愉快，气机畅达，经血流畅；③注意调摄，慎勿为外邪所伤；④不可过用寒凉或滋腻的药物，服食生冷之品等均有利于缓解疼痛，促进疾病早期痊愈。

（4）临床体会：治疗痛经，针灸疗效较好。若需要配合中药时，可用以下方药：①肝郁气滞型：可用“逍遥散”加丹皮、黄芩、益母草、乳香、没药、延胡索等。②寒凝血滞型：可用“附子理中汤”加吴茱萸、当归、香附、陈皮、木香、沉香面等。

### （三）经闭（卵巢功能性闭经）

凡发育正常的女性，一般在 14 岁左右月经即应来潮。若年逾 18 岁，月经仍未来潮者，为“原发性闭经”；若月经周期已建立，后又中断 3 个月以上者，则为“继发性闭经”。若妊娠期、哺乳期停经，以及青春期少女初潮后间歇半年以上者，如无不适，应属生理现象。若因环境改变，或应用避孕药引起的短暂性闭经，为一时性闭经，也不属病理范畴。

《景岳全书·妇人规》说："血枯之与血隔，本自不同。盖隔者，阻隔也；枯者，枯竭也。阻隔者，因邪气之隔滞，血有所逆也。枯竭者，因冲任之亏败，源断其流也。"临床上，闭经以虚证为多见，且常兼有血瘀、寒凝、痰湿、气滞等。虚证闭经以冲任血海空虚不充为主要病机，即"血枯"经闭；实证闭经以冲任血海阻滞不通为主要病机，即"血隔"经闭。

经闭的预后与转归取决于病因、病位、病性、体质、环境、精神状态、饮食等诸多环节。若病因简单，病损脏腑单一，病程短者，一般预后稍好，月经可行，但对建立和恢复正常的排卵有一定的难度。本病治疗过程中易反复，若经闭经久不愈，则可导致不孕症、性功能障碍、代谢障碍、心血管病等其他疾病。

**【讨论证型】**经闭·肝肾亏虚型（卵巢功能性闭经）

**【临床表现】**月经超期未至，或初潮较迟，经量少，月经后期、稀发，继而闭经，无白带，无腹痛，腰酸头晕，形体不温，面色无华，肢软乏力。舌质淡，脉沉细。

**【辨证】**肾藏精，肝藏血，精血无源而经不以时而下。

**【治则】**补肾益精，养血调肝。

**【主穴】**肝俞、肾俞、关元、气冲、足三里。

**【辅穴】**适当选择：①头晕耳鸣：加内关、太冲。②中气不足：加中脘、气海。③脾胃虚弱：加建里、三阴交。④气滞血瘀：加阳陵泉、蠡沟。⑤腰骶乏力：加八髎。

**【刺法】**先以毫针刺肝俞、肾俞，直刺，用捻针补法，得气后起针不留针；再取仰卧位，直刺关元，稍深刺，用捻针补法；再刺气冲、足三里，应用平补平泻法，双侧皆刺。留针 30 分钟，隔日治疗 1 次。

**【配伍机制】**肝俞为肝的背俞穴，肾俞为肾的背俞穴，两者均能疏导足太阳膀胱经之脉气，具滋补肝肾、养阴柔肝、温阳通脉之效；关元为“精血之室，元气之所”，具有培肾固本、回阳固脱、温经散寒、固精止带之功；气冲为胃经腧穴，冲脉所起，善于调理足阳明经之脉气而充实冲脉之血脉，具有舒宗筋、兴气血、调血室、理胞宫之能；足三里为善调脾胃功能，有强壮身体、调和气血、养血益冲之用，为四总穴之一。诸穴相配，共济补肾益精、养血调肝之功能。再适当选择辅穴，共同组成治疗经闭的针刺方案。

**【备注】**

（1）月经是妇女正常的生理现象，中医认为是冲任血海藏泻的过程，先藏密而后能泄泻。藏密者，与肾有关，所谓“肾者封藏之本”；泄泻者，与肝气有关，所谓“肝主疏泄”是也。对于经闭来说，肾气的盛衰尤为关键，主宰着天癸之至竭，月经的潮止。因此，温肾阳、滋肾阴、填肾精、补肾气为治疗经闭的重要方法，在补肾同时，要注意养血调肝。

（2）经闭的发生与诸多因素有关。虽无确切的方法可以预防，但注意调摄，还是可以降低本病的发生率。如正确处理产程，防止产后大出血；注意精神调摄，保持精神乐观，情绪稳定；避免暴怒、过度紧张、压力过大；采取避孕措施，避免多次人流或刮宫；饮食适宜，少食辛辣、油炸、油腻之品，以保养脾胃，增强体质；经行之际，避免冒雨涉水，忌食生冷；适当参加体育活动，但需避免剧烈运动；不宜长期服用某些药物，如避孕药、减肥药等；及时治疗某些慢性病，消除经闭因素。

（3）此外，经闭一症须经过3个周期巩固治疗，不可一见月经来潮即停止治疗，否则易前功尽弃。

### （四）崩漏（功能性子宫出血）

在非行经期阴道大量出血，或持续出血、淋漓不止的，称为崩漏，属月经周期、经期、经量异常的病证。一般而言，阴道大量出血，来势急者谓崩，又谓崩中、血崩；阴道少量出血，来势缓，但持续时间长者，谓漏，又称漏下、经漏。两者之间虽出血量不同，但没有明显的界线。久崩不止必致成漏，久漏不止亦将成崩，往往可以转化。

崩漏的范围，目前大都倾向于功能失调性子宫出血。凡不正常的子宫出血，经排除妊娠、肿瘤、炎症及全身性出血病，确诊为下丘脑 - 垂体 - 卵巢轴的神经内分泌功能失调的子宫异常出血，称为功血。功血分为无排卵型功血和排卵型功血。青春期、更年期以无排卵型功血为多，育龄期以排卵型功血为多。

崩漏的主要病机是冲任失调，不能固摄经血。临床可有肾虚、脾虚、血热、血瘀等证候表现。一般而言，本症以虚证为多，而实证为少；热者为多，寒者为少。故益气、固肾、清热、化瘀为本症主要治法。《济阴纲目》说："初用止血以塞其流，中用清热凉血以澄其源，末用补血以复其旧。"

**【讨论证型】**崩漏·肝肾两虚型（功能性子宫出血）

**【临床表现】**月经周期紊乱，阴道出血量多，或淋漓不断，血色鲜红质稠，偶有小血块；面色潮热，五心烦热，头晕腰酸，口苦干燥。舌红，脉细数。

**【辨证】**肝肾两虚，脾不摄血，冲任失守。

**【治则】**补肾健脾，调肝固冲。

**【主穴】**中脘、关元、交信、大敦。

**【辅穴】**适当选择：①气虚不摄：加百会、气海。②阴虚肝旺：加太溪、太冲。③脾不统血：加脾俞、隐白。④血热妄行：加水泉、行间。⑤任脉虚损：灸阴交、地机。⑥寒邪伤络：加灸命门。

**【刺法】**先以毫针刺中脘、关元穴，应用直刺、捻转、提插的补法。再刺交信，用捻针补法；大敦浅刺轻刺，不作手法；双侧皆刺。留针 30 分钟，隔日治疗 1 次。

**【配伍机制】**中脘、关元皆为任脉腧穴，两者分别为胃与小肠之募穴。关元益肾固本、培补先天，中脘和胃健脾，调补后天，共同疏导、通调任脉之经气，具有和胃降逆、健脾化湿、温肾固精、通调冲任之功。二穴配伍，上下结合，则先天与后天充盛，故能使“精血之室、元气之所”得到充养。交信为肾经郄穴，乃足少阴经脉气深聚间隙部位之要穴，善于补肾气、益胞宫、清湿热、调血分；大敦为肝经井穴，乃足厥阴经之一脉气所出，属井木穴，具有调经血、理下焦、清肝热、醒神志之能。以上四穴皆为阴经，相互协力，共济补肾健脾、调肝固冲之功效。再适当选配辅穴，共同组成治疗功能性子宫出血的针灸方案。

**【备注】**

（1）治疗时，应结合各年龄阶段的妇女特点进行治疗。青春期患者“肾精未充，肾气未实”，更年期患者“肾气衰惫，天癸将竭”，故必须重视补肾。而育龄期患者常表现为“气血不足”或“气滞血瘀”，故宜疏肝理气、益气养血，并配合活血化瘀之法。

（2）崩漏的预后与发育和治疗有关。①青春期崩漏随发育渐成熟，肾 - 天癸 - 冲任 - 胞宫生殖轴协调，最终可建立正常排卵的月经周期；少数发育不良或治疗不规范者，常因某些诱因而诱发。②生育期崩漏，正值排卵旺盛期，有部分患者有自愈趋势，大多可恢复或建立正常排卵，达到经调而后有子嗣；亦有少数患者的子宫内膜长期增生过长伴发不孕症，有转变为子宫内膜癌的风险。③更年期崩漏疗程相对较短，止血后健脾补血消除虚弱症状，少数须手术治疗或促使其绝经以防复发，但要注意排除恶病变。

（3）崩漏是可以预防的。①重视经期卫生，尽量避免或减少宫腔手术。②早期治疗月经过多、经期延长、月经先期等出血倾向的月经病，以防发展成崩漏。③崩漏一旦发生，必须及早治愈，并加强锻炼，以防复发。④注意身体保健，要增加营养，多吃含蛋白质丰富的食物及蔬菜和水果。⑤在生活上要劳逸结合，不参加重体力劳动和剧烈运动，睡眠要充足，心情保持愉快，不要在思想上产生不必要的压力。

（4）对于临床所见“漏”，即月经淋漓不断者，可配合中药治疗。

①组成：煅龙骨、煅牡蛎、桂枝、白芍、金樱子、芡实、白莲须、枸杞子、山药、阿胶、炒蒲黄、川断、女贞子、旱莲草、生姜、大枣、甘草。

②功效：滋补肝肾、固冲调经。

### （五）倒经（代偿性月经）

倒经是指每逢经行前后，或正值经期，出现周期性的吐血或衄血，常伴月经量减少，好像是月经倒行逆上，即经行吐衄。

月经期在子宫以外部位，如鼻黏膜、胃、肠、肺、乳腺等部位发生出血，称为代偿性月经。该症是因激素水平的变化，使黏膜血管扩张、脆性增加，易破裂出血而造成，最多见者为“鼻衄”，俗称“倒经”，代偿性月经发生在鼻黏膜最多，约占1/3。其次可发生在眼睑、外耳道、皮肤、胃肠道、乳腺和膀胱等处。严重者可出现只有代偿性月经而没有正常的月经流血，或者代偿性月经出血量多，子宫出血量少。

《叶氏女科证治·逆经》说：“经不往下行，而从口鼻中出，名曰逆经。”《医宗金鉴·妇科心法要诀》说：“妇女经血妄行，上为吐血、衄血及错行，下为崩血者，皆因热盛也。伤阴络则下行为崩，伤阳络则上行为吐衄也。若去血过多，则热随血去，当以补为主；如血少，热尚未减，虽虚仍当以清为主也。”

**【讨论证型】**倒经·血热妄行型（代偿性月经）

**【临床表现】**经前或经期吐血、衄血，量多，色鲜红，烦躁易怒，口渴欲冷饮，口臭，口疮，便秘，尿黄；或伴经行先期，色红量少，甚而经闭。舌红苔黄，脉弦数。

**【辨证】**肝阳亢盛，热伤阳络，血热妄行。

**【治则】**清热平肝，凉血降逆。

**【主穴】**上星、鸠尾、血海、三阴交。

**【辅穴】**适当选择：①肝气上逆：加合谷、太冲。②肝胆热盛：加风池、阳陵泉。③阳明热甚：加足三里。④肝郁不舒：加期门。

**【刺法】**先以毫针刺上星穴，由前向后逆经刺为泻法；鸠尾穴用捻针平补平泻法；血海、三阴交皆提插、捻转，用平补平泻法，双侧皆刺。留针 30 分钟，隔日治疗 1 次。

**【配伍机制】**上星为督脉腧穴，善通督脉之经气，具有通经活络、祛风通窍、清热止血之功；鸠尾为任脉腧穴，能调任脉之经气，具有宽胸化痰、清热镇静之效。两穴一上一下，一阴一阳，相互协力，调理气血。血海、三阴交同取则加强足太阴经之脉气动力，同经同气、相互推动，具有清热凉血、平肝育阴之能。以上四穴三阴一阳，相互搭配，共济清热平肝、凉血降逆之功效。再适当选用辅穴，组成治疗倒经的针刺方案。

**【备注】**

（1）倒经亦称经行吐衄，也属于经前期紧张症之中的一种病证。所谓经前期紧张症，系指在经前 7 ～ 10 天开始出现烦躁，易激动，头痛，失眠，头晕，乳房胀痛，胃纳不佳，胸闷胁胀，下腹不适，浮肿，腹泻，口糜，瘾疹，皮肤瘙痒，便血等症状。而月经来潮后，其症状又自行消退。病因尚不完全明确，往往与植物神经系统功能紊乱、性激素紊乱有关。中医文献中尚无系统的论述，一般均分散在经前吐衄、经前便血、经前身痛、经前腹泻等证之中，属于妇科经期杂病。此类证候的发生与经前期脏腑失调有关，主要是肝郁气滞。肝郁乳络阻滞，则乳房发胀；肝气横逆犯脾则可影响脾胃功能，或表现为脾虚肝旺而致泄泻，或表现为脾虚水湿不化而致浮肿。肝气郁久可以化火，表现为肝阳上亢而致头痛，或热入血络则便血、衄血、倒经等。从中医理论分析，应当是经前冲任脉盛，气充而血流急，多易导致经脉壅滞不通，易于诱发以上证候。而经一来，冲任气血通调，则症状自除。

（2）倒经应及早积极治疗，否则日久可引起月经周期紊乱，甚至贫血。

（3）治疗倒经可配合服中药调理，临床应用“凉血止衄汤”加减疗效较好。

①组成：茅根、藕节、龙胆草、黄芩、栀子、丹皮、生地、大黄、牛膝。

②功效：清热平肝，凉血降逆。

③主治：肝热上逆，血随气上所引起的衄血、倒经。

### （六）带症（慢性盆腔炎）

带症是指带下量明显增多，色、质、气味异常，并伴有全身或局部症状者。某些生理情况下可出现带下量多或减少，如妇女在月经前后、排卵期、妊娠期带下量增多而无其他不适者，为生理性带下。

《素问·骨空论篇》说：“任脉为病，男子内结七疝，女子带下瘕聚。”《诸病源候论》有青、黑、赤、白、黄五色带下的记载。《傅青主女科》说：“夫带下俱是湿证，而以带下名者，因带脉不能约束……况加以脾气之虚，肝气之郁，湿气之侵，热气之逼，安得不成带下之病哉。”

带症的发生，主要由脾虚、肝郁、肾亏等内脏功能失调引起，并以湿、热、寒、毒诸邪蕴结胞宫阴户为病因。其证候分型，主要在于辨别量、色、质、气味，结合全身症状和局部症状加以分析，从而选用相应治疗措施。

**【讨论证型】**带症·热重于湿型（慢性盆腔炎）

**【临床表现】**带下量多，色黄或黄白相兼，有臭味；或如米泔，多泡沫；或清稀如水，呈黄水状；或如豆渣样；或如脓状，质黏稠。外阴、阴道瘙痒，小腹胀痛，小便短黄；兼有头晕、耳鸣、心烦、口苦咽干、月经提前。舌红苔黄腻，脉滑数。

**【辨证】**湿热困脾，冲任损伤，热重于湿。

**【治则】**清热利湿，解毒消炎。

**【主穴】**带脉、白环俞、阴陵泉、蠡沟。

**【辅穴】**适当选择：①肝胆湿热：加合谷、太冲。②脾虚湿盛：加气海、隐白。③带下色白：加脾俞、归来。④带下色赤：加行间。⑤下焦虚寒：加灸命门、神阙。

**【刺法】**以毫针刺，皆捻针泻法，双侧均刺。留针30分钟，隔日治疗1次。

**【配伍机制】**带脉穴为胆经腧穴，善于疏导足少阳经脉之气，具有清热利湿、调经止带之功。《针灸大成》说："带脉主月事不调，赤白带下。"白环俞为膀胱经腧穴，可调足太阳经脉之气，具有理下焦、调经血、和胞宫、除带下之效。《类经图翼》讲："白环俞主治梦遗白浊，肾虚腰痛，先泻后补，赤带泻之，白带补之，月经不调亦补之。"阴陵泉为脾经合穴，乃足太阴经脉气所入，属于合水穴，具有健脾利湿、通调三焦之能；蠡沟为肝经络穴，有调畅足厥阴经之脉气之力，可沟通肝、胆两经之脉气联络。以上四穴二阴二阳，相互接力、贯通、平衡而共济清热利湿、解毒消炎之功效。再适当选配辅穴，组成治疗带症的针灸方案。

**【备注】**

（1）带症经过及时治疗可以痊愈，故预后良好。若治疗不及时或治疗不彻底，或病程迁延日久，致使邪毒上客胞宫、胞脉，可致月经异常、癥瘕和不孕症等病证。若带下病日久不愈，且五色带下秽臭伴癥瘕或形瘦者，要注意排除恶性病变，预后差。

（2）常见的白带、黄带、赤白带在临床多见。兹分析带症鉴别（表3-6），供参考。

表 3-6　白带、黄带、赤白带鉴别表

| 带下 | 白带 | | 黄带 | 赤白带 |
| --- | --- | --- | --- | --- |
| 证型 | 脾虚气弱 | 湿重于热 | 热重于湿 | 湿热伤络 |
| 特征 | 清稀量多 | 稠黏色白量多 | 稠黏色黄量多 | 稠黏赤白相兼 |
| 气味 | 无臭味 | 臭秽轻 | 臭秽重 | 腥臭 |
| 兼证 | 神疲、肢凉、脚肿、食少、便溏 | 头沉、腰困、腹胀痛、尿少、阴痒 | 头晕、耳鸣、心烦、腰痛、腹痛、阴痒、月经提前 | 带下浅红色，似血非血淋漓不断，月经先后不定，尿黄 |

（3）热重于湿型带下，见量多，色黄或黄白相兼，有臭味，取“龙胆泻肝汤”与“八正散”合方加减疗效较好。

①组成：土茯苓、连翘、胆草、栀子、瞿麦、萹蓄、滑石、木通、萆薢、车前子、生地。

②功效：清热利湿，解毒消炎。

## （七）乳少（产后乳汁不行）

乳少是指产妇哺乳期乳汁甚少或无乳可下，不能满足哺乳需要的病证，又称产后缺乳。多发生在产后数天至半个月内，也可发生于整个哺乳期。产后缺乳的发病率为 20% ~ 30%，且有逐渐上升趋势。

早在隋《诸病源候论》中就有“产后无乳汁候”，首先提出了津液暴竭，经血不足可导致无乳。《三因极一病证方论》将本病分为虚实两类：“产妇有两种乳脉不行，有气血盛而壅闭不行者，有血少气弱涩而不行者，虚当补之，盛当疏之。”这个指导原则至今仍在临床上发挥着重要的作用。《景岳全书·妇人规》说：“妇人乳汁，乃冲任气血所化，故下则为经，上则为乳。若产后乳迟乳少者，由气血之不足；而犹或无乳者，其为冲任之虚弱无疑也。”《儒门事亲》说：“妇人有本生无乳者，不治。或因啼哭悲怒郁结，气溢闭塞，以致乳脉不行”。

本病应与乳痈、缺乳相鉴别。乳痈有初期乳房红肿热痛，恶寒发热，继之化脓成痈等临床特征。

本病应根据乳汁清稀或稠、乳房有无胀痛，结合舌脉及其他症状以辨虚实。如乳汁甚少而清稀，乳房柔软，多为气血两虚；若乳汁稠，胸胁胀满，乳房胀硬疼痛，多为肝郁气滞。治疗应以调理气血，通络下乳为主。

**【讨论证型】**乳少·气血郁滞型（产后乳汁不行）

**【临床表现】**产后乳汁不行，乳房胀满而痛，按之局部有硬块，胸胁不舒，精神抑郁，食欲不振，胃脘胀满，兼有悲伤、心情忧郁，舌质淡红，苔薄白，脉沉弦。

**【辨证】**产后体虚，络脉失调，气血郁滞。

**【治则】**生化气血，活血通络。

**【主穴】**少泽、乳根、膻中、三阴交。

**【辅穴】**适当选择：①肝气郁滞：加内关、期门。②脾胃虚弱：加脾俞、胃俞。③纳呆食少：加中脘、足三里。④乳汁清稀：加阴陵泉。

**【刺法】**先以毫针刺膻中，由下向上沿皮刺，应用捻针补法。再刺乳根，浅刺，捻针平补平泻法；三阴交取捻转、提插泻法；少泽穴浅刺或用小三棱针轻刺出血少许即可。双侧皆刺，留针30分钟，隔日治疗1次。

**【配伍机制】**少泽穴为小肠经井穴，乃手太阳经之脉气所出，属井金穴，具有清心泻火、活络散结、开窍通乳之功，《类经图翼》说“少泽疗妇人无乳”、乳根穴为胃经腧穴、善于疏调足阳明经脉之气机，具有通经活络，活血散瘀，宣通乳汁之效；膻中为任脉腧穴，可以畅通任脉经气，有宽胸理气之用，《针灸大成》说“膻中治妇人无乳”；三阴交与“气之会”膻中相配，可挽救气阴两伤的局势。以上诸穴相配，二阴二阳，上下沟通，表里相聚，阴阳调和，共济生化气血、活血通经之效。再选择辅穴组成治疗产后乳少的针刺方案。

**【备注】**

（1）产妇产后应特别注意三方面的调护，即恶露不净、大便难、乳汁少。乳汁少应积极治疗并调理，要保持精神愉快，注意保暖，重视营养，不宜暴饮暴食。

（2）本病若能及时治疗，脾胃功能、气血津液恢复如常，则乳汁可下；但若身体虚弱，虽经治疗，乳汁无明显增加或先天乳腺发育不良，"本生无乳者"，则预后较差；若乳汁壅滞，经治疗乳汁仍然排出不畅时，可转化为乳痈。

（3）医生应嘱患者：①孕期做好乳头护理，产检时若发现乳头凹陷者，嘱患者经常把乳头向外拉，并常用肥皂擦洗乳头，防止乳头皲裂而造成哺乳困难。②提倡早期哺乳、定时哺乳，促进乳汁的分泌。③ 保持情绪乐观，心情舒畅，适当加强锻炼，维护气血调和。

（4）治疗产后乳汁不行的经验方，临床疗效甚好，供参考。

①组成：冬葵子、砂仁、王不留行、通草、赤小豆、酒黄芩、当归、白芍、白术、川芎、花粉、生麦芽。

②功效：生化气血，活络通乳。

### （八）回乳（产后中断哺乳）

若产妇不欲哺乳，或乳母体质虚弱不宜授乳，或已到断乳之时，可以回乳。若不回乳，任其自退，往往可致回乳不全、月经失调，甚者数年后仍有溢乳或继发不孕。

产后缺乳或乳汁不行，治从气血。《景岳全书·妇人规》中明确指出："妇人乳汁乃冲任气血所化，故下则为经，上则为乳。"根据以上理论，结合欲回乳的需求，应用人体生理变化，将其冲任气血所化向下引导，令乳母月经来潮，则乳汁自回。此法在临床实践中屡试皆验。

**【讨论证型】**回乳·通经回乳型（产后中断哺乳）

**【临床表现】**产妇身体状况基本良好，但因某些原因则婴儿不需哺乳，经家庭内部协商后要求回乳。

**【辨证】**冲任气血充沛，要求断奶通经。

**【治则】**调冲任，达胞宫，通经血，回乳汁。

**【主穴】**足临泣、光明。

**【辅穴】**适当选择：①通经活血：加膈俞、太冲。②乳房瘀滞：加膻中、乳根、行间。

**【刺法】**以毫针刺光明、足临泣穴，应用捻针泻法，双侧皆刺。留针 30 分钟，隔日治疗 1 次。

**【配伍机制】**足临泣为胆经输穴，又为足少阳与带脉相通之交会穴，善于疏导畅达足少阳经之脉气，具有清肝胆、调经脉、疏风明目之功；光明为足少阳胆经络穴，与足厥阴经相通，具有调和肝胆、明目通经之效。二穴配伍，同经相投，接力求胜，共济调冲任、达胞宫、通经血、回乳汁之功。再适当选择辅穴，共同组成通经回乳的针刺方案。

**【备注】**

（1）关于麦芽的配合应用：①下乳：取生麦芽 60g，每日 1 剂，水煎服。②回乳：取炒麦芽 60g，每日 1 剂，水煎服。

（2）对于要求回乳者，医生应嘱患者：①在饮食方面要适当控制汤类饮食，不要再让孩子吸吮乳头或挤乳。②回乳中见乳房胀疼，可以用温热毛巾外敷，并进行从乳房根部到乳头的推揉。③乳汁少的妇女，只要逐渐减少哺乳次数，乳汁分泌自然渐渐减少而停止。④减少进食荤性汤水。

## （九）阴挺（子宫脱垂，阴道壁脱垂）

阴挺是指妇人阴中有物突出，甚至脱出阴道口外。现代医学称“子宫脱垂”，是指子宫从正常位置沿阴道下降，宫颈外口达坐骨棘水平以下，甚至子宫全部脱出阴道口外，常伴有阴道前后壁的膨出。

《景岳全书》说：“妇人阴中突出如菌如芝，或挺出数寸，谓之阴挺。”《诸病源候论·妇人杂病诸候四·阴挺出下脱候》说：“胞络伤损，子脏虚冷，气下冲则令阴挺出，谓之下脱。亦有因产而用力偃气而阴下脱者。诊其少阴脉浮动，浮则为虚，动则为悸，故令下脱也。”

本病由多产、难产、产时用力过度、产后过早参加体力劳动等因素而使气虚下陷，带脉失约，冲任虚损，或损伤胞络及肾气，进而导致胞宫失于维系。治法应根据“虚者补之，陷者举之，脱者固之”的原则，以益气升提、补肾固脱为主。

**【讨论证型】**阴挺·中气下陷型（子宫脱垂，阴道壁脱垂）

**【临床表现】**子宫下移或脱出于阴道口外，阴道壁松弛膨出，劳则加重，小腹空坠，身倦懒言，面色不华，四肢乏力，小便频数，带下量多、质稀色淡。舌淡苔薄，脉缓弱。

**【辨证】**素体虚弱，中气不足，胞络损伤，固摄失控。

**【治则】**健脾补肾，益气升阳，提宫固脱。

**【主穴】**关元、归来、足三里、隐白。

**【辅穴】**适当选择：①中气下陷：加百会、中脘、维胞。②肝气郁滞：加内关、章门。③脾虚胃弱：加脾俞、胃俞。④肾气亏损：加命门、关元俞。⑤阴壁脱出：加灸气海、曲骨。⑥日久不愈：加灸百会、会阴。

**【刺法】**先以毫针直刺、深刺关元穴，应用捻针补法。再刺归来、足三里，用捻转补法略加轻度提插手法；隐白穴轻浅平刺，不做手法，皆刺双侧。留针 30 分钟，隔日治疗 1 次。

**【配伍机制】**关元为强壮要穴，是任脉与足三阴经交会的沟通脉气之腧穴，具有培肾固本、回阳固脱、温经散寒、固精止带的作用；归来为胃经腧穴，能促进足阳明经脉之气机，具有温下焦、理胞宫之力；足三里善调脾胃，有强壮健身、调和气血、理气消胀、镇惊安神的作用；隐白为脾经井穴，乃足太阴经之脉气所出，属井木穴，具有扶脾益胃、调和气血、启闭开窍、急救苏厥、收敛止血之功。以上四穴，二阴二阳，上下相配，表里相伍，共济健脾补肾、益气升阳、提宫固脱之功效。再适当选配合理的辅穴，共同组成治疗子宫脱垂的针灸方案。

**【备注】**

（1）子宫脱垂分三度。Ⅰ度：子宫颈下垂到坐骨棘以下，但不越阴道口。Ⅱ度：轻型，宫颈已脱出阴道口；重型，宫颈及部分宫体已脱出阴道口。Ⅲ度：宫颈及宫体全部脱出阴道口。

（2）本病预防：实行计划生育、优生优育，可大大降低阴挺的发病率；实行新法接生，及时修补裂伤的会阴；产后 3 个月内避免重体力劳动；保持大便通畅。

（3）严重的子宫脱垂症，临床治疗必须配合内服中药，效果良好。功效：健脾补肾，益气升阳，提宫固脱。药物组成：

炒枳壳 30g　益母草 30g　生黄芪 30g　全当归 10g
潞党参 20g　焦白术 15g　广陈皮 10g　制黄精 20g
黑升麻 10g　北柴胡 10g　巴戟天 10g　炙甘草 10g

## 三、儿科病证

### （一）小儿夜啼

小儿夜啼是指婴幼儿入夜则啼哭不安，或每夜定时啼哭，甚则通宵达旦，但白天却能正常入睡的临床表现。多见于新生儿及6个月以内的婴儿。

小儿啼哭原因包括非疾病性和疾病性两大方面。非疾病所致者，包括惊恐、饥饿、口渴、尿布潮湿、衣着冷热等，若给予安抚、饮食、更换尿布、调节冷暖等，啼哭即止，不属病态。疾病所致者，常见于腹痛、头痛、口痛、脑部疾病、肺炎、皮肤病等，且长时间反复啼哭不止，此为病态。

本病根据临床症状诊断不难，但查明原因不易。小儿夜啼有轻有重，轻者不治可已，重者可能是疾病早期表现，故须密切观察，找出病因，以便对症治疗。《幼科释谜·卷四·啼哭》说："务观其势，各究其情，勿云常事，任彼涕淋。"

小儿夜啼，哭时声调一致，又无他症者，可按惊恐、脾寒、心热、肝旺等证论治。

**【讨论证型】**小儿夜啼·心经积热型

**【临床表现】**入夜而啼，声音洪亮，见灯尤甚，哭时面赤唇红，烦躁不安，身腹俱暖，大便秘结，小便短赤，舌尖红苔黄，指纹紫滞。

**【辨证】**先天禀受或后天素体蕴热，心有积热，热扰神明。

**【治则】**清心导赤，泻火安神。

**【主穴】**中冲。

**【辅穴】**适当选择：①心经蕴热：加神道。②肝经蕴热：加筋缩。③心肾不交：加神门。④消化不良：加足三里。⑤异物惊吓：加合谷、太冲。⑥脾经虚寒：加隐白（刺络放血）。

**【刺法】**以小三棱针刺络放血，出血量为6～9滴为宜，双侧皆刺。隔日治疗1次。

**【配伍机制】**中冲穴为心包经井穴，乃手厥阴经之脉气所出，为井木穴，具有清热开窍、醒神镇静、清心除火之功。小儿夜啼的主要病因是心有积热，热扰神明，使用刺络放血之方法，其心火尽随血出，热邪外溢则心火平息，其寐渐安，故取中冲为主穴，再适当选择辅穴，共济清心导赤、泻火安神之效，组成治疗小儿夜啼的针刺方案。

**【备注】**

（1）小儿白天如常，入夜则啼哭，或每夜定时啼哭者称夜啼。本病常因脾寒，入夜阴气愈盛，寒邪凝滞，气机不通；或因乳母或乳儿平素恣食辛香炙煿之食或含服暖药，热邪内伏，邪热乘心；或小儿神气不足，心气怯弱，如有目触异物，耳闻异声，使心神不宁而致夜啼。

（2）医生应提醒患儿父母：①要注意防寒保暖，但勿衣被过暖。②哺乳期间不可过食寒凉辛辣性食物，勿受惊吓。③不要将婴儿抱在怀中睡眠，不通宵开启灯具，养成良好的睡眠习惯。④注意保持周围环境安静祥和，检查衣服被褥有无异物以免刺伤皮肤。⑤婴儿啼哭不止，要注意寻找原因，若能除外过饱、饥饿、寒冷、闷热、虫咬、尿布浸湿、衣被刺激等，则要进一步做系统检查，以尽早明确诊断。

## （二）小儿惊风（急慢惊风、慢脾风）

小儿惊风是小儿常见的急重病证，临床以抽搐、昏迷为主要症状，发作时的典型症状是患儿意识突然丧失，两眼上翻、斜视或凝视，面部与四肢肌肉强直、痉挛或不停地抽动。发作时间可持续几秒钟或几分钟，有时反复发作，甚至呈持续状态。

临床分为急惊风和慢惊风。凡起病急暴、属阳属实者，称为急惊风；凡病久中虚、属阴属虚者，称为慢惊风；慢惊风中出现纯阴无阳的危重症候，称为慢脾风。

急惊风是以四肢抽搐，口噤不开，角弓反张和意识不清为特征的一种急症。多见于 5 岁以下的婴幼儿，年龄越小发病率越高，7 岁以后逐渐减少。本病类似现代医学的惊厥，在很多疾病中均可引起。小儿体质柔弱，外感时邪，循经入里，阳气不得宣泄，实热内郁，引动肝风；或因饮食不节，脾胃受损，致水精布散失常，水液停滞，凝聚成痰，痰浊内蕴，化热生风而成；亦有因暴受惊恐，发生惊厥、抽风者，多与心、肝有关。其主症是痰、热、惊、风，临床常以清热、豁痰、镇惊、息风为治法。

慢惊风由于禀赋不足，久病正虚所致。病程较长，可伴有呕吐、腹泻、解颅、佝偻等病史，来势缓慢，抽搐无力，时作时止，反复难愈，多不伴发热症状，神昏、抽搐相对较轻，有时仅见手指蠕动。多见于大病、久病后，气血、阴阳俱伤；或因急惊未愈，正虚邪恋，虚风内动；或先天不足，后天失调，精气俱虚，以致筋脉失养，风邪入络。慢惊风一般属虚证，病在肝、脾、肾三脏。治疗以补虚治本为主，常用温中健脾、温阳逐寒、育阴潜阳、柔肝息风诸法。

急惊风须与癫痫区别。癫痫发作时抽搐反复发作，抽搐时口吐白沫或作畜鸣声，抽搐停止后神情如常。一般不发热，年长儿常见，有家族史，脑电图波可见癫痫波。

**【讨论证型 1】**小儿惊风·惊风内动型（急惊风）

**【临床表现】**惊风发病急，暴受惊恐后面色时青时赤，频作惊惕，甚则四肢抽搐，但时间较短，兼有发热，睡眠不稳，喜欢啼哭，情绪紧张，不思饮食，大便色青。舌质红，苔白，脉数，指纹青紫。

**【辨证】**心肝蕴热，惊风内动。

**【治则】**清心镇惊安神，平肝息风止痉。

**【主穴】**印堂、合谷、太冲、神门。

**【辅穴】**适当选择：①高热神昏：加百会、大椎、手十二井放血。②牙关紧闭：加地仓、颊车、人中。③角弓反张：加风门、身柱、阳陵泉。④痰涎壅盛：加丰隆。

【刺法】先以毫针刺印堂，由下向上沿皮刺，不做手法。再刺合谷、神门、太冲以强刺激手法为泻，双侧皆刺。4岁以下不留针，4岁以上留针30分钟，隔日治疗1次。病情急重者，应每日治疗1次。

【配伍机制】印堂虽为经外奇穴，但其在督脉循行中，所以具有通督脉、和阴阳之能，并善于清热平肝、有镇静安神之效；合谷为手阳明大肠经原穴，而手阳明大肠经与足阳明胃经同属阳明，同为多气多血之经，故泻此穴能达到泄阳明，进而泄全身偏盛之气的目的；太冲为足厥阴肝经原穴，泻此穴能直泄亢盛的肝阳而清头目。二穴配伍，一气一血，一阴一阳，开通气血，上疏下导，阴平阳秘，气血调和，此乃著名的“开四关”之妙穴；神门为心经输穴、原穴，乃手少阴经之脉气所注，为输土穴，具有安神定志、清营凉血之用。诸穴相配，共济清心镇惊安神、平肝息风止痉。再适当选择辅穴，共同组成治疗小儿急惊风的针刺方案。

【讨论证型2】小儿惊风·脾肾阳虚型（慢惊风、慢脾风）

【临床表现】手足蠕动震颤，精神萎顿，昏睡露睛，面白无华或灰滞，口鼻气冷，额汗不温，四肢厥冷，溲清便溏，舌淡苔白，脉沉微，指纹淡黯。

【辨证】阳气衰微，阴寒内盛，亡阳欲脱，阳虚生风。

【治则】温补脾肾，回阳救逆。

【主穴】百会、膻中、气海、隐白。

【辅穴】适当选择：①脾胃虚弱：加脾俞、胃俞。②阴虚血亏：加肝俞、血海。③阳虚气弱：加关元、灸命门。④夜寐不宁：加神门、三阴交。⑤大便稀溏：加灸神阙。

【刺法】以毫针刺百会穴，由后向前顺经刺，轻度捻针为补法。再刺膻中穴，由下向上沿皮平刺，顺经捻针为补法。气海直刺取补法。隐白浅刺、轻刺不做手法，双侧皆刺。留针30分钟，隔日治疗1次。4岁以下患儿不留针。

**【配伍机制】**百会穴有清热开窍，平肝息风，健脑宁神，升阳举陷之功；膻中穴善通调任脉之经气运行，“气会膻中”，具有宽胸理气、宣肺化痰之效。两穴一阴一阳，一气一血，可以调气血、和阴阳；气海有益气补肾、调理冲任之效。膻中、气海同属任脉，同气相投，两者合用益肺补肾兼备，可谓妙用；隐白为脾经井穴，乃足太阴经之脉气所出，为井木穴，具有扶脾益胃、调和气血、启闭开窍、急救苏厥、收敛止血之能。诸穴相配，共济温补脾肾、回阳救逆之效。再适当选择辅穴，共同组成治疗虚性惊风的针灸方案。

**【备注】**

（1）急惊风病在心、肝，病因为痰、热、惊、风，多突然起病而伴高热、昏迷，见有搐、搦、掣、颤、反、引、窜、视八候。在临床上，需辨别轻重顺逆。一般说来，抽风发作次数较少(仅1次)，持续时间较短(5分钟以内)，发作后无精神、感觉、运动障碍者为轻证；若发作次数较多(2次以上)，或抽搐时间较长，或反复发作，伴有高热，发作后见感觉、运动障碍，甚至偏瘫者为重证。尤其是高热持续不退，并有抽风反复发作时，应积极寻找原发病，尽快早期治疗，控制发作，否则可危及生命。

（2）小儿惊风的急救：①无论什么原因引起，在未到医院前，都应尽快地控制惊厥，因为惊厥会引起脑组织损伤。②使病儿在平板床上侧卧，解开纽扣、衣领、裤带，以免气道阻塞，防止任何刺激，如有窒息，立即口对口鼻呼吸。③可用手巾包住筷子或勺柄垫在上下牙齿间以防咬伤舌，若患儿牙关紧闭，也不要强行撬开，以免损伤牙齿。抽搐时，切忌强行牵拉，以免拉伤筋骨。④发热时，用冰块或冷水毛巾敷头和前额。⑤发作时切忌喂食物，以免呛入呼吸道。昏迷、抽搐、痰多的患儿应注意保持呼吸道通畅，防止窒息。

### （三）多动（儿童多动症）

多动症是一种较常见的儿童时期行为障碍性疾病，以多动、注意力难以集中和情绪不稳、易于冲动为特征，智力正常或接近正常，伴有不同程度的学习困难。

《素问·宣明五气篇》说："五脏所藏：心藏神，肺藏魄，肝藏魂，脾藏意，肾藏志。"《素问·生气通天论篇》说："阴平阳秘，精神乃治。"

多动症多因先天禀赋不足或后天护养不当等因素引起五脏功能失调所致。阳动有余，阴静不足是其主要病机特点。阴主静，阳主动，人体阴阳平衡，才能动静协调，若脏腑阴阳失调，则产生阴失内守，阳躁于外的种种情志、动作失常的病变。临床以调整五脏阴阳为治疗原则。针灸能明显减轻临床症状，具有较好的临床效果。

一般认为，本病的预后受患儿家庭环境、遗传、父母文化素质等因素影响。但总的来看，症状较轻的患儿如能及早发现，加强教育，改善环境，适当治疗，则随年龄增长到青春期时，症状会逐渐减轻。轻微的注意力涣散与情绪不稳，不会影响到生活与学习，而症状较重的患儿需综合治疗才能取得良好效果。有些患儿治疗后，活动过多虽可减轻，但注意力涣散和冲动行为可持续至成年。

**【讨论证型】**多动·肝肾阴虚型（儿童多动症）

**【临床表现】**多动难静，急躁易怒，冲动任性，难以自控，神思涣散，注意力不集中，难以静坐，或记忆力欠佳、学习效率低下，或有遗尿、腰酸乏力，或有五心烦热、盗汗、大便秘结。舌质红，舌苔薄，脉细弦。

**【辨证】**肝肾阴虚，阴不潜阳，肝阳上亢。

【治则】育阴潜阳，宁神镇定。

【主穴】膏肓俞。

【辅穴】适当选择：①思维活跃：加魂门、魄户。②动作粗暴：加曲池、阳陵泉。③肝胆火旺：加合谷、太冲。④夜寐易惊：加神门、三阴交。⑤学习困难：加身柱、神道。

【刺法】以毫针刺膏肓俞，浅刺捻针，应用平补平泻法，双侧皆刺。留针 30 分钟，隔日治疗 1 次。

【配伍机制】膏肓俞为膀胱经腧穴，有养阴清肺、补肾纳气之效，更有养心阴、滋肝阴、育阴潜阳、平肝息风之功。多动症属于阴失内守，阳躁于外的情志偏激而动作失常的疾患。选用膏肓俞是取其善于育阴潜阳、宁神定志之功效。再适当选择辅穴，可组成治疗小儿多动症的针刺方案。

【备注】

（1）儿童多动症，不论何种类型，其共同的表现均为 6 种失调，特别是以心神失调最为多见，即神不守、意不周、志不坚、思不专、虑不远、智不谧。中医强调形体决定精神，又重视神不安则表现形体多动等自我失控。气与血，阴与阳，两者互为根本，相互促进，所以才能维持脏腑生理功能的正常运行，经络之间相互沟通流畅。多动症患者气血逆乱，脏腑失养，经络不畅，故失其平静，出现病态性动乱，故多动症的发生与阴阳失衡、脏腑失调、五志失宁、气血失和都有密切关系。

（2）医生应提醒患儿家长：①关心、体谅患儿，对其行为及学习进行耐心的帮助与训练，要循序渐进，不责骂不体罚，稍有进步则予表扬和鼓励。②训练患儿有规律地生活，起床、吃饭、学习等都要形成规律，不要迁就。加强管理，及时疏导，防止攻击性、破坏性及危险性行为发生。③避免食用有兴奋性和刺激性的饮料和食物。

（3）当今儿童多动症发病率较高，应用针药结合是有效的治疗方案。选用“羚角钩藤汤”与“白头翁汤”合方加生石决明、珍珠母、丹皮等可有良效。

### （四）抽动（抽动秽语综合征）

抽动的临床特征为慢性、被动性、多发性运动肌快速抽搐，并伴有不自主的发声性及猥秽语言、模仿言语，呈复杂的慢性神经精神疾病的表现。起病年龄在 2 ~ 12 岁之间，病程持续时间长。

抽动 - 秽语综合征是一种常染色体显性遗传伴外显率表现度变异的疾病。须与风湿性舞蹈症相鉴别。风湿性舞蹈症肢体大关节呈舞蹈样运动，不能随意克制，但非重复刻板的不自主运动，一般可自行缓解，或进行抗风湿治疗有效。舞蹈症很少有发声抽动或秽语、强迫障碍，相应的阳性体征及阳性化验结果可资鉴别。

《小儿药证直诀 · 肝有风甚》说：“凡病或新或久，皆引肝风，风动而止于头目，目属肝，风入于目，上下左右如风吹，不轻不重，儿不能任，故目连劄也。”《证治准绳 · 幼科》说：“水生肝木，木为风化，木克脾土，胃为脾之腑，故胃中有风，瘈疭渐生。其瘈疭症状，两肩微耸，两手下垂，时复动摇不已……”

抽动病因有多方面，与先天禀赋不足、产伤、感受外邪、情志失调等有关，但多由五志过急，风痰内蕴而引发，往往肝脾肾三脏合病，虚实并见，风火痰湿并存，变异多端。临床以平肝息风为法则，兼以清肝泻火、健脾化痰、滋阴潜阳。

**【讨论证型】**抽动 · 脾虚痰聚型（抽动 - 秽语综合征）

**【临床表现】**面黄体瘦，脾气乖戾，夜睡不安，精神不振，胸闷作咳，喉中声响，皱眉眨眼，嘴角抽动，肢体动摇，发作无常，纳少厌食。舌淡苔白，脉沉滑或沉缓。

**【辨证】**脾虚肝旺，水湿潴留，聚液成痰，肝风内动。

**【治则】**健脾化痰，平肝息风。

**【主穴】**阳陵泉透足三里。

【辅穴】适当选择：①皱眉眨眼：加印堂、攒竹。②嘴角抽动：加风池、翳风。③肢体动摇：加大椎、腰俞。④痰涎壅盛：加内关、丰隆。⑤内热较甚：加合谷、太冲。

【刺法】以毫针刺入阳陵泉，针尖向足三里透刺，应用捻针泻法，双侧皆刺。留针30分钟，隔日治疗1次。

【配伍机制】阳陵泉有疏泄肝胆、清热除湿、疏经活络、缓筋息风之功，为“筋之会”，统治一切筋病；足三里善调脾胃功能，能化湿清热，祛痰通腑。两穴相透，同属合土，二阳相济，共奏健脾化痰、平肝息风之效。再适当选择辅穴，组成治疗抽动－秽语综合征的针刺方案。

【备注】

（1）抽动症临床症状：①运动抽动：眨眼、眼球转动、挤眉、皱额、缩鼻、努嘴、伸舌、张口、摇头、点头、仰头、伸脖、耸肩、挺腹、扭腰、甩手等，重者呈奇特的多样姿态或怪样丑态，如冲动性触摸人或物、刺激动作、跺脚、似触电样全身耸动、走路回旋、转动腰臀、蹲下跪地或反复出现一系列连续无意义的动作。②声音抽动：清嗓、干咳、哼声、吠叫声、啊叫声、吸鼻、喷鼻声、咂舌声、深吸气等，也可表现复杂性发声，如重复言语或无意义的语音、无聊的语调，极少数儿童出现秽语症，如重复刻板同一秽语。③其他行为障碍：注意力缺陷、情绪不稳、学习困难、攻击行为，较晚出现强迫行为和强迫观念，表现为强迫计数、强迫检查、强迫清洗等。

（2）医生应提醒患儿家长：①注意儿童合理的教养，重视心理状态，生活规律，培养良好生活习惯。②关怀和爱护患儿，耐心讲清病情，给予安慰和鼓励，不给患儿精神上施压力，不责骂、不体罚。③饮食宜清淡，不食辛辣炙煿的食物或兴奋性、刺激性的饮料。④妥善安排患儿日常作息时间，不看紧张、惊险、刺激的影视节目，不宜长时间看电视，玩电脑和游戏机。

（3）治疗抽动症，应用针药结合的方法还是有相当的疗效。当前儿科临床应用宣肺通窍，化痰息风的方剂，其疗效较好。①组成：蝉衣、僵蚕、全蝎、白芍、木瓜、半夏、川连、钩藤、板蓝根、北豆根、伸筋草、辛夷、苍耳子、羚羊角粉。②服法：水煎服，日服2次。

### （五）滞颐（口流涎）

滞颐又名流涎不收，指小儿唾液经常从口腔流出，甚则浸渍于两颐及胸前，口腔周围发生粟样红疹及糜烂的症状，多见于3岁以内的小儿。西医认为该病多由于小儿口、咽黏膜炎症引起。

本病在《内经》中称“涎下”。《诸病源候论·小儿杂病诸候·滞颐候》有“滞颐”之名，并指出：“滞颐之病，是小儿多涎唾流出，渍于颐下，此由脾冷液多故也。”

滞颐当与口疮相鉴别：两者都可见口角流涎，但口疮以口颊、舌边、上腭、齿龈等处或口角发生溃疡、糜烂为特征，非流涎浸渍，可伴有发热等症。

滞颐主因是脾胃积热或脾胃虚寒。小儿脾胃积热，廉泉不能制约，故涎液自流而黏稠，甚则口角赤烂；脾胃虚寒，津液不能收摄，涎液清稀，大便溏薄，面白唇淡。

**【讨论证型】**滞颐·脾胃积热型（口流涎）

**【临床表现】**流涎稠黏，颐肤红赤、痛痒，口角赤烂，面赤唇红，啼声响亮，口渴引饮，大便秽臭或燥结，小便短黄。舌质红，苔厚腻，脉滑数，指纹色紫。

**【辨证】**脾胃积热，熏蒸于口，涎唾自流。

**【治则】**清脾泄热，化浊控涎。

**【主穴】**地仓、承浆。

**【辅穴】**适当选择：①脾胃热甚：加合谷。②流涎日久：加颊车。③消化积滞：加内庭。④烦热急躁：加太冲。

**【刺法】**以毫针刺地仓、承浆穴，取小针直刺、浅刺，不留针。若局部皮肤比较干净且能合作者，可留针 15 ~ 30 分钟，隔日治疗 1 次。

**【配伍机制】**承浆穴为任脉腧穴，有化湿消肿、清热消炎之功；地仓善疏通足阳明经之脉气，有调理脾胃、化湿通腑之效。两穴一阴一阳，同为近邻，相互支持，共济清脾泄热、化湿控涎之功。再适当选择辅穴，共同组成治疗口流涎的针刺方案。

**【备注】**

（1）在临床上，其疗效往往差别很大。据多方资料介绍，滞颐病机不仅与湿热和脾胃有关，而且与肾阴不足也有密切的关系。这是因为唾液之中有涎、唾之分，涎为脾津，唾为肾液，涎唾自流，病在脾肾。脾失健运，固摄无权，则脾涎外走；肾气不足，镇纳失权，唾液上泛，故而外溢、唾液自流，日久必伤肾阴。故多用健脾益气，养肾阴，清胃热，固涎液之法治疗。

（2）由于婴儿的口腔浅，不会节制口腔的唾液，在新生儿期，唾液腺不发达，到第 5 个月后，唾液分泌量会增加；6 个月时，牙齿萌出并对牙龈三叉神经的机械性刺激使唾液分泌增多，以致流涎稍多，均属生理现象。随着年龄增长，口腔深度增加，婴儿能吞咽过多的唾液，流涎自然消失。当患口腔黏膜炎症及神经麻痹、延髓麻痹、脑炎后遗症等神经系统疾病时，因唾液分泌过多，或吞咽障碍所致者，则为病理现象。

（3）医生应提醒患儿父母：①不宜用手捏患儿腮部。②患儿下颌部及前颈、胸前部宜保持干燥。

## （六）痄腮（腮腺炎）

痄腮是因感受痄腮时邪，壅阻少阳经脉引起的时行疾病，临床以发热、耳下腮部漫肿疼痛为主要特征。本病一年四季均可发生，冬春两季较易流行。任何年龄均可发病，但以 5 ~ 9 岁最多，能在儿童集体中流行，患病后可获终身免疫。

现代医学称本病为“流行性腮腺炎”，是由流行性腮腺炎病毒所致的急性呼吸道传染病，以腮腺的非化脓性肿胀及疼痛为特征，并有延及全身各种腺组织的倾向，大多有发热和轻度全身不适。腮腺病毒存在于患者唾液、血液、尿液、脑脊液中，早期患者和隐性感染者是重要传染源，主要通过飞沫传播。

《外科正宗·痄腮》说：“痄腮乃风热、湿痰所生，有冬温后天时不正，感发传染者多，两腮肿痛，初发寒热。”《疡科心得集》说：“此因一时风温偶袭少阳，络脉失和所致。”《温疫论》说：“温热毒邪，协少阳相火上攻耳下，硬结作痛。”

痄腮应与发颐相鉴别。发颐是以面颊肿胀，边缘清楚，表皮泛红，疼痛明显，腮腺化脓为主症。多见于成人，常继发于伤寒、温病之后，多为单侧发病，无传染性。

本病预后大多良好，但病情严重者可见昏迷、痉厥变证。年长儿可合并毒窜少腹，出现少腹疼痛、睾丸肿痛等。亦有少数痄腮重症患儿在腮肿高峰时出现高热、嗜睡、抽搐等变证。

**【讨论证型】**痄腮·热毒壅盛型（腮腺炎）

**【临床表现】**高热，一侧或两侧耳下腮部肿胀疼痛，坚硬拒按，张口咀嚼困难；或有烦躁不安，口渴欲饮，头痛，咽红肿痛，颌下肿块胀痛，纳少，大便秘结，尿少而黄。舌红苔黄，脉象滑数。

**【辨证】**风瘟热毒，壅阻经脉。

**【治则】**清热解毒，消肿散结。

**【主穴】**翳风、颊车、外关。

**【辅穴】**适当选择：①发热恶寒：加大椎、合谷。②肿痛甚重：加少商（刺络放血）。③睾丸发炎：加曲泉、交信。④烦躁不安：加合谷、太冲。

**【刺法】**以毫针刺翳风、颊车，应用捻针平补平泻法，只刺患侧；外关用捻转提插强刺激泻法，双侧皆刺。留针30分钟，隔日治疗1次。患儿小于4岁时，点刺不留针。

**【配伍机制】**翳风穴为三焦经腧穴，善疏通手少阳经之脉气，又是手足少阳交会穴，属于局部取穴法；外关为三焦经络穴，两穴同经同气，相互接力，共具散风清热、通络消炎之功；颊车为胃经腧穴，能通足阳明经之脉气郁结，具有消肿散结、通腑清热之效。以上诸穴，三阳协作，远近相济，共奏清热解毒、消肿散结之效。再适当选择辅穴，组成治疗腮腺炎的针刺方案。

**【备注】**

（1）本证由风瘟病毒所引起。病邪以口鼻而入，壅阻少阳经脉，郁而不散，结于腮部。足少阳之脉起于目锐眦，上抵头角下耳后，绕耳而行，邪入少阳，经脉壅滞，气血流行受阻，故耳下腮颊漫肿、坚硬作痛；若瘟毒炽盛，窜入血分，陷入心包，则可发生痉厥昏迷。少阳与厥阴相表里，足厥阴肝经之脉绕阴器，若邪毒传至足厥阴肝经，则可并发睾丸肿痛。

（2）预防调护：①流行性腮腺炎流行期间，易感儿应少去公共场所。有接触史的患儿应隔离观察。②未曾患过本病的儿童可给予免疫球蛋白注射。③发病期间隔离治疗，应至腮部肿胀完全消退后3天为止。患儿的衣被、用具等物品均应煮沸消毒。④患儿应卧床休息至热退，并发睾丸炎者，应适当延长卧床休息时间。⑤患儿易食用消化、清淡流质饮食，忌酸、辣、硬等刺激性食物。每餐后用生理盐水清洗口腔，以保持口腔清洁。⑥高热、头痛、嗜睡、呕吐者应密切观察病情，及时给予必要的处理。睾丸肿大痛甚者，可予局部冷湿敷，并用纱布做成吊带，将肿胀的阴囊托起。

### （七）疳积（严重消化不良）

疳积即积滞和疳证的总称。积滞也叫“食滞”或“食积”、

“停食”；疳证是积滞日久，以脾脏虚损，津液干涸为特征，故名疳证。

疳证是指以形体消瘦、面黄发枯、精神萎靡或烦躁、饮食异常为特征的病证。发病无明显季节性，5岁以下小儿多见。“疳”的含义有两种。“疳者甘也”，言其病因，是指小儿恣食肥甘厚腻，损伤脾胃，日久形成疳积；“疳者干也”，言其病机和症状，是指小儿气液干涸，形体羸瘦。

《诸病源候论·虚劳骨蒸候》说：“蒸盛过伤，内则变为疳，食人五脏……久蒸不除，多变成疳。”《小儿药证直诀·脉证治法》说：“疳皆脾胃病，亡津液之所作也。”

疳证的病变程度有轻有重，性质虚实悬殊。初期仅有喂养不当而引起脾胃运化不健，称为疳气；继而脾胃虚弱，兼有虫积食滞，元气受伤，虚中夹实，称为疳积；若脾胃气阴俱伤，气血双亏，出现干枯羸瘦的证候，称为干疳。

疳证病久则易合并其他疾病而危及生命。古人列之为恶候，是儿科四大要证之一。疳证重者，可涉及五脏。肝阴不足，肝火上炎可兼见眼疳；脾病及心，心火循经上炎，出现口疳；脾气虚进一步发展转成脾阳虚，阳虚不能制水，水湿泛滥肌肤，引起疳肿胀；脾虚气不摄血，皮肤可见瘀斑瘀点；甚则脾虚及肾，元气大伤，可致阴阳离绝之危候。疳证后期干疳阶段，若出现神志恍惚，杳不思食，是胃气全无，脾气将竭的危候，须格外重视。

**【讨论证型】**疳积·脾虚积滞型（严重消化不良）

**【临床表现】**小儿胃纳减退，厌食，恶心呕吐，吐出物为不消化的奶块或食物，腹胀而硬，大便不调，烦躁哭闹。日久形体消瘦，腹大青筋暴露，面色萎黄无华，毛发稀疏如穗，精神不振，睡眠不宁。舌淡，苔薄腻，脉细数。

**【辨证】**脾胃虚弱，积滞内停。

**【治则】**消积理脾。

【主穴】四缝。

【辅穴】适当选择：①烦躁啼哭：加行间、合谷。②肚腹胀满：加天枢、建里。③胃滞呕吐：加内关、足三里。④阴虚发热：加鱼际、血海。⑤大便秘结：加脾俞、支沟。

【刺法】四缝穴在手指掌面，食、中、环、小四指中节横纹中点。用小三棱针点刺，挤出无色透明的黏液或少许血液即可。隔日治疗1次，要严格消毒，以防感染。

【配伍机制】四缝穴位置与心经、心包经相连相通，故可通达手少阴、手厥阴经之脉气；又与手三阳经为近邻，能借助手太阳小肠经、手阳明大肠经、手少阳三焦经这三股阳脉的力量。有此三阳二阴之作用，能调理阴阳、疏导积滞之胃肠，焉有攻而不克之由。以四缝为主穴，再配合适当辅穴，共济消积理脾，组成治疗严重消化不良的针刺方案。

【备注】

（1）积滞、疳证均属于小儿常见病证，伤乳伤食是其轻、浅阶段，失于调治，则成积滞。积久不消，郁而化热，耗损阴液，中焦化源不足，饮食不为肌肤，无以灌溉、营养五脏六腑及四肢百骸而转化为疳。三者名虽异而源则一，唯病情轻重深浅有所不同。积滞与疳证相比：积滞病情轻浅，以实证为主，临床以不思饮食，食而不化，呕吐酸腐乳食，大便不调，腹部胀满为特征；疳证以虚证为主，以形体消瘦为特征这是有明显区别的。积滞日久可成疳，但临床所见之疳证，并非皆由积滞转化而成。

（2）预防调护：①提倡母乳喂养，宣传合理喂养方法及添加辅食的知识。②如发现小儿体重不增或减轻，皮下脂肪减少，肌肉松弛，面色无华，应引起注意，分析原因，及时治疗。③经常带小儿到室外活动，接触自然，多晒太阳，呼吸新鲜空气，增强体质。④定期测量并记录小儿身高和体重。⑤对重症疳证患儿要注意观察饮食、精神、面色等的变化。

（3）冯氏捏积疗法简介：医生站立患儿左侧背后，两手半握拳，两手食指抵于脊背上，用食指第2节与拇指夹起皮肉，自下向上两手交替，不间断地边推、边捏、边卷，自骶尾结合部开始，沿着督脉向上至大椎穴为止，为1遍，每次治疗做4遍。为了加强刺激，可以从第2遍起的任何一遍中，采用“提”的手法。即在捏拿的同时，间断地稍用力向后牵拉，可听到肌肉发出“刮、刮”的声音。最后，用两拇指在肾俞穴处点按、揉压数下即可。注意：①在治疗过程中，忌食芸豆、醋、螃蟹及难消化的食物。②连续治疗6次为1疗程（每日捏1次，6天不间断最宜）。③捏积第4天吃药面“消积散”。④捏积第6天贴膏药“化痞膏”。

### （八）小儿泄泻（慢性肠炎）

泄泻是以大便次数增多，粪质稀薄或如水样为特征的一种小儿常见病。一年四季均可发生，以夏秋季节发病率为高。

《幼幼集成·泄泻证治》说：“夫泄泻之本，无不由脾胃。盖胃为水谷之海，而脾主运化，使脾健胃和，则水谷腐化而为气血以行荣卫。若饮食失节，寒温不调，以致脾胃受伤，则水反为湿，谷反为滞，精华之气不能输化，乃致合污下降，而泄泻作矣。”

本病应与痢疾相鉴别。痢疾急性起病，便次频多，大便稀，有黏冻脓血，腹痛明显，里急后重。大便常规检查，见脓细胞、红细胞多，可找到吞噬细胞；大便培养有痢疾杆菌生长。

病变轻者，若治疗得当，则预后良好；重者下泄过度，易见气阴两伤，甚至阴竭阳脱；久泄迁延不愈者，则易转为疳证。若久泄不止，脾气虚弱，肝旺而生内风，可成慢惊风。脾虚失运，生化乏源，气血不足以濡养脏腑肌肤，久则成疳证。

**【讨论证型】**小儿泄泻·脾胃虚弱型（慢性肠炎）

【临床表现】大便稀薄，色淡不臭，多于食后作泻，时轻时重，面色萎黄，形体消瘦，神疲倦怠。舌淡苔白，脉缓弱，指纹淡。

【辨证】脾虚胃弱，水谷失运。

【治则】健脾益气，化湿分利。

【主穴】水分、阴陵泉。

【辅穴】适当选择：①脾虚胃弱：加脾俞、胃俞。②脾胃虚寒：加灸神阙。③腹胀腹痛：加天枢、足三里。④小便不利：加三阴交。

【刺法】以毫针刺水分，应用捻针平补平泻法，中等量捻转30 ~ 40秒钟；阴陵泉取捻针补法，刺双侧。4岁以下小儿不留针，4岁以上可留针30分钟，隔日治疗1次。

【配伍机制】取水分穴为任脉腧穴，能疏导任脉之脉气，该穴内与小肠相接，有分利清浊、化水湿、消水肿之功；阴陵泉有健脾利湿，通调三焦之效。两穴相配，一上一下，二阴协力，共济健脾益气、化湿分利之效，再适当选择辅穴，组成治疗小儿泄泻的针刺方案。

【备注】

（1）治疗小儿腹泻的两种方法，值得效仿：①变食疗法：幼儿消化不良和腹泻多由喂养不当，饮食伤脾，脾失健运所致。除对症治疗外，应改善喂养方法，即更换部分或全部喂养患儿的乳品（牛奶、奶粉），或暂时适当配合增加辅食，如米汤等。这种改变饮食结构的方法，称为变食疗法。②应用分利法治疗小儿泄泻：泄泻之证，脾胃受伤，水反为湿，谷反为滞，精华之气不能输化，乃致合污下降而泄泻作矣。若在治疗过程中，除健脾和胃外，采用利水化湿的措施，使水谷分利，其泄泻自愈。

（2）提示家长注意：①提倡母乳喂养，不宜在夏季及小儿有病时断奶，遵守添加辅食的原则，注意科学喂养。②适当控制饮食，减轻脾胃负担。对伤食泄泻严重的患儿，应暂时禁食，以后随着病情好转，逐渐增加饮食量。忌油腻、生冷、不易消化食物。

（3）小儿泄泻对患儿损伤较大，医生必须抓住病机，不可延误。应用“五苓散”与“芍药甘草汤”合方，加党参、白术、滑石等效果良好。

## （九）小儿遗尿（功能性遗尿症）

小儿遗尿又称遗溺，为夜晚正常睡眠状态下发生排尿的症状，多发生于3岁以上儿童，男孩多于女孩。遗尿有规律性，多在梦中发生，有一定的时间性，发作次数、轻重不一，可持续发生，也可间断发作。

《灵枢·九针论》说：“膀胱不约为遗溺。”《诸病源候论·小儿杂病诸候·遗尿候》说：“膀胱为津液之府，即冷气衰弱，不能约水，故遗尿也。”

本病与尿失禁的区别，在于清醒状态下能否正常排尿。尿失禁在清醒状态下仍不能控制排尿。充溢性尿失禁可出现于睡眠时，但其残余尿多，膀胱极度充盈，不难与遗尿区别。

小儿遗尿，多自幼得病，也有在学龄儿童时期发生者，可以为一时性，也可以是持续数年到性成熟时才消失。遗尿若长期不愈，可使儿童自尊心受到伤害，从而产生自卑感，严重影响患儿的身心健康与生长发育。

**【讨论证型】**小儿遗尿·肾气不固型（功能性遗尿症）

**【临床表现】**尿频而清，遗尿不止，自幼即有。伴面色白，喜倦卧，腰酸腿软，肢体畏寒，小便清长。舌质淡红，苔薄白，脉细弱或沉细无力。

**【辨证】**禀赋未充，肾阳不足，下元虚冷，膀胱失约。

**【治则】**补肾培元，固摄膀胱。

【主穴】关元、肾俞（点刺）。

【辅穴】适当选择：①睡眠深沉：加心俞（点刺）。②脾虚气弱：加阴陵泉。③白天尿频：加曲骨。④夜遗多次：加三阴交。

【刺法】先以毫针刺肾俞，点刺不留针，取双侧；再刺关元穴，应用捻针补法。4岁以下不留针，4岁以上则留针30分钟，隔日治疗1次。

【配伍机制】关元有培肾固本，回阳固脱，温经散寒，强身防病之功；肾俞为肾的背俞穴，善于疏导足太阳经之脉气，具有滋阴补肾、强壮腰脊之效。两穴一前一后，相互促进，共济补肾培元、固摄膀胱之功效。再适当选择辅穴，组成治疗小儿遗尿症的针刺方案。

【备注】

（1）中医学认为："肾为先天之本，脾胃为后天之本。"遗尿的主因是先天禀赋未充，或后天失调，以致肾阳不足，下元虚冷，因肾主闭藏而开窍于二阴，职司二便，膀胱主贮藏津液，有化气利水的功能，使小便依时排泄。如果肾与膀胱俱虚，不能约制水道，因而遗尿。《内经》上说："膀胱……不约为遗溺"，就是这个意思。

（2）预防调护：①耐心教育，不斥责惩罚，更不能当众羞辱，应鼓励患儿消除怕羞、紧张情绪，建立战胜疾病的信心。②晚饭后注意控制饮水量，睡后按时唤醒排尿1～2次，从而逐渐养成能自行排尿的习惯。

（3）针灸治疗小儿遗尿应有较好疗效。若治疗多次后仍然不能痊愈者，则应考虑加服中药。应用"五子衍宗丸"与"缩泉饮"合方加鹿角霜、桑螵蛸、熟地、党参、补骨脂等疗效较好。

### （十）小儿脱肛（直肠黏膜脱垂）

小儿脱肛是指直肠黏膜或直肠和部分乙状结肠脱出于肛门之

外的病证。多见于 1 ~ 3 岁的小儿。

小儿脱肛初期，排便后肠管从肛门内脱出，随后会自动缩回。反复发作者，便后需用手托回，患儿肛门处有明显的不适感，畏惧解便，常伴有身体乏力、食欲不振、面色萎黄和消瘦。以后每当腹内压增加，如哭闹、咳嗽、用力时就会脱肛。如果脱肛久不能复位，被嵌顿的直肠会充血、肿胀、出血，甚至造成坏死等严重后果。

小儿血气未充，或因久泄久痢等，以致中气下陷，不能摄纳而致脱肛。《诸病源候论 · 小儿杂病诸候 · 脱肛候》说："小儿患肛门脱出，多因利久肠虚冷，兼用躯气，故肛门脱出。"

**【讨论证型】**小儿脱肛 · 中气下陷型（直肠黏膜脱垂）

**【临床表现】**初期肛门坠胀，肠端轻度脱出，能自行回纳。病久，用力即发脱肛，脱垂后须用手帮助回纳，面色萎黄，神疲乏力，头晕心悸。舌淡，苔白，脉细弱。

**【辨证】**中气不足，气虚下陷，固摄失司。

**【治则】**补中益气，升阳固脱。

**【主穴】**长强。

**【辅穴】**适当选择：①中气不足：加中脘、气海。②气虚下陷：加百会或加灸。③下元虚寒：加关元。④大便秘结：加足三里、天枢。⑤黏液血便：加承山。

**【刺法】**以毫针刺长强穴，应用捻针补法。点刺不留针，隔日治疗 1 次。

**【配伍机制】**长强穴为督脉络穴，别走任脉，具有调和任督二脉，调理阴阳之效。任脉主一身之阴，善能养血增液；督脉主一身之阳，有升提作用，并能强壮补阳、益气固脱。取长强为局部取穴法，是唯一的主穴。若再选配辅穴，组成具有补中益气、升阳固脱，治疗小儿脱肛的针灸方案。

【备注】

（1）小儿脱肛常因泄泻日久，中气下陷所致。除用针灸治疗外，还可配合中药“补中益气汤”，加枳壳有良好的疗效。另外还有外治法，供参考：①可取橡皮膏，撕成一定宽度的条状，对肛门周围外固定，称“井”字固定法，这是过去痔瘘科医生最常用的简单方法，是有临床效果的好方法之一。②民间验方：取龟头1个，洗净，放在瓦上，用火焙干，呈黄色，碾为细末，并洒在脱出的肛管上，其脱出之肛肠即能立刻回收，疗效奇佳。

（2）预防：①加强肛门护理和清洁。每次大便后用温水先清洗肛门，并及时将脱出的直肠揉托还纳。②大便时间不能太长，更不要久坐痰盂。③加强营养和饮食卫生，防止腹泻或便秘。④鼓励患儿做提肛锻炼。

## 四、五官科病证

### （一）眩晕（耳源性眩晕）

耳源性眩晕是耳膜迷路积水引起的内耳前庭器官功能发生障碍时出现的一种主观症状。多发生于男女青年，是常见的单发性耳病。本病属中医“眩晕”、“眩冒”、“头眩”、“头风眩”等范畴。其特点为突发性的旋转性眩晕，患者睁眼时周围的物体绕自体转动，闭眼时则感自身在转动，伴有恶心、呕吐、面色苍白、出汗和血压下降等迷走神经刺激症状。

西医学认为耳源性眩晕的原因主要有植物神经功能紊乱、变态反应、代谢紊乱、内分泌功能障碍、膜迷路系统机械性阻塞或内淋巴吸收障碍。

《素问·至真要大论篇》说：“诸风掉眩，皆属于肝。”《素问·六元正纪大论篇》说：“木郁发之……甚则耳鸣眩转。”

中医认为，眩晕的病因主要有情志、饮食、体虚、年高等方面。大体分为虚、实两大类：属虚者，为阴虚而阳亢风动，血虚而脑失所养，精亏则髓海不足。属实者，如痰湿中阻、瘀血痹阻、火热炎上。不少患者属于本虚标实，需认真予以辨析治疗。

**【讨论证型】**眩晕·肝阳上亢型（耳源性眩晕）

**【临床表现】**头晕目眩，耳鸣伴有恶心呕吐，头部胀痛，心烦易怒，失眠多梦。舌红，苔黄，脉弦数。

**【辨证】**肝阳上亢，上冒巅顶。

**【治则】**平肝潜阳，凉血息风。

**【主穴】**肝俞、肾俞、复溜、行间。

**【辅穴】**适当选择：①耳鸣耳聋：加耳门、听宫、听会。②恶心呕吐：加内关、瘈脉。③阴虚阳亢：加太溪、太冲。④痰湿壅盛：加丰隆、足三里。

**【刺法】**以毫针刺肝俞、肾俞、复溜，应用捻针补法；行间使用强刺激泻法。诸穴皆取双侧刺，留针 30 分钟，隔日治疗 1 次。

**【配伍机制】**肝俞为肝的背俞穴，具有疏肝理气、养血明目、息风潜阳、调和气血之功；肾俞为肾的背俞穴，具有滋阴壮阳、补肾益气之效；复溜为肾经经金穴，有滋肾润燥、清利下焦之用；行间为肝经荥火穴，具有清肝泄火、除热凉血、镇惊息风之能。诸穴相配，共济平肝潜阳、凉肝息风之效。再选择适当的辅穴，组成治疗耳源性眩晕的针刺配方。

**【备注】**

（1）耳源性眩晕的病因尚不明确。一般认为，植物神经功能失调可导致内耳毛细血管前动脉痉挛，局部缺氧，血管纹毛细血管血液滞留，血管壁渗透性增加，导致内淋巴过多而致膜迷路积水。情绪紧张、劳累及变态反应等为诱发因素。本病的主要症状是眩晕、耳鸣、恶心呕吐三者兼备，应当是耳科病种，但针灸科经常有求治者。患者往往兼见面色苍白、出虚汗和血压下降等迷走神经刺激症状，眩晕每次持续 30 ~ 45 分钟，持续数天。若眩晕时间数周不见好转时，则要考虑其他原因。

（2）医生应嘱患者：①注意饮食调养。饮食以富有营养和新鲜清淡为原则，多食蛋类、瘦肉、青菜及水果。忌食肥甘辛辣之物，如肥肉、油炸物、酒类、辣椒等。②注重精神调养。忧郁恼怒等精神刺激可导致肝阳上亢或肝风内动，诱发眩晕。因此，患者应胸怀宽广，精神乐观，心情舒畅，情绪稳定，对预防发病和减轻发作十分重要。

（3）该病可选择针药结合治疗，效果相对较好。应用“泽泻散”与“二陈汤”合方加平肝潜阳、化痰息风之品，疗效稳定。

### （二）耳鸣、耳聋（感音神经性耳聋）

耳鸣，自觉耳内鸣响，或若蝉鸣，或若钟声，或若流水。耳聋，是指不同程度的听觉障碍，听力减退或消失。轻者听而不真为重听，重者听力消失为全聋。耳鸣、耳聋两症，临床表现虽有不同，但其证治每多相类。鸣为聋之渐，聋为鸣之甚，故历来合并论述。

病变位于内耳螺旋器的毛细胞、听神经或各级听中枢，由声音的感受与神经冲动的传导障碍而致听力下降。

中医可分为虚、实两大类：实证，耳聋突发，耳鸣声响大而呈低音调，多因风、火、痰、瘀所致。虚证，听觉逐渐下降，耳鸣声响小而呈高音调，可由五脏虚损、气血不足引起，而以中气下陷和肾精亏损为多。但亦有本虚标实，相互转化者，需予注意。

**【讨论证型】**耳鸣、耳聋·肾精亏虚型（感音神经性耳聋）

**【临床表现】**耳鸣如闻蝉噪，耳聋逐渐加重，夜卧尤甚，甚而不能入睡。腰膝酸软，神疲乏力，脉沉弱无力。

**【辨证】**肝肾阴虚，精不达耳，耳鸣重听。

**【治则】**滋肾益精，通窍息风。

**【主穴】**听会、翳风、大杼、复溜。

**【辅穴】**适当选择：①肾精不足：加肾俞、太溪。②肝火上扰：加行间、足临泣。③睡眠不宁：加神门、三阴交。④痰火郁结：加丰隆、内庭。⑤头晕头痛：加百会、四神聪。

**【刺法】**先以毫针刺背部大杼穴，浅刺 4 ～ 6mm，用捻针泻法，对双侧穴位分别捻转 30 ～ 40 秒，然后退针。改用仰卧位，再以毫针刺听会、翳风穴，皆用捻针泻法，只刺患侧；复溜穴用捻针补法取双侧。留针 30 分钟，隔日治疗 1 次。

**【配伍机制】**听会为胆经腧穴，可疏调肝胆气机，滋阴补肾，促精气上达，肾开窍于耳，故有祛风通窍益聪之功；翳风为三焦经腧穴，具有调节三焦气机、疏风通络、开窍聪耳之效。两穴组合，同气相求，窍开闭启，宣通经络。《百症赋》指出：“耳聋气闭，全凭听会、翳风。”大杼为膀胱经腧穴，善能舒筋通络，疏风解表，是治疗虚性耳鸣耳聋的经验穴；复溜为肾经经金穴，具有滋肾润燥、养阴潜阳之用。诸穴相配，共济滋肾益精、通窍息风之功效。再根据证候，适当选择辅穴，组成治疗感音神经性耳聋的针刺方案。

**【备注】**

（1）临床可将本病分为 6 个证型：①风热犯肺：猝然发生，兼有风热感冒，脉浮数。②肝火上扰：突然耳鸣、耳聋，声大如钟、如风，发展很快，多为发怒之后，口苦咽干，面红目赤，心烦易怒，胸胁胀满，脉弦数。③痰火郁结：两耳蝉鸣，有时闭塞如聋，头身困重，眩晕烦怒，喉中痰鸣，咯吐不利，脉滑数。④瘀血阻滞：郁怒或外伤之后，头晕，头痛，心烦急躁，舌质紫暗有瘀点，脉弦涩。⑤中气下陷：耳鸣如蝉，过劳加剧，日久则聋，面色无华，倦怠乏力，气短懒言，纳少便溏，舌淡苔薄，脉沉细。⑥肾经亏虚：耳鸣如蚊蝉，耳聋日益加重。夜卧则甚，影响睡眠，腰膝酸软，神疲乏力，脉沉弱无力。以上六证型，唯肾经亏虚型患者比例较多，而且疗效不稳定，疗程较长。

（2）听觉障碍分为传导性和感音性两大类。传导性者，可由外耳道、鼓膜、中耳病变引起；感音者，可因急性传染、药物中毒、内耳眩晕及某些职业噪音刺激引起，亦有前庭功能紊乱和小脑运动共济失调所致。

（3）医生应嘱患者：①过度疲劳及睡眠不足者应注意休息、保证足够睡眠；情绪紧张焦虑者应放松思想，对预防耳鸣也有一定的作用。②耳部疾病引起的耳鸣要积极治疗耳部原发疾病。③有全身病者要同时进行治疗，如高血压患者要降低血压，糖尿病患者要控制血糖，贫血患者要纠正贫血，营养不良或偏食者要注意补充营养成分。④如果是因为用了耳毒性药物，如庆大霉素、链霉素或卡那霉素等而出现的耳鸣，则应及时停药和采取有力的医疗措施，以期消除耳鸣，恢复听力。

（4）肾经亏虚型耳鸣、耳聋，疗效不稳定，而且疗程较长。若选择针药结合，则效果相对较好。应用“麦味地黄汤”加磁石、川芎、远志、石菖蒲，疗效较好。

## （三）近视（能近怯远症）

近视是指以视近物清楚，视远物模糊为主要表现的眼病，古籍称之为“能近怯远症”。

近视是因在屈光静止的前提下，远处的物体不能在视网膜汇聚，而在视网膜之前形成焦点，因而造成视觉变形，导致远方的物体模糊不清。近视分屈光和轴性两类，其中屈光近视最为严重，屈光近视可达到600度以上，即高度近视。

《证治准绳·杂病·七窍门》：“东垣云，能近视不能远视者，阳气不足，阴气有余，乃气虚而血盛也。血盛者，阴火有余也；

气虚者，元气虚弱也……秘要云，此证非谓禀受生成近觑之病，乃平昔无病，素能远视，而忽然不能者也。盖阳不足，阴有余，病于火者，故光华不能发越于外而偎敛近视耳。”

本病多因先天禀赋不足、劳伤心神等，使心肝肾气血阴阳受损，睛珠形态异常；不良用眼习惯，如看书、写字目标太近，坐位姿势不正，以及光线强烈或不足等，使目络瘀阻，目失所养而致。

**【讨论证型】**近视·目失所养型（能近怯远症）

**【临床表现】**视近物正常，视远物模糊不清，神疲乏力，纳可便调；或兼头晕，头痛，睡眠较差。舌质淡红，苔薄白，脉弦。

**【辨证】**脉络瘀阻，目失所养。

**【治则】**益精明目，通络养神。

**【主穴】**风池、攒竹、承泣、合谷、光明。

**【辅穴】**适当选择：①心脾两虚：加心俞、脾俞。②肝肾两虚：加肝俞、肾俞。③肝胆蕴热：加侠溪、行间。④血虚津少：加血海、曲泽。

**【刺法】**以毫针、轻手法刺入风池、攒竹、承泣，不做捻转；合谷用捻针泻法，光明用捻针补法。皆取双侧，留针30分钟，隔日治疗1次。

**【配伍机制】**风池清肝利胆，明目益聪；攒竹乃膀胱经腧穴，为足太阳经之脉气暂居之所，具有宣调太阳经气、祛风散邪、清热明目之功，《百症赋》说“攒竹治目中漠漠”；承泣为胃经腧穴，具有散风热、明眼目之效，《针灸甲乙经》指出“目不明，泪出，目眩瞀，瞳子痒……刺承泣”；合谷是大肠经原穴，具有清泄肺气、通降胃肠之用；光明为胆经络穴，别走足厥阴肝经，具有疏泄肝胆两经之能。《席弘赋》讲“睛明治眼未效时，合谷、光明安可缺”。诸穴相配，共济明目益精、通络养神之效。再根据体质情况，适当选择辅穴，组成治疗近视的针刺方案。

【备注】

（1）近视眼的分类：①按照近视的程度分：3.00D（300度）以内者，称为轻度近视眼；3.00D ~ 6.00D（300~600度）者为中度近视眼；6.00D（600度）以上者为高度近视眼，又称病理性近视。②按照屈光成分：轴性近视眼，是由于眼球前后轴过度发展所致；弯曲度性近视眼，是由于角膜或晶体表面弯曲度过强所致；屈光率性近视眼，是由屈光间质屈光率过高引起。

（2）预防调摄：①学习和工作环境照明要适度，光线不可太暗。②阅读和书写时保持端正的姿势，眼与书本应保持30cm左右的距离。切勿在卧床、走路或乘车时看书。③加强身体锻炼，坚持做眼保健操。④对青少年定期检查视力，发现视力下降者，及早查明原因，及时治疗。

## （四）暴发火眼（急性结膜炎）

暴发火眼，亦称天行赤眼，是一种发病突然、传播速度快的眼部疾患。多由风热毒邪、时行疠气所致，相当于今之急性结膜炎，也叫“红眼病”。

暴发火眼发病急，潜伏期一般为1 ~ 2天，可短至数小时，也可长至4 ~ 5天，多数为双眼发病。患病早期，双眼发烫、烧灼、畏光、眼红，自觉眼睛磨痛，像进入沙子般地滚痛难忍；紧接着眼皮红肿、眼屎多、怕光、流泪，早晨起床时眼皮常被分泌物粘住，不易睁开。

《目经大成》说：“天行赤眼由疫痨之邪感染所发，一家之由，一里之中，老少皆可受染而发。本病多由外感风热引动肺胃积热而发，应分辨风重于热或热重于风或风热并重，以辨证立方用药。”

暴发火眼传染性强，本病由于治愈后免疫力低，因此可重复感染。本病流行快，主要通过接触传染，严重者可造成暴发性流行。暴发火眼一般不影响视力，如果大量黏液、脓性分泌物粘附在角膜表面时，可有暂时性视物模糊或虹视，一旦将分泌物擦去，视物即可清晰。如果细菌或病毒感染影响到角膜时，则畏光、流泪、疼痛加重，视力也会有一定程度的下降。严重的可伴有头痛、发热、疲劳、耳前淋巴结肿大等全身症状。

**【讨论证型】**暴发火眼·热毒炽盛型（急性结膜炎）

**【临床表现】**白睛红赤热痛，胞睑肿胀难开，眵泪胶黏，烦热口渴，尿黄便结；可伴发热，颌下或耳前淋巴结肿大。舌红苔黄，脉数。

**【辨证】**热毒疫邪外袭，相互传染，暴发火眼。

**【治则】**清热泻火，消炎解毒。

**【主穴】**瞳子髎、耳尖、太阳（刺络放血）。

**【辅穴】**适当选择：①风热外袭：加风池、曲池。②热毒炽盛：加合谷、太冲。③阴虚血热：加鱼际、血海。

**【刺法】**以三棱针速刺耳尖、太阳穴出血，并略挤之，每穴宜放血 7 ~ 9 滴为佳，皆取双侧。再以毫针刺双侧瞳子髎，其针尖向下关方向斜刺，留针 30 分钟，每日治疗 1 次，一般 3 ~ 5 次则眼红赤消失，诸症皆愈。

**【配伍机制】**瞳子髎为胆经腧穴，善清足少阳经之实热，是小肠、三焦、胆经之经脉沟通的交会穴，能清肝利胆，具有疏风清热、消肿止痛之功；耳尖、太阳刺络放血，主要针对毒热壅滞经络，以致目窍之浮络红赤、肿痛难忍、眵泪胶黏等症，通过放血而达到泄热、解毒、活血、消炎、畅通经气的作用。诸穴配伍，共济清肺泻火、消炎止痛之效。再适当选择辅穴，组成治疗急性结膜炎的针刺方案。

**【备注】**

（1）根据不同的致病原因，暴发火眼可分为细菌性结膜炎和病毒性结膜炎两类。其临床症状相似，但流行程度和危害性以病毒性结膜炎为重。①细菌性结膜炎：以结膜充血明显，并伴有脓性分泌物为特征，同时有异物感、烧灼刺痛、轻度畏光等症状，但视力不受影响。分泌物可带血色，睑结膜上可见灰白色膜，此膜能用棉签擦掉，但易再生。患者在早上起床后，可见分泌物粘住上下眼皮，双眼难以睁开。②病毒性结膜炎：以结膜充血水肿、有出血点，并伴有水样或黏性分泌物为特征，同时伴有流泪、异物感。角膜可因细小白点浑浊而影响视力，或引起同侧耳前淋巴结肿大，有压痛。

（2）日常护理方法：急性结膜炎传染性强，如不重视隔离消毒则可造成流行。学校、幼儿园等公共场所更要积极防治，做好卫生宣教工作，人人爱清洁，不用手随便揉眼。①注意保持眼部的清洁卫生，及时擦去眼部分泌物。②避免聚会，少去公共场所。③戒除烟酒等不良嗜好，忌食辛辣食物及牛羊肉等。④接触患者后要洗手，不用患者用过的毛巾、手帕、面盆等，患者用过的毛巾、手帕、面盆等应煮沸消毒。

### （五）鼻鼽（过敏性鼻炎）

鼻鼽以阵发性突然发作的鼻塞、鼻痒、喷嚏，继而流出大量清涕为主要特点。《素问玄机原病式》说："鼽者，鼻出清涕也。"其发作快，消失也快，但可反复发作，持续不断，迁延日久。相当于西医的过敏性鼻炎。

过敏性鼻炎又称变态反应性鼻炎，为对身体某些变应原（亦称过敏原）致敏性增高而出现的以鼻黏膜病变为主的一种异常反应。临床上分为两型，即常年性发作型变应性鼻炎和季节性变应性鼻炎（即"花粉病"或"枯草热"），以前者较为多见。阵发性鼻痒为先发症状，随之为发作性的连续不断的喷嚏，继而是难以制止的大量清水样鼻涕，鼻塞轻重程度不同。

过敏性鼻炎若不及时治疗，可影响鼻腔的生理功能，对身体危害极大，容易引起鼻息肉、支气管哮喘、中耳炎、鼻窦炎、过敏性咽喉炎、鼻出血等各种并发症。

《证治要诀》说："清涕者，脑冷肺寒所致。"肺气虚弱，卫表不固，风寒乘虚而入，犯及鼻窍，邪正相搏，肺气不得通调，津液停聚，鼻窍壅塞，遂致喷嚏、流清涕。此外，脾虚则脾气不能输布于肺，肺气也虚，而肺气之根在肾，肾虚则摄纳无权，气不归元，风邪得以内侵。故鼻鼽的病变在肺，但其病理变化与脾肾有一定关系。

**【讨论证型】**鼻鼽·肺经伏热型（过敏性鼻炎）

**【临床表现】**鼻痒，喷嚏声响大而呈爆发性，频发严重，流出大量清涕，鼻黏膜肿胀色红，反复发作；遇气候干燥、炎热加重，或因暑季感热而发生者；伴口渴喜饮，心烦，咽干，手足心热，大便不畅，小便黄。舌质微红，苔白，脉弦滑兼数。

**【辨证】**肺经伏热，湿浊瘀阻，清窍壅塞。

**【治则】**清热解毒，化浊通窍。

**【主穴】**上星、印堂、迎香、列缺。

**【辅穴】**适当选择：①鼻塞严重：加风池、攒竹。②流涕如泣：加天柱。③肝热上冲：加合谷、行间。④大便秘结：加支沟。

**【刺法】**先以毫针刺上星，由前向后沿皮刺1寸（逆经刺为泻）；再刺印堂由下向上刺5分；迎香向睛明方向透刺，轻度刺激手法，取双侧；列缺向上斜刺约1寸许，用捻针泻法，取双侧。留针30分钟，隔日治疗1次。

**【配伍机制】**上星、印堂、迎香均为治疗鼻腔疾病的有效穴位，三者共同的特点是清热散风、通利鼻窍。尤其是上星与迎香相配，能直达病所，启闭开窍，祛风通络。卧岩凌先生《得效应穴针法赋》说："鼻塞无闻迎香引，应在上星。"妙在列缺为手太阴肺经脉气所集之处，具有清肺、大肠之热，肺开窍于鼻，肺气宣，则鼻窍通，故其功效益彰。诸穴相伍，共济清热解毒、化浊通窍之效。再适当选择辅穴，组成治疗过敏性鼻炎的针刺方案。

【备注】

（1）过敏性鼻炎与过敏性哮喘是同一类疾病：①以往认为，过敏性鼻炎是上呼吸道疾病，过敏性哮喘是下呼吸道疾病，两者是完全独立的两种疾病。近年来，越来越多的研究发现，人体的气道是自上而下的一个整体。从炎症发生机理上，已有大量事实证明，过敏性鼻炎和过敏性哮喘存在共同特点，且都与遗传体质有关。②调查发现，如果不对过敏性鼻炎患者加以有效控制，其中有 10.2% 患者在十几年后会发生哮喘。反之，哮喘患者同时伴有过敏性鼻炎的约有 78%，而普通人患过敏性鼻炎的大约只有 15%。在过敏性鼻炎患者中，同时伴有哮喘的占 38%；在普通人群中，单纯发生过敏性哮喘的患者只有 2% ~ 5%。

（2）过敏性鼻炎的病因有：①遗传因素，可来自父母一方或双方，但以母属遗传者居多。②鼻黏膜受到过敏原刺激而致敏感，如吸入花粉、灰尘、真菌；食用牛奶、鱼虾、鸡蛋；接触化妆品、皮毛、酒精；注射青霉素、链霉素、血清药剂等。③感染，可促使变态反应性症状的出现和加剧，尤以哮喘为最。此外，与冷、热、湿、日光等物理因素或内分泌失调也有一定关系。

（3）过敏性鼻炎很难根治。临床体会，针药结合的疗效较好。应用“苍耳子散”配合“抗过敏煎”（防风、银柴胡、乌梅、五味子、茶叶、冰糖）治疗有效。

## （六）鼻衄（鼻腔出血）

鼻出血又名鼻衄，出血严重者为鼻洪，甚而口、鼻皆出血者为鼻大衄，鼻流污秽血汗者为衊血。鼻衄轻者涕中带血，重者可引起失血性休克，反复出血可致贫血。

《外科正宗》说：“鼻中出血，乃肺经火旺，迫血妄行，而从鼻窍出。”《寿世保元》说：“衄血者，鼻中出血也，阳热拂郁，致动胃经，胃火上烈，则血妄行，故衄也。”《证治准绳·杂病》说：

“衄者，因伤风寒暑湿，流动经络，涌泄于清气道中而致者，皆外所因。积怒伤肝、积忧伤肺、烦思伤脾、失志伤肾、暴喜伤心，皆能动血，随气上溢所致者，属内所因。饮酒过多，啖炙煿辛热，或坠车马伤损致者，皆非内、非外因也。”

鼻腔少量出血可涕中夹血丝，量多可从口出。或因大量血液被咽下，片刻后呕吐而出，故应与呕血、咯血相鉴别。呕血，其血从胃而来，从口而出，血色紫黯夹有食物残渣；咯血，其血从气管而来，咳嗽而出，痰血相兼，或痰中带血丝，或纯血鲜红间夹泡沫。

鼻出血除局部损伤外，可因肝肺胃之火热上炎所致，亦可由阴虚火旺所引起。至若脾虚不能统血、肾阳亏虚、虚阳浮越者，亦可导致鼻出血。

**【讨论证型】**鼻衄·肺胃热盛型（鼻腔出血）

**【临床表现】**鼻出血，点滴而色鲜红，量不甚多，或量多势猛，色深红。鼻腔黏膜色鲜红，干燥，鼻腔前端有糜烂、渗血，或上附血痂。鼻息气热，鼻涕黄，或伴发热、口干渴，咽痛，咳嗽痰黄，大便干，小便黄。舌红苔黄，脉数。

**【辨证】**肺胃蕴热，灼伤阳络，迫血外行。

**【治则】**清热泻火，凉血止衄。

**【主穴】**上星、禾髎、悬钟、曲池。

**【辅穴】**适当选择：①肺热伤络：加少商（刺络放血）。②肝热上冲：加太冲。③大便秘结：加支沟、合谷。④胃火热盛：加厉兑。

**【刺法】**以毫针刺上星，由前向后逆刺为泻法；禾髎透向迎香，不做手法；曲池、悬钟都用捻针泻法。皆取双侧，留针30分钟，每日治疗1次，血止即愈。

**【配伍机制】**取上星清肝热，禾髎清肺热，悬钟清胆热，曲池清大肠腑热。鼻腔出血病因乃是“热伤阳络则吐衄”，其四穴皆取泻法，可见其清热之力强。特别是上星配禾髎乃为对穴，《杂病穴法歌》指出“衄血上星与禾髎”，可知是治疗鼻衄的经验组合。以上诸穴相互配伍，共济清热泄火、凉血止衄之功效。结合具体症状再适当选择辅穴，组成治疗鼻腔出血的针刺方案。

【备注】

（1）鼻腔出血原因分为全身和局部两大类：①局部病因：外伤，如鼻及鼻窦外伤、颅骨骨折、术后出血等；炎症，如急性鼻炎、萎缩性鼻炎、结核等；肿瘤，如鼻腔、鼻窦及咽部恶性肿瘤、鼻腔血管瘤等；畸形，如鼻中隔偏曲。②全身病因：血液病，常见有白血病、再生障碍性贫血、血友病等；心血管疾病，如高血压及血管硬化、心脏病等可引起阻性充血而致静脉压增高；维生素缺乏，风湿热，急性传染病，以及汞、砷化学物质中毒等。

（2）预防调护：①积极治疗引起鼻衄的各种疾病，是预防鼻衄的关键。②鼻衄患者情绪多较紧张，恐惧不安，故安定患者的情绪，并使之能够与医生密切配合以迅速止血十分重要。止血操作时，动作要轻巧，防止粗暴，以免加重损伤。③一般采取坐位或半坐卧位（疑有休克时，可取平卧低头位）。嘱患者将流入口中之血液尽量吐出，以免咽下刺激胃部，引起呕吐。④禁食辛燥刺激食物，以免资助火热，加重病情。⑤注意锻炼身体，预防感邪，天气干燥时应饮服清凉饮料。在情志调节方面，尤忌暴怒；且要戒除挖鼻习惯，避免损伤鼻部。

## （七）乳蛾（急、慢性扁桃体炎）

乳蛾是指以扁桃体肿大为主症的病证，肿于一侧者为单蛾，肿于两侧者为双蛾。

急性乳蛾以扁桃体肿大为特点，可以和喉痹、喉关痈、咽白喉相鉴别。喉痹以咽部漫肿为主；喉关痈红肿突出，在舌腭弓、软腭明显；咽白喉以咽喉白腐形成假膜，坚韧而厚、不易拭去为特征，均与乳蛾有区别。

慢性乳蛾，可见扁桃体肥大，咽部不适且疼痛，应与慢性喉痹相区别。虚火喉痹一般无扁桃体肿大，喉底红肿或如帘珠状突起。在咽部不适或有异物感时，又应与梅核气相鉴别。

本病主要致病菌为乙型或甲型溶血性链球菌，其次为葡萄球菌、肺炎球菌等也可引起。受凉、潮湿、过度劳累、烟酒过度或患慢性疾病时导致机体抵抗力降低，是本病的诱发因素。

本病病因为内有积热，复感风邪，风热相搏，气血壅滞，结于咽旁，遂成本病。也有平素无内热之象，而由风邪热毒直接经口鼻侵入，壅结于咽而成本病。

**【讨论证型】**乳蛾·热毒蕴结型（急、慢性扁桃体炎）

**【临床表现】**发病初期，咽喉干燥，灼热疼痛，吞咽不利，扁桃体红肿，周围黏膜充血。伴发热，微恶寒，头痛，鼻塞流涕，舌苔薄白或微黄，脉浮数。

**【辨证】**肺胃积火，风热外侵，热毒蕴结。

**【治则】**清热解毒，利咽消肿。

**【主穴】**少商（刺络放血）、翳风、合谷、照海、内庭。

**【辅穴】**适当选择：①外感表邪：加大椎、曲池。②肺胃实热：加商阳（刺络放血）、支沟。③急性高烧：加手十二井（刺络放血）。④阴虚口干：加曲泽、太溪。

**【刺法】**取三棱针先刺少商刺络放血，出血9滴；再以毫针刺翳风、合谷、内庭，用捻针泻法，照海用捻针补法。皆取双侧，留针30分钟，急性扁桃体炎每日治疗1次，慢性者隔日治疗1次。

**【配伍机制】**少商刺络使热随血出，此乃应急的有效措施。翳风清热利咽，合谷清热消肿，内庭清热通腑，照海滋阴补水，生津利咽。妙在少商配合谷之对穴尤佳，《针灸大成》指出“咽喉肿痛，闭塞，水粒不下……合谷，少商”。诸穴相配，共济清热解毒、利咽消肿之效。再根据证候适当选配辅穴，组成治疗急慢性扁桃腺炎的针刺方案。

【备注】

（1）对急性扁桃体炎、化脓性扁桃体炎应积极治疗。在治疗阶段，患者必须多饮水，因为属于中医所说的“外科表证”，发烧是炎症反应，不宜使用辛温解表药。千万不可过多发汗，应注意休息，最好不要经常反复发作，否则严重影响日后的身体健康。例如：风湿性心脏病、风湿性关节炎及急、慢性肾炎，以及慢性肾衰竭等都与该病有一定因果关系。

（2）扁桃体炎是否选择手术摘除？①扁桃体本身有许多陷窝，这些陷窝可能成为细菌和病毒的藏身之处。一旦陷窝口阻塞，或人体的抵抗力下降，菌、毒便会乘机兴风作浪，导致体内发炎，甚则酿成脓肿。寄居的A型溶血型链球菌可导致人体患风湿性心脏病、风湿性关节炎、急性肾小球肾炎等全身性疾病。②需要说明的是，扁桃体体积增大，并不一定就是发炎。体积单纯性增大常见于5～7岁以下儿童，是一种生理现象。反之，发炎不一定都表现为肿大，可以是邻近黏膜充血、水肿，有时陷窝口或被膜下会出现脓点。患者会出现咽痛、吞咽痛、发烧、头痛，以及全身不适，颌下淋巴结也会发生肿痛。如果偶然发炎也不算什么大事，服用些抗炎药消灭或抑制菌毒即可，扁桃体将继续为身体服务，彼此会继续“和平共处”。但若反复发炎（1年达3次以上），腺体肥大影响到吞咽和呼吸，或者确认已有为某些全身疾病的病灶时，医生就建议患者将扁桃体摘除掉。③摘除后，对人体有无影响呢？大量病例术前后免疫指标测试的对比研究表明，没有扁桃体对整体免疫功能影响不大，但局部免疫水平可能会有所下降，这种改变在儿童比较明显。所以，近年来愈来愈多的医生倾向于对发炎后的扁桃体采用保守治疗，一般情况下不轻易将扁桃体摘除。

（3）咽喉为肺胃所属，咽接食管，通于胃；喉连气管通于肺。外感风热、肺胃实热、肺肾阴虚皆可引起咽喉肿痛。①风热外袭：外感风热，邪毒循口鼻而入，首先犯肺，搏结咽喉。②肺胃实热：外邪入里化热或肺胃蕴热，热邪上灼津液成痰，搏结咽喉；或多食炙煿，过饮热酒，热毒上攻咽喉。③肺肾阴虚：肺肾精气耗损于内，虚火上炎咽喉。小儿形气未充，易虚易实，患乳蛾者居多。

（4）急性扁桃腺炎若针药结合治疗，其疗效更佳。临床可取张仲景之"桔梗汤"加清热解毒、利咽消肿之品，则事半功倍。

## （八）暴喑（失音）

失音是指神清而声音嘶哑，甚至不能发出声音的症状。其发病急、病程短者为暴瘖。

失音有暴喑和久喑之别。暴喑多属外感，猝然起病。由于风寒风热之邪侵袭肺卫，肺气不能宣散；或感受燥热之邪，熏灼津液；或嗜食肥甘厚味、饮酒吸烟，而致痰热内生，肺失清肃，皆可使声音不出。久喑多属内伤，缓慢起病，多由久病体虚，肺燥津伤，或肺肾阴虚，精气内夺，声道燥涩而致。

《素问·气交变大论篇》说："岁火不及，寒乃大行，长政不用……郁冒蒙昧，心痛暴喑……"《张氏医通·喑》："失音大都不越于肺，然须以暴病得之，为邪郁气逆；久病得之，为津枯血槁。盖暴喑总是寒包热邪，或本热而后受寒，或先外感而食寒物。并宜辛凉和解，稍兼辛温散之。消风散用姜汁调服，缓缓进之……若咽破声嘶而痛，是火邪遏闭伤肺，昔人所谓金实不鸣，金破亦不鸣也。"

暴喑多因感受风热邪毒，风火热毒蕴结于喉，经脉阻塞；或风寒外袭，寒邪凝聚于喉，脉络阻滞等引起。

**【讨论证型】**暴喑·寒包热型（失音）

**【临床表现】**声音嘶哑较重，常只能发出耳语声。患者有明显的受寒或饮冷史，喉中干燥，咳嗽声轻，咯痰少而色黄。喉部检查可见黏膜充血，声带淡红色、水肿，声门闭合不全，恶寒无汗，发热口渴，尿黄便干。舌红苔薄白，脉浮数。

**【辨证】**肺热感寒，肺失清肃，金实不鸣。

**【治则】**疏风散寒，清热利喉。

**【主穴】**大椎、廉泉、通里、足窍阴。

**【辅穴】**适当选择：①嘶哑严重：加哑门。②肝气郁结：加内关、阳陵泉。③内热较甚：加合谷、太冲。④阴津亏损：加鱼际、太溪。

**【刺法】**以毫针刺大椎、廉泉、通里，应用捻针泻法。足窍阴以毫针刺之，不做手法。若属双穴则两侧皆刺，留针30分钟，隔日治疗1次。若患者肝胆热甚者，足窍阴穴可改为刺络放血，其效更佳。

**【配伍机制】**大椎为手足三阳经七脉之会，具有散寒镇惊之功；廉泉可清理任脉的热邪，并可疏通任脉与阴维脉的经气，具有清热化痰、开窍利咽之效；通里为手少阴心经络穴，具有清心火、利咽喉之能；妙在足少阳胆经的足窍阴，有清肝胆、息风热之效。以上四穴，局部与远端相配，二阳二阴、相互作用，共济疏风散寒、清热利喉之效。一同针治"寒邪包围肺热"所致失音。再适当选择辅穴，组成治疗失音的针刺方案。

**【备注】**

（1）急性失音多由风邪、痰火所致，或有外寒内热、肝火上炎之证。慢性失音则因肺、脾、肾亏损引起，其间亦有气滞血瘀者。在治疗上，急性失音称作"金实不鸣"，宜疏风、清热、降火，并注意宣肺、清肝。慢性失音称作"金破不鸣"，则宜养肺、补肾、健脾，或配合行气活血之法。

（2）急性失音相当于急性喉炎、声带黏膜下出血及部分急性环勺关节炎，亦有癔病引起者。急性失音之症，要结合声音、咽痛、咯痰分析，并结合喉部声带检查和全身证候表现。如急性声带水肿而不充血属于风寒；轻度充血属风热、寒包火、痰火；严重充血属肝火。

### （九）喉痹（慢性咽炎）

喉痹是以咽部红肿疼痛，或干燥，或咽痒不适，吞咽不利等为主要表现的疾病。

《素问·阴阳别论篇》说："一阴一阳结，谓之喉痹。"《杂病源流犀烛》说："喉痹，痹者，闭也，必肿甚，咽喉闭塞。"《太平圣惠方》说："若风邪热气，搏于脾肺，则经络痞塞不通利，邪热攻冲，昫觉壅滞，故令咽喉疼痛也。"《诸病源候论》说："喉痹者，喉里肿塞痹痛，水浆不得入也……风毒客于喉间，气结蕴积而生热，致喉肿塞而痹痛。"

慢性咽炎为咽部黏膜、黏膜下及淋巴组织的弥漫性炎症，多为上呼吸道感染的结果。病程较长，症状顽固，不易治愈。

喉痹的发生，常因气候急剧变化，起居不慎，风邪侵袭，肺卫失固；或外邪不解，壅盛传里，肺胃郁热；或温热病后，或久病劳伤，脏腑虚损，咽喉失养，或虚火上烁咽部所致。

**【讨论证型】**喉痹·阴虚肺燥型（慢性咽炎）

**【临床表现】**咽喉干燥而少饮，灼热隐痛，时有痰涎、异物黏着感，但吞咽无碍，咽痒作咳，午后加重；午后颧红，手足心热。脉细数，舌红而干。

**【辨证】**肺胃阴虚，虚火上炎，熏灼咽喉。

**【治则】**滋阴养肺，生津润燥。

**【主穴】**廉泉、尺泽、鱼际、照海。

**【辅穴】**适当选择：①津少口干：加关冲、曲泽。②阴虚内热：加太溪、申脉。③肝热上冲：加合谷、太冲。④口中干苦：加神门、然谷、足三里。

**【刺法】**以毫针刺廉泉，不做手法；尺泽、鱼际应用捻针泻

法，照海用捻针补法，皆取双侧。留针 30 分钟，隔日治疗 1 次。

**【配伍机制】** 廉泉清火热、利咽喉；尺泽为肺经合穴，为合水穴。五行属水，为肺经的子穴，具有清热邪、利咽喉之功；鱼际为肺经荥穴，手太阴经之脉气所溜，为荥火穴，具有清热泻火、清利咽喉之效；照海为肾经腧穴，具有滋阴降火、清热利咽之用。《针灸甲乙经》说："喉中焦干渴，鱼际主之。"《拦江赋》说："噤口喉风针照海"。诸穴配伍，共济滋阴养肺、生津润燥之效。再根据证候适当选择辅穴，组成治疗慢性咽炎的针刺方案。

**【备注】**

（1）慢性咽炎是咽炎的一种，其特点是病程长，症状顽固，不易治愈。咽喉为肺胃所属，咽接食道而通于胃，喉连气管而通于肺，外邪犯肺或脾胃蕴热，热邪稽留，均可灼伤阴津，以致虚火滞咽。从经脉循行看，手太阴"属肺，从肺系横出腋下"，肺系即肺与咽喉相联系的部位。足少阴肾经"入肺中，循喉咙，挟舌本"，故本病与肺、肾两经关系最为密切。

（2）慢性咽炎者，当结合局部检查和主要见症进行辨证。慢性咽炎的主要症状是痒、堵、干、痛。痒者为风，当疏风止痒；堵者为气机不利，当疏理气机；痛者为火热毒盛，当清热解毒；干者为虚，阴虚当以滋阴降火散结，气虚当以补脾益气升阳。

（3）预防调护：①锻炼身体，增强体质。②注意口腔和鼻腔卫生，预防上呼吸道感染，防止慢性咽炎急性发作。积极治疗邻近器官的疾病以防诱发本病，如伤风鼻塞、鼻窒、鼻渊、龋齿等。③注意饮食卫生，保证身体营养平衡，少吃过热、过冷及辛辣刺激食物，保持大便通畅。④因职业要求讲话过多的人，应掌握正确的发声方法，避免高声喊叫，长时间讲话后不要马上吃冷饮，平时还要注意休息。

（4）喉痹若病久不愈者，可以采用针药结合。临床应用"桔梗汤"与"增液汤"合方加利咽清热之品，能有佳效。

## （十）梅核气（咽部神经官能症）

梅核气主要表现为咽喉异物感，咽喉部如有梅核之梗阻，咯之不出，咽之不下。如《金匮要略》所说：“妇人咽中如有炙脔。”

梅核气应与虚火喉痹，咽喉及食道肿物相鉴别。虚火喉痹觉有异物刺痛感，并觉咽喉干燥，常有发出“吭喀”声音的动作，症状与情志变化关系不大；检查时，可见咽喉黏膜呈微暗红色，喉底有淋巴滤泡增生。咽喉及食道肿瘤则吞咽困难，有碍饮食，肉眼检查或X光钡剂透视可发现肿瘤。

本病多因肝郁气滞、痰凝气滞、脾虚失运或肺肾阴虚所致，各证之间又每多相互夹杂。

**【讨论证型】**梅核气·肝郁气逆型（咽部神经官能症）

**【临床表现】**咽喉梗阻，如有梅核，咯之不出，咽之不下，情绪变化时易现，情绪平稳则消失或减轻，并不影响吞咽功能。胸胁不舒，嗳气，心情忧郁或烦躁易怒，舌苔薄，脉弦。

**【辨证】**肝郁气滞，痰逆咽喉，气结不降。

**【治则】**理气疏肝，降逆化痰，利咽散结。

**【主穴】**中渚、三阳络、照海。

**【辅穴】**适当选择：①胁肋胀满：加阳陵泉、丘墟。②喜善太息：加内关、膻中。③痰黏难咯：加丰隆、鱼际。④大便秘结：加支沟、复溜。

**【刺法】**以毫针刺中渚、照海，应用捻针平补平泻法，双侧皆取；刺三阳络穴，使用强刺激手法泻之，只取一侧，男取左，女取右，进针之后连续捻转2～3分钟。留针30分钟，每日治疗1次，大部分患者针刺1～5次则有明显效果。

**【配伍机制】**中渚为三焦经输穴，乃手少阳经脉气所注，是输木穴，具有散风热、通经络、化痰湿之功；照海为肾经腧穴，具有滋阴降火、清热利咽之效；三阳络为三焦经腧穴，能降逆散结、疏肝理气，是治疗喉中如梗状的有效穴。诸穴相配，共济理气疏肝、降逆化痰、利咽散结之功效。再选择适当的辅穴，组成治疗梅核气的针刺方案。

【备注】

（1）梅核气属于癔病的一种类型。是患者的自我感觉症状（感觉增强），又称“癔病性球”。感觉喉头有物梗住，咽不下，吐不出，但用喉镜检查时无任何阳性体征发现。西医称梅核气为：“咽部的神经官能症。”从解剖角度看，无任何异常，所以患者应当调节情绪，对治疗有重要影响。

（2）预防调护：①细心开导，解除思想顾虑，增强治疗信心；②少食煎炒炙煿辛辣食物；③加强体育锻炼，增强体质，或用咽喉部的导引法进行锻炼。

（3）咽部异物感的发生常与情绪变化有关，在治疗同时，应重视心理调摄和语言安慰。同时要排除咽喉、食道等处的器质性病变，以免贻误病情。

（4）梅核气若针治数次不愈者，可配合中药治疗，即针药结合。以《局方》“四七汤”为主，再选配疏肝散郁、开胃生津的绿萼梅、柴胡、青陈皮、胆星等。

## （十一）口疮（复发性口腔溃疡）

口疮又名口疳、口疡、口舌生疮等，指口舌黏膜溃疡，以口唇内侧，舌边缘与颊黏膜为多见，常伴局部灼热疼痛。口疮的基本皮损，呈圆形或椭圆形，如米粒、黄豆大小，边界清晰整齐，溃疡表面覆有黄白薄膜，周围红晕。若口舌溃疡糜烂，则称口糜。

由于心气通于舌，脾气通于口，故口疮多由心火上炎、脾胃积热所致。若经久不愈，反复发作，也可呈现阴虚火旺、脾胃虚热之证，甚则表现为脾肾不足、虚火上浮之势。口疮有常证、有变证，当结合病程长短、全身情况、局部病灶，分别虚实寒热。

复发性口腔溃疡，中医病名称为“口疮”。早在《内经》即有记载，《素问·气交变大论篇》已有“民病口疮”之说。《医贯》：“口疮上焦实热，中焦虚寒，下焦阴火，各经传变所致。”《内经》称：“诸痛痒疮，皆属于心。”《外台秘要》说：“心脾有热，常患口疮。”该病的特点是有周期性复发和明显灼痛感，此起彼伏，缠绵不断，病无间隔。严重影响患者的生活、学习与工作，患者极为痛苦。

治疗口腔溃疡不但要重视全身辨证，也要参考局部情况（表3-7）。对于“溃疡期”局部辨证尤为重要；同时要仔细观察舌质、舌苔、舌体，详细询问二便情况，综合判断疾病的寒热虚实而针对处治。一般而言，实证大多属热，局部皮损大小不等，表面有黄色分泌物，基底红赤，疮周红肿；虚证大多属脾虚、肾虚，反复发作，疮面较小不多，溃疡表面淡白，边缘水肿。胡荫培教授经验：“溃疡疮面发黄属心火胃热；疮面色白属脾寒湿浊”，“口疮连年不愈者，此乃虚火也。”

**表 3-7　　口腔溃疡的辨证要点**

| 证型 | | 溃疡情况 | 舌象 | 二便 |
|---|---|---|---|---|
| 实证 | 热重于湿 | 口舌黏膜溃破多发，创面有黄色渗出，黏膜广泛充血 | 舌质暗红，苔厚腻，舌体胀大 | 便不畅，尿黄赤 |
| | 湿重于热 | 溃疡不多，边缘水肿隆起，周围充血不显著，基底凹陷 | 舌质暗红，苔白腻，舌胀满有齿痕 | 便溏黏，尿清长 |
| 虚证 | 脾肾阳虚 | 破溃创面不多，溃疡色白，边缘水肿，但无充血 | 舌质淡，苔白，薄腻且湿滑 | 便溏、溲清 |
| | 心肾不足 | 创面不多，溃疡色白，边缘水肿不明显，无充血，但愈合慢 | 舌质淡白，苔薄白或无苔，舌体瘦 | 便溏、溲频 |

【讨论证型】口疮·热重于湿型（复发性口腔溃疡）

【临床表现】口舌生疮，多发于唇、颊、上颚、牙龈等处，可溃烂成片，红肿热痛，口苦，口臭，嘈杂易饥，或流涎，大便秘结，尿黄赤。舌质暗红，苔厚腻，舌体胀大，脉滑数。

【辨证】脾胃积热，湿浊熏灼，热重于湿。

【治则】清胃火，泻脾热，除湿浊。

【主穴】劳宫、下巨虚、隐白。

【辅穴】适当选择:①疼痛严重:加承浆、合谷。②口苦口干：加神门、然谷。③脾虚湿热：加合谷、内庭。④阴虚火旺：加太溪、照海。⑤心火上炎：加大陵、阴郄。⑥日久难愈：加后溪、委中。⑦血热瘀阻：加金津、玉液（刺络放血）。

【刺法】以毫针刺劳宫、下巨虚、隐白，应用捻针泻法，双侧皆刺。留针30分钟，隔日治疗1次。若患者湿热皆甚者，隐白穴亦可刺络放血。

【配伍机制】劳宫为心包经荥穴，乃手厥阴经脉气所溜，属荥火穴。具有清心火、安心神、降逆凉血之功；下巨虚为胃经腧穴，且为小肠经下合穴，能通调足阳明与手太阳经之脉气交流，具有清热化滞、通调腑气之效；隐白为脾经井穴，乃为足太阴经之脉气所出，属井木穴，具有健脾益胃、调和气血、化湿清热之能。以上三穴皆为循经治疗，共济清胃火、泻脾热、除湿浊之功效，再适当选择辅穴，组成治疗复发性口腔溃疡的针刺方案。

【备注】

（1）口腔卫生对本症治疗尤为重要，勤漱口，保持口腔清洁，可减轻该病程度，减少发作次数。同时要节制对肥厚、甘腻、煎炸、海鲜、辛辣、烟酒之物，尽量不吃或少吃。保持精神愉悦，劳逸结合，对减少慢性口疮复发尤其重要。妇女有行经期口疮或绝经前后口疮发生时，应注重调经血，和冲任，治病求本。

（2）避免诱发因素，使溃疡不再复发。通过正确的治疗后，口腔溃疡已经痊愈者，要避免诱发口腔溃疡发作的因素，如营养失衡、睡眠不足、过度疲劳、大喜大悲、精神紧张、工作压力大、辛辣刺激性食物等，这样就可避免口腔溃疡的复发。口腔溃疡造成免疫力低下，又容易让口腔溃疡复发，这是一个恶性循环。

（3）复发性口腔溃疡是难治之症。临床应用针药结合，疗效尚好。据笔者体会：一味清热解毒、寒凉之品实难奏效，用寒热杂投法往往更为理想。以当归、连翘、赤小豆、生石膏、知母、黄连、干姜、吴茱萸、栀子、黄芩、赤芍、生地、滑石等为基本方加减当有效。

## （十二）牙痛（急慢性根尖周围炎）

牙痛又称齿痛，是指牙齿、齿龈疼痛的病证，为常见的口腔疾病。牙痛的病因很多，现代医学认为除龋齿之外，急性根尖周围炎、牙周围炎、第三磨牙冠周炎、牙本质过敏等均可导致本病的发生。

中医将牙痛分为虚实两类：实痛多由胃火、风火引起，虚痛多因肾亏虚火所致。手、足阳明经脉分别入上下齿，大肠、胃腑积热，或风邪外袭经络，郁于阳明而化火，火邪循经上炎而发牙痛。肾主骨，齿为骨之余，肾阴不足，虚火上炎亦可引起牙痛。《诸病源候论》说："牙齿皆是骨之所终，髓气所养，而手阳明支脉入于齿，脉虚髓气不足，风冷伤之，故疼痛也。"

牙痛应与三叉神经痛相鉴别。三叉神经痛是面部三叉神经感觉支配范围内（如眉弓上方、眼眶下方、颧部、上唇、下唇等处）突然发生电击样、刀割样、撕裂样或针刺样剧烈疼痛，持续数秒或数分钟后停止，多数患者仅发生在面部一侧，亦有双侧同时发生者，常见于40岁以后，女性多于男性。三叉神经痛发作时疼痛剧烈，难以忍受，不少患者患病后不敢洗脸、不能刷牙、说话，甚至不能吃饭。牙痛是由于龋齿、残根、残冠等牙病引起的疼痛，疼痛呈持续性，夜间发病明显，冷热刺激加重，疼痛部位深，无放电样疼痛，通过对口腔检查可发现牙病，如龋齿、残根等。

**【讨论证型 1】**牙痛·风火上犯型（急性根尖周围炎）

**【临床表现】**牙痛而得热加剧，得凉缓解，牙龈肿胀，腮肿灼热，口渴心烦，舌红苔薄或微黄，脉浮数。

**【辨证】**风火上犯，循手足阳明经而侵犯牙龈、牙齿。

**【治则】**疏风清热。

**【主穴】**颊车、大迎。

**【辅穴】**适当选择:①风火上扰:加风池、外关。②痛在上齿:加内庭、太阳。③痛在下齿：加合谷、下关。

**【刺法】**以毫针刺颊车、大迎，用捻针泻法。若单侧痛刺患侧，双侧痛则刺两侧。留针 30 分钟，中间捻针 1 次，每日治疗 1 次。

**【配伍机制】**颊车为胃经腧穴，善疏足阳明经之风热，有疏风清热，通经活络之功；大迎为胃经腧穴，可清足阳明经之滞热，有清热凉血、通利牙关之效。两穴相配，同经相伍，共济疏风清热、解毒消炎之功效。再适当选配辅穴，组成治疗风火上犯牙痛之针刺方案。

**【讨论证型 2】**牙痛·肾阴亏虚型（慢性根尖周围炎）

**【临床表现】**牙痛隐隐，牙龈萎缩，牙根浮动，咽干口燥，手足心热，头晕耳鸣。舌红少苔，脉细数。

**【辨证】**肾阴不足，虚火上炎。

**【治则】**养阴清热，滋肾降火。

**【主穴】**太溪、行间。

**【辅穴】**适当选择：①虚火上炎：加鱼际，三阴交。②痛在上齿：加内庭、太阳。③痛在下齿：加合谷、下关。

**【刺法】**以毫针刺太溪，应用捻针补法；刺行间用捻针平补平泻法，双侧皆刺。留针30分钟，隔日治疗1次。

**【配伍机制】**太溪乃肾经输穴、原穴，为足少阴经之脉气所注，是输土穴，具有滋阴壮阳、补肾利三焦之功；行间乃足厥阴经之脉气所溜，是荥火穴，具有清肝泄火、除热凉血、疏经活络之效。两穴相配，共奏养阴清热、滋肾降火之效，再选择适当辅穴，组成治疗虚证牙痛的针刺方案。

**【备注】**

（1）牙痛是口腔疾患中常见的症状，如龋齿、牙髓炎、牙周炎等各种牙痛。本症疼痛颇剧，常影响患者饮食和睡眠，耽误工作，针灸治疗牙痛常能取得立竿见影的效果。

（2）胃脉络于上龈，大肠脉络于下龈，齿属阳明经，故牙痛与胃肠关系密切。上牙痛多为胃火上炎，下牙痛多属大肠积热。齿为骨之余，肾主骨，肾经虚火上炎亦为牙痛病因；多食甘酸、烤炸之物，或湿热蕴于阳明而损齿，又为龋齿牙痛之因。

## 五、皮外科病证

### （一）脱发（神经性脱发）

神经性脱发（斑秃）俗称“鬼剃头”，是头部突然发生的一种局限性斑状秃发。秃发的形状常为圆形或椭圆形，往往无自觉症状。多见于皮脂分泌旺盛的儿童及青年，且常在皮脂溢出过多的基础上发生，男女发病几率相等。

神经性脱发是由于外界刺激造成精神过度紧张，使植物神经功能紊乱。脱发部位有毛囊存在，只是处于相对静止期。解除病因后，毛囊会重新生长出正常头发。

头发生长与肾、肝和气血关系密切。肾为先天之本，精血之源，其华在发；肝主血，发为血之余，血亏则发枯。本病多由肝肾不足，精血亏虚，或脾胃虚弱，气血生化无源，致血虚生风，或风邪乘虚入侵毛孔，风盛血燥，发失所养；或肝气郁结，气机不畅，气滞血瘀，瘀血不去，新血不生，血不养发而脱落。

**【讨论证型】**脱发·血虚风燥型（神经性脱发）

**【临床表现】**头发呈片状脱落，呈渐进性，边界清楚，头皮光亮松软，患部发痒，头晕，失眠。舌淡红，苔薄，脉细弱。

**【辨证】**血虚生风，风盛血燥，发失所养。

**【治则】**养血祛风。

**【主穴】**阿是穴（头部脱发处）

**【辅穴】**适当选择：①头皮作痒：加风池、风府。②睡眠较差：加神门、三阴交。③肝肾两虚：加肝俞、肾俞。④血分蕴热：加血海，太冲。

**【刺法】**①梅花针叩击法：先用75%酒精在脱发斑秃处常规消毒，然后用梅花针在病灶处反复叩刺，待斑秃处出现微量渗血时，取鲜生姜切片，用姜汁在患处涂抹即可。每日治疗1次，不可间断。②以毫针在斑秃处密刺局部阿是穴，留针30分钟，隔日治疗1次。

**【配伍机制】**阿是穴（即头部脱发斑秃处）毫针密刺或梅花针叩刺，皆为改善局部血液循环，促使局部的毛囊新陈代谢。中医认为，发为血之余，气血充盈，上荣于发，则头发黑亮而润泽。若气血失和，经气阻滞，发失所养，则其发枯槁甚至脱落。经过针刺，加速斑秃病灶的祛瘀生新，疏风润发，为毛囊的修复提供新的机会。以上方法为主，再结合患者的症状，适当选择辅穴，共同组成治疗方案。生姜汁是不可或缺的药物，在治疗中起着重要作用。生姜味辛微温，功能散寒发表、活血祛瘀、滋养毛发、调和营卫、解表灭菌。取姜汁含量多的生姜最佳。

**【备注】**

（1）斑秃有虚有实，虚者宜补气血、滋肝肾；实者宜清血热，化瘀血。神经性脱发以热证居多，或血热，或湿热，当凉血、利湿、清热，且加祛风止痒措施。若内外兼治，针药并投，并注意消除精神压抑感，不吃辛辣油腻食物，可以提高疗效。

（2）治疗神经性脱发，还有一种经验："取梅花针叩刺头部的百会穴及阳明经、膀胱经的经络，有生津液、养容发的良好效果。"此法备之，仅供参考。

（3）头发护理常规：①不用尼龙梳子和头刷，因尼龙梳子和头刷易产生静电，会给头发和头皮带来不良刺激。宜选用木梳，能去除头屑，增加头发光泽，可按摩头皮，促进血液循环。②勤洗发、洗头的间隔最好是2~5天。洗发的同时需边搓边按摩，既能保持头皮清洁，又能促进头皮血液循环。③不用脱脂性强或碱性洗发剂，这类洗发剂有很强的脱水和脱脂性，易使头发干燥、头皮坏死。④戒烟：吸烟会使头皮毛细血管收缩，从而影响头发的发育生长。⑤节制饮酒：白酒，特别是烫热的白酒会使头皮产生热气和湿气，引起脱发。即使是啤酒、葡萄酒也应适量。⑥消除精神压抑感：精神状态不稳定，每天焦虑不安会导致脱发，压抑的程度越深，脱发的速度也越快。可经常进行深呼吸、散步、做松弛体操等，以助于消除精神疲劳。⑦烫发吹风要慎重：吹风机吹出的温度较高，会破坏毛发组织，损伤头皮，因此要避免吹风。烫发次数也不宜过多，容易损伤头发。⑧不吃辛辣油腻食物。

## （二）粉刺（痤疮）

粉刺是一种以颜面、胸、背等处生如刺丘疹，可挤出白色碎米样粉汁为主要临床表现的皮肤病。多发于青春期，皮疹易反复发作，常在饮食不节、月经前后发作。

痤疮是毛囊与皮脂腺的慢性炎症性皮肤病，好发于面部、胸部、背部等皮脂腺丰富的部位。西医学认为，本病病因与内分泌异常、细菌感染、代谢紊乱、胃肠功能障碍等有一定的关系。本病病程长短不一，青春期后可逐渐痊愈。

《医宗金鉴·外科心法要诀》说："此证由肺经血热而成。每发于面鼻，起碎疙瘩，形如黍屑，色赤肿痛，破出白粉汁。"《外科启玄》说："肺气不清，受风而生或冷水洗面热而成。"此外，过食辛辣肥甘厚腻，助湿化热，湿热互结，上蒸颜面；或脾气不足，运化失常，湿浊内停，郁久化热，热灼津液，煎炼成痰，湿热痰瘀凝滞肌肤，均可致粉刺发生。

粉刺应与酒齄鼻相鉴别。酒齄鼻多见于壮年，皮疹分布以鼻准、鼻翼为主，两颊前额也可发生，绝不累及其他部位，无黑头粉刺，患部潮红充血，常伴有毛细血管扩张。

**【讨论证型】**粉刺·肺经风热型（痤疮）

**【临床表现】**丘疹色红，或伴有痒痛，伴有口渴喜饮，大便秘结，小便短赤。舌质红，苔薄黄，脉弦滑。

**【辨证】**素体阳盛，肺经蕴热，复受风邪，熏蒸面部。

**【治则】**疏风清肺，凉血解毒。

**【主穴】**曲池、合谷、委中。

**【辅穴】**适当选择：①颜面红痒：加大椎、肺俞、膈俞（刺络放血）。②面肿烦急：加心俞、尺泽。③胃肠滞热：加血海、内庭。④痰湿壅盛：加丰隆、阴陵泉。⑤大便秘结：加支沟、天枢。

**【刺法】**以毫针刺双侧曲池、合谷、委中，应用捻针泻法，留针 30 分钟，隔日治疗 1 次。

**【配伍机制】**曲池为大肠经合穴，有疏风解表、调和气血、清热通腑之效；合谷为大肠经原穴，有清肺泄热、通降肠胃之功。两穴同经，相辅相成，合力治疮。正如《杂病穴法歌》所讲："头面耳目口鼻病，曲池合谷为之主。"委中为膀胱经合穴，有疏经活络、解毒凉血之用。诸穴相配，共济疏风清肺、凉血解毒之功。再适当选择辅穴，组成治疗痤疮的针刺方案。

**【备注】**

（1）痤疮皮损类型：皮疹初起损害表现为与毛囊口一致的淡黄色或正常皮色的圆锥形丘疹，毛囊口充塞着小栓塞，顶端常因氧化而变黑，挤压时可有乳白色脂栓排出，称黑头粉刺；若皮脂腺口完全闭塞，并发感染，则为炎症性丘疹，称丘疹性痤疮；若炎症加剧，感染形成脓疱，称脓疱性痤疮；脓疱破溃或自然吸收，凹陷成萎缩性疤痕，称萎缩性痤疮；如果炎症继续扩大深入，则于皮下形成大小不等、淡红色或暗红色结节，称结节性痤疮；有的损害呈黄豆至指端大小的椭圆形囊肿，挤压时有波动感，称囊肿性痤疮。若附近数个脓肿汇合时，可形成聚合性痤疮。临床常见的痤疮，往往以某一型损害为主，但也可见数种损害同时存在。多数患者有皮脂溢出，自觉症状有微痒，并发感染时可有疼痛。

（2）痤疮皮肤护理常规：①少照镜子，不过度注意面部皮损，不随意用手挤压痤疮，以免炎症扩散和遗留更深的色印。②避免头发遮挡痤疮的易生部位，前额长痘的不留头发帘，两颊长痘的不披散长发。③每日早晚用洗面奶或香皂做好面部清洁，祛除油污，保持毛囊皮脂腺导管的通畅。洗脸次数不宜过多，以免破坏正常的皮脂膜。④不宜选用油质化妆品，慎用防晒霜、遮盖霜及粉底等。尽量选用补水性好的柔肤水，油性皮肤多补充水分可达到平衡油脂分泌，改善油性皮肤的作用。⑤均衡饮食，不吃辣椒、鱼虾海鲜、牛羊肉等腥膻食物和刺激性食品。不吃甜食中的饮料、巧克力、冰激凌、糖类。⑥调节胃肠功能，保持大便通畅，有利于体内毒素的代谢。⑦注意休息，保持良好的睡眠及心理状态。

（3）痤疮严重的患者可采取针药结合的方法，临床应用《医宗金鉴》的“五味消毒饮”加凉血解毒、清热化湿之品治疗有效。

### （三）蝴蝶斑（黄褐斑）

蝴蝶斑是由于皮肤色素改变而在面部呈现局限性褐色斑的皮肤病，发于面部的颧骨、额及口周围，多对称呈蝴蝶状。本病皮损多呈对称分布，无自觉症状，日晒后加重。

黄褐斑也称肝斑，是发生于面部的常见色素沉着性皮肤病，本病的发生多与女性激素代谢失调有关，常见于月经不调、妊娠、口服避孕药及肝病者，而日光的曝晒、精神创伤等为常见诱因。雌激素、黄体酮与日光照射均能促进黑色素的代谢而使表皮基底层黑色素细胞内所含黑色素量增多，促使皮肤颜色变黑。

蝴蝶斑应与雀斑鉴别。雀斑皮疹分散而不融合，斑点较小，且夏重冬轻或消失，有家族史。

《外科正宗》说："黧黑斑者，水亏不能制火，血弱不能华肉，以致火燥结成斑黑，色枯不泽。"《医宗金鉴·外科心法要诀》说："由忧思抑郁，血弱不华，火燥结滞而生于面上，妇女多有之。"

本病与肝、脾、肾三脏关系密切，主要病机为气血不能上荣于面。情绪不畅导致肝郁气滞，气郁化热，熏蒸于面，灼伤阴血而生；或冲任失调，肝肾不足，水火不济，虚火上炎所致；或慢性疾病，营卫失调，气血运行不畅，气滞血瘀，面失所养而致；或饮食不节，忧思过度，损伤脾胃，脾失健运，湿热内生，熏蒸而致病。

**【讨论证型】**蝴蝶斑·肝肾不足型（黄褐斑）

**【临床表现】**斑色褐黑，面色晦暗；伴见头晕耳鸣，腰膝酸软，失眠健忘，五心烦热。舌红少苔，脉细。

**【辨证】**肝肾不足，虚火上炎。

**【治则】**补益肝肾，滋阴降火。

【**主穴**】风池、迎香、合谷、复溜。

【**辅穴**】适当选择：①颜面斑多：加大椎、肺俞、肝俞（刺络放血）。②肝气郁结：加行间。③肝肾阴虚：加三阴交、太溪。④瘀血内阻：加膈俞（刺络放血）。⑤大便秘结：加天枢、支沟。

【**刺法**】以毫针刺风池、迎香、合谷，应用捻针泻法；复溜用捻针补法。皆双侧刺，留针30分钟，病轻者隔日刺，重者每日治疗1次。

【**配伍机制**】风池有疏风清热、开窍醒神之能；迎香可清肺散风，通调腑气；合谷可疏风解表，清泄肺气，通降肠胃。迎香、合谷两穴同经，相互合力，泄头面之热，化阳明之瘀，其效益彰。复溜为肾经经穴，乃足少阴经之脉气所行，为经金穴，具有滋补肝肾、育阴润燥之用。诸穴相配，共济补益肝肾、滋阴降火之效。再选择适当辅穴，组成治疗黄褐斑的针刺方案。

【**备注**】

（1）黄褐斑皮损特点：为黄褐色、暗褐色或深咖啡色的斑片，常对称分布于颊部，呈蝴蝶形，亦可累及前额、眉弓、眼周、颧部、鼻背、鼻翼、上唇等颜面皮肤。斑片形状不一，或圆形，或条形，或呈蝴蝶形。边缘清楚，表面光滑，无鳞屑。一般无自觉症状及全身不适，有些妇女在月经前加重。

（2）预防调护：①心情舒畅，保持乐观情绪，忌忧思恼怒。②注意劳逸结合，睡眠充足，避免劳累。③避免日光曝晒，慎用含香料和药物性化妆品，忌用刺激性药物及激素类药物。④多吃新鲜蔬菜和水果，忌辛辣、烟酒。

（3）治疗黄褐斑，除针刺外，可配合外洗液。

①组成：板蓝根60g，地肤子60g，金狗脊60g，马齿苋60g，香白芷10g。

②用法：煎汤先熏后洗，日一二次，1剂药可用3次。但必

须注意，针刺之后的6小时之内不可使用，以防针孔感染。

## （四）瘰疬（颈淋巴结核）

颈侧耳后皮里膜外出现结节肿块，或左或右，或两侧均有，其结核成串，如绿豆、银杏，大小不等，累累如串珠，大者为瘰，小者为疬，故名瘰疬。西医称之为颈淋巴结核。

颈淋巴结核是发生于颈部淋巴结的慢性特异性感染疾患，结核杆菌大多经扁桃体、龋齿侵入，少数继发于肺或支气管的结核病变，在人体抵抗力极度低下时发病。

本病特点是多见于儿童及青少年，好发于颈部及耳后。起病缓慢，初起时结核如豆，皮色不变，不觉疼痛，以后逐渐增大窜生；成脓时，皮色转为暗红，溃后脓水清稀，常夹有败絮样物质，往往此愈彼溃，形成窦道。

瘰疬须与颈痈、失荣相鉴别。颈痈亦生于颈部两侧，但发病较快，初期即寒热交作，结块形如鸡卵，漫肿坚硬，易溃、易消、易敛。失荣多见于中老年人，生于耳前、后及项间，初起结核形如堆栗，按之坚硬，推之不移，生长迅速，溃破后疮面如石榴样或菜花样，血水淋漓，常由口腔、喉部、鼻腔或脏腑之岩转移而来。

本病因忧思恚怒，肝气郁结，气郁伤脾，脾失健运，痰湿内生，结于颈项而成。日久痰浊化热，或肝郁化火，下烁肾阴，热盛肉腐而成脓，溃后脓水淋漓，耗伤气血，经久难愈。

**【讨论证型】**瘰疬·气滞痰凝型（颈淋巴结核）

**【临床表现】**瘰疬初起，颈部淋巴结肿大，大小不等，呈球形、椭圆形，光滑、活动，边界清楚，质中等硬度，有的成串珠状排列，肤色不变，无疼痛。胸胁胀满，不思饮食，情志抑郁，舌苔薄，脉弦滑。

**【辨证】**肝气郁结，气郁生痰，痰凝成块，结于颈侧。

【治则】疏肝解郁，化痰散结。

【主穴】阳陵泉、曲池。

【辅穴】适当选择：①项部瘰疬：加翳风、丘墟。②颈部瘰疬：加臂臑、手三里。③腋下瘰疬：加肩井、大迎。④结核坚硬：取毫针在结核局部围刺。⑤病久体虚：加脾俞、肾俞。

【刺法】以毫针刺阳陵泉、曲池，应用捻针泻法，双侧皆刺，留针30分钟，隔日治疗1次。

【配伍机制】阳陵泉为胆经合穴，有疏泄肝胆、理气解郁、清热除湿之能；曲池为大肠经合穴，有宣行阳明经气、清热化痰散结之用。二穴相配，二阳相合，一上一下，均为所入，共济疏肝解郁、化痰散结之功能。再结合病情适当选择辅穴，组成治疗瘰疬的针刺方案。

【备注】

（1）急性瘰疬多由外感风热，夹痰凝阻少阳之络，致营卫不和，气血凝滞而生致。慢性瘰疬多由七情所伤，肝气郁结，郁而生火，炼液成痰，痰火上升，结于颈项；或肝肾不足，肺肾不足，肺气不能输布津液，致凝聚为痰，痰窜经络而成。

（2）瘰疬多见于体弱儿童及青年，病程进展缓慢。临床表现特点有：①初期：颈部一侧或双侧结块肿大如豆粒，一个或数个不等，皮色不变，按之坚实，推之能动，不热不痛，多无全身症状。②中期：结核增大，皮核粘连。有时相邻的结核可互相融合成块，推之不动，渐感疼痛。如皮色渐转暗红，按之微热及微有波动感者为内脓已成。可伴轻微发热，食欲不振，全身乏力等。③后期：切开或自溃后，脓水清稀，夹有败絮样物，疮口呈潜行性空腔，疮面肉色灰白，四周皮肤紫暗，可形成窦道。如脓水转厚，肉芽转成鲜红色，则即将愈合。本病愈后可因体质虚弱或劳累而复发，尤以产后多见。若结核数年不溃，也无明显增大，推之可移，其病较轻；若初期结核即累累数枚，坚肿不移，融合成团，其病较重。

（3）本病治疗可分为初、中、后三期治疗：即初期（硬结期）用解郁散结之法，中期（脓肿期）用清热排脓之法，后期（破溃期）用益气养血法。同时用外治法，以提高疗效。若形成窦道者，需用腐蚀剂，必要时做扩创手术。

（4）预防调护：①保持心情舒畅，情绪稳定。②节制房事，以免耗损肾阴，避免过度体力劳动。③增加营养食物，忌鱼腥发物、辛辣刺激之品。④积极治疗其他部位虚痨病变。

### （五）项瘿（甲状腺疾患）

瘿是甲状腺疾病的总称，泛指颈前结喉两侧肿大的一类疾病。特点是发于结喉两侧甲状腺部，或为漫肿，或为结块，或为灼痛，多数皮色不变，大多可随吞咽动作上下移动。包括西医学单纯性甲状腺肿、甲状腺腺瘤、甲状腺囊肿、甲状腺炎等甲状腺疾患。

《三因方·瘿瘤证治》说："坚硬不可移者，名曰石瘿；皮色不变，即名肉瘿；筋脉露结，名曰筋瘿；赤脉交结者，名曰血瘿；随忧愁消长者，名曰气瘿。"《诸病源候论》说："瘿者，由忧恚气结所生，亦曰饮沙水，沙随气入于脉，搏颈下而成之……气瘿之状，颈下皮宽，内结突起，膇膇然亦渐大，气结所致也。"

项瘿和瘰疬、发颐不同。瘰疬发于颈侧、颌下、耳后，质硬而累累如串珠，相当于颈淋巴结核；发颐则发于颐下腮腺，红肿热痛，相当于急性化脓性腮腺炎，临床应予鉴别。

瘿病的主要病因病机是在情志、水土等致病因素的作用下导致脏腑经络功能失调，气滞、血瘀、痰凝结于颈部，逐渐形成项瘿。

**【讨论证型】**项瘿·气滞痰凝型（甲状腺疾患）

**【临床表现】**颈部弥漫性肿大，或光滑肿块，皮色如常，质软不痛，随吞咽动作上下移动；伴情志不畅，胸闷胁胀，妇女月经不调。舌苔薄，脉弦滑。

**【辨证】**肝郁气滞，湿聚成痰，痰气凝结。

**【治则】**解郁化痰，软坚散结。

**【主穴】**天突、臑会、内关、局部阿是穴。

**【辅穴】**适当选择：①情绪急躁：加大陵、大敦。②心慌心跳：加少泽、中渚。③失眠多梦：加神门、三阴交。④眼球外凸：加天柱、攒竹、太冲。

**【刺法】**先以毫针刺天突穴，进针后针体放平，沿胸骨柄内侧后缘缓缓向胸骨柄方向进针，针尖向下方，可深刺2寸左右，选择用捻针平补平泻的轻手法。臑会、内关应用捻针泻法，双侧皆刺。局部阿是穴刺法，是选用毫发金针，针体呈45°角自腺体边缘向肿块中心刺，不捻转、不提插。留针30分钟，隔日治疗1次。

**【配伍机制】**天突理气化痰，利咽散结，与三焦经的臑会相伍，构成治疗项瘿的经验用穴；内关清泄心包，宽胸理气；妙在以毫发金针刺入病灶直达病所，针对性极强。以上诸穴，配合得当，共济解郁化痰、软坚散结之功效。再结合证候适当选择辅穴，组成治疗项瘿的针刺方案。

**【备注】**

（1）项瘿是甲状腺疾病。多由忧愁思虑所致气结不化，津液凝聚成痰，气滞久则血瘀，气、痰、瘀三者互凝于颈部而成；或由水土不宣，久饮“沙水”所致。气郁化火可致阴虚，心阴虚则心悸气促，肝阴虚则风动手颤。症见颈部肿大，甚则颈脖显著粗大，皮宽而不紧。有的兼见胸膈气闷，心悸气促，手指颤动，面赤多汗，眼球突出，急躁善怒，脉弦滑。

（2）预防调摄：①保持心情舒畅，树立战胜疾病的信心，忌郁怒动气，少食辛辣之品。②加强体育锻炼，增强机体抵抗力，减少上呼吸道感染的发生。③病重者，宜卧床休息，注意保持呼吸道的通畅。④气瘿者，在流行地区，除改善水源外，应以碘化食盐煮菜作为集体预防，服用至青春期后；经常用海带或其他海产品植物佐餐，尤其在怀孕期和哺乳期。⑤肉瘿患者久治不愈，或结节迅速增大变硬，易及早手术切除。⑥石瘿一旦确诊，宜早期手术切除，以求根治。但分化癌不宜手术切除，手术可加速癌细胞的血行扩散，治疗以放射疗法为主。

### （六）乳癖（乳腺增生）

乳癖是指妇女乳房部出现慢性良性肿块，以乳房肿块和胀痛为主症的病证，常见于中青年妇女。相当于西医学乳腺增生病。其特点是：单侧或双侧乳房疼痛并出现肿块，乳痛和肿块与月经周期及情志变化密切相关，乳房肿块大小不等，形态变化，边界不清，质地不硬，活动度好。

乳腺增生的临床症状与月经周期有密切的关系，因此一般认为本病的发生与卵巢功能失调有关，黄体素分泌减少，雌激素量就相对增多。

本病应与乳岩相鉴别。乳岩（乳腺癌）为常无意中发现的肿块，不痛，逐渐增大，肿块质地坚硬，表面高低不平，边缘不整齐，常与皮肤粘连，活动度差，且质地较坚硬，患侧淋巴结可肿大，后期破溃呈菜花样。

《圣济总录》说："冲任二经，上为乳汁，下为月水。"《外证医案汇编》说："乳症，皆云肝脾郁结，则为癖核。"足阳明胃经过乳房，足厥阴肝经至乳下，足太阴脾经行乳外，若情志内伤，忧思恼怒则肝脾郁结，气血逆乱，气不行津，津液凝聚成痰；复因肝木克土，致脾不能运湿，胃不能降浊，则痰浊内生；气滞痰浊阻于乳络则为肿块疼痛。本病的基本病机为气滞痰凝，冲任失调，病在胃、肝、脾三经。"

**【讨论证型】**乳癖·肝气郁结型（乳腺增生）

**【临床表现】**多见于20～50岁妇女，乳房结块，皮色不变，单发或多发，质地中等。情志郁闷，心烦易怒，两侧乳房刺痛或胀痛，乳房肿块随情志波动而胀大，乳房胀痛也加重，常常涉及胸肋部及肩背部。月经前胀痛加重，行经及经后期症状稍缓解，兼有胸闷气短、失眠多梦等。舌苔薄白，舌质暗淡，脉沉缓或细涩。

**【辨证】**肝气郁结，乳络阻隔。

**【治则】**疏肝理气，通络散结。

**【主穴】**膻中、尺泽、合谷、三阴交。

**【辅穴】**适当选择：①乳房刺痛：加太渊。②肝气郁结：加中脘、内关。③失眠多梦：加神门。④月经不调：加关元。⑤肝胃失和：加足三里。

**【刺法】**先以毫针刺膻中穴，由上向下沿皮逆经刺，不捻转，此为泻法；再刺尺泽、合谷、三阴交，应用捻针泻法。双侧皆刺，留针30分钟，隔日治疗1次。

**【配伍机制】**膻中善于疏解任脉经气之郁结，与内之乳核为邻近相应，具有宽胸理气之功，《行针指要赋》说"或针气，膻中一穴分明记"；尺泽为肺经之合穴，有清热宽胸、降逆理气之效；合谷是治疗手阳明经疾病的原穴，能疏风清热、清泄肺气；三阴交沟通肝、脾、肾经之气，足三阴经均上交于任脉，有健脾助运、调理气血之用。诸穴相配，共济疏肝理气，活血散结之功效。再适当选择辅穴，组成治疗乳腺增生的针刺方案。

**【备注】**

（1）乳癖亦称乳中结核，相当于现代医学的慢性纤维增生性乳房病，包括乳腺小叶增生、乳腺导管纤维增生及慢性囊性乳房病。临床上以单侧或双侧乳房出现肿块及局部疼痛为特征，不论未婚已婚，均可罹患。有患者往往同时并发癥瘕（子宫肌瘤），两者都与肝郁气滞、痰湿凝滞关系密切。

（2）乳腺增生的乳房肿块可发生于单侧或双侧，大多位于乳房外上象限。直径一般 1 ~ 2cm，大者可超过 3cm。肿块的形态可分为以下数种类型：①片块型：肿块呈厚薄不等的偏块状、圆盘状或长圆状，数目不一，质地中等或有韧性，边界清，活动度好。②结节型：肿块呈扁平或串珠样结节，形态不规则，边界欠清楚，质地中等或偏硬，活动度好。③混合型：有结节、条索、片块、砂粒样等多种形态肿块混合存在者。④弥漫型：肿块分布超过乳房 3 个象限以上者。

（3）预防调摄：①应保持心情舒畅，情绪稳定。本病患者大多情志不遂，故在治疗中应耐心细致地做好患者的思想工作，使她们从郁闷的情绪中解脱出来，以助于病情的康复。②应适当控制脂肪类食物的摄入。③及时治疗月经失调等妇科疾患和其他内分泌疾病。④对高发人群要做定期检查。

（4）针刺治疗乳癖（乳腺增生）有相当的疗效，若能针药结合，配合疏肝理气、活血通络之剂，其疗效更佳。请参见第四章医案精选。

## （七）瘾疹（荨麻疹）

瘾疹是一种以皮肤出现红色或苍白色风团、瘙痒、时隐时现为主要临床表现的过敏性皮肤病。其特点是皮肤上出现瘙痒性风团，发无定处，骤起骤退，退后不留痕迹。

荨麻疹属于过敏性皮肤病，是皮肤黏膜血管扩张、通透性增加而出现的一种局限性水肿反应。本病病因是先天性过敏性体质在某种致敏物质作用下引起的过敏反应，常见的原因有花粉、灰尘、羽毛，或动物蛋白性食物如鱼、虾、蟹、蛋等，以及青霉素、链霉素、磺胺等药物，肠道寄生虫和胃肠功能障碍也可诱发本病。

瘾疹应与丘疹性荨麻疹相鉴别，丘疹性荨麻疹为风团性丘疹或小水疱，好发于四肢、臀、腰等处，夏季儿童多见。

《诸病源候论·风瘙身体瘾疹候》说："邪气客于皮肤，复逢风寒相折，则起风瘙瘾疹。"

本病因先天禀赋不足，卫外不固，风邪乘虚侵袭所致；或因表虚不固，风寒、风热外袭，客于肌表，致使营卫失调而发；或饮食不节，过食辛辣厚味，胃肠积热，复感外邪，内不得疏泄，外不得透达，郁于皮肤腠理而发。

**【讨论证型】**瘾疹·风湿相搏型（荨麻疹）

**【临床表现】**风团呈红色，相互融合成片，状如地图；扪之有灼热感，自觉瘙痒难忍，遇热加重，得冷则减；伴有微热恶风，心烦口渴，咽喉肿痛。舌质红，苔薄白或微黄，脉浮数。

**【辨证】**血燥风湿，感受外邪，营卫不和。

**【治则】**清热化湿，宣解外邪，凉血和营。

**【主穴】**大椎、曲池、列缺、血海、足三里。

**【辅穴】**适当选择：①头颈部多：加人中。②肩背部多：加风门、胃俞。③胸腹部多：加中脘、关元。④上肢疹多：加外关、合谷。⑤下肢疹多：加风市、委中。

**【刺法】**先以毫针刺大椎穴，应用捻针平补平泻法；若病情严重、奇痒，可改用三棱针放血拔罐法。再刺曲池、列缺、足三里，应用捻针泻法；血海采取捻针平补平泻法。双侧皆刺，留针30分钟，每日或隔日治疗1次。

**【配伍机制】**大椎乃诸阳之会，具有通阳散寒、疏风解表之功；曲池有疏风解表，清热利湿之效；列缺为手太阴经络穴，别走手阳明大肠经，有清泄肺、大肠之效；足三里有调理脾胃，通调气血之用；妙在血海，为脾经腧穴，具有利湿清热、凉血调经之能。诸穴相配，共济清热化湿、宣解外邪、凉血和营之效。再根据症状，适当选择辅穴，组成治疗荨麻疹的针刺方案。

【备注】

（1）《医宗金鉴》指出，此证“由汗出受风，或露宿乘凉，风邪多中表邪之人”。风邪多为此病重要致病因素，脾胃内蕴湿热，或受风邪之后湿热不得疏泄，风邪又难以透达，搏于肌肤，使营卫失和，郁于皮毛、肌腠则发本病。所谓“风湿相搏”即指外感风寒，内蕴湿热，两者合邪，积留肌肤之间，欲表散则难透达，欲疏泄则无出路，故形成风湿相搏之局势，产生奇痒之苦，其痒从何来，此乃“无风无湿不作痒”之理也。

（2）预防调护：①禁用或禁食某些对机体过敏的药物或食物，避免接触致敏物品，积极防治某些肠道寄生虫病。②忌鱼腥虾蟹、辛辣、葱、酒等。③注意天气变化，自我调摄寒温，加强体育锻炼。

（3）“三三三拔罐法”是民间治疗荨麻疹的有效方法，现介绍如下：取穴神阙。在神阙穴上拔火罐，每3分钟1罐，连续拔3次火罐。神阙有疏风、泻热，止痒、通腑之功效。

## （八）湿疡（慢性湿疹）

湿疡之名，其内容很多，从中医命名来说，分析如下：如浸淫遍体、渗液极多者名“浸淫疮”；发生于小儿者名“奶癣”；发于耳后者称“旋耳疮”；发于阴囊者称“绣球风”；发于肘、腘窝处称“四弯风”；发于手掌者称“鹅掌风”；发于小腿者称“裙边风”等。中医统称为风湿疡，若合并继发感染者称为湿毒疡，慢性湿疹者称为“顽湿”。

《医宗金鉴·血风疮》说：“此证由肝、脾二经湿热，外受风邪，袭于皮肤，郁于肺经，致遍身生疮。形如粟米，瘙痒无度，抓破时，津脂水浸淫成片，令人烦躁、口渴、瘙痒，日轻夜甚。”指出本病与心、肝、脾、肺四经的病变有密切关系。

湿疡根据病程可分为急性、亚急性、慢性三类。急性和亚急性湿疡处理不当，长期不愈即发展为慢性湿疡。急性湿疡以丘疱疹为主，有渗出倾向；慢性湿疡以苔藓样变为主，易反复发作。本病由风湿热邪浸淫肌肤所致，急性者以湿热为主，亚急性者多与脾虚湿恋有关，慢性者则多病久耗阴血，血虚风燥，乃肌肤甲错。

**【讨论证型】**湿疡·湿重于热型（慢性湿疹）

**【临床表现】**皮肤为轻度潮红，有淡红色或暗红色粟状丘疹、水疱、轻度糜烂、渗出、结痂、脱屑反复发作者。痒重抓后则糜烂渗出不止。伴有胃脘堵闷，纳谷不香，口中黏腻，口渴而不思饮，身倦乏力，便溏，小便清长。舌质淡，苔白腻，脉沉缓。

**【辨证】**湿热内阻，脾失健运，湿重于热。

**【治则】**除湿，利水，清热。

**【主穴】**曲池、箕门、三阴交。

**【辅穴】**适当选择：①湿重于热：加阴陵泉、委中。②热重于湿：加合谷。③血虚风燥：加血海、风市。

**【刺法】**以毫针刺曲池穴，应用提插、捻转的泻法，待得气后再改用强刺激手法为佳。箕门、三阴交穴用捻针平补平泻法，双侧皆刺。留针 30 分钟，隔日治疗 1 次。

**【配伍机制】**曲池有疏风解表，调和气血，清热和营之功，《马丹阳十二穴歌》说："曲池治遍身风癣癞，针着即时瘳"；箕门为经验用穴，善治湿疹，阴囊湿疹其效最佳；三阴交乃三阴经交会穴，有健脾利湿、通调水道、理气通滞之效。诸穴相配，共济除湿、利水、清热之效。再根据症状，选择适当的辅穴，组成治疗慢性湿疹的针刺方案。

**【备注】**

（1）西医学认为湿疹的发生与变态反应有关，属于 IV 型变态反应。其致敏原广泛，如食物、药物、细菌、动物羽毛及花粉等。是一种常见的过敏性炎症性皮肤病，以皮疹的多形、易于渗出、病程迁延、或有复发倾向为特征。

（2）医生应嘱患者：①避免搔抓，以防感染。②忌食辛辣、鱼、虾、牛、羊等发物，忌食香菜、韭菜、芹菜、姜、葱、蒜等辛香之品。③慢性湿疡急性发作期间，应暂缓预防注射各种疫苗和接种牛痘。

（3）治疗慢性湿疹，可以针药结合，临床用药则分型论治。①风热型：治宜凉血祛风法，取“防风通圣散”加减。②湿热型：治宜利湿清热法，取“龙胆泻肝汤”加减。③脾湿型：治宜健脾除湿法，取“除湿胃苓汤”加减。④阴虚夹湿型：治宜滋阴除湿法，取“知柏地黄汤”加减。⑤血虚风燥型：治宜养血祛风润燥法，取“润燥养荣汤”加减。⑥血燥顽湿型：治宜凉血化湿息风法，取“紫草方”、“二妙丸”、“全虫方”合用加减。

## （九）蛇串疮（带状疱疹）

蛇串疮是一种皮肤上出现成簇水疱，沿身体单侧带状分布，痛如火燎的急性疱疹性皮肤病，即西医学的“带状疱疹”。中医又称为“缠腰龙”、“缠腰火丹”。特点是皮肤上出现红斑、水疱或丘疱疹，累累如串珠，排列成带状，沿一侧周围神经分布区出现，局部刺痛伴有臖核肿大。

带状疱疹系水痘–带状疱疹病毒引起的同时累及神经和皮肤的常见皮肤病。人是水痘–带状疱疹病毒的唯一宿主，病毒经呼吸道黏膜进入血液形成病毒血症，发生水痘或呈隐性感染，以后病毒可长期潜伏在脊髓后根神经节或者颅神经感觉神经节内。当机体受到某种刺激（如创伤、疲劳、恶性肿瘤或病后虚弱等）导致机体抵抗力下降时，潜伏病毒被激活，沿感觉神经轴索下行到达该神经所支配区域的皮肤内复制产生水疱，同时受累神经发生炎症、坏死，产生神经痛。当侵犯三叉神经时，可累及角膜，影响视力；侵犯面神经、听神经时，可致面瘫和听觉症状；在骶部可致神经性膀胱，出现排尿困难或尿潴留。

本病因情志内伤，肝气郁结，久而化火，肝经火毒蕴积，夹风邪上窜头面而发；或夹湿邪下注，发于阴部及下肢；火毒炽盛者多发于躯干。年老体弱者，血虚肝旺，湿热毒蕴，致气血凝滞，经络阻塞不通，致疼痛剧烈，病程迁延。本病初期以湿热火毒为主，后期则是正虚邪恋夹湿为患。

**【讨论证型】**蛇串疮·肝经郁热型（带状疱疹）

**【临床表现】**皮肤出现前常有轻重不同的前驱症状，如发热、倦怠、食欲不振等。局部皮肤知觉过敏、灼热、针刺样疼痛等症。以后皮肤出现红斑、水疱簇状成群，互不融合，排列成带状。口苦咽干，心烦易怒，大便干燥或小便黄，舌质红，苔薄黄，脉弦滑数。

**【辨证】**肝胆热盛，湿毒侵络。

**【治则】**凉血清热，化湿解毒。

**【主穴】**曲池、阳陵泉、患处局部放血。

**【辅穴】**适当选择：①颜面疱疹：加风池、太阳、合谷。②胸胁疱疹：加支沟、太冲。③腰腹疱疹：加委中、三阴交。④心烦难寐：加神门、阴郄。

**【刺法】**以毫针刺曲池、阳陵泉穴，皆用强刺激手法为泻，两侧皆刺，留针 30 分钟。局部放血法：可在疱疹集中处、疱疹延伸发展处或痛痒较为严重部位取穴。以三棱针刺病灶局部放血时，必须严格消毒，针后不宜着水，以防感染。治疗每日 1 次，治疗 5 次后改为隔日 1 次。

**【配伍机制】**曲池有疏风解表，调和气血，通经活络，清热化湿之功。阳陵泉有疏泄肝胆，清热除湿，疏经活络，缓急止痛之效。二穴相配，二阳相合，一上一下，其功绝妙。更有患处局部放血，使毒热、湿邪随血而尽出，可谓直接逐邪，则事半功倍。诸穴配伍，共济凉血清热、化湿解毒之效。再结合疱疹之部位适当选择辅穴，组成治疗带状疱疹的针刺方案。

【备注】

（1）该病系水痘－带状疱疹病毒引起的，同时累及神经和皮肤的常见病。简言之，即是病毒感染神经根。正常情况下，人一生只患一次带状疱疹。机体抵抗力较完善的人，带状疱疹是局限的，多为单侧、一个或数个邻近神经分布区。但机体抵抗力低下者，如患有艾滋病、淋巴瘤及使用免疫抑制剂者，带状疱疹可以泛发，同时在身体多个部位出现损害，预后多不佳。因此，从这个意义上说，蛇串疮如果发展至对侧连成圈，或两侧同时发生呈泛发性反应，则预后不好。

（2）带状疱疹患者在发病前如何确诊？①疼痛在身体的一侧；②疼痛是跳动性的刺痛；③疼痛部位不固定；④疼痛部位有发热感；⑤疼痛在夜间12点至凌晨3点加剧者，因疱疹病毒有“认时性”。

（3）带状疱疹的主要特点：①年幼年长都会发病，以成人多见且症状较重。②四季皆能发病，以春秋季和潮湿天居多。③人体任何部位都可能出现疱疹，以躯干及面部最常见。④发病就伴有疼痛，疱疹结痂后部分患者还会延续疼痛。⑤水疱和皮损多沿某一周围神经分布，排列成带状发生于身体一侧，不超过躯体中线。

（4）医生应嘱患者：①发病期间应保持心情舒畅，以免肝郁气滞化火而加重病情。②生病期间忌食肥甘厚味和鱼腥海味之物，饮食宜清淡，多吃蔬菜、水果。③忌用热水烫患处，内衣宜柔软宽松。④皮损局部保持干燥、清洁，忌用刺激性强的软膏涂抹，以防皮损范围扩散或加重病情。

（5）带状疱疹疼痛严重，临床采用针药结合则疗效甚佳。而急性期以“龙胆泻肝汤”加大剂量凉血清热、利湿解毒之品即能取效。

## （十）皲裂症（鹅掌风）

皲裂症，又称手足皲裂，是一种由多种原因引起的手足皮肤干燥和裂开的疾病。主要症状为手掌、足蹠部皮肤增厚，干燥粗糙，开始只是龟裂，以后发展成皲裂，裂口方向多与皮纹一致，因发病部位不同，裂口长短不同。手指尖、指屈面、手掌、足趾及蹠外侧等经常受摩擦和牵引处为好发部位。

鹅掌风是因风、湿、热邪外袭，郁于腠理，淫于皮肤，发于手掌部，初起形成水疱，水疱破后干涸，叠起白屑，反复发作，致手掌皮肤肥厚、枯槁干裂、疼痛、屈伸不利，宛如鹅掌而得名。

根据裂口深浅程度，皲裂可分为三度：Ⅰ度：仅达表皮，无出血，无疼痛等症状；Ⅱ度：由表皮深入真皮，可有轻度刺痛，但不引起出血；Ⅲ度：由表皮深入真皮和皮下组织，常有出血和疼痛。

《外科正宗》说："手足破裂，破裂者干枯之象，气血不能荣养故也。因热肌骤被风寒所逼，凝滞血脉，以致皮肤渐枯渐槁，乃生破裂；日袭于风，风热相乘，故多作痛。""鹅掌风由足阳明胃经火热血燥，外受寒凉所凝，致皮枯槁……初起紫斑白点，久则皮肤枯厚，破裂不已。"《医宗金鉴》说："无故掌心燥痒起皮，甚则枯裂、微痛者，名掌心风。由脾胃有热、血燥生风、血不能荣养皮肤所致。"

鹅掌风主要由外感湿热之毒，蕴积皮肤，毒邪相染或病久湿热化燥伤血，气血不和，血脉阻滞，皮肤失于荣养而发病。

**【讨论证型】**皲裂症·血虚风燥型（鹅掌风）

**【临床表现】**病史多年，双手皮损无明显的水疱或环形脱屑，掌面弥漫性发红增厚，皮纹加深，皮肤粗糙，易皲裂，裂口深而有出血，疼痛难忍，影响活动。舌淡红，苔薄，脉细。

【辨证】湿热化燥伤血，气血不和，血脉阻滞，肌肤失养。

【治则】化湿清热，活血通经。

【主穴】劳宫、外关、阿是穴放血。

【辅穴】适当选择：①手足皆裂：加玉枕。②手掌奇痒：加中渚、后溪。③足趾蹠痒：加八风、委中。④湿热皆盛：加合谷、太冲。

【刺法】以毫针刺劳宫、外关穴，应用捻针泻法，可刺患侧。以三棱针刺病灶局部放血时，必须严格消毒，针后不宜着水，以防感染。留针 30 分钟，隔日治疗 1 次。

【配伍机制】劳宫穴为心包经荥穴，为荥火穴，有清心火、安心神、清热凉血之效，是治疗鹅掌风的经验用穴，《十四经要穴主治歌》讲“痰火胸疼刺劳宫，小儿口疮针自轻，兼刺鹅掌风证候，先补后泻效分明”；外关为三焦经络穴，具有清热疏风、疏通经络之效，两穴一阴一阳，内外沟通。妙在阿是穴放血，使病灶局部瘀滞恶血尽出。诸穴相配，共济化湿清热、活血通经之功效。再结合病情适当选择辅穴，组成治疗鹅掌风的针刺方案。

【备注】

（1）鹅掌风是由有害真菌感染手足部位而出现的皮肤损害。按临床表现特点不同，可分为水疱鳞屑型、角化增厚型两类型：①水疱鳞屑型：起病多为单侧，先以手掌的某一部位开始，特别是掌心，食指及无名指的掌面、侧面及根部，开始为针头大小的水疱，壁厚且发亮，内含清澈的液体，水疱成群聚集或疏散分布，自觉瘙痒，水疱干后脱屑并逐渐向四周蔓延扩大，形成环形或多环形损害，边缘清楚、病程慢性、持续多年，直至累及全部手掌并传播至手背和指甲，甚至对侧手掌。有时水疱可继发感染形成脓疱。②角化增厚型：多由水疱鳞屑型发展而成，患者有多年病史，常已累及双手，皮损无明显的水疱或环形脱屑，掌面弥漫性发红增厚，皮纹加深，皮肤粗糙，干而有脱屑，冬季易皲裂，裂口深而有出血，疼痛难忍，影响活动。促使手掌角化增厚的因素除皮肤癣菌外，还与长期搔抓、洗烫、肥皂、洗涤剂等各种化学物品和溶剂刺激，以及不适当的治疗有关。

（2）预防调摄：对于手足皲裂应防治结合，防重于治，否则一旦皲裂形成，就难以治愈。①在冬夏露天作业时，应采取防护措施，保护皮肤。②对皲裂深的要先用温水浸泡，用刀片削去过度角化的角质层，然后外搽上霜剂、膏剂或油剂，或用胶布贴于患处。③不同的病例有不同的激发和诱发因素，应对症治疗。如手足皲裂伴发口干咽疼，发烧者则先要控制感染。④不要剧烈活动，避免外伤，运动时穿的鞋应大小合适。

（3）介绍鹅掌风外洗泡手中药处方一则，其疗效较好，该方来源于中医外科。药物组成：

苍耳子 15g　地肤子 15g　土槿皮 15g　蛇床子 15g

苦参片 15g　炙百部 15g　明枯矾　6g

用法：取药 1 剂用布袋装好，煮沸 20 分钟后，待温浸泡或湿敷患处，每次 20 ～ 30 分钟，每日洗泡 1 ～ 2 次。每包可反复使用 3 次，使用时切勿烫伤。

注意：患处洗泡后，务必外涂油膏滋润护理。鹅掌风Ⅲ度，裂伤出血者不宜使用，以防感染。

### （十一）冻疮（肢体末端冻疮）

冻疮是发生于冬季因寒冷和潮湿刺激引起的皮肤疾病，以局部肿胀发凉、瘙痒、疼痛、皮肤紫斑，或起水疱、溃烂为主要表现。儿童、青年女性或久坐不动、周围血液循环不良者易患此病。手指、手背、脚趾、足跟等均为好发部位。

本病主要原因是冬季气候寒冷和潮湿，引起人体局部血管痉挛，麻痹瘀血。而植物神经功能紊乱、肢端血液循环不良、手足汗多、缺乏运动、营养不良、贫血及一些慢性病为冻疮发病的诱因。

冻疮需要与多形红斑相鉴别。多形红斑亦好发于手背、指缘等处，但损害为多形性，常见有典型的虹彩状红斑，中间紫红、边缘淡红，无瘀血现象，常伴有发热、关节疼痛等症状。多见于春秋两季。

《外科正宗》说："冻疮乃天时严冷，气血冰凝而成。"寒性收引，易伤阳气。寒冷侵袭，耗伤阳气，外露肌肤失于温煦，内有血脉不畅，气血凝滞，而生冻疮；若爆冷着热，冷气与火气相搏结，亦可致气血瘀滞，而坏烂成疮。

**【讨论证型】**冻疮·寒凝血瘀型（肢体末端冻疮）

**【临床表现】**肢体末端局部麻木冷痛，肤色青紫或暗红，肿胀结块，或有水疱，发痒，手足清冷。舌淡苔白，脉沉细。

**【辨证】**寒邪侵袭，血脉不畅，气血凝滞。

**【治则】**温经散寒，养血通脉。

**【主穴】**曲泉、阿是穴。

**【辅穴】**适当选择：①中气不足：加中脘。②肾气亏损：加灸命门、肾俞。③手部冻疮：加合谷、后溪。④足部冻疮：加行间、申脉。

**【刺法】**以毫针刺曲泉穴，应用提插、捻转的强刺激手法泻之，双侧皆刺，留针 30 分钟，隔日治疗 1 次。阿是穴以毫针刺 3 ～ 5 针，起针后以酒精棉球刺激，最好能出血少许。

**【配伍机制】**曲泉为肝经合穴，有散寒除湿之效。强刺激曲泉能缓解周身之冻疮，改善每个局部的血液循环。再以毫针密刺冻疮局部阿是穴，共济温经散寒、养血通脉之功。再适当选配辅穴，组成治疗冻疮的针刺方案。

**【备注】**

（1）根据冻疮复温解冻后的损伤程度，可分为 3 度。Ⅰ度（红斑性冻疮）：损伤在表皮层。局部皮肤红斑、水肿，自觉发热、瘙痒或灼痛。Ⅱ度（水疱性冻疮）：损伤达真皮层。皮肤红肿更加显著，有水疱或大疱形成，疱内液体色黄或呈血性。疼痛较剧烈，对冷、热、针刺感觉不敏感。Ⅲ度（坏死性冻疮）：损伤达全皮层，严重者可深及皮下组织、肌肉、骨骼，甚至机体坏疽。水疱液为血性，继则皮肤变黑或紫黑，甚至出现组织坏疽，一般多呈干性坏疽，皮温较低，触之冰冷，疼痛感迟钝或消失。

（2）医生应嘱患者：冬春季要注意保暖、防寒，加强锻炼，适当冷水浴、冰上运动，增强机体的御寒能力。经常做肢体及暴露部位的按摩对预防冻疮有好处。

（3）在寒冷条件下工作，需有相应的防寒装备，应做到“三防”：①防寒：衣着松软，厚而不透风，尽可能减少暴露于低温的体表面积，戴手套、口罩、耳罩或头罩，外露的体表上适当涂抹油脂。主动了解冻疮预防知识，加强抗寒锻炼。②防湿：保持衣着、鞋袜等干燥，沾湿者及时更换，治疗汗足。③防静：在严寒环境中要适当活动，避免久站或蹲地不动。进入低温环境前，可进适量高热量饮食，但不宜饮酒。④受冻后，不宜立即用火烤，防止溃烂成疮。⑤冻疮未溃发痒时，切忌用力搔抓，防止皮肤破溃感染。

## （十二）流火（下肢丹毒）

丹毒是患部皮肤突然发红成片、色如涂丹的急性感染性疾病。本病发无定处，根据其发病部位的不同又有不同的病名，如发于躯干部者，称“内发丹毒”；发于头面部者，称“抱头火丹”；发于小腿足部者，称“流火”；新生儿多生于臀部，称“赤游丹毒”。本病西医也称丹毒。其特点是病起突然，恶寒发热，局部皮肤忽然变赤，色如丹涂脂染，焮热肿胀，边界清楚，迅速扩大，数日内可逐渐痊愈，但容易复发。

丹毒是由溶血性链球菌侵入皮肤或黏膜淋巴管所引起的淋巴管和淋巴管周围急性炎症，亦可由血行感染所致。本病可在同一部位反复发作，下肢复发性丹毒，日久可继发象皮肿。

《诸病源候论·丹候》说：“丹者，人身体忽然焮赤，如丹涂之状，故谓之丹。”《千金要方·丹毒》说：“丹毒一名天火，肉中忽有赤如丹涂之色。”

本病应与“发”相鉴别。“发”是局部红肿，但中间明显隆起而色深，四周肿势较轻而色较淡，边界不清，胀痛呈持续性，化脓时跳痛，大多发生坏死、化脓、溃烂，一般不会反复发作。

本病总由血热火毒为患。素体血分有热，肌肤破损之处，湿热火毒之邪乘隙侵入，郁阻肌肤而发。丹毒若出现红肿斑片，由四肢或头面向胸腹蔓延者，属逆证。新生儿及年老体弱者，若火毒炽盛，易导致毒邪内攻，出现壮热烦躁、神昏谵语、恶心呕吐等全身症状，甚则危及生命。

**【讨论证型】**流火·湿热邪毒（下肢丹毒）

**【临床表现】**下肢局部皮肤小片红斑，并迅速发展至大片，色鲜红，肿痛灼热，或见水疱、紫斑，甚至结毒化脓或皮肤坏死，或反复发作；伴发热，胃纳不香。舌红，苔黄腻，脉滑数。

**【辨证】**血燥风湿，兼感热毒，凝滞血脉。

**【治则】**凉血清热，化湿解毒。

**【主穴】**环跳、委中、行间。

**【辅穴】**适当选择：①体温偏高：加大椎。②心烦急躁：加内关、血海。③红肿较甚：加病灶局部三棱针散刺，出其恶血。

**【刺法】**以毫针刺环跳、委中、行间穴，应用捻针泻法，只刺患侧。留针30分钟，每日治疗1次。若病势渐退，则可隔日治疗1次。

**【配伍机制】**环跳有祛风利节，活血通络，化湿清热之功；委中有解毒清热，疏经活络之效。二穴配伍，同为阳经，解毒活血之力更强；行间为肝经荥穴，乃足厥阴经脉气所溜，为荥火穴，具有清肝泄火，活血行瘀之能。诸穴相配，共济凉血清热，化湿解毒之功效。再适当选择辅穴，共同组成治疗下肢丹毒的针刺方案。

**【备注】**

（1）丹毒、结节性红斑、硬结性红斑的鉴别：①丹毒是溶血性链球菌侵入皮肤黏膜后引起的网状淋巴管急性炎症。以突出局部肿胀，形如丹涂脂染，恶寒壮热等全身不适为主症。此病不传染他人，只是自己本身传染。②结节性红斑多发于青年女性，以春秋两季多见。发病前常有上感症状，俗称外科表证。常在小腿发生，色鲜红，大小不一，境界清楚，颜色由鲜红渐变为暗红。结节消退后不留痕迹，但新的损害可以陆续出现。多数伴有关节疼痛，妇女经期或工作劳累时常易诱发。③硬结性红斑，中医称“腓腨发”。《外科心法》：“腓腨发在小腿肚，憎寒烦躁积热成，焮肿痛溃脓血吉，漫肿平塌清水凶。”民间俗称“驴眼疮”。硬结性红斑是一种深部血源性皮肤结核，为对称性皮肤病，发生于小腿屈侧，易溃破，破后形成不易愈合之溃疡，本病多发于青年女性。

（2）丹毒急性发病者，多为湿热毒邪为患，治以清热解毒、凉血止血之法；慢性患者迁延致成象皮肿者，当治以利湿活血、通络散结之法。

（3）医生应嘱患者：①患者应卧床休息，多饮水，做好床边隔离。②丹毒患者应抬高患肢 30° ~ 40° 。③有肌肤破损者，应及时治疗，以免感染毒邪而发病；因脚湿气导致下肢复发性丹毒患者，应彻底治愈脚湿气，可较少复发。④多走、久站及劳累后容易复发，应加以注意。

（4）急性丹毒，局部红肿热痛，若病灶局部面积较大者，应配合中药汤剂治疗。临床应用“当归连翘赤小豆汤”、“二妙散”、“紫草方”合方加减，其疗效甚佳。

## （十三）痔疮（肛门疾病）

痔是直肠末端黏膜下和肛管皮下静脉丛曲张而形成的静脉团。根据发生部位的不同，有内痔、外痔、混合痔三种。内痔生于肛门齿线以上，其特点是便血、痔核脱出，有肛门不适感；外痔生于肛门齿线以下，其特点是肛门坠胀、疼痛，有异物感；混合痔具有内痔、外痔双重症状，指同一方位的内外痔静脉丛曲张，互相沟通吻合，形成一整体者，好发于3、7、11点处，以11点最多。

痔疮严重者会导致或诱发心脑血管疾病，尤其是老年性患者，当排便困难时，患者用力屏气，可使心跳加快造成脑血管破裂，引起脑出血或脑栓塞；内痔嵌顿的疼痛可诱发心绞痛发作；如有血栓形成，可引发肺栓塞。

《素问·生气通天论篇》说："膏粱之变，足生大丁。"《东医宝鉴》说："盖饱食则脾不能适，食积停聚大肠，脾土一虚，肺金失养，则肝木暴畏，风邪乘虚下注，轻则肠风下血，重则发为痔瘘。"《太平圣惠方》说："夫酒痔者，而有大毒，酒毒渍于脏腑，使血脉充溢，积热不散，攻壅大肠，故令下血。"

肛门生痔，多因嗜食辛辣肥腻，燥热内生下迫大肠，或经常便秘努责，久坐久蹲，行走负重，或妇女生育过多，致血行不畅，络脉瘀阻而成。

**【讨论证型】**痔疮·气滞血瘀型（肛门疾病）

**【临床表现】**肛门坠胀疼痛，内痔痔核脱出，嵌顿不能复位，肛管缩紧，严重时肛缘水肿，皮下血栓，触痛明显，影响排便。外痔肛缘肿物突起，排便时可增大，有异物感，局部可触及皮下有硬性结节，便干。舌暗红苔黄，脉弦涩。

**【辨证】**气滞血瘀，血络痹阻，壅而生痔。

**【治则】**祛瘀通络，消痔止痛。

【主穴】承山、二白。

【辅穴】适当选择：①痔疮肿痛：加长强、腰阳关。②肛门裂伤：加阳溪、委阳。③便血便秘：加会阳、气海俞。

【刺法】以毫针刺承山、二白，应用捻针泻法，双侧皆刺。留针30分钟，隔日治疗1次。

【配伍机制】承山为足太阳经之别，入走肛门，具有疏经活络，凉血止血之功。《玉龙歌》说："九般痔漏最伤人，必刺承山效若神。"《百症赋》讲："刺长强与承山，善主肠风新下血。"二白为经外奇穴，其位置在掌侧腕上4寸两筋间及大筋外（桡侧）各1穴，共同组成双穴，名为"二白"。穴居上肢掌侧心包经，和心经邻近，具有调血脉、疏络脉、通经凉血、消炎止痛之能。诸穴相配，共济祛瘀通络、消痔止痛之效。再配合适当的辅穴，组成治疗痔疮的针刺方案。

【备注】

（1）内痔发生于肛门齿线以上，由内痔静脉丛曲张形成。表面是黏膜，易于出血，根据痔核大小及症状分为三期。一期：痔核较小，大便时滴鲜血或带血，不痛，痔核不脱出肛门外。二期：痔核较大，便后痔核外脱，能自行还纳，便血较多或喷射出血。因经常出血可致贫血。三期：便时痔核脱出，甚至咳嗽、远行、负重等均可引起外脱，不能自行还纳。若脱出未及时送回，可以发生肿痛，重的发生嵌顿性内痔，疼痛剧烈。此时痔核表面黏膜增厚，出血情况反而减少。

（2）外痔由外痔静脉丛曲张形成，发生于肛门齿线以下，表面是皮肤。临床可以分为以下几种：①血栓外痔：肛缘皮下突然发生椭圆形肿块，呈紫红色，拒按，坚硬，内有血块，疼痛剧烈。②静脉曲张外痔：肛缘皮下静脉曲张，有圆形、椭圆形或沿肛缘一圈肿块，大便时凸起，往往与内痔相连。③炎性外痔：肛缘破裂发生炎性水肿，痛痒交加或有少量分泌物。④结缔组织外痔：包括皮赘性外痔，哨痔（与肛裂并存）等。

（3）混合痔发生在同一部位齿线上下，内外痔同时存在。

（4）肛瘘多因肛门周围脓肿溃破后形成，因其内口与肛管或直肠相通，故经常复发，流脓水、粪液，局部痒痛，日久不愈。该病治疗采用针灸与服药无效，唯一出路是采取手术治疗。

（5）痔漏科有一种外洗药“祛毒汤”，主治内痔、外痔、混合痔一二期，皆可应用，疗效很好。其药物组成：

淡甘松 15g　马齿苋 15g　文蛤壳 10g　川椒目 10g
茅苍术 10g　炒防风 10g　侧柏叶 10g　炒枳壳 10g
细芒硝 30g

上药共研粗末，布包水煎熏洗。注意只能外用，不可内服。外洗时切勿烫伤。

## 六、骨伤科病证

### （一）外伤性头痛（脑外伤后遗症）

外伤性头痛是指由于头部闭合性或开放性外伤后引起的，以头痛为主要症状的一组血管性疾患。临床表现为长期反复发作的头部跳痛、胀痛、针刺样疼痛，疼痛剧烈时伴恶心、呕吐等症状。根据头部损伤的部位，可分为颅内和颅外损伤。颅外较轻，颅内较重，轻者可无器质性损伤，仅为精神刺激引起的功能性头痛，重者则可出现生命危险。

外伤性头痛的程度与伤势轻重有密切的关系。头痛的部位多在受伤局部，也可波及全头。外伤性头痛患者有明确的外伤史，如交通事故、高处坠下、失足跌倒、工伤事故、灾害等。多数患者经治疗或休息后得到缓解，少数患者的症状可迁延数月或更长。

外伤性头痛为脑外伤后遗症，又叫脑外伤后综合征，是指脑外伤患者在恢复期以后，长期存在的一组自主神经功能失调或精神性症状。脑外伤后遗症证候复杂，其中头痛是其主要症状，严重影响患者的生活和工作。

外伤性头痛的主要病机是瘀恋脑络，未得清彻，伤后瘀阻，脑络不通，且气血难以上注，以致脑失所养。

**【讨论证型】**外伤性头痛·瘀血阻络型（脑外伤后遗症）

**【临床表现】**有头部外伤史，头痛经久不愈，反复发作，痛处固定，如锥刺状，舌黯紫有瘀点，脉涩。

**【辨证】**外伤络损，瘀血痹阻，络脉不通则痛。

**【治则】**活血化瘀，通络止痛。

**【主穴】**哑门、四神聪、膈俞、列缺。

**【辅穴】**适当选择：①前头疼痛：加前顶、上星。②后头疼痛：加后顶、天柱。③两侧头痛：加（左侧）太冲、（右侧）合谷。④头痛如裂：加头维、后溪。⑤头痛如锥刺：加强间、窍阴。⑥眉棱骨痛：加解溪、行间。

**【刺法】**以毫针先直刺哑门穴，应用捻针轻刺激补法；然后俯卧位，再刺四神聪、膈俞、列缺，皆用捻针平补平泻法，双侧均刺。留针 30 分钟，隔日治疗 1 次。

**【配伍机制】**哑门为督脉之腧穴，入通于脑络，内连舌本，具有通经开窍、醒神益智、活血消肿之功；四神聪为经外奇穴，具有醒神开窍、镇惊通经之效；妙在“血之会”膈俞，位居背部，转输肝气，是调控气与血的枢纽，“气为血帅，血为气母，气行则血行”，所以膈俞善调营血，化瘀血之用；列缺是肺经络穴，通于任脉，为手太阴经脉气所集之处，具有清肺、大肠之热，疏通脑络是其特长，为四总穴之一，“头项寻列缺”。诸穴相配，共济活血化瘀、通络止痛之效。再结合疼痛部位，适当选择辅穴，共同组成治疗脑外伤性头痛的针刺方案。

【备注】

（1）中医治疗头痛的范围主要包括四个方面。①血管性头痛：可分为偏头痛和非偏头痛两类。前者以女性多见，常起于青春期，呈周期性发作，并不恒定于一侧，中年后渐减。后者无性别、年龄及发作时间差别，但以中老年及肥胖者居多，头痛呈弥漫性，多为两侧性钝痛与跳痛，常在头部震动或强烈摇动时加剧，可由高血压、脑供血不足等引起。②紧张性头痛：头痛位于两侧额、枕或颞部，呈束箍样痛，或头部沉重、受压、闷胀，以日夜持续疼痛为特点，由于焦虑、紧张或疲劳等身心因素所致，颈项、头部肌肉收缩，相应动脉扩张所致，亦称肌肉收缩头痛。③外伤性头痛：头痛主要由于脑外伤所致，是脑外伤后遗症的主要症状之一。其病因病机为外伤损络，瘀血痹阻，络脉不通则痛。④其他原因：多由于眼病、耳科、鼻腔疾病引起的头痛。其头痛可在相关疾病的治疗中消失而痊愈。

（2）外伤性头痛应属于难治病，其疗程较长，恢复缓慢，医生应考虑针药结合治疗。临床体会可以应用“桃红四物汤”加生龙齿、骨碎补、土鳖虫、山萸肉、细辛、柴胡、血竭等治疗有效。

## （二）颈肩痛（颈椎病、颈肩综合征）

颈肩痛是指颈部疾病引起的头痛、颈痛、肩痛、上背部痛、上肢放射性痛及脊髓受压后产生的四肢症状。临床主要见于颈椎病和颈肩综合征。

颈椎病又称颈椎综合征，是颈椎骨关节炎、增生性颈椎炎、颈神经根综合征、颈椎间盘脱出症的总称，是一种以退行性病理改变为基础的疾患。主要由于颈椎长期劳损、骨质增生，或椎间盘脱出、韧带增厚，致使颈椎脊髓、神经根或椎动脉受压，导致一系列功能障碍的临床综合征。本病好发于40岁以上的成年人。

颈椎病虽临床表现不同，但主要症状为颈项、肩臂痛。

颈肩综合征，乃是颈部、肩部，以至臂肘的肌筋并联发生酸软、痹痛、乏力感及功能障碍等病证。其主要病因是由于不良姿势保持太久，使颈肩部的肌肉韧带紧张而出现酸痛感。手臂和腕关节的病痛是由于长时间伏案工作或使用电脑，上肢神经受到压迫所致。

颈肩痛属于痹证，《素问·痹证篇》说："风寒湿三气杂至，合而为痹也。"本病多因正气亏虚，风寒湿邪乘虚而入，阻滞经络，气血流通不畅，或因积劳受损以致气血不和，筋脉失常，气血凝滞，经脉不通，不通则痛，故颈部、肩臂活动受限，甚则废痿不用。

**【讨论证型】**颈肩痛·络脉瘀滞型（颈椎病、颈肩综合征）

**【临床表现】**颈部僵硬，活动受限，头项疼痛，上肢重着、麻木，不能后伸，或亦痛麻，肩背酸痛，喜热畏寒。苔白腻，脉濡缓。

**【辨证】**经络瘀滞，兼感风寒，筋脉痹阻。

**【治则】**益气活血，祛风通络。

**【主穴】**风池、大椎、肩井、颈夹脊。

**【辅穴】**适当选择：①颈项酸痛：加天柱、后溪。②背部疼痛：加身柱、神道。③肩背受风：加拔火罐。④肩胛寒痛：局部阿是穴（火针浅刺、密刺）。

**【刺法】**以毫针直刺大椎穴，应用捻针补法。再刺风池穴，捻针平补平泻法；肩井切勿刺深，改用沿皮刺，不做手法；颈夹脊重点刺3～7椎之夹脊穴，以捻针补法，双侧皆刺。留针30分钟，隔日治疗1次。

**【配伍机制】**大椎穴是督脉、手足三阳经交会穴，具有散寒通络、调节营卫气血之功；风池有清热通经，疏风活络之效；肩井有疏泄肝胆气滞，清阳明郁热，通经活络之能；妙在经外奇穴之颈夹脊，善能舒筋通络，活血化瘀，毫针直达病所，具有疏导之用。诸穴相配，共济益气活血、祛风通络之效。再适当选择辅穴，组成有效的针刺方案。

【备注】

（1）颈椎病主要可分为神经根型、脊髓型、椎动脉型三种。①神经根型：由颈椎间盘退变、骨质增生等刺激颈神经根所致，出现颈、肩痛并沿颈神经根放射。重者为阵发性剧痛，影响工作及睡眠。颈部后仰、咳嗽等增高腹压时，疼痛可加重。部分患者可有头晕、耳鸣、耳痛，也可有向上肢放射的点击、针刺样疼痛，以及握力减退，手细小动作不灵，症状常反复发作。②椎动脉型：由椎动脉供血不足引起，除颈肩臂痛等症状外，尚有交感神经刺激症状，表现为胃肠、呼吸、心血管症状，以及有头痛、头晕、恶心、耳鸣、视物不清等症状。③脊髓型：为各种原因直接对颈部脊髓的压迫、摩擦等引起，以脊髓症状为主，下肢发紧、发麻、无力，行走困难或如行于棉花堆上。上肢发麻，手部肌力弱，持物不稳，物件易于失落，甚至出现四肢瘫痪，小便潴留，卧床不起。

（2）颈椎病的预防保健：①长期从事伏案工作的人，应增加工间休息和活动时间，以增强全身的血液循环，消除局部肌肉疲劳，预防和缓解颈椎病的发生。②加强颈部的锻炼，可以预防和延缓颈椎病的发生和发展。③选择合适的枕头。④平时应防止颈部外伤及落枕，以免颈椎韧带损伤，使颈椎的稳定性受到破坏，进而诱发或加重颈椎病。

### （三）落枕（颈肩小关节紊乱）

落枕是指急性单纯性颈项强痛，活动受限的一种病证，系颈部伤筋。落枕的常见发病经过是入睡前并无任何症状，晨起后出现项背部酸痛，颈部活动受限。落枕与睡枕高度及睡眠姿势有密切关系。西医学认为本病是各种原因导致颈部肌肉痉挛所致。

落枕轻者四五日自愈，重者可延至数周不愈；如果频繁发作，尤其是中老年人反复发作，应考虑颈椎病。

颈项侧部主要由手三阳和足三阳经所主，因此，手三阳和足三阳经筋受损，气血阻滞，为本病的主要病机。睡眠姿势不当，或枕头高低不适，或因负重颈部过度扭转，使颈部脉络受损，或风寒侵袭颈背，寒性收引，筋络拘急，颈部筋脉失和，气血运行不畅，不通而痛。

**【讨论证型】**落枕·筋脉瘀滞型（颈肩小关节紊乱）

**【临床表现】**颈项强痛，活动受限，头向患侧倾斜，项背牵拉痛，甚则向同侧肩部和上臂放射，颈项部压痛明显，可伴见恶风畏寒。

**【辨证】**睡姿不当，风寒外袭，筋脉失和，气血运行不畅。

**【治则】**舒筋通络，活血止痛。

**【主穴】**悬钟、后溪。

**【辅穴】**适当选择：①回顾困难：加支正。②仰俯受限：加申脉。③反复发作：加天柱、大杼。

**【刺法】**以毫针刺悬钟、后溪穴（取坐位），应用捻针强刺激泻法，悬钟取双侧刺，后溪取单侧刺（男刺左手，女刺右手），边捻针边令患者活动颈部，待落枕的症状缓解后，即停止捻针，起针结束治疗。不留针，基本上都能1次治愈。

**【配伍机制】**后溪为小肠经输穴，乃手太阳经之脉气所注，为输木穴，又是八脉交会穴之一，通于督脉，与阳跷脉申脉穴相通，具有宣通阳气、通络止痛之功；悬钟为髓会，具有通经络、祛风湿之功，能疏导足少阳经之脉气。二穴一上一下，二阳协力，强势改善颈部脉络气血之运行。诸穴相配，共济舒筋通络、活血止痛之效。再适当选择辅穴，组成治疗落枕的针刺方案。

【备注】

（1）落枕病因主要有两个方面：一是肌肉扭伤，如夜间睡眠姿势不良，头颈长时间处于过度偏转的位置；或因睡眠时枕头不合适，过高、过低或过硬，使头颈处于过伸或过屈状态，均可引起颈部一侧肌肉紧张，使颈椎小关节扭错，时间较长即可发生静力性损伤，使伤处肌筋强硬不和，气血运行不畅，局部疼痛不适，动作明显受限等。二是感受风寒，如睡眠时受寒，盛夏贪凉，使颈背部气血凝滞，经络痹阻，以致僵硬疼痛，动作不利。

（2）预防调摄：①用枕不当是落枕发生的主要原因，要选择有益于健康的枕头，用枕注意高低适度。②避免不良的睡眠姿势，如俯卧时把头颈弯向一侧；在极度疲劳时还没有卧正位置就熟睡；头颈部位置不正，过度屈曲或伸展等。③注意避免受凉、吹风和淋雨，晚上睡觉时一定要盖好被子，尤其是两边肩颈部被子要塞紧，或是用毛衣围好两边，以免熟睡时受凉，使风寒邪气侵袭颈肩部，引起气血瘀滞、脉络受损而发病。④要经常做适量的颈部活动。

## （四）下颌痛（颞下颌关节功能紊乱）

颞颌关节功能紊乱是口腔颌面部的多发病和常见病。多发生于（20 ~ 30岁）青壮年，开始发生在一侧，有的逐渐累及两侧。主要表现为颞颌关节运动障碍，在开口和咀嚼运动时出现关节区及关节周围肌群的疼痛、弹响和杂音等主要症状。

颞颌关节功能紊乱是由于经常咬嚼硬物，关节周围肌肉过度兴奋或抑制，或是下颌部受到外伤，或是经常过度张口，错位咬合等原因造成颞颌关节周围肌群痉挛，下颌运动不协调，关节韧带损伤，关节囊和关节盘各附着组织松弛，髁状突和关节凹之间的正常结构紊乱而发生此病。功能紊乱也可在后期发展成关节结构紊乱，甚至出现关节器质性破坏。

下颌痛的发病与肝肾亏损、风寒侵袭有关。因肝主筋，肾主骨，肝肾不足，则筋骨弛软，而使其约束乏力。又风寒侵袭，留于筋脉，遏阻气血，致筋络失养，拘急为痛，故诸症由生。

**【讨论证型】**下颌痛·络脉瘀滞型（颞颌关节功能紊乱）

**【临床表现】**颞颌关节在开口和咀嚼运动时出现疼痛、弹响或杂音，周围肌肉酸胀，因遇风、遇冷而诱发。色淡苔白，脉紧。

**【辨证】**气血运行不畅，络脉阻滞，关节不利。

**【治则】**疏通经络，活血止痛。

**【主穴】**下关、合谷。

**【辅穴】**适当选择：①局部肿胀：加颊车。②口张不开：加翳风。③经常发作：加风池、承浆。

**【刺法】**以毫针刺下关穴，不做捻转手法；再刺合谷穴，应用捻针提插强刺激泻法。双侧皆刺，留针30分钟，隔日治疗1次。

**【配伍机制】**下关乃局部取穴法，可疏导足阳明经脉之气血，有散风通窍、消炎止痛的作用；合谷有通经活络，疏风解表，清泄肺气，通降胃肠，镇静安神之能，且可疏导手阳明经脉之畅通，为循经取穴。二阳协力，远近相配，同名经相助，合谷又为四总穴之一“面口合谷收”。诸穴相配，共济疏通经络、活血止痛之效。再配合辅穴，共同组成治疗下颌痛的针刺方案。

**【备注】**

（1）颞颌关节功能紊乱常见发病原因：①创伤因素：很多有局部创伤史，如曾有外力撞击、突咬硬物、张口过大（如打呵欠）等急性创伤或经常咀嚼硬食、夜间磨牙及单侧咀嚼习惯等。这些因素可引起关节挫伤或咀嚼肌劳损。②咬合因素：不少患者有明显的咬合关系紊乱。如牙尖过高、牙齿过度磨损、磨牙缺失过多、不良的假牙、颌间距离过低等。咬合关系紊乱可破坏关节内部结构功能的平衡，促使本病的发生。③发病与受寒因素有关。

（2）自疗注意事项：①避免开口过大造成关节扭伤，如打哈欠、大笑；受寒冷刺激后，防止突然进行咀嚼运动；如发生张口受限时，应每日进行适量的张口练习。②消除有害刺激，如治疗牙周炎、拔除阻生智齿、修复缺牙、矫正错合等。改变单侧咀嚼习惯，忌食硬物，治疗夜间磨牙等。③消除一切不利的心理因素，如改善神经衰弱症状。此病预后良好，要增强信心，并适当服用镇静安神药物。

### （五）漏肩风（肩周炎）

漏肩风是以肩部长期固定疼痛，活动受限为主症的病证。相当于西医学肩关节周围炎。

肩关节周围炎简称肩周炎，是肩关节周围肌肉、韧带、肌腱、滑囊、关节囊等软组织损伤、退变而引起的关节囊和关节周围软组织水肿、粘连的慢性无菌性炎症，起病缓慢，病程较长。

静止痛是本病的特征。本病早期肩关节呈阵发性疼痛，常因天气变化及劳累而诱发，以后逐渐发展为持续性疼痛，并逐渐加重，昼轻夜重，夜不能寐，不能向患侧侧卧，肩关节向各个方向的主动和被动活动均受限，夜间常可痛醒，晨起肩关节稍有活动后疼痛可减轻。后期病变组织产生粘连，功能障碍加重，而疼痛程度减轻。因此，本病早期以疼痛为主，后期以功能障碍为主。

漏肩风因体虚、劳损、风寒侵袭肩部，使经气不利所致。肩部感受风寒，气血痹阻；或劳作过度、外伤，损及筋脉，气血瘀滞；或年老气血不足，筋骨失养，皆可使肩部脉络气血不通，不通则痛。肩部主要归手三阳所主，内外因素导致经络阻滞不通或失养，是本病的主要病机。

**【讨论证型】**肩漏风·经脉阻滞型（肩周炎）

**【临床表现】**肩周疼痛、酸重，夜间尤甚，常因天气变化及劳累诱发而加重，患者肩前、后及外侧均有压痛，外展、后伸、上举功能受限。肩部曾有外伤史，或劳作过度史，疼痛拒按，舌暗有瘀斑，脉涩。

**【辨证】**气血失调，风寒湿痹，经脉阻滞。

**【治则】**益气活血，温阳通络。

**【主穴】**肩髃、肩髎、肩贞。

**【辅穴】**适当选择：①上肢麻木：加曲池、合谷。②不能后背：加腋缝。③不能高举：加条口。④不能外展：加臑会。

**【刺法】**以毫针刺肩髃、肩髎、肩贞，应用捻针平补平泻法，只刺患侧。留针 30 分钟，隔日治疗 1 次。

**【配伍机制】**肩髃穴善于疏导手阳明经脉之气，具有疏通经络、祛风除湿、通利关节、调和气血之功。《十四经要穴主治歌》说："肩髃主治瘫痪疾，手挛肩肿效非常。"肩髎有疏导手少阳经之脉气，具有祛风除湿、疏通经络、调和气血之效。《针灸甲乙经》讲："肩重不举，臂痛，肩髎主之。"肩贞能疏导手太阳经之脉气，具有疏散风邪、活血通脉、散结止痛之能。以上三肩穴由手三阳经鼎力协作，取穴直达病所，共奏益气活血、温阳通络之效。再结合症状适当选择辅穴，组成治疗肩周炎的针刺方案。

**【备注】**

（1）肩关节周围炎的发生从软组织损伤的角度来说，确有炎性渗出，细胞坏死，软组织增生引起粘连，这是主要的病理变化。但究其病因，中医认为是"经脉空虚、外邪侵入"，所以有"漏肩风"之称。

（2）肩周炎患者大多在 50 岁左右发病，故也称"五十肩"。

为什么患此病同年龄有关呢？按现代医学研究认为：肩周炎的根本病因是内分泌失调。这种内分泌变化均在50岁左右，过了这个阶段，内分泌恢复正常，即使不治疗也会痊愈，因此肩周炎是自限性疾病，预后良好，绝少留有后遗症。

（3）肩周炎的疼痛特点：患者主诉肩部疼痛，不能梳头，严重者肩关节的任何活动都受到限制，穿衣极端困难。有的疼痛夜间加重，辗转不能入睡，肩关节周围有明显压痛，尤以喙肱肌和肱二头肌短头的附着的喙突处、冈上肌抵止端、肩峰下、冈下肌、小圆肌的抵止端压痛明显。

（4）肩周炎的诊断：①患者多为40岁以上，尤以妇女多见。②肩部疼痛，一般都有较长时间，为渐进加重。③多无外伤（有外伤史者，多为肩部肌肉陈旧性损伤）。④肩部活动时，出现明显的肌肉痉挛，尤以在肩部外展、外旋、后伸时最为明显。

（5）肩周炎严重者，单用针灸治疗则疗程较长。若应用综合疗法时，其相对疗效较好。综合疗法包括中药、针灸、按摩、功能锻炼4个部分。临床常用中药汤剂为“当归补血汤”与“桂枝汤”合方，再加桑枝、片姜黄、威灵仙、羌活、防风、葛根、川芎、秦艽等。

### （六）上肢麻痹（臂丛神经损伤）

臂丛神经损伤是周围神经损伤的一个常见类型，临床表现以上肢麻痹为主。在臂丛神经损害的病因中，外伤最常见，分为闭合性和开放性损害。臂丛神经损伤多为牵拉伤、对撞伤、切割伤或枪弹伤、挤压伤、产伤等所致。

上肢手臂为手三阳、手三阴经脉所循之地。当臂丛神经损伤后，经脉阻滞，气血不通，营卫失调，可出现损伤位置以下感觉障碍、麻木不仁、手臂的功能活动受限，严重影响患者的工作、学习、生活，若治疗延误则可以形成残疾。

【**讨论证型**】上肢麻痹·经脉瘀阻型（臂丛神经损伤）

【**临床表现**】外伤后上肢感觉部分障碍、麻木、沉重、疼痛酸楚、臂软无力；关节与手臂的功能活动受限，局部发凉，没有血运。舌质淡红，苔薄白，脉沉弱无力。

【**辨证**】外伤后气滞血瘀，经脉闭阻。

【**治则**】行气活血，疏通经脉。

【**主穴**】腋缝透肩贞、肩髃透臂臑。

【**辅穴**】适当选择：①上臂损伤：加手五里、外关。②前臂损伤：加手三里、阳池。③腕部损伤：加三阳络、合谷、中渚。④手掌损伤：加阳溪、阳池、阳谷、八邪。

【**刺法**】取腋缝透肩贞、肩髃透臂臑，应用捻针强刺激手法，只刺患侧。留针 30 分钟，隔日治疗 1 次。

【**配伍机制**】腋缝乃经外奇穴，位于前臂之腋缝外，亦位于心包经路线之上，具有疏通经络、调理血脉之功。肩贞疏导手太阳经之脉气，具有疏风通络、活血散结之效。肩髃善能疏通手阳明经之脉气，具有疏通经脉、祛风化湿、通利关节之功。臂臑有疏通手阳明经之脉气，有疏通经络、活血止痛之用。以上四穴，三阳一阴，相互沟通，分别组成两组透刺针法，与辅穴共奏行气活血、疏通经脉之效。

【**备注**】

（1）胡荫培教授的工作单位为北京积水潭医院，是著名的创伤骨科医院。所以在针灸科门诊的臂丛神经损伤患者较为多见，因此对该病种的讨论，特别是神经损伤的分类较为详尽。

（2）根据损伤的部位，本病可分为根性损伤、干性损伤、束性损伤和全臂丛损伤四类。①神经根损伤，可分为上臂丛神经损伤和下臂丛神经损伤。上臂丛神经损伤，包括腋、肌皮、肩胛上下神经、肩胛背神经、胸长神经麻痹，桡神经和正中神经部分麻痹。主要表现为手臂不能上举，肘不能屈曲而能伸，屈腕力减弱，上肢伸侧感觉大部分缺失。三角肌和肱二头肌萎缩明显，前臂旋前亦有障碍，手指活动尚正常。下臂丛神经损伤，包括前臂及臂内侧皮神经、尺神经麻痹，正中神经和桡神经部分麻痹。表现为手功能丧失或严重障碍，肩肘腕关节活动尚好。常出现患侧Horner征。检查时，可见手内部肌肉全部萎缩，尤以骨间肌为甚，有爪形手、扁平手畸形。前臂及尺侧感觉缺失。②神经干损伤：可分为神经上干、中干和下干损伤。上干损伤出现腋神经、肌皮神经、肩胛上神经麻痹，桡神经和正中神经部分麻痹，临床表现与上臂丛损失相似。中干独立损伤在临床上少见，除了短期内伸肌群肌力有影响外，无明显的临床症状和体征。下干损伤出现尺神经、正中神经内侧根、上臂和前臂内侧皮伸肌麻痹，表现与下臂丛损伤相似，即手功能全部丧失。③神经束损伤：神经束损伤后所产生的症状体征十分规则，根据臂丛结构就可明确诊断。外侧束损伤，出现肌皮、正中神经外侧根、胸前神经麻痹。内侧束损伤，出现尺、正中神经内侧根、胸前内侧神经麻痹。后束损伤，肩胛下神经、胸背神经、腋神经、桡神经麻痹。④全臂丛神经损伤：全臂丛损伤的后果严重，在损伤早期，整个上肢呈弛缓性麻痹，各关节不能主动运动。由于斜方肌功能存在，有耸肩运动。上肢感觉除了臂内侧尚有部分区域存在外，其余全部丧失。上肢腱反射全部消失。肢体远端肿胀，并出现Horner综合征。

### （七）腰痛（功能性腰痛）

功能性腰痛是指没有明显外伤史的腰部慢性软组织损伤，其病程长，时轻时重，反复发作，为骨科临床中常见病和多发病。功能性腰痛的类型很多，大致有韧带劳损、筋膜劳损、腰肌劳损、第三腰椎横突综合征等。

《内经》说："腰者，肾之府，转摇不能，肾将惫矣。"《诸病源候论》说："肾主于腰，肾经虚损，风冷乘之，故腰痛也。""劳损于肾，动伤经络，又为风冷所侵，血气击搏，故腰痛也。"

本病病因主要与感受外邪、过劳有关。感受风寒，或坐卧湿地，风寒湿邪侵袭经络，经络气血阻滞；或长期从事较重的体力劳动，经筋、络脉受损，瘀血阻络。以上因素导致腰部经络气血阻滞，不通则痛。素体禀赋不足，或年老精血亏虚，或房劳过度，损伐肾气，腰部脉络失于温煦、濡养，产生腰痛。

腰痛辨证，首辨表里虚实寒热，大抵感受外邪者，其证多属表属实，发病多急，治宜祛邪通络；由于肾经亏损所致者，其证多属里属虚，多见慢性反复发作，治宜补肾益气；若由于气滞血瘀者，其证多虚实并见，治宜活血化瘀，善后还须调摄肾气，方能巩固疗效。

**【讨论证型】**腰痛·肾虚感寒型（功能性腰痛）

**【临床表现】**腰部以酸软为主，喜按喜揉，足膝无力，遇劳更甚，卧则减轻。遇阴雨、寒冷气候则疼痛加重，时轻时重，反复发作。舌质淡红，苔白，脉弦滑尺弱。

**【辨证】**肾气亏损，兼感寒湿，经脉痹阻。

**【治则】**补肾益气，驱寒利湿，温经通络。

**【主穴】**百会、委中。

**【辅穴】**适当选择：①急性疼痛：加后溪（左）、养老（右）。②慢性疼痛：加肾俞、气海俞、关元俞、腰阳关。③气滞血瘀：加人中、大椎、后溪、压痛点。

**【刺法】**以毫针刺百会，针尖由后向前顺经刺为补法。再刺委中穴，应用捻针补法，双侧皆刺。留针 30 分钟，隔日治疗 1 次；若属于急性腰痛者，则每日治疗 1 次。

**【配伍机制】**委中为膀胱经合穴，乃足太阳经之脉气所入，具有舒筋活络、壮腰祛风之功，为四总穴之一，"腰背委中求"。《千金方》说："背连腰痛，委中、昆仑穴。"百会为督脉与足太阳膀胱经交会穴，督脉与膀胱经都通过腰部循行，所以选用百会、委中穴，也是运用了循经取穴法。两穴一上一下，二阳协力，再配合适当的辅穴，共济补肾益气、驱寒利湿、温经通络的针刺方案。

【备注】

（1）治疗急性腰痛，多取远端穴。体虚者，针刺用中等刺激；体壮者针刺用强刺激。但是不论体虚、体壮，凡属急性腰痛，其针刺治疗后，都要求患者立即活动腰部，改善患者肌肉的紧张，并促进局部的血液畅通，使不通的经络、气血得到改善，达到“通则不痛”的治疗作用。

（2）治疗慢性腰痛，多取局部穴。腰部的背俞穴均有补肾通络之作用，腰部的督脉穴都有温补肾阳的功能，所以取局部穴善于补肾益气，驱寒行湿，温经通络。治疗腰痛，疗效甚佳。

（3）临床所见腰痛病的患者，多数属于肾亏体虚者。素体禀赋不足，加之劳累太过，或久病体虚，或年老体衰，以致肾精亏损，无以濡养筋脉，并兼感外邪，寒湿痹阻腰络，而致腰痛。《景岳全书·腰痛篇》认为“腰痛之虚证十居八九，但察其既无表邪，又无湿热，而或以年衰，或以劳苦，或以酒色斲丧，或七情忧郁所致者，则悉属真阴虚证。”

（4）功能性腰痛，若配合中药治疗，可选用“独活寄生汤”与“青蛾丸”合方加减，疗效较好。

### （八）腿股风（坐骨神经痛）

腿股风是指腿腹部分(后侧)感受外邪而致的一种疼痛性病证，多为一侧腰部、腿部阵发性或持续性疼痛。现代医学称之为坐骨神经痛。其主要症状是臀部、大腿后侧、小腿后外侧及足部发生放射性、烧灼状，或针刺样疼痛，行动时加重。其发病与受寒、潮湿、疲劳过度，或因酒食太过等因素有关。

坐骨神经是支配下肢的主要神经干。坐骨神经痛是指坐骨神经病变，引起坐骨神经通路及其分布区域内（臀部、大腿后侧、小腿后外侧和脚的外侧面）的疼痛。本病当与“腰椎间盘突出”相鉴别。腰椎间盘突出患者有长期、反复的腰痛史，或重体力劳动史，常在一次腰部损伤或弯腰劳动后急性发病。除腰腿疼痛外，并有腰肌痉挛、腰椎活动受限，椎间盘突出部位的椎间隙可有明显压痛和放射痛。X 线摄片可见受累椎间隙变窄，CT 检查亦可确诊。

腿股风是因腰部闪挫、劳损、外伤等原因损伤筋脉，导致气滞血瘀，不通则痛；久居湿地，或涉水冒雨，汗出当风，衣着单薄等，风寒湿邪入侵，痹阻腰腿部；或湿热邪气浸淫，或湿浊郁久化热，或机体内蕴湿热，流注膀胱经者，均可导致腰腿痛。本病主要属足太阳、足少阳经脉和经筋病证。

**【讨论证型】**腿股风·寒湿瘀阻型（坐骨神经痛）

**【临床表现】**腰腿疼痛剧烈，多为一侧腰腿部，时有下肢拘急感，疼痛以夜间为甚，病侧下肢屈曲，影响运动，咳嗽或用力时加剧。其主要症状是臀部、大腿后侧、小腿后外侧及足部发生放射性、烧灼样或针刺样疼痛，行动时加重。环跳、委中、承山、昆仑等穴处有明显压痛。舌淡苔白，脉浮紧。

**【辨证】**寒湿痹阻，气滞血瘀。

**【治则】**行气活血，温经通络。

**【主穴】**秩边、阳陵泉、昆仑。

**【辅穴】**适当选择：①痛在太阳：加殷门、委中、承山。②痛在少阳：加环跳、风市、悬钟。③急性疼痛：加申脉、后溪。④慢性疼痛：加中脘、气海。⑤腰痛甚重：加腰椎 3 ～ 5 夹脊穴。⑥下元虚寒：加灸命门、肾俞。

**【刺法】**先以芒针深刺秩边穴，用强刺激提插手法，使之得气，针感传导至脚趾；再以毫针直刺阳陵泉、昆仑穴，皆用捻转、提插之平补平泻手法。只刺患侧，留针 30 分钟，隔日治疗 1 次。

**【配伍机制】**秩边为膀胱经腧穴，善于疏导足太阳经之脉气运行，有补阳气、通经络、壮腰脊、清湿滞之功；阳陵泉为足少阳经之脉气所入，为合土穴，具有疏经活络、缓痉止痛，是“筋之会”，可治一切筋病；昆仑为膀胱经腧穴，能调理足太阳经之脉气畅通，具有疏通经络之用。以上三阳配伍，相互接应经气流通，共济行气活血、温通经络。再适当调配辅穴，组成治疗坐骨神经痛的针刺方案。

**【备注】**

（1）坐骨神经痛是指在坐骨神经通路及分布区内发生疼痛，为常见周围神经疾病。本病多见于青壮年，男性较多，临床分原发性和继发性两类。①原发性坐骨神经痛（坐骨神经炎）的发病由感受寒凉、潮湿、损伤、感染等引起，与腰椎的改变、损害无关。只是腿的自身问题，即属于干性疼痛。②继发性坐骨神经痛为神经通路的邻近组织病变产生机械性压迫或粘连所引起。多数病因是腰椎间盘突出症，椎间关节、骶髂关节、腰骶软组织劳损等原因引起的腿疼即属于根性疼痛。

（2）在临床治疗中，一定要分清证属根性，还是干性。干性疼痛者，针灸治疗效果好；根性疼痛者，临床应结合骨科的推拿手法配合为宜。此体会不可不知，否则贻误病机。在治疗根性坐骨神经痛的过程中，要提醒患者不宜做腰的旋转性活动，否则疗效不稳定，容易反复。

（3）坐骨神经痛的典型证候，骨科医生往往称为“真性坐骨神经痛”，也就是指继发性（根性）坐骨神经痛的描述。相反，有一种“假性坐骨神经痛”，即症状不典型，其疼痛的部位局限于膝关节以上。其病因多见于风寒袭络（痛在膀胱经），肝郁气滞（痛在胆经）。

（4）腿股风治疗中的常用词汇（表 2-8）：

表 2-8　　腿股风常用词汇

| 名词 | 病因 | 疼痛特点 |
| --- | --- | --- |
| 原发性 | 风寒湿痹 | 大腿后侧痛，小腿外侧痛 |
| 继发性 | 腰骶骨关节疾病 | 大腿后侧痛，小腿外侧痛 |
| 真性痛 | 腰骶骨关节疾病 | 从腰骶部一直放射到脚或趾部 |
| 假性痛 | 风寒湿痹 | 从腰骶部放射痛局限于膝关节以上 |
| 干性痛 | 风寒湿痹 | 与原发性坐骨神经痛相似 |
| 根性痛 | 腰骶骨关节疾病 | 与继发性坐骨神经痛相似 |
| 膀胱经痛 | 风寒袭络 | 沿膀胱经循行从腰至脚皆痛 |
| 胆经痛 | 肝郁气血瘀滞 | 沿胆经循行从腰至脚皆痛 |

（5）针灸治疗本病，一般效果甚佳。若病久难愈者，应改用针药结合，临床可选用中药汤剂“黄芪桂枝汤”与“桃红四物汤”合方加牛膝、威灵仙、地龙、乳香、没药等调理有效。

## （九）腰腿痛（腰椎管狭窄症）

腰椎管狭窄症是指因原发或继发因素造成腰椎椎管、神经根管及椎间孔变形或狭窄，而引起马尾神经或神经根受压，出现以间歇性跛行为主要特征的腰腿痛。

腰椎管狭窄症的主要症状是长期反复的腰腿痛和间歇性跛行。疼痛性质为酸痛或灼痛，有的可从腰部放射到大腿外侧或前方等处，多为双侧，亦可左、右腿交替出现症状。当站立和行走时，出现腰腿痛或麻木无力，疼痛和跛行逐渐加重，甚至不能继续行走，休息后症状好转，骑自行车无妨碍。病情严重者，可引起尿急或排尿困难。部分患者可出现下肢肌肉萎缩，肢体痛觉减退，膝或跟腱反射迟钝，直腿抬高试验阳性。

本病以先天肾气不足，肾气虚衰，以及劳役伤肾为发病的内在因素；反复遭受外伤、慢性劳损，以及风寒湿邪的侵袭为发病的外在因素。发病病机是肾虚不固，风寒湿邪阻络，气滞血瘀，营卫不得宣通，以致腰腿痹阻疼痛。

**【讨论证型】**腰腿痛·脉络瘀阻型（腰椎管狭窄症）

**【临床表现】**病程迁延，间歇性跛行，腰腿疼痛，多为刺痛，痛有定处，小腿无力和麻木。舌紫黯有瘀点，脉涩。

**【辨证】**肾虚脊损，脉络瘀阻，营卫失调。

**【治则】**通督活血，化瘀疏络。

**【主穴】**环跳、阳陵泉、昆仑。

**【辅穴】**适当选择：①腰脊疼痛：加腰部夹脊穴。②痛在胆经：加风市、悬钟。③膀胱经痛：加承扶、委中。④急性疼痛：加后溪。⑤慢性疼痛：加中脘、关元。⑥下元虚寒：加灸命门。

**【刺法】**先以芒针深刺环跳穴，用强刺激提插手法，使之得气，针感传导至脚趾；再以毫针直刺阳陵泉、昆仑穴，皆用捻转、提插之平补平泻手法。一侧痛刺单侧，两侧痛刺双侧，留针30分钟，隔日治疗1次。

**【配伍机制】**环跳为胆经腧穴，能疏导足少阳经之脉气畅通，具有祛风除湿、通经活络、宣痹止痛、强健腰膝之功；阳陵泉有疏经活络，缓急止痛，为“筋之会”。二穴相配，同属胆经，合而用之，通经接气，调和气血，舒利关节。《长桑君天星秘诀歌》说：“冷风湿痹针何处，先取环跳后阳陵。”昆仑能促进足太阳经之脉气运行，具有通经活络之用。以上三阳配伍，协力畅通经气，共济通督活血、化瘀疏络之功效，再适当选择辅穴，组成治疗腰椎管狭窄症的针刺方案。

**【备注】**

（1）关于腰腿痛：凡腰痛伴有坐骨神经痛，是腰椎间盘突出症的主要症状，腰痛常局限于腰骶部附近。在腰椎 4 ～ 5、腰椎 5 ～骶椎 1，或腰椎 3 ～ 4 棘突一侧和棘突间有局限性深压痛，并向患侧下肢放射，坐骨神经痛常为单侧。当椎间盘突出较大，或位于椎管中央时可为双侧疼痛，这种情况即可诊断为“腰椎管狭窄症”。

（2）腰椎管狭窄症的常见病因有以下几类：①发育性腰椎管狭窄：这种椎管狭窄是由先天性发育异常所致。②退变性腰椎管狭窄：主要是由于脊柱发生退行性病变所引起。③脊柱滑脱性腰椎管狭窄：由于腰椎峡部不连或退变而发生脊椎滑脱时，因上下椎管前后移位，使椎管进一步变窄，同时脊椎滑脱，可促进退行性变，更加重椎管狭窄。④外伤性椎管狭窄：脊柱受外伤时，特别是外伤较重，引起脊柱骨折或脱位时常引起椎管狭窄。⑤医源性椎管狭窄：除因为手术操作失误外，多由于脊柱融合术后引起棘间韧带和黄韧带肥厚，或植骨部椎板增厚，尤其是后路椎板减压后再于局部行植骨融合术，其结果使椎管变窄压迫马尾或神经根，引起腰椎管狭窄症。⑥腰椎部的各种炎症：包括特异性或非特异性炎症，椎管内或管壁上的新生产物等均可引起椎管狭窄。各种畸形如老年性驼背、脊柱侧弯、强直性脊柱炎、氟骨症、Paget 病及椎节松动均可引起椎管狭窄症。

（3）腰椎管狭窄症引起的腰腿痛，属于难治病。临床应选用针药结合，中药处方使用“通督活血汤”治疗有效。

### （十）腿前外侧麻木（股外侧皮神经炎）

股外侧皮神经炎是一种较常见的周围神经性疾病，其临床以一侧或双侧大腿前外侧皮肤感觉异常为主，有麻木感、蚁行感、疼痛感等，站立或步行过久可加重，局部皮肤可感觉减退或过敏。常见于 20 ～ 50 岁较肥胖的中青年男性。

股外侧皮神经系由第 2 ～ 3 腰神经发出，通过腰大肌外侧缘，斜过髂肌，沿骨盆经腹股沟韧带之深面，在髂前上棘以下10cm处穿出阔筋膜至股部皮肤。在该神经行程中，如果由于受压、外伤、寒冷等原因影响到股外侧皮神经，即可发生股外侧皮神经炎。其主要症状为股前外侧有皮肤感觉障碍，尤其是股外侧下2/3，出现麻木、蚁行感、刺痛、烧灼感，以及沉重感等症状，衣服摩擦、动作用力、站立或行走时间过长时感觉异常加重，休息后症状可缓解。可伴有皮肤萎缩，腱反射正常存在，无肌萎缩及运动障碍。

本病属于中医学的“皮痹”、“浮痹”范畴，其病位表浅，病机为肺气虚弱，腠理疏松，卫外不固，风寒湿邪乘虚而入，阻滞足阳明、足少阳经脉，气血不通，不通则痛，阻遏皮肤，肌肤失养，则麻木不仁。

**【讨论证型】**腿前外侧麻木·风寒阻络型（股外侧皮神经炎）

**【临床表现】**大腿外侧麻木有发凉感，或有局部疼痛，行走不利，无发热恶寒，无汗出。舌边红，苔薄白，脉弦。

**【辨证】**风寒袭络，经脉受阻，气血不通，肌肤失养。

**【治则】**祛风散寒，活血通络。

**【主穴】**髀关、梁丘、风市。

**【辅穴】**适当选择：①局部麻木：加阿是穴（毫针密刺）。②局部酸胀：加阿是穴（梅花针叩刺出血）。③局部寒凉：加阿是穴（火针点刺）。④变天加重：疼痛部位加拔火罐。

**【刺法】**以毫针刺髀关、梁丘、风市穴，均以捻转、提插、强刺激手法为泻。只刺患侧，留针30分钟，隔日治疗1次。

**【配伍机制】**髀关为胃经腧穴，善于疏导足阳明经之脉气畅通，具有祛风除湿、疏通经络之功；梁丘为胃经郄穴，能促足阳明经之脉气运行，具有疏经活络、通调血脉之效。二者同经同气相连，使多气多血的阳明经之气血充盛；风市为胆经腧穴，可疏导足少阳经之脉气通达，具有舒筋活络、祛风散寒之用。《十四经要穴主治歌》指出："风市主治腿中风，两膝无力脚气冲，兼治浑身麻瘙痒，艾火烧针皆就功。"以上三阳穴，共济祛风散寒、活血通络。再适当选配辅穴，组成治疗股外侧皮神经炎的针刺方案。

**【备注】**

（1）股外侧皮神经的任何一段受到损伤均可引起本病，如脊椎增生性骨关节病、强直性脊柱炎、腰椎间盘病变均可压迫刺激该神经。此外，全身性疾病如痛风、糖尿病、肥胖、风湿热、梅毒、乙醇中毒，甚至流感都可导致股外侧皮神经发生炎症而致本病的发生。有些多发性硬化、神经根炎等神经系统病变及腹部盆腔的炎症、肿瘤、结石等也可导致本病的发生。由此可见，股外侧皮神经炎的发病原因较为复杂，诊断治疗时应仔细找寻原发病因。

（2）针灸具有增强局部血液循环，改善组织的新陈代谢，提高肌肉和神经末梢的兴奋性，促进神经功能恢复及镇静止痛作用。

### （十一）鹤膝风（膝关节肿痛）

鹤膝风因以膝关节肿大疼痛，而股胫的肌肉消瘦为特征，形如鹤膝，故名鹤膝风。

病初多见膝关节疼痛微肿，步履不便，并伴见形寒发热等全身症状；继之膝关节红肿焮热，或色白漫肿，疼痛难忍，日久关节腔内积液肿胀，股胫变细，溃后脓出如浆，或流黏性黄液，愈合缓慢。

《素问·脉要精微论篇》说："膝者筋之府，屈伸不能，行则偻俯，筋将惫矣。"鹤膝风大都有肝肾不足之病因。鹤膝风常由久居湿地，气血痹阻而致，或从寒化，或从热化。膝部运动、负重、暴露，外伤、劳损、邪毒犯之，每致气滞血瘀、热毒侵袭，或肝肾不足、筋骨受损，从而形成症情较为复杂的膝关节肿痛。

现代医学认为，滑膜细胞分泌滑液，可以润滑和滋养关节软骨，关节或肌腱来回运动时，产生大量的热，全靠滑膜内丰富的血液循环得以散发。膝关节是全身滑膜最多的关节之一，膝关节的滑膜或滑囊常常因为受撞击，或跌倒、扭伤、过度运动，或关节附近手术，或骨折而发生关节腔内充血、大量渗液，或甚则出血，致使滑膜肿大，腔内积液。

**【讨论证型】**鹤膝风·液聚瘀结型（创伤性滑膜炎）

**【临床表现】**膝关节内酸软疼痛，不能负重，行走困难。关节漫肿不红，扪之微热，浮髌试验阳性，局部按之如棉，疼痛日增。日久则可伴有肌肤消瘦，食欲不佳，午后低烧，口渴咽干等。舌质淡红，苔薄白，脉沉细弱。

**【辨证】**筋脉络阻，液聚瘀结。

**【治则】**健脾化湿，散瘀消肿。

**【主穴】**梁丘、血海、犊鼻、膝眼、足三里、阳陵泉。

**【辅穴】**适当选择：①膝后疼痛：加委中。②膝内疼痛：加曲泉。③下肢无力：加秩边。④膝关节肿：加阴陵泉。⑤病程日久：加阳关透曲泉。

**【刺法】**以毫针刺梁丘、血海、足三里穴，都用捻针补法；犊鼻、膝眼、阳陵泉皆以捻针平补平泻法，重点刺患侧。留针30分钟，隔日治疗1次。

**【配伍机制】**梁丘为胃经郄穴，能疏导足阳明经之脉气畅通；犊鼻可促足阳明经之脉气运行，作用于膝关节之转枢；足三里乃足阳明经之脉气所入，为合土穴。三穴同经同气，相互接应，其力甚强，均有健胃益脾、化湿消肿之功，同为局部取穴；血海为脾经腧穴，能疏导足太阴经之脉气通达，具有健脾化湿之效；膝眼为经外奇穴，与犊鼻协力直通关节，调和血脉；阳陵泉为足少阳经脉气所入，为合土穴，又为“筋之会”，具疏泄肝胆、清热除湿、疏经活络、缓急止痛之效。以上诸穴配伍，共济健脾化湿、散瘀消肿之效。再配合适当的辅穴，组成治疗创伤性滑膜炎的针刺方案。

**【备注】**

（1）鹤膝风（创伤性滑膜炎或创伤性滑囊炎）之病因，绝大多数都是因膝关节疼痛仍然坚持走路、负重、远行、过度运动等，结果导致关节腔的滑膜或滑囊损伤而产生积液。由于治疗不及时或误治而积液聚瘀甚多，当严重影响正常活动时方才就医。

（2）最理想的治疗方案，应该是综合疗法。其内容是：①针刺治疗有较好的活血化瘀、消炎止痛效果，是非常必要的有效治疗措施。②配合内服中药，以健脾化湿、散瘀消肿的方剂，扶助针刺治疗。③治疗期间应当绝对卧床，不宜患肢膝关节活动，避免发生新的创伤，致使渗出物增加，积液聚瘀更多。对非出血性膝关节肿胀者，可进行局部频谱、红外线照射等物理治疗。④外用：3% 硫酸镁溶液，24 小时湿敷一直坚持到积液完全消失为止。

（3）创伤性滑膜炎若积液较多者，应服用中药配合治疗。临会应用《金匮要略方论》之“防己茯苓汤”与“四君子汤”合方加生苡仁、冬瓜皮、泽泻、乳香、没药、车前子、二妙丸治疗有效。

### （十二）足跟痛（跟痛症）

足跟痛指以足跟一侧或两侧疼痛，不红不肿，行走不便为主要表现的病证。足跟痛又称“跟痛症”，是足跟部周围疼痛性疾病的总称。多表现为足跟疼痛，行走困难，晨起疼痛明显，无法着地，活动后减轻，行走负重后加重，影响生活质量，且容易反复，是中老年人的常见病，多发病。

中医学认为本病属痹证范畴。《诸病源候论》说：“夫劳伤之人，肾气虚损，而肾主腰脚……”足跟痛多因年老肝肾亏虚，筋骨失养，复感风寒湿邪或因慢性损伤，伤及筋骨，导致经络瘀滞，气血运行受阻，使筋骨肌肉失养而发病。

跟痛症发病缓慢，通常无急性外伤史，疼痛在跟骨内侧结节处或足跟底部痛，检查时局部无肿胀，压痛多在足跟底部，如跟骨骨刺较大时，可触及骨性隆起。跟骨侧位 X 片可见跟骨刺，但也有跟痛但无骨刺者。患者诉疼痛呈灼痛状，未经治疗者逐渐加重，尤其在负重或走楼梯后。在运动员可发生于跳、跑后，一些患者局部有肿胀及压痛。

骨刺是由于足底筋膜在跟骨的附着处过度牵拉骨膜所致，所以骨刺不属于针刺适应证。若考虑试用，也许能有效。

**【讨论证型】**足跟痛·肝肾两虚型（跟痛症）

**【临床表现】**足跟疼痛，或牵引及足心，不红不肿，不能久立多行，甚则站立艰难；或伴有头晕，目眩，耳鸣，腰酸。舌红少苔，脉细尺弱。

**【辨证】**肝肾两虚，筋脉失养。

**【治则】**滋补肝肾，养血荣筋。

**【主穴】**大陵。

**【辅穴】**适当选择：①肾气亏损：加太溪、照海。②肝血不足：加血海、昆仑。③足跟寒凉：加艾灸阿是穴。

**【刺法】**以毫针浅刺大陵穴，刺入即可不做手法，双侧皆刺。留针 30 分钟，每日或隔日治疗 1 次，根据疼痛情况而定。

**【配伍机制】**大陵穴为心包经输穴、原穴，乃手厥阴经之脉气所注，为输土穴，具有清营凉血、宁心安神、和胃宽胸、理气止痛之用。治疗足跟痛是胡荫培教授多年的临床经验，亦是远端取穴法。以大陵为主穴，再配合适当的辅穴，共济滋补肝肾、养血荣筋之效，组成治疗足跟痛的针灸方案。

**【备注】**

（1）预防调摄：①选择合适的鞋子：尽量少穿或不穿高跟鞋，因为高跟鞋增加了足底的负担，使足底的跖腱膜趋于紧张，张力升高容易诱发或促使骨刺的产生，应选择软底宽松的鞋子，以减少足底与鞋子的摩擦。②使用厚软的鞋垫：厚软的鞋垫可缓冲足与鞋之间的摩擦，减轻疼痛。足跟有较明显的骨质增生者，为了减少疼痛，可将厚鞋垫部分挖空，使骨刺不与鞋底直接接触。③减少以足为主的剧烈运动，如跑跳等，不经常运动者和从事较剧烈的活动者要循序渐进，常做足的跖屈运动。跖屈是将足趾向足底方向活动。跖屈运动可以缓解“骨刺”对周围组织的刺激和损伤，有利于无菌性炎症消退，从而减轻疼痛。

（2）人体是相互关联的有机整体，治疗痛症时，许多局部痛症需要全身调节。《内经》指出：“善用针者，从阴引阳，从阳引阴，以右治左，以左治右。”“病在上，取之下；病在下，取之上。”故取手部大陵穴以疏通经气，再配辅穴共奏滋补肝肾、养血荣筋、通络止痛之功效。

（3）据中医骨科推荐，使用“骨科腾洗药”治疗各种软组织损伤性疼痛，其效果较好。兹做介绍供参考：

骨碎补 10g　透骨草 10g　草红花 10g　全当归 10g
川羌活 10g　北防风 10g　香白芷 10g　川续断 10g
宣木瓜 10g　川椒目 10g　大青盐 20g　制乳香 10g
制没药 10g

上药共研为粗末。使用时加白酒 30g 拌匀，装入白布袋缝口备用。或做熏洗，或做腾药。熏洗，每日煎汤熏洗伤痛处 2 次，腾洗则取两包药，用蒸笼蒸热后，敷在伤痛处，每日腾 1 小时，两包药交替使用，每包药可使用 3 次。

使用注意：在使用过程中，严防灼伤、烫伤。外用药切不可内服。

# 第四章 医案精选

本章介绍胡荫培教授在20世纪70年代的临证部分医案精选，是胡老的侍诊弟子记录，并经整理成文。文章虽有长短，但内容丰富、翔实，对临床颇有参考价值。

## （一）头痛（颅内压增高症）

**病例：**朱某，男，23岁。外院会诊病例。会诊日期：1973年10月1日。

主诉：发热3个多月，头痛如裂。

现病史：3个多月前开始持续发热，起初体温波动在37.8℃～38.4℃，近1个月来高热在39℃以上，最高到达40.2℃，发热愈重则头痛益甚，并伴有恶心呕吐、右眼视力减退、阵发性右上肢麻木，同时感到舌活动不灵，经数分钟后，症状自行好转。右侧前额部采取脑室引流术，持续引流达24天。

既往史：患者曾于1970年12月5日因头痛严重呕吐，右侧半身瘫痪，在山东某医院住院17天，当时诊为“海绵窦栓塞”、“脑蛛网膜炎”，经治疗好转，并排除颅内占位性病变而出院。1973年9月5日因头痛、恶心、发热第二次住该院，经多种检查和治疗效果不显，故转北京治疗，转院之前初步诊断为：①脑囊虫病；②脑蛛网膜炎。

在该院住院期间，经脑室引流，每天有300ml左右，头痛症状有所好转，但体温持续高热，曾用抗生素和激素亦未见明显效果。

1973年9月29日，由山东转到北京某医院急诊观察，静点“甘露醇”、“四环素”、“青霉素”两天，最后诊断为“颅内压增高症”，遂请中医会诊。

检查：神志清楚，语言切题，面色青黄少泽，体温39.8℃，血压（左）142/106mmHg，右侧前额部脑室引流通畅，左侧视乳头水肿，右侧原发性视神经萎缩，四肢肌力、肌张力无异常，生理反射对称，无病理反射，共济运动佳，无言语障碍，皮下无结节。

舌脉：舌苔黄白而燥，质红绛。脉弦滑而数。

辨证：肝胆蕴热，感受外邪，热盛伤阴，风热上攻，扰动清窍，因致头痛。

治法：凉血清热，疏风通络。

方药：

寒水石 30g　生石膏 25g　茺蔚子 10g　炒芥穗 10g
炒山栀 10g　香白芷 10g　东白薇 10g　粉葛根 6g
粉丹皮 10g　地骨皮 10g　白僵蚕 10g　白蒺藜 10g
青连翘 10g　青蒿梗 6g　生大黄 6g　北细辛 3g
羚羊角粉 1g（分冲）

针刺：百会、上星、太阳、风池、支沟、合谷、太冲。留针30分钟。

10月4日二诊：连进前方2剂，诸证渐轻，头痛已减轻大半，体温下降至37.8℃，纳食略增，大便已畅行，苔转白润，舌质红，脉弦数，再拟前方去细辛易银花15g，嘱服2剂。针前穴加大椎，留针30分钟。

10月10日四诊：前方继服5剂，头痛明显减轻，脑室引流管已拔除，饮食二便如常，惟低热未除，舌苔白、质红，脉弦滑，再宗前法加减。

寒水石 25g　生石膏 30g　白茅根 25g　粉丹皮 10g
地骨皮 10g　青蒿梗 10g　金银花 20g　炒常山 10g
粉葛根 6g　辛夷花 5g　川石斛 15g　北细辛 1.5g
生甘草 3g　羚羊角粉 0.6g（分冲）

针前穴，加丰隆，留针30分钟。

11月4日十二诊：前法加减继服14剂，头痛已止，低热已退，体温36.8℃，纳佳，便调，寐安，脑室引流处创口愈合结痂脱落，舌苔薄白、质淡红，脉沉缓。自觉眼干涩，口渴，再拟清化育阴法收功，善后调理。

鲜生地 25g　鲜茅根 25g　板蓝根 20g　金银花 20g
粉丹皮 10g　肥知母 10g　川石斛 15g　小木通 9g

青连翘15g　生石膏30g　淡竹叶　3g　滑石块15g
生甘草　3g

1976年5月10日随访患者于两年半前经服中药24剂，针刺12次而诸症悉愈，返回山东老家休息，很快就上班至今，“颅内压增高症”未再复发，健康状况良好，临床痊愈。

体会：

（1）“颅内压增高症”临床常表现为头痛。头痛的病因虽多，概要言之，可分为风、热、痰、湿、气虚、血虚等几种。此案头痛之特点是痛如劈裂，伴有高热日久不退。患者在三年前曾有类似病史，平时喜食辛辣，酷爱读书，彻夜不寐，久则伤目，阴分耗伤，水亏木旺，已有肝胆蕴热趋势，病家善烦易怒，乃是阴虚肝热之候，复感风寒之邪，内外合病而致此重症。《金匮翼》说：“风头痛者，风气客于诸阳，诸阳之脉，皆上于头，风气随经上入，或偏或正，或入脑中，稽而不行，与真气相击则痛。”又说：“肝厥头痛者，肝火厥逆上攻头脑也。”综观其脉证，该病属阴分素虚，肝胆积热，外感风寒，邪客于脑，风邪与虚热相搏，扰动清窍，正邪相持，故痛势如刀裂之状，外邪瘀滞化热，以致邪热日久稽留不退，故急拟凉血清热、疏风通络法，施以针药合投。方用寒水石、生石膏、生大黄、山栀、连翘清阳明热，泻肝胆三焦之火，协力解毒以求“釜底抽薪”之术；丹皮、地骨皮、青蒿、白薇、蒺藜清肝胆，凉营血，退热除蒸；芥穗、细辛、僵蚕、葛根、茺蔚子以祛风散邪，通络止痛；羚羊角有平肝息风、清热定惊之殊功，凡高热神昏非此不能平。进此方7剂，头痛明显好转，遵前法略变通，易常山、辛夷、银花、石斛以助退热除蒸之效，再随证加减，15剂头痛止，低热除，遣竹叶石膏汤加减收功。

（2）针刺共取9穴，治疗12次，达到活络疏风定痛之效。取百会为手足三阳经、督脉之会，以治头痛并散风邪，《胜玉歌》说“头痛眩晕百会好”；上星为督脉之脉气所发，善治头痛睛明之疾，《甲乙经》说“风眩善呕，烦满……如颜青者，上星主之”；太阳为经外奇穴，有祛风止痛之效；风池为手足三阳、阳维、阳跷之会，主偏正头痛，有清热散风之能；支沟为手少阳三焦经所行为经，能清胆热、通阳络之脉；合谷为手阳明大肠经所过为原；太冲为足厥阴肝经所注为输，两穴配伍俗称“开四关”，有清热泻肝、醒神通闭之效，《标幽赋》说“寒热痹痛开四关而已之”；丰隆为足阳明胃经之络穴，有化痰和胃除湿之效；大椎为手足三阳七脉之会属督脉，善能解热退烧除蒸。诸穴配伍与中药协同，痼疾得除而获效。

### （二）昏厥（脱髓鞘病）

**病例**：郭某，女，40 岁。机关干部。会诊日期：1976 年 6 月 17 日。

主诉：完全昏迷两个多月。

现病史：患者于 1976 年 4 月 12 日夜间因煤气中毒而头晕胀痛，全身不适，2 天后突然舌根发硬，失语，流涎，神志不清，烦躁不安，四肢多动，小便失禁。经某医院给服镇静药后，次日昏迷。住院 21 天治疗未见好转，而来京求治。经某医院检查，脑脊液及脑压皆正常，最后诊断为“脱髓鞘病”。住院治疗，经应用激素 45 天，患者仍然昏迷，牙关紧闭，颈软，上肢肌肉挛缩，强哭强笑，颜面抽搐，失语，二便失禁，请中医会诊。

检查：血压 120/82mmHg，心率 92 次 / 分，体温 37.8℃；双上肢呈屈曲状，两下肢多动伸直，失语，意识不清，昏迷Ⅰ°；两瞳孔对等，睁目不语，对光存在，巴宾斯基征（+），面白无华。

舌脉：苔薄白，质淡红。脉沉弦细。

辨证：恶浊之气，蒙闭清窍，阻遏神明，发为昏厥；日久化热，生痰伤络，以致肝风内动。

治法：开窍醒脑，息风通络。

方药：

寒水石 20g　紫石英 20g　节菖蒲 12g　白蒺藜 10g
白僵蚕 6g　双钩藤 12g　胆南星 10g　清半夏 12g
生蒲黄 10g　冬桑叶 6g　嫩桑枝 15g　南红花 10g
细生地 12g　川独活 5g　炙甘草 3g
牛黄清心丸 2 丸（分化服）苏合香丸 4 丸（分化服）

针刺：百会、人中、合谷、太冲。强刺不留针。

1976 年 6 月 21 日二诊：上方服 3 剂，昨日针后明显好转，初次发出两个字的语音，其余症状皆有缓和之势，舌脉同前。再针前穴，继服中药。

1976 年 6 月 28 日四诊：服前方 3 剂，针刺 3 次后，病人已能说简单语言，抽搐和强直症状有好转，神志已清，张嘴较困难，但可以勉强吞咽食物，去掉了鼻饲管，体温已经正常。舌苔白质淡红，脉沉弦，再拟前方加减。

寒水石 20g　珍珠母 25g　双钩藤 12g　大生地 15g
白蒺藜 10g　白僵蚕 10g　清半夏 15g　节菖蒲 12g
姜竹茹 10g　茯苓块 12g　全当归 12g　川石斛 20g
炙甘草 3g　牛黄清心丸 2 丸（分化服）
定风珠 2 丸（分化服）

针刺：天突、风池、中脘、天枢、上廉、阴陵泉。强刺不留针。

1976 年 7 月 5 日七诊：进前方 5 剂，针刺上穴 3 次后，病情渐轻，神志清楚，基本恢复语言能力，记忆力和思维活动皆有明显恢复；上肢功能恢复，可以做动作，下肢活动完全正常，吞咽基本恢复，舌苔白薄，脉沉弦。再拟前方加减。

寒水石 20g　胆南星 10g　生石决 25g　双钩藤 15g
朱远志 10g　节菖蒲 12g　茯苓块 12g　野百合 10g
川石斛 15g　杭菊花 10g　川续断 10g　生黄芪 15g
人参归脾丸 2 丸　牛黄清心丸 2 丸

针刺：巨阙、尺泽、合谷、太冲、阴陵泉、三阴交、丰隆。

1976年7月26日十五诊：患者前方服15剂，针刺上穴10次，诸证基本消除，神志完全清楚，纳可，二便调，四肢活动正常，继服前方加减，针前穴，继续观察。

1976年7月31日十八诊：患者诸症均消失，临床基本痊愈，即日出院回原籍休养，共服中药23剂，针刺17次，而收全功，临床结束治疗。

病历随访1年，情况安好，体健耐劳，准备上班。1977年12月4日，患者能亲笔写信表示感谢。

体会：煤气中毒即一氧化碳之秽浊毒气吸入人体，首先蒙闭清窍，阻遏神明之府，令人昏厥。由于恶毒之气日久未除，化为积热，热则生痰，痰热阻滞络脉，阴液灼伤，肝风内动，发为痌疾。在治疗上，选用开窍醒脑、息风通络之法，方用寒水石、紫石英、生地清热镇肝，育阴息风；僵蚕、钩藤、白蒺藜、桑叶息风平肝；胆星、半夏、菖蒲化痰通络开窍；南红花、生蒲黄活血化瘀；独活、桑枝通络散风；甘草调和诸药。用牛黄清心丸清热化痰强心；苏合香丸醒神开窍。汤丸合用协力，标本兼治，以取功效，药后精神及症候逐渐好转。经治疗两周，考虑到邪蒙日久正气亦伤，改用扶正祛邪之品，以促正复，故加生黄芪、远志、人参归脾丸补心气，益中气培本之品，在正气恢复的情况下，诸症明显好转。

此案治疗过程中，针刺是很重要的，取百会为三阳五会穴，是督脉、足太阳、手足少阳、厥阴经的会穴；人中为督脉手足阳明之会，二穴相配可通调督脉，开窍醒神，平肝息风，人中前后呼应更助百会之力；合谷为大肠经原穴，并调气开闭宣窍（解表、发汗、清热），引热下行；太冲是足厥阴肝经原穴，泻太冲可疏调经气的壅闭，通经活络，肝藏血，主筋，故能宣导气血、平肝息风，舒筋缓挛，回厥，通达四关，即所谓“开四关而已之”，使阴阳平秘，故次日神醒吐字；风池为足少阳、阳维之会，可疏解表邪、祛风清热；巨阙为任脉穴心之募穴，可醒神开窍复神明；丰隆为胃之络穴，可祛痰开窍，健运脾胃，促进食欲；天突是任脉阴维之会穴，有豁痰、理气、利咽、增音疗失语；尺泽是肺经合穴，能利肺气宣导上焦气机，泻热舒筋活络；诸症好转，唯腿沉无力为正气不足，故取三阴交，此穴为肝、脾、肾三阴经交会穴，可健脾和胃宣导三阴的气血阻滞；中脘为手太阳、手少阳、足阳明之会，是任脉经胃之募穴，可升清降浊补益中气。三穴相配，使正气得复，其次对症治疗，如便秘加天枢、上廉，针药并施仅用 40 天的时间，临床痊愈而出院，收到良好效果。

### （三）中风偏瘫（脑血栓后遗症）

**病例**：焦某，男，47 岁。积水潭医院职工。初诊日期：1979 年 3 月 11 日。

主诉：右半身不遂月余。

现病史：半年来经常头晕，手足有麻木感，血压波动在 250/150mmHg 左右。于 45 天前突然右半身不能活动，语言障碍，经住内科病房抢救脱险，出院后遂来针灸科门诊求治。

既往史：夙患高血压病、慢性哮喘症，经中西药对症治疗皆时好时差。

检查：右侧上肢活动差，握力小，右侧下肢行动不便，以健侧拖带，扶拐杖可以缓行。语言謇涩，痛苦病容，体质肥胖，神志反应迟钝，血压 160/98mmHg。

舌脉：舌质红，苔黄白厚。脉沉滑。

辨证：肝肾阴亏，虚阳上亢，水不涵木，肝火内炽，痰火相煽，肝风内动，气血壅闭，以致偏瘫。

治法：滋阴潜阳，通络息风。

针刺：①百会、风池、曲池、足三里、三阴交、太溪。②百会、太阳、曲池、合谷、阳陵泉、昆仑、太冲。

取以上两组配穴，每周针刺2次，每次留针30分钟，每次取穴1组，两组配穴交替使用。

针刺3次后，患者运动功能明显好转，唯语言及发音甚差，其他兼症递减。

针刺12次后，上肢活动比较有力，下肢行走颇感轻快，自述扶拐杖已属保护性作用，不倚拐杖亦能步行，语言发音有一定程度好转。坚持半年治疗后，手足麻木明显减轻，并恢复半日工作，血压一直稳定在150/90mmHg以下，取得临床显效而治疗暂停。

体会：

（1）中风是一种发病骤急而又严重的病证。孙思邈认为中风有四：“曰偏枯，曰风痱，曰风懿，曰风痹。”清代张伯龙说：“内风昏仆，谓是阴虚阳扰，水不涵木，木旺生风，而气升、火升、痰升上冲所致，故顷刻瞀乱，神志迷蒙，或失知觉，或失运动，理畅言赅。”《内经》说：“血之与气，并走于上，则为大厥，厥则暴死，气复反则生，不反则死。”

（2）本案因平素嗜酒劳力，早已形成阴虚肝旺之体，兼形肥多痰湿，虚阳日久上扰清空，头晕目眩乃为痼疾之证候。水不涵木，待机而发，稍借诱因，内风陡动，气血上冲于脑而致中风，虽经住院脱险而留残局仍是难题故也。故拟两组配穴，皆为标本兼施之术，其本者滋补肝肾，其标者潜阳息风，二者关系同为重要。

（3）两组配穴共取15穴，实际13穴，其百会、曲池重复使用为主穴。《针灸大成》说“手足三阳督脉之会”，可见百会是人体阳经脉交会、聚会之冲要之处。《玉龙歌》说：“中风不语最难医，发际，顶门穴要知，更向百会明补泻。”说明百会穴治疗中风后遗症是重要之穴，其手法是取“顺经刺之”为补法。《百症赋》说：“半身不遂，阳陵远达于曲池。”《玉龙歌》说：“两肘拘挛筋骨连，艰难动作欠安然，只将曲池针泻动，尺泽兼行见圣传。”明确阐述了曲池的功效在临床上是不能忽略的。

（4）在其他配穴中，足三里应深刺取泻法，使头血下流，肝阳下引；太溪、昆仑、三阴交、太冲滋阴补肾，平肝通络；合谷、阳陵调节阳明，和脾疏肝；取太阳、风池清头目，散风通络之用。诸穴配伍，共求滋阴潜阳、通络息风之功。其手法补泻分明，故此痼疾临床针刺 6 个月而收效。

（5）临床治疗中风半身不遂的体会为：①取穴要少，重点突出主穴。②手法补泻分明，总之刺激不宜过强。因为此类患者多为形盛气虚之状，强刺激伤正气，反而疗效慢，所谓“欲速则不达”也。

## （四）督脉虚证

**病例：**李某，女，54 岁。家庭妇女。初诊日期：1977 年 12 月 13 日。

主诉：头项沉重，不能抬举两周。

现病史：两月前因闭经年余复来，经期 4 天量多似崩，身倦无力，一直未恢复，忽于两周前恐惧地震，开门洗衣，当晚彻夜未眠，次日晨起面目浮肿，头颈项麻木沉重不灵，有重压感，头眩晕不能转动，目不欲睁，耳堵，言语不利，手足麻木，行走不便。

检查：面目浮肿，头不能抬，低达 90° 。帮其转动颈部，柔软不强，松手后又复低头不举。

舌脉：舌质淡红，苔薄白。脉细涩。

辨证：督脉空虚，风邪侵袭。

治法：散风养血通络。

针刺：百会、大椎（先泻后补）、支沟（右，泻法）、列缺（左，平补平泻）。

患者针后身得微汗，头即无压迫感且不晕，身轻有力，走路似常人。

12 月 16 日二诊：近几日，头颈举、活动自如，四肢麻木减，唯感头晕、耳堵、说话时后脑有震动感。针百会、大椎、合谷（右）、列缺（左）、后溪（左）。

12月20日三诊：头晕已愈，夜眠稍差，脉左微细、右弦滑无力。为风邪已散，但正气未复，经脉尚虚。针风府（点刺）、百会、太阳、三阴交、合谷（右）、神门（左）。方用人参归脾丸，每服2丸，日2次。

12月23日四诊：诸症已去，夜眠好，阴天稍有背胀，再针1次巩固疗效结束治疗。

体会：

（1）冲脉为血海，又为十二经之海；督脉是阳脉之海，统督全身阳气，维系人身之元气。《内经》说："阳气者精则养神，柔则养筋"；"巨阳之厥则肿首、头重足不能行，发为眴仆"。患者断经得来似崩，为冲任不固，冲任虚则督脉亦虚。因冲、任、督均起于胞中，为一源三歧，故督脉空虚，风邪乘虚而入，失其统督之权，因而上述诸症丛生。

（2）取百会为督脉穴，又为三阳五会穴，可升阳举陷；大椎是督脉穴，为诸阳之会，可疏风解表，宣通诸阳；后溪配列缺为八脉交会穴，可治头项病；支沟为三焦经穴，可宣通三焦之气机。诸症已减，有时头晕夜眠不好，为邪去正虚，故用三阴交补益三阴，神门安心神，风府醒脑开窍；又用人参归脾丸补气养血，固冲任，以达正气存内，邪不可干，而复康健。

### （五）狂证（精神分裂症）

**病例：**田某，男，23岁。学生。初诊日期：1976年10月26日。

主诉：精神失常半年余。

现病史：患者于今年4月5日因与人争吵后，胡言乱语，狂躁不安，游走不定，毁物打人，多怒不食，猜疑不寐，大便尚通，西医诊断为“精神分裂症”。曾用中西药治疗未见好转。

既往史：平素体健，家族亦无类似疾患。

检查：面色红赤，唇干咽红目赤，神志痴呆，语言不能切题，不能配合医生检查。

舌脉：苔黄厚腻，舌质红。脉细数有力。

辨证：暴怒伤肝，气郁化火，灼津成痰，上蒙清窍，扰乱神明，以致狂躁不安之候。

治法：清泻肝热，豁痰醒神。

针刺：主穴：哑门、人中、风池、百会、巨阙、太阳。

配穴：三间、间使、神门、合谷、少府、通里、丰隆。

10 月 28 日二诊：针刺前穴诸证好转，再依前法治疗。

12 月 10 日二十诊：遵照基本配方，针刺 20 次后，诸症已平，睡眠饮食皆如常人，临床痊愈。

体会：

（1）《灵枢·癫狂》说：“狂始发，少卧不饥，自高贤也，自辩智也，自尊贵也，善骂詈，日夜不休。”此案因暴怒后，肝木失其条达，情志郁结化火，肝气横逆乘于脾胃，阴液被灼成痰，痰火上扰，心神逆乱，发为狂症。

（2）此病共针 20 次，仅两个疗程而获临床痊愈，全赖取穴配伍得当。取人中、哑门为督脉所属，二穴相配，前后同取，可增强醒神开窍之效；风池乃手足少阳与阳维、阳跷之会，有平泻肝胆，兼清相火之功；百会为手足三阳督脉之会，有醒神作用；百会、人中、哑门、风池互相配伍，共求清泻肝胆、豁痰醒神之功。巨阙为任脉之脉气所发，又为心之募穴，《甲乙经》说“狂妄言怒，恶火，善骂詈，巨阙主之”。太阳为经外奇穴，主治头痛，并有散风之功。以上诸穴为其主穴，是基本处方。然后再随证加减，以求全面。如三间为手阳明大肠经所注为输；间使为手厥阴心包经所行为经，两穴皆有镇静安神以治乱语；神门配间使能疏调心经及心包经气，心包热邪得祛，热去神自清，以达安神定惊之能；合谷清阳明、少府清心火、通里泻热安神，三穴皆有除烦之效；丰隆为足阳明胃经之络穴，有化痰之功。

（3）针刺狂证一例，尤以哑门为主，胡荫培教授针此穴时，低头取穴，仰头扎针，针尖方向朝向喉结，不捻不捣，不偏不斜，不强求特殊针感。深度为1.5寸。

## （六）耳聋（神经性耳聋）

**病例：**寇某，男，46岁。教师。初诊日期：1976年5月21日。

主诉：耳鸣、耳聋18年。

现病史：左耳每逢劳累或生气后病情加重，经常头晕、耳鸣、耳聋、重听，甚则大声喊叫、汽车鸣笛皆不能听到。右耳全聋，丧失听力。

既往史：于十几岁时右耳丧失听力，只靠左耳。1957年经协和医院诊断为“耳鼓膜病变”。1958年左耳发现耳鸣、耳聋、重听，西医诊断（左耳）神经性耳聋。曾服用维生素类、蜂乳及西药等药物治疗，时轻时重；又作针灸治疗，效果亦不显著。

舌脉：舌质绛，苔薄白。脉细数。

辨证：肝肾阴虚，水不涵木，肝胆火旺，壅遏清窍。

治法：滋阴潜阳、泻肝利窍。

针刺：主穴：耳门、听宫、听会、翳风。

配穴：风池、太溪、外关、合谷。

5月24日二诊：针刺后听力好转，普通说话已能听到，情绪好转，再针前穴，留针30分钟。

6月5日七诊：针刺6次后，左耳听力显著好转，一般低声讲话皆可听到，但仍有小声耳鸣如蝉状。

6月21日十四诊：针刺前穴13次后，左耳听力已然恢复正常，耳鸣情况亦完全消失。右耳情况如故（全聋），左耳已获临床痊愈，结束治疗。

1976年12月25日随访：左耳疾患未再复发，听力正常，虽在抗震阶段劳累甚重，但病患从未反复。

体会：

（1）耳鸣耳聋都是听觉异常的症状，耳鸣以自觉耳内鸣响为主症，耳聋重听也是耳鸣发展的严重阶段，其病因：暴怒惊恐，肝胆风火上逆，以致少阳经气闭阻所致；或因外感风邪侵袭，壅遏清窍；另有因肾气虚弱，精气不能上达于耳而成。此案为肝肾之阴虚损，其肝胆失所涵养，而致肝胆火旺，壅遏于清窍，致发耳鸣，日久严重而形成耳鸣重听之疾。

（2）方取手少阳三焦经之耳门，手太阳小肠经之听宫，足少阳胆经之听会，三穴共与翳风相配合，以泻肝胆、通经络、清风热、开耳窍。《百症赋》说："耳聋气闭，全凭听会翳风。"此四穴为治聋要穴，再配风池散风通络、太溪补肾水潜虚阳，壮水制火以求其本；外关疏通经气、合谷清热泻火。诸穴协调以达滋阴潜阳，泻肝利窍之功，故18年痼疾只针13次而收到临床痊愈之效。

### （七）乳核（乳腺增生症）

**病例**：马某，女，41岁。纺织女工。初诊日期：1977年5月11日。

主诉：两乳痛已半年多。

现病史：1976年10月，两乳开始疼痛、拒按，不能压碰，发现时在外地出差，工作忙碌，心情烦躁，两胁胀满，夜寐多梦，经期不定，量少，行经少腹胀痛，纳少不甘。西医诊断：乳腺增生症。经外科治疗不愈，遂转中医诊治。

检查：两乳丰满，左乳扪之有硬核5㎝×4㎝，右侧乳中亦有硬核4㎝×3㎝，两硬核皆有明显触压痛，边缘整齐，能够移动，皆无根盘，局部未见红肿，大便通调。

舌脉：苔白厚。两脉滑数。

辨证：肝郁胃热，气滞血瘀，经络阻滞，乳中结核。

治法：疏肝理气，活血通络。

方药：

醋柴胡 10g　炒白芍 10g　夏枯草 15g　益母草 12g

浙贝母 10g　海浮石 10g　制乳香 6g　制没药 6g

苏木屑 10g　路路通 10g　穿山甲 10g　鸡血藤 15g

川郁金 10g

针刺：太渊（左）、神门（右）。留针 30 分钟。

5 月 25 日五诊：上方服 14 剂，右侧乳腺肿核已消，唯左侧虽渐小，但仍疼痛，继服前方。针刺：膻中、尺泽、合谷、三阴交。

6 月 18 日十二诊：两乳基本不痛，右乳核已消，扪之不及，左乳核亦较小，纳可，便调，寐安，烦急现象未再出现，月经接近正常，苔白，脉象沉弦。针刺：膻中、中脘、关元、足三里、三阴交、合谷（右）、太渊（左）。留针 30 分钟。

7 月 9 日十七诊：两乳已不痛，乳中结核皆消，诸症均已痊愈，临床结束治疗，嘱戒劳怒，以求巩固。

体会：

（1）乳腺增生症乃现代医学病名，中医学称为“乳核”或“乳癖”，病因多为冲任不调，气滞痰郁，蕴结成块，多见于中年或老年人。其特点：硬而不坚，推之移动，皮色如常，明显压痛，边缘整齐与“乳岩”（乳腺癌）不同。

（2）治疗此病，首先应疏肝理气，使冲任通调则结核即消，故方用柴胡、白芍、郁金理气疏肝解郁；益母草、乳香、没药、苏木活血通络，行经化瘀；浙贝、夏枯草、海浮石、山甲化痰软坚散结；路路通、鸡血藤通经活络。群药共取疏肝理气、活血通络之意，以奏功效。更配合针刺太渊、尺泽理气宽中；膻中、中脘行气疏肝；合谷、足三里、三阴交和胃健脾，以平肝理气；关元益肾气，调冲任。针药相配，彼此相助，故能短期取效，以图缓功。

### （八）胃脘痛（慢性胃炎）

**病例：** 王某，男，45 岁。干部。初诊日期：1976 年 6 月 1 日。

主诉：胃痛 4 ~ 5 年。

现病史：胃脘胀满，食后加重，纳少不香，病已 4 ~ 5 年，近半月来复发，打嗝吞酸，两胁胀满，心烦急躁，便调，胃痛重则夜寐不安。西医诊为“慢性胃炎、消化不良症”。

检查：两胁下肝脾未扪及，胃脘部未见异常，但腹部胀满，叩诊鼓音。

舌脉：舌质红，苔黄白相兼。脉弦滑。

辨证：肝郁不舒，胃失和降，中州积滞，消化不良。

治法：理气和胃，化滞调中。

针刺：中脘、足三里。留针 30 分钟，平补平泻法。

6 月 15 日四诊：针刺后，胃消化好转，胀痛渐轻，纳谷佳，夜寐安，舌苔薄白，脉弦。再取上穴加减，针膻中、中脘、足三里。留针 30 分钟，平补平泻法。

6 月 22 日六诊：胃脘胀满已愈，纳谷消化皆好转，体力逐渐恢复，再刺前穴巩固。

1977 年 1 月 4 日随访患者，慢性胃炎经针刺 6 次后，遇天气变化时胃部稍有不适，别无他状，基本痊愈。

体会：胃病的主症即胃脘痛。胃痛发生的病因有两类：一是由于忧思恼怒、肝气失调、横逆犯胃所引起，故治以疏肝理气为主；二是由于脾不健运、胃失和降而导致，宜用温中健脾益气法，以恢复脾胃的功能。本案属于前一类型，故取任脉之中脘调胃和中，止痛降逆；足三里平胃疏肝，行气助消；膻中理气舒郁。共针治 6 次，基本痊愈，说明取穴简单、手法得当亦能获良效。

## （九）宿食（胃绝舌肿）

**病例：**杨某，男，35岁。射击运动教练。初诊日期：1977年7月5日。

主诉：舌体肿胀五年。

现病史：患者于1972年发现舌体较正常人肿胀且大，舌边缘有齿痕，面色发暗，没有光泽，食后脘中发热且吞酸嗳腐，喜饮水，纳少不思食，强食不甘，心烦急躁，夜寐不实易醒，腹中嘈杂不安，体乏无力，日益消瘦，头昏，大便秘结数日一行，尿黄，腰酸健忘，嗜饮浓茶。曾服中西药治疗四五年未收效，经上海、宁夏、山东、北京等十多家医院诊断，病名繁多，基本为"胃肠功能紊乱"、"神经官能症"、"十二指肠溃疡"等，服尽寒热温平之剂皆不奏效。

检查：血压130/84mmHg；体温正常；肝功能未见异常；钡餐造影：上消化道未见器质性病变；胸透心肺未见异常；血红蛋白14g；面色青暗无泽，消瘦；血沉正常。

舌脉：舌质红，舌体肿胀且大，边缘有齿痕，舌苔白厚腻。脉弦滑数。

辨证：宿食肥甘，胃肠积滞，中脘受阻，运化失司，湿热痰浊上溢，以致"胃绝舌肿胀"之候。

治法：通调腑气，化滞消导。

方药

糖瓜蒌25g　薤白头12g　莱菔子10g　鸡内金10g
焦槟榔12g　炒麦芽15g　炒谷芽15g　紫丹参10g
广郁金10g　陈皮炭10g　佩兰叶10g　缩砂仁　6g
元明粉　6g　旋覆花10g（包）

7月11日二诊：进前方三剂后，诸症明显见轻，食欲开，脘中发热减，吞酸减少，精神舒畅，大便日解一二次，其气味腥臭量多，便溏软，脉舌同前。再拟前方变通。

糖瓜蒌 25g　薤白头 12g　紫丹参 15g　莱菔子 10g
鸡内金 10g　小青皮　6g　陈皮丝　6g　蓬莪术 10g
黑白丑 10g　荆三棱 10g　焦槟榔 15g　佩兰叶 10g
炒麦芽 12g　炒稻芽 12g

7 月 15 日三诊：服前方三剂后大便通调，日解一次，量多，便后腹中舒适，纳谷见增，吞酸与夜间嘈杂之症皆平，体力渐缓，舌体肿胀大见消，脉滑。再拟前方加减三剂。

7 月 19 日四诊：诸症皆平，舌质淡红，舌体正常，但稍有齿痕，舌苔薄白，脉沉弦，因工作离京而结束治疗。仍拟前法加减三剂，并配丸药一料以巩固治疗。

1978 年 1 月 26 日随访，半年来情况甚好，纳香，体健，精神佳，二便正常，夜寐安，前症未再复发，宿食之病候诊治四次，服汤药十二剂，丸药一料而临床告愈，患者再求拟方调补心肾之剂。

体会：

（1）宿食即伤食也，亦可称为食滞，是因饮食太过损伤脾胃的疾患。《素问·痹论篇》说“饮食自倍，肠胃乃伤”即是指此而言，盖盛纳在胃，运化在脾，如饮食失节则脾胃受伤，所以伤食一症需从脾胃论治。

（2）患者系宁夏自治区射击运动教练，属于运动员，故数年来每日膏粱厚味，恣食肥甘，况射击教练所需消耗远不比体操与球类活动量之大，因此其脾胃运化功能负担过重，日积月累，胃肠消化受累而病。饮食停滞则发酵生热，故病家脘中发热，食后则吞酸嗳腐，此乃伤食的铁证。追述平日有嗜浓茶的习惯，茶为湿邪，益助中州伤食停饮之弊，促进中脘壅塞阻滞，其湿热痰浊失去通降之道必然顺势上溢。《千金方·胃腑脉论》所谓“胃绝舌肿”也就是胃中湿热盛而胃气阻绝的意思，绝非胃气败之绝候，舌体肿大就是湿热痰浊上犯的征象。据患者介绍，前医认为脾肾阳虚，曾投附子理中丸治之，服一丸平平，服两丸即泻，且肛门灼热感，何故？此乃犯实实之误（即实证用热药），必将“暴注下迫”，呈热泻耳。应以此为教训矣。

（3）治疗伤食，当分上、中、下三脘论治，在上者宜吐之，在中者宜消之，在下者宜夺之。此例症见吞酸嗳腐属中脘，大便秘结不通属下脘，故应从中下脘入手，而拟定选用消夺之术。方用瓜蒌、薤白、元明粉通调腑气；配伍莱菔子、鸡内金、焦榔、麦芽、谷芽消导化滞；佩兰、砂仁芳香化浊；旋覆花、丹参、郁金和中降逆，化瘀理气平肝为用；妙在陈皮烧炭化胃中之黏滞之湿浊；瓜蒌、元明粉取承气之意，有其通阳明腑证之功，但又无硝、黄之弊，故投三剂而中，使诸症减轻，体力精神转佳。此与前医投温补剂截然两功，何差？然胃肠者以通为补故也。二诊、三诊、四诊基本遵治法拟方，只是更换、加大活血化瘀通利之品，例如三棱、莪术、二丑之类，前人所谓“顽病治血、怪病治痰”之论，以求彻底。诸药协调，共取通调腑气、化滞消导之功。

（4）除用药调治外，尚嘱其饮食的结构、习惯应调整，适量食粗粮，不得过饱，少饮茶酒之品，可谓变食疗法，对肠胃病患者是很有意义的。

## （十）肠痈（急性阑尾炎）

肠痈早在《金匮要略》中即有记载，其病机主要是湿热结滞，气血蕴积，郁而成痈，在治疗上当鉴别脓已成，或脓未成。脓已成者宜活血行瘀，排脓消肿；脓未成者当通滞泄热和营。

此病大多由饮食不节，肥甘厚味，暴饮暴食，跌扑急奔，或饱食之后，奔走负重等因而致使肠胃运化失职，湿热积滞，肠腑壅塞，气血瘀阻。治以疏通肠腑之气血，清热化滞（取穴以阳明经为主，阑尾穴、足三里、上下巨虚等）。不通则痛，通则不痛，故肠以通为补，则法用疏通为治。

**病例 1**：许某，女，22 岁。工人。初诊日期：1977 年 4 月 1 日。

主诉：右侧腹痛、恶心欲吐。

现病史：患慢性阑尾炎已数年，昨夜两点胃痛、恶心欲吐，来我院急诊就医，查血常规：白细胞 16000/$mm^3$，肌肉注射止痛药之后，胃痛减，仍呕吐，继而右下腹痛。印象为阑尾炎，嘱其观察治疗。

之后胃痛减轻，因不愿久留而返家休息，途中疼痛加剧，迈步、震动疼痛难忍，勉强到家，痛不能动，口服颠茄水后缓解，次日来门诊就诊。

检查：右下腹麦氏点有明显压痛及反跳痛，循触双下肢足三里与上巨虚之间有压痛点（左轻右重），便秘，口渴。

舌脉：舌质红，苔腻厚。脉弦滑数。

辨证：肝郁气滞，肠腑不通。

治法：泻热导滞，通肠化瘀。

针刺：阑尾穴。泻法，左侧为中度刺激、右侧为强刺激。

针后腹痛止，遇劳稍痛，午后能下地活动。

4 月 3 日二诊：针阑尾穴，手法同前。

在针刺治疗期间，除服四环素外，未服他药。北大医院确诊为“阑尾炎“。因经常发作故建议行手术治疗，患者不知所措，故征求意见。胡荫培教授认为肠痈已愈不必手术，但切记饮食节制、寒温适度，纳后避急奔负重。

1977 年 12 月 9 日随访，患者针刺治疗后，已 8 个多月未再复发，无任何不适感。

**病例 2**：郭某，女，21 岁。南口农场四分厂工人。初诊日期：1976 年 9 月 15 日。

主诉：右侧腹痛难忍两天。

现病史：因腹痛难忍而来我院急诊就医，诊断为“阑尾炎”。开中药回家，服药后半夜腹痛加重，头晕腹泻，发热，体温

39.4℃，血常规：白细胞 15000/mm³ 以上，肌肉注射后，因地震而未行手术，故来门诊求治。

检查：热已退，腹痛拒按，动则痛甚，倦怠乏力，不思饮食，纳谷无味，腹泻已止，循触足三里与上巨虚之间有压痛点。

舌脉：舌苔白腻微黄。脉弦滑而数。

辨证：湿热郁滞，阳明肠腑不通。

治法：清热化湿，导滞定痛。

针刺：阑尾穴。泻法，左侧为中度刺激，右侧为强刺激。

9 月 16 日二诊：腹痛症减，稍有隐痛，纳食甘，舌苔薄腻，脉弦滑微数。拟以前法，针阑尾穴，平补平泻。

针治两次临床痊愈。1977 年 12 月 10 日随访针后 1 年多未再复发，腹部无任何不适感。

体会：

（1）以上针法遵"肠以畅为补"的治疗原则，用强刺泻法来疏通肠腑，使阑尾之经脉通畅，以达通则不痛、升清降浊、邪去康复之目的。如体壮者，可用强刺激手法，得气后运针到右腹痛缓解，再行针半小时。

（2）要辨证准确，掌握时机，如早期无热，右下腹痛，腹皮不热，按之软，可单用针刺效卓。如脉数身热，右下腹剧痛，血象偏高，腹皮急，将欲化脓，或已化脓者，必须针药双用。

（3）阑尾穴是肠痈的特效穴，遵《标幽赋》说："既论脏腑虚实，须向经寻"故肠痈患者寻触下肢痛点阑尾穴，较足三里效卓。

## （十一）腰痛（功能性腰痛）

腰痛是一种多发性常见病。其病因大抵有风寒湿侵袭、气滞、扭伤瘀血、肾虚等，《内经》说"腰者肾之府"。一般腰部的症状在内脏以肾为主；在经络与足少阴、足太阳、督脉的关系较为密切。在肾为虚，多是慢性腰痛；在经络为实，多是急性腰痛。临床上可分三型：①风寒湿腰痛：为腰部冷痛拘急，牵引足腿，腰脊重着，转侧不利，步履艰难，阴雨天重，得温则减，息卧后症不见好转，脉象弦紧或沉滑。②外伤腰痛：为跌扑闪挫、强力举重后，腰部痛如锥刺，转侧不便、或郁闷善怒，痛为走注，且忽聚忽散、痛无定处，咳嚏加重，脉象弦涩。③肾虚腰痛：为隐隐作痛，腿软无力，足腿发凉，遇劳则甚，坐卧稍减。由于肾为水火之脏，须分肾阴和肾阳。肾阴虚者兼见心烦口干，头晕耳鸣；肾阳虚者兼见神疲气短，畏寒溲频，脉象虚细弱或虚细数，且有两尺不足。治法以通调足太阳膀胱经、足少阴肾经及督脉的经气为主，补肾壮阳为辅。常用腧穴有人中、后溪、养老、委中、肾俞、气海俞、关元俞、压痛点。

**病例 1**：石某，男，35 岁。机械公司职工。初诊日期：1977 年 8 月 16 日。

主诉：腰痛半年多。

现病史：近两日来痛甚，不能转侧、俯仰，咳嗽腰痛难忍。

舌脉：舌质淡红，苔薄白。脉沉涩。

辨证：气滞血瘀腰痛。

治法：调气活血，疏通经络。

针刺：百会、后溪（左）。

针后令其活动腰部，当即转动自如，疼痛已止。为防其复发而巩固疗效，次日再针委中，临床痊愈，未再复诊。

**病例 2**：曹某，男，29 岁。铁厂工人。初诊日期：1977 年 10 月 23 日。

主诉：腰痛 7 天。

现病史：蹲起、咳嗽则腰痛难忍。

检查：50° / 100° ╳ 10° / 0°

舌脉：舌质淡红，苔白滑。脉沉细。

辨证：气滞血瘀，经脉阻痹。

治法：理气活血，化瘀通络。

针刺：气海俞、腰阳关。

10 月 25 日二诊：疼痛已减，咳嗽时已无不适。

检查：90°（上）、30°（左）、30°（右）、30°（下）

针刺：取穴同上。

10 月 27 日三诊：活动自如，临床痊愈，为巩固其疗效，同上穴，再针 1 次，共 3 次，收到满意之效果。

**病例 3：**李某，女，52 岁。石化部干部。初诊日期：1977 年 9 月 13 日。

主诉：腰痛。

现病史：因躲车而腰部闪挫后，疼痛难忍，不能转动、俯仰，夜不得眠，持棍强立。

舌脉：舌质微红，苔白。脉沉细。

辨证：外伤后，气血瘀滞。

治法：活血化瘀，疏通经脉。

针刺：养老（右）、人中、大椎。

针后疼痛已止，活动自如，均能坐立、俯仰、转侧，而且睡眠好转。

1977 年 11 月 15 日随访，两月后患者情况良好，腰痛未再复发，唯劳累后活动稍不灵活。

**病例 4：**韩某，男，42 岁。工业学大庆展览馆干部。初诊日期：1977 年 11 月 15 日。

主诉：腰痛两天。

现病史：两天前因搬动煤气罐后腰扭伤，疼痛逐渐加重，难以忍受，咳嗽、活动时痛加剧。

检查：腰 4 ~ 5、骶 1、脊中压痛（+），搀扶上床，呻吟不已，均不能俯仰和侧弯，右腿抬高试验（—）。

舌脉：舌质红，苔黄白厚。脉沉弦。

辨证：气滞血瘀性腰痛。

治法：调气活血，舒筋定痛。

针刺：人中（强刺激）针后腰稍有微痛，活动受限好转，自己下床，觉无痛楚（无压痛）。

11 月 16 日二诊：针委中、灸腰部。

11 月 18 日三诊：针委中、灸腰部。

共针 3 次，疼痛已止，蹲起、转侧、弯曲等活动自如，检查前弯 90°，临床痊愈。

**病例 5**：袁某，男，40 岁。水电二局房建队工人。初诊日期：1977 年 8 月 1 日。

主诉：腰痛六年。

现病史：腰膝酸痛软弱，倦怠无力，时轻时重，劳累、久立、夜间疼甚，晨起症轻。

舌脉：舌质淡红，苔白。脉沉细无力。

辨证：肾虚腰痛。

治法：补肾通络。

针刺：肾俞、腰阳关、大肠俞（平补平泻）。

8 月 3 日二诊：针后腰部舒服，痛已减轻，继针上穴，用补法，针刺入穴位即可，得气后不需捻转或提插，留针 30 分钟。针 5 次后腰痛已止，倦怠乏力症减大半。为巩固其效，按上穴加减，又针 5 次共针 10 次后，已获临床痊愈。

体会：

（1）胡荫培教授针刺腰痛，急性病多用远端穴，慢性病多用局部穴。在手法上，急性病远端穴用中强刺激不留针；慢性病局部穴用平补平泻，针刺入穴位即可，得气后不用任何手法，即不提插也不捻转，可留针30分钟。用远端穴，如针刺养老，要求针感要窜至大椎，使其汗出或臂酸身热。

（2）要根据辨证的虚实以及病人的体质、耐受能力采用不同手法，既要疏通经络有针感，还要照顾病人体质，体弱用中刺激，体壮用强刺激，针后以达舒适感。

（3）治疗急性腰痛，针后要马上活动腰部，可助经气的疏通，增加疗效。

### （十二）遗精（青少年梦遗）

**病例**：文某，男，22岁。学生。初诊日期：1976年6月11日。

主诉：遗精五年。

现病史：五年来经常梦遗滑精，腰酸膝软，周身无力，头晕神疲，纳少不甘，小便频数，记忆力减退，性情急躁，时则目眩耳鸣，手足心发热，遗泄频频，每周4次之多，有手淫史。

检查：神疲形瘦，倦怠，面色青暗，其余皆未见异常。

舌脉：舌质红绛，苔薄白。脉滑数，两尺无力。

辨证：少年斲伤过早，阴亏相火妄动，肾虚精关不固，以致梦遗之候。

治法：育阴补肾，固精安神。

方药：金樱子膏（内服）。

针刺：大赫、关元、三阴交，（取补法，留针30分钟）。

6月29日六诊：近日来未再遗精，精神明显好转，体力有所恢复，再继服金樱子膏。针关元、三阴交，取补法，留针30分钟。

7月6日八诊：遗精已基本痊愈，体力精神皆好，夜寐较安，记忆力逐渐恢复，脉沉缓，再服金樱子膏、针刺前穴加减以巩固疗效，结束治疗。

1977年12月2日随访，患者针刺治疗1年半后，已无梦遗，滑精恢复正常，精神旺盛，面色润泽，夜寐安宁，纳谷尚好，记忆力集中。患者正在复习功课，迎接高考。

体会：

（1）遗精有梦遗与滑精之分。有梦而遗精的名为梦遗；不因梦遗或见色而精自滑出者，名为滑精。《景岳全书》说："梦遗滑精，总皆失精之病，虽其证有不同，而所致之本则一。"前人又说："有梦者为心病，无梦者为肾病。"此案乃青年未婚，遗泄频频，其因少年误犯手淫，斲伤甚早，肾阴虚损，相火妄动，精关不能固守，而致诸症丛生。方用金樱子膏补肾育阴、潜阳固精，使水火相济，君相之火得安。取大赫（肾）、关元（任），补肾水，固精关；三阴交（脾）益阴平肝，共求固涩。

（2）治疗该病除针药外，更应注意生活起居，精神调养，而节思寡欲，尤属重要。

## （十三）遗尿（功能性遗尿症）

遗尿多为虚证。《内经》说"膀胱不约"为遗尿，又说"水泉不止者，是膀胱不藏也"。

此病多见于老年人及儿童。老年人多因命门火衰所致，表现为淋漓不断，甚则咳笑失控；儿童多因发育迟缓，肾气不足，有的自幼尿床而至成年则为习惯，甚则常年行动坐卧于湿浊之境，致使患者痛苦之极，家长心烦忙乱；成年人遗尿多为少见，其表现为精神不振，形体瘦弱。

**病例1：**贾某，男，12岁。学生。初诊日期：1975年4月12日。

主诉：遗尿数年之久。

现病史：每夜尿床达两次，昼溲频失控。四季裤褥均湿，甚则夜间唤醒，但神迷不清，而尿至裤内。

舌脉：舌质淡，苔薄白。脉沉细数。

辨证：肾气失充，膀胱不纳。

治法：补肾培本，益气固摄。

针刺：关元（平补法，针感达至会阴），肾俞（点刺）。

经针治5次后痊愈。

1977年12月6日随访，针后两年半情况良好，从未复发。

**病例2**：刘某，男，17岁。学生。初诊日期：1976年4月8日。

主诉：遗尿数年。

现病史：近日症重，每夜尿一二次，素溲频，量少色黄。此次因其征兵体检时未查出，顾虑入伍之后，唯恐造成恶劣影响，故精神压力较大。

舌脉：舌质红少苔。脉细数。

辨证：肾气不足，膀胱失固。

治法：补肾培元。

针刺：关元、肾俞（点刺）。

共针治三次后，临床痊愈，患者深感满意，不久光荣应征入伍。

**病例3**：付某，男，8岁。学生。初诊日期：1976年11月19日。

主诉：遗尿。

现病史：自幼夜尿，每夜三四次，唤醒排尿后仍尿床，素喜看小人书乃至小说等，体质虚弱。

舌脉：舌质淡，苔白。脉濡数，两尺不足。

辨证：肾虚膀胱不约。

治法：补肾固摄。

针刺：关元、三阴交，用补法。

共针治4次后，临床痊愈。

**病例4**：郑某，女，12岁。学生。初诊日期：1976年11月15日。

主诉：遗尿五年。

现病史：夜尿床、昼尿裤，近日加重，身倦无力，饮食、睡眠、大便皆正常。

舌脉：舌质淡，苔薄白。脉濡数少力。

辨证：肾气不足，下元不固。

治法：益肾固元。

针刺：关元、三阴交，用补法。

共针治 3 次后，临床痊愈，未再复发。

体会：

（1）遗尿因三焦气化不足，肾虚下元不固，膀胱约束无权所致。故取任脉关元穴，为三阴经、四脉之会穴，为人身元气之根本，用以振奋肾气而固先天之元；肾俞补肾培本；取三阴交为脾经穴，又是肝、脾、肾三阴经之会穴，因三阴经都循小腹或阴器，故能通调下焦的气机，又可补益三阴之气血，健运脾气，使后天之本得以旺盛。中医学认为“肾为先天之本，脾胃为后天之本”。胡荫培教授紧紧抓住“本”这个关健，仅用两穴配伍，手法得当，而使肾气充盈，三焦协调，膀胱复职，以达康复。

（2）除针刺治疗外，另嘱患儿注意生活起居，纠正懒惰习惯，养成午睡及晚间起夜排尿的习惯。

### （十四）石淋（肾结石）

**病例：**赵某，男性，47 岁。干部。初诊日期：1975 年 7 月 15 日。

主诉：右侧少腹及腰部剧痛三天。

现病史：三天前，晚间右侧少腹连及右侧腰背部绞痛，并逐渐加重，痛甚则汗出，小便浑浊，时见溺中鲜血，经某医院急诊对症治疗后暂稍缓解。随后腰痛严重，经宣武医院诊断为“右肾结石”服西药无效遂转中医治疗。症见纳少，烦急，小便量少、颜色黄赤，尿道涩痛。

检查：痛苦面容，剧痛后周身有汗，右侧腰腹绞痛，宣武医院X光照片显影为“小黄豆粒大的椭圆型结石”。

舌脉：舌质红，苔白厚。脉沉弦数。

辨证：下焦湿热内蕴，日久煎灼积石，致为石淋。

治法：清热利湿，排石通淋。

方药：

金钱草 30g　鱼枕骨 15g　川萆薢 12g　海金沙 10g（包）
滑石块 20g　台乌药 6g　建泽泻 10g　车前子 10g（包）
小木通 10g　血余炭 10g　石韦片 10g　甘草梢 3g
冬葵子 15g　炒知母 10g　炒黄柏 10g

7月22日二诊：服前方4剂后，小便通利，尿道已不涩痛，纳谷稍增，腰腹部绞痛虽减轻，但未消除，脉弦滑、舌质红、苔白，再拟前法加减。

金钱草 30g　鱼枕骨 15g　川萆薢 15g　海金沙 10g（包）
滑石块 20g　小木通 10g　建泽泻 10g　车前子 15g（包）
冬葵子 15g　细芒硝 10g　台乌药 10g　甘草梢 6g

7月29日三诊：服前方6剂后，当夜右侧腰腹部绞痛难忍，其痛的重点逐渐向小腹移动，小便血尿浑浊随即由尿道排出砂粒状块数枚，此后腰腹绞痛消失，精神转佳，纳可，大便稀溏，小便清畅。脉沉弦，舌质淡红、苔白，再拟前法变通。

熟地炭 20g　炒知母 10g　炒黄柏 10g　车前草 15g
旱莲草 15g　冬葵子 15g　冬瓜子 15g　海金沙 10g
金钱草 15g　川萆薢 15g　菟丝子 25g　台乌药 6g
石韦片 10g　甘草梢 6g　滑石块 20g　肉桂面 1.5g（分冲）

8月8日四诊：诸症已平，腰腹痛止，小便清畅，纳可，便调。脉舌如常，再遵前方续服 20 剂以巩固疗效，结束治疗。

1977 年 11 月 25 日随访据患者介绍，右肾结石经服中药 36 剂，疗程 45 天，临床痊愈。经两年多继续观察未再复发，患者深感满意。

体会：

（1）肾结石是现代医学的病名。中医学则属淋证的范畴。淋证以小便频数而量少，尿时茎中涩痛，小腹拘急胀痛为主证。《内经》指出："脾受积湿之气，小便黄赤，甚则淋。"《诸病源候论》则认为是肾虚膀胱热所致。后世根据淋证的临床表现而分为气淋、血淋、石淋、膏淋、劳淋五种，统称为五淋。

（2）本案乃为湿热蕴积下焦，热邪偏胜，尿液受其煎熬，日积月累，尿中浊物结为砂石，瘀积于肾发为石淋。故方用金钱草、海金沙、鱼枕骨通淋排石；萆薢、滑石、木通、泽泻、车前、冬葵子清热利湿化浊；炒知柏清下焦湿热；血余炭化瘀止血尿；乌药顺气止痛促进结石下移；甘草梢引药利膀胱且能调和诸药。二诊入芒硝软化结石。群药配伍达排石溶坚之能事。重点在结石排出后加熟地、肉桂，与知柏协同取滋肾通关之妙，以防再生结石。

（3）实践证明，三年观察情况甚好，结石未再复发，而临床收功。在治疗过程中，嘱患者大量饮淡茶水以助排尿，冲化结石。

## （十五）右"臂丛神经损伤、韧带撕裂"

**病例：**赵某，男，5 岁。初诊日期：1977 年 4 月 5 日。

主诉：右臂不能抬举。

现病史：出生时因右手先露出而难产，改行剖腹产手术。出生后发现右臂不能动，下垂，软弱无力，经北医三院、儿童医院等会诊为：右臂丛神经损伤、韧带撕裂。自 3 个月至 4 岁半一直经盲人诊所行按摩治疗。现右臂可轻微活动，转动尚可，但仍不能抬举、后背、垂肩，肌肉萎缩，故来积水潭医院准备行手术治疗。经胡荫培教授会诊后建议：可先行针治以观后效。

检查：右臂，不能抬举，后背受限，肩胛、三角肌肉萎缩，腋缝处筋紧。

舌脉：舌质淡红，苔薄白。脉沉滑。

辨证：产伤经脉，气血瘀滞，脉络痹阻。

治法：疏通经脉，活血舒筋。

针刺：腋缝透肩贞、肩髃透臂臑。

9月9日七诊：针治7次后，右臂抬举较为正常，后背力仍弱，但可背至臀部，右上肢局部肌肉松弛。针腋缝、尺泽。

9月20日十诊：取上穴加减，针治10次后，现抬举，后背活动均正常，唯右臂肌力稍差。暂停针，加强功能锻炼，以观后效。

1977年12月30日随访，观察期间，抬举、后背活动均正常，肌力渐增，肌肉较丰满，因家长未重视锻炼，而致肌力恢复尚不满意，又嘱家长切记患儿臂肌的功能锻炼，并再针几次以固疗效。

体会：

（1）此证为外伤所致，经脉损伤，萎废不用。针刺治疗简而易行，可使患儿免受手术之痛苦。腋缝透肩贞为经外奇穴，位于腋前纹头上寸半，可调理三阴之经气，舒缓筋紧之脉，并具有肩三针的作用，而较肩贞后刺前更为安全；尺泽为肺之合穴，可舒筋缓挛且助腋缝之力，《通玄指要赋》说“尺泽去肘疼筋紧”；《玉龙赋》说“尺泽理筋急之不用”；肩髃为手太阳、阳明、阳跷之会；臂臑为手阳明络之会，手足太阳、阳维交会穴。《素问·痿论篇》说“治痿者，独取阳明”，两穴相配亦为同名经取穴，可通经活络、调气和血利关节，使萎废不用之脉得以濡养，痿废得复。

（2）手法：小儿以点刺腋缝为主，以缓补法（因出生时外伤所致至今五六年之久，经脉空虚，经气不足，失其濡养，故用缓补法）使经气缓之得复。轻泻法（因久病经脉气血滞涩，故用轻泻法通经导滞）使小儿能接受适度手法刺激以达治疗目的。小儿与成人不同，小儿有生发力，较成人恢复力强。

（3）由于患臂经脉损伤，气血运行不畅，失其润养，阳气不足，卫外失职，故应注意保暖及加强臂肌锻炼。但要防止猛烈活动与抻拉，以免发生再次损伤。

### （十六）手筋挛（缺血性挛缩）

**病例**：冀某，男，40岁。工人。初诊日期：1977年9月15日。

主诉：右上肢麻木一月余。

现病史：一月前，右手浸沾冷水擦洗汽车，劳累一天，次日晨起感手臂痛胀麻木，沉重无力，右手拘急，不能伸屈，随后经服药治疗无效。

检查：右手似握物状，不能屈伸。

舌脉：舌质淡红，苔白腻。脉弦滑。

辨证：劳作过度，寒湿侵袭，经脉闭阻。

治法：逐寒湿，舒筋脉，活血通络。

针刺：手三里、外关、合谷。

9月19日二诊：针后右臂当日未痛，次日疼痛虽减轻，仍有麻胀感和手握不能伸屈。针手三里（泻法），使其针感窜至肘指。合谷（深刺）使其针感满布全手。

9月22日三诊：三天来臂未痛，但仍麻木而胀，手尚不能伸展。针手三里、合谷，均用泻法，留针30分钟。

9月25日四诊：针后臂胀痛止，麻木症减，手能伸展。针合谷、外关，症为邪去经气未复，以针外关调气机，取平补平泻法。

9月29日五诊：臂肘麻木减轻，手伸展灵活，唯感臂力稍弱，为邪去经脉失养。针手三里（取补法）针刺入有感觉即止，不捻转，以达扶正固本之功。

10月3日六诊：右手臂麻木已止，活动自如有力，为固其效，以养血活络，继针手三里（补法），共针治8次，不满疗程，而获临床痊愈。

体会：

（1）胡荫培教授辨证准确，手法得当，故疗效高。《刺节真邪论》说："虚邪之中人也，洒淅动形，起毫毛而发腠理。其入深，内搏于骨，则为骨痹；搏于筋，则为筋挛；搏于脉中，则为血闭，不通则为痛；搏于肉，与卫气相搏，阳胜者则为热，阴胜者则为寒。"患者诸症为：阴缓则寒，血不流而滞则痹，痹则为疼痛，气不通而逆则厥，厥则为不仁之故，非气虚之麻，故用泻法，强刺激，久留针以通经逐邪。

（2）合谷为大肠经原穴，以缓挛定痛、发汗祛湿；外关为三焦之络穴，以调气解表而活络；手三里为手阳明经穴，以调补经气，使邪去经气复而病除。辨证选穴，配伍得当，故能收立竿见影之功。

## （十七）筋聚（腱鞘炎）

**病例**：王某，女，52岁。教师。初诊日期：1977年10月11日。

主诉：腱鞘炎八月余。

现病史：因更年期，经来量多似崩，体虚未复，加之带学生下乡劳动后，左拇指、右中指、食指、无名指疼痛，病史已8个多月。初始伸屈受限，有弹响声，后逐渐加重，疼痛放射至腕部，不能活动，继之肿胀不能碰。

检查：左拇指、右食指、中指、无名指屈伸受限，右腕部肿，指关节掌侧局限性压痛，可摸到米粒大小的结节。

舌脉：舌质红无苔，脉弦细无力。

辨证：血虚过劳，经脉失养。

治法：调补气血，舒筋通络。

针刺：合谷（双）、鱼际（左）。平补平泻法，右合谷针尖斜向后溪刺，左合谷针尖斜刺拇指侧。

10月21日三诊：左手大拇指可伸直，但不能屈，疼痛减轻。针合谷、骨空（左）。

10月28日五诊：左大指可以屈伸，疼痛已止，右手指仍有痛感。针合谷、阳溪。针尖方向斜向拇指侧。

11月15日八诊：右拇、食、中三指已不痛，唯小、次指疼痛，左手大指伸屈欠灵，遇天冷，过劳稍有痛感。针手三里（右）、列缺（左）。

12月2日十诊：双手痛已愈，活动自如，遇天冷偶有些不灵，再针合谷两次以固其效，结束治疗。

体会：

（1）中医学的“筋聚”相当于现代医学的“腱鞘炎”，认为多由劳累损伤及经筋气血运行失畅所致。此外，还有因大病或产后气血损伤，不能濡养经筋，而过劳所致。

（2）《资生经》说：“阳溪疗臂腕外侧痛不举，列缺疗腕劳。”故取列缺为肺的络穴，能宣通肺气，益气养荣；鱼际为荥穴，可泻火补水；合谷为大肠经原穴，可调和气血；手三里可疏导阳明经气，使气血和，经脉舒，经筋得养。

（3）另嘱患者注意休息，慎用冷水，增强锻炼，劳动适度。

## （十八）瘾疹（顽固性荨麻疹）

**病例1**：陈某，男，42岁。铁路职工。初诊日期：1977年7月22日。

主诉：周身起荨麻疹十余年。

现病史：全身发痒时轻时重，甚则奇痒难忍，抓则疹块呈片状，热天较冷天严重，纳可，便调，夜寐多梦，健忘头晕。

检查：四肢及胸腹背部皆有瘾疹，搔抓立即呈红片状。

舌脉：舌苔白厚，质红。脉沉滑。

辨证：阴虚血热，兼感外邪，风湿相搏，营卫失调。

治法：散风清热，化湿和营。

针刺：曲池、外关、列缺、中脘、关元、血海，留针30分钟。

7月26日二诊：针后身痒好转，抓后仍起片状疹，舌脉如前。针曲池、人中、大椎、风门、胃俞、列缺（左）、合谷（右）。

7月29日三诊：周身已不痒，诸证悉减，继针前穴。

8月26日十二诊：诸症皆安，周身已不痒，结束治疗，停针观察。

1977年12月随访，停针4个月观察期间，偶有复发，但症状很轻，获得近期疗效，继针数次以固其效。一年后随访临床痊愈。

**病例2**：任某，女，23岁。护士。初诊日期：1977年7月7日。

主诉：周身起荨麻疹4个多月。

现病史：周身起疹而痒，初始夜起昼消，发于四肢，继之昼夜均发，漫及全身，时隐时现，缠绵不断，烦痒不得眠，纳少欠甘，神疲身倦，曾服中西药、注射维生素$B_{12}$、静脉点滴均无显效，昨夜又奇痒难眠。

检查：四肢及胸腹背部、面睑皆有瘾疹，甚则连接片状。

舌脉：苔白腻，质红。脉濡细。

辨证：阴血不足，湿热内蕴，外感风邪，风湿相博，营卫失调，发为瘾疹。

治法：清热散风，健脾化湿。

针刺：大椎、曲池、足三里、血海。大椎、曲池、足三里为平补平泻，血海为泻法。

7月10日三诊：针后发疹较少，痒已减轻，能安眠，仍以上法针刺。

7月20日七诊：纳食渐甘，食量复常，疹未起，身不痒，诸症已减，精神爽，结束治疗。

1977年9月30日随访，自针后两个月从未复发，无任何不适感。

体会：本病中医称为“瘾疹”，多由腠理疏泄，为风邪侵袭遏于肌表而成，或因肠胃积热及阴虚血热，营卫失调，内不得泄，外不得达，郁于肌表而致。故取大椎为手足三阳、督脉之会，有疏风解表清热作用；曲池可祛风清热；血海为脾经穴，可清血热，健脾化湿；合谷为手阳明之原穴；足三里为阳明胃之合穴，二穴相配可清泻肠胃邪热；中脘为手太阳、少阳、阳明之会，任脉穴，胃之募穴可升清降浊，补益中气；列缺为肺经络穴，可宣通肺气，疏调经气；风门为膀胱经腧穴，可祛风宣肺，疏经解表。诸穴配伍，使之内泻外达，营卫调和，疹消痒止。

### （十九）痹证（骨性关节炎、关节积液）

中医的四肢关节疼痛大多属于“痹证”范围，俗称的“历节风”等，从经络上属于手足三阴三阳，循四肢关节；从脏腑上与肝、脾、肾三脏有关，而致疼痛、肿胀、沉重、活动不利，肌肉萎缩等。《内经》说：“肺心有邪，其气留于两肘；肝有邪，其气留于两腋；脾有邪，其气留于两髀；肾有邪，其气留于两腘。”又说：“风寒湿三气杂至，合而为痹也。其风气胜者为行痹，寒气胜者为痛痹，湿气胜者为着痹。”总之，多因正气不足，腠理空虚，卫外不固，以致外邪乘虚而入，流注于经络关节肌肉，气血运行不畅而“不通则痛”，气血不和，凝滞不行而成痹证。临床上分为以下几种类型：①行痹：为风气胜者，疼痛性质为游走不定（因风为百病之长、善行数变），历节走注，与天气变化有关，舌苔薄，脉象多浮。②痛痹：为寒气胜者，疼痛剧烈，且有定处，遇寒则剧，得温则舒，畏寒，阴雨天尤甚（因寒邪凝滞，寒主收引，逢寒则急，故关节屈伸不便），舌苔薄白，脉象多弦紧或沉紧。③着痹：为湿气胜者，关节痛重，且有肿胀，麻木不仁，重着不利，酸沉懒动（因湿邪黏腻重浊，著而不行，久而不去）湿邪流注关节四肢，皮色不变，触及不热，舌苔白腻或滑，脉濡缓。④热痹：为偏热型，关节红肿热痛，痛不可触，遇热加重（因素热体质或久痹而化热，使湿热之毒留注关节经脉所致），甚则伴有口渴喜饮身热等症，舌苔黄腻，脉象滑数。⑤虚痹：多为肝肾亏损，或大病新产之后，气血双亏，肾主骨，肝主筋，筋骨失养，《内经》说“邪之所凑，其气必虚”，故微感寒冷或劳累则关节酸痛，无力似脱，遇劳加重，坐卧减轻，得暖则舒，舌质淡嫩，脉象虚细。治以疏风祛湿，和血化瘀，活络定痛。

**病例 1：**李某，男，43 岁。建筑公司干部。初诊日期：1977 年 3 月 22 日。

主诉：关节痛重已数年。

现病史：双下肢痛酸无力，伸屈作响，屈伸不便，重着笨重，阴雨天痛剧，久立痛甚，双膝关节 X 片提示：骨性关节炎，关节积液。

舌脉：舌苔白腻。脉濡缓。

辨证：湿盛，外感风邪，风湿相搏，流注关节，经络闭阻。

治法：散风祛湿，活络定痛，通利关节。

针刺：足三里，用补法，留针 30 分钟。

4 月 22 日三诊：针两次后，右膝症减，左腿仍痛而重着。针委中（平补平泻）、足三里（补法）、内膝眼（左，泻法）。

4 月 27 日四诊：诸症减轻大半，唯蹲立不便，复查 X 光片：关节已无积液。针内膝眼（泻法）、阳陵泉（泻法）、委中（平补平泻）。

8 月 26 日十二诊：针内膝眼（平补平泻）、阳陵泉（泻法）、腕骨（右，泻法）。

患者共针治 12 次后，诸症皆消，唯下蹲稍感吃力，临床取得基本痊愈。

**病例 2**：王某，男 52 岁。教师。初诊日期：1977 年 11 月 18 日。

主诉：关节痛五六年。

现病史：左膝关节肿胀疼痛，遇阴雨天加重，行动不便，双下肢肿，重着不仁，蹲立痛甚。

检查：下肢屈伸作响。西医骨科诊断：轻度骨刺，关节中出现游离体。

舌脉：舌质淡红，苔白。脉弦滑。

辨证：湿热下注，挟感风邪，痹阻经络。

治法：清热化湿，舒筋活络。

针刺：腕骨（右，泻法）针后令其蹲起活动，以助经气的疏通，病人立感痛止。

12 月 6 日四诊：左膝痛症减大半，时而稍痛，活动较灵，蹲起活动尚可。针养老（右，泻法）

12 月 13 日五诊：疼痛间隔时间稍长。针四渎（右，泻法）。

12 月 20 日七诊：行走 1 华里以上，无任何不适感，可以骑车，天气变化症也无改变，唯持重后痛甚，为固其效，继针几次。针阳陵泉（左，平补平泻）、内膝眼（泻法）。

患者共针治 10 多次，获得痊愈，结束治疗。

体会：

（1）胡荫培教授治痹证，急性病用远端穴，缪刺法或同名经取穴，慢性病多用局部穴。取穴少，并照顾全面，不在同一经取双穴。如病例 2 为足太阳膀胱经下肢病，取上肢手太阳小肠经的原穴腕骨，为同名经取穴法，左膝痛取右腕骨为缪刺法。

（2）偏虚型的关节痛则以养血为主，佐以活络，采用补法，如病例 1 选穴足三里、委中。足三里为土中之真土，又为阳明经合穴，可培补中土，是胃之枢纽、后天之本、水谷之海、主受纳，五脏六腑皆赖胃气之营养，以壮人身之元阳、补脏腑之亏损；委中为膀胱经合穴，腘部属肾，膀胱经循腰臀与肾相表里，可疏导膀胱经气而补肾，以扶正祛邪、固先天之本、强腰膝、利关节。胡荫培教授紧紧抓住先天、后天两个根本，使患者体强邪去，得以康复。

（3）手法根据病情不同采用强、弱及平补平泻法。痛痹者用中强刺激，久留针，以达“寒则留之”。热痹者用快针，必要时局部或井穴点刺出血，以达“热则疾之”及活血化瘀之功。

（4）痹证大多因正气不足，当风露宿，或冒雨、从卧潮湿而致．因之除治疗外，更为重要的是“预防为主”嘱其牢记：起居慎重，保暖适度。

## （二十）阴缩（子宫萎缩、卵巢功能紊乱）

**病例：**王某，女，52岁。教师。初诊日期：1978年10月17日。

主诉：患子宫萎缩4年。

现病史：子宫阴道内干燥灼热，麻木不适，无感觉，会阴肌肉萎缩呈皮状下垂，会阴麻木无知觉，无性欲。行走会阴摩擦，痛苦难忍，感小腹下坠，咽干舌燥而麻木，鼻干燥甚则出血，目干涩而灼，视力模糊，五心烦热易急怒，不欲食，食则吐，面烘热，牙龈发热，腰痛胸闷，身倦无力，甚则不能起床，溲少，便结似羊粪。

西医检查：子宫萎缩，会阴皮肤皱褶，垂下2～3cm，肌肉萎缩。西医诊断为：①子宫萎缩；②更年期综合征；③卵巢功能紊乱；④宫颈横裂。某医院曾建议子宫摘除。

既往史：素有肝炎，右半身麻木，行动困难，有摔跤史。

望诊：身体消瘦，面枯萎黄，头发干枯。

舌脉：舌体胖，舌质红，苔白厚。脉细涩。

辨证：三阴亏损，阴血虚极。

治法：滋阴养血，益气培本。

针刺：膻中、百会、气海、中极、三阴交，用补法。

10月31日四诊：针后会阴麻木减轻，已有知觉，但他症仍存。针气海、关元、足三里、三阴交、承浆。

11月10日七诊：胸腹胀好转，会阴麻木已愈，体力较增，可上4楼，有性欲且能交，但劳累后易反复，休息后则能好转，他症仍存。针承浆、气海、中极、足三里、三阴交、太冲。

12月15日十诊：会阴麻木已愈，肌肉萎缩好转，肌肉增且柔软。检查：外阴皮垂缩小不到1cm，自觉阴道内已不干，较润泽，有正常分泌物。五心烦热、七窍干燥均愈，唯感牙龈热，腰尚酸，现舌红润，力增神爽，已参加工作结束治疗。

体会：

（1）患者主症为阴血虚损的危症，中医称为阴缩。患者口渴，咽、喉、唇、舌、目、鼻、皮肤三阴均干，面烘热等均与任脉有关。《内经》说："任脉者，起于中极之下，以上毛际，循腹里，上关元，至咽喉，上颐循面入目。"上述之症均为任脉所过之部位，又任主胞宫，任脉为阴经之海，总任一身之阴。患者自述因情志不舒，劳累过度而日久发病，为郁怒伤肝，劳倦伤脾，素肾虚，为肝、脾、肾均虚，阴液虚极，故任脉失去任阴之权，而不能濡养五官七窍；又因阴虚生内热，故有五心烦热，面烘热、牙龈灼热等症。

（2）胡荫培教授认为，此症为阴血虚极的危症，为中医的阴缩范围。正如《难经·二十四难》指出："足厥阴气绝，即筋缩引卵与舌卷。"《灵枢·经脉》说："厥阴者，肝脉也，肝者，筋之合也，筋者，聚于阴器，而脉络于舌本也。故脉弗荣，则筋急；筋急，则引舌与卵，故唇青舌卷卵缩，则筋先死。"此虽指男性，但其理是一致的。由此可见，肝主筋，筋聚合于阴器，肝失所养，而致筋的拘急收缩而出现阴缩，即子宫萎缩，况且肝为女子的先天，任脉又起于胞中，肝任均循阴器，而肾开窍于二阴，脾主肌肉与四肢，劳倦过度则伤脾，脾虚无权散精，故三阴虚极，则不能濡养胞宫，故子宫萎缩，诸病由此而生。

（3）胡荫培教授用百会为三阳五会，膻中为气之会穴，又为气海；气海穴为女子真元之海，可升阳益气；中极、关元为三阴任脉之会；膀胱募中极，能暖胞宫，治小腹冷气、女子经带不育，二穴均为任脉及三阴的会穴，可直达病所，益下元而荣胞宫，为男女补益强身之要穴；三阴交为肝、脾、肾三阴之会穴，为蓄精之所，能补益三阴的虚损；足三里，扶正培土健脾胃；太冲，肝之原穴，可舒筋缓挛养血；太溪、肾俞有培补肾气，固元，补真阴，降虚火，强健腰脊之功；“命门者，诸神精之所舍，原气之所系也，男子以藏精，女子以系胞”（《难经·三十六难》），《锦囊秘录》又说“命门……即妇人子宫之门户也”。故命门穴是人生命根本之气所在，可补真阳而生化一身的真阴。更妙在胡荫培教授用足三里、三阴交相配，足三里升阳益胃，三阴交滋阴健脾，阴阳相配使补阴之中兼行导，升阳之中兼滋阴，以振阳气，和阴血，故此精血渐复，诸症痊愈。

# 第五章
# 培公医论

胡荫培教授长期忙于临诊，活人无算，虽有丰富的理论，但正式发表的论文不多，本章收集了胡老的论文与讲稿共4篇，均为胡老针灸理论与实践的结晶，弥足珍贵。

## 一、补虚泻实在本经内的运用

《难经·六十九难》说："虚则补之，实则泻之，不实不虚以经取之。何谓也，然虚者补其母，实者泻其子，当先补之，然后泻之。不实不虚以经取之者，是正经自生病，不中他邪也，当自取其经，故言以经取之。"这段经文是整个中医学治疗虚实证的基本法则，针灸经络治疗学也不例外，也是在"虚者补其母，实者泻其子"的理论指导下进行的。其中，十二经子母穴的补泻方法，就是从这个理论基础上发展而成的，它的应用范围很广，也确有特殊的功效。这种方法是根据五行学说，从五输穴中选取与本经属性相关的具有母子关系的两个穴，作为补泻的用穴。

根据"补虚泻实"的治疗法则，凡某经脉阴阳失衡，在某经脉的循行通路及其相连的脏腑出现邪盛正衰的疾患时，都可通过该经的子母穴补虚泻实，调整有余或不足。古人为了强调这些穴位的重要作用，将其用作指导针灸处方配穴的依据，同时为了方便记忆，将这些穴编成了歌赋。文献中称为"十二经子母穴补泻歌"。

### （一）五输穴的五行之始为"阴井木，阳井金"

《难经·六十四难》指出："阴井木，阳井金，阴荥火，阳荥水，阴输土，阳输木，阴经金，阳经火，阴合水，阳合土，阴阳皆不同，其意何也。然是刚柔之事也。阴井乙木，阳井庚金。阳井庚，庚者，乙之刚也；阴井乙，乙者，庚之柔也。乙为木，故言阴井木也；庚为金，故言阳井金也。余皆仿此。"五脏皆为阴，六腑皆为阳。阴经都是从木开始，按照木、火、土、金、水五行相生的顺序，依次排列，即井木、荥火、输土、经金、合水。阳经则与此不同，都是从金开始，按金、水、木、火、土的相生顺序依次排列，即井金、荥水、输木、经火、合土。如果将阴阳两经五输穴的五行属性一一对照排列，适成两两相克关系。这里面包含着一层重要意义，表示克者属刚，被克者属柔，以说明在阴阳的穴位之间，彼此存在着阴阳互根，刚柔相配的关系（详见表5-1)。

**表 5-1　　阴阳五输与五行的关系**

| 阳经 | 金 | 水 | 木 | 火 | 土 |
|---|---|---|---|---|---|
| 五输穴 | 井 | 荥 | 输 | 经 | 合 |
| 阴经 | 木 | 火 | 土 | 金 | 水 |

通过表 5-1 可以看出，脏井属木，腑井属金，也可以比喻以阴井木配阳井金，是阴阳夫妻之义，故云乙为庚之柔，庚为乙之刚。克者为夫，被克者为妻。其刚柔相因而成也。将阴阳、五行、五输配合理解，其临床意义相当深刻。五输穴是从四肢末端向肘、膝方向排列的，其脉气从小到大，由浅入深，从远到近，所谓“所出为井，所溜为荥，所注为输，所行为经，所入为合”，这是以水流的形态来形容其特点。“井”为地下出泉，形容脉气浅小，其穴位于四肢爪甲之侧；“荥”为水成小流，脉气稍大，其穴位于指（趾）掌（跖）部；“输”为运转，脉气较盛，其穴多位于腕踝关节附近；“经”为长流，脉气流注，其穴多位于腕踝附近及臂胫部；“合”为汇合，脉气深大，其穴位于肘膝关节附近。在治疗特点上《灵枢》说：“病在脏者，取之井；病变于色者，取之荥；病程日久者，取之输；病变于音者，取之经；经满而血者，病在胃，及饮食不节得病者，取之合。”《难经》说：“井主心下满，荥主身热，输主体重节痛，经主喘咳寒热，合主逆气而泄。”说明井、荥、输、经、合各穴在主治上各有其重点。

## （二）子母穴是如何产生的

按照十二经所属的五行属性，将井、荥、输、经、合各穴分配五行位置，这样各穴就构成了相生、相克子母穴关系。但用于十二经补泻的子母穴是如何产生的？我们分别按阴经、阳经做一说明。

### 1. 阴经

六阴经包括手太阴肺经、手少阴心经、手厥阴心包经、足太阴脾经、足少阴肾经、足厥阴肝经。要确定以上六经的补泻子母穴，必须先根据阴经的五行属性，找到与其五行属性相应的五输穴，然后分别确定该经的子穴和母穴。六阴经及各经五输穴的五行属性见表 5-2。

**表 5-2　六阴经及各经五输穴的五行属性**

| 五输 | | 井 | 荥 | 输 | 经 | 合 |
|---|---|---|---|---|---|---|
| 五行／五脏 | | 木 | 火 | 土 | 金 | 水 |
| 手三阴 | 肺 | 少商 | 鱼际 | 太渊 | 经渠 | 尺泽 |
| | 心 | 少冲 | 少府 | 神门 | 灵道 | 少海 |
| | 心包 | 中冲 | 劳宫 | 大陵 | 间使 | 曲泽 |
| 足三阴 | 脾 | 隐白 | 大都 | 太白 | 商丘 | 阴陵泉 |
| | 肾 | 涌泉 | 然谷 | 太溪 | 复溜 | 阴谷 |
| | 肝 | 大敦 | 行间 | 太冲 | 中封 | 曲泉 |

（1）肺：手少阴经在五行属金，其本经的金穴在五输为经，所在穴为经渠。经渠者手太阴之脉所行为经，其母穴为太渊（土），其子穴为尺泽（水）。故手太阴肺经，虚则补太渊，实则泻尺泽。

（2）心：手少阴经在五行属火，其本经的火穴在五输为荥，所在穴为少府。少府者手少阴之脉所溜为荥，其母穴为少冲（木），其子穴为神门（土）。故心经虚则补少冲，实则泻神门。

（3）心包络：手厥阴经在五行属火，其本经的火穴在五输为荥，所在穴为劳宫。劳宫者手厥阴之脉所溜为荥，其母穴为中冲（木），其子穴为大陵（土）。故心包络经虚则补中冲，实则泻大陵。

（4）脾：足太阴经在五行属土，其本经的土穴在五输为输，所在穴为太白。太白者足太阴之脉所注为输，其母穴为大都（火），其子穴为商丘（金）。故脾经虚则补大都，实则泻商丘。

（5）肾：足少阴经在五行属水，其本经的水穴在五输为合，所在穴为阴谷。阴谷者足少阴之脉所入为合，其母穴为复溜（金），其子穴为涌泉（木）。故肾经虚则补复溜，实则泻涌泉。

（6）肝：足厥阴经在五行属木，其本经的木穴在五输为井，所在穴为大敦。大敦者足厥阴之脉所出为井，其母穴为曲泉（水），其子穴为行间（火）。故肝经虚则补曲泉，实则泻行间。

**2. 阳经**

六阳经包括手太阳小肠经、手阳明大肠经、手少阳三焦经、足太阳膀胱经、足阳明胃经、足少阳胆经。要确定以上六经的补泻子母穴，必须先根据阳经的五行属性，找到与其五行属性相应的五输穴，然后确定该经的子穴和母穴。六阳经及各经五输穴的五行属性见表5-3。

表 5-3　六阳经及各经五输穴的五行属性

| 五输 | | 井 | 荥 | 输 | 经 | 合 |
|---|---|---|---|---|---|---|
| 五行/五脏 | | 木 | 火 | 土 | 金 | 水 |
| 手三阳 | 小肠 | 少泽 | 前谷 | 后溪 | 阳谷 | 小海 |
| | 大肠 | 商阳 | 二间 | 三间 | 阳溪 | 曲池 |
| | 三焦 | 关冲 | 液门 | 中渚 | 支沟 | 天井 |
| 足三阳 | 膀胱 | 至阴 | 通谷 | 束骨 | 昆仑 | 委中 |
| | 胃 | 厉兑 | 内庭 | 陷骨 | 解溪 | 足三里 |
| | 胆 | 窍阴 | 侠溪 | 临泣 | 阳辅 | 阳陵泉 |

（1）小肠：手太阳经在五行属火，其本经的火穴在五输为经，所在穴为阳谷。阳谷者手太阳之脉所行为经，其母穴为后溪（木），其子穴为小海（土）。故小肠经虚则补后溪，实则泻小海。

（2）大肠：手阳明经在五行属金，其本经的金穴在五输为井，所在穴为商阳。商阳者手阳明之脉所出为井，其母穴为曲池（土），其子穴为二间（木）。故大肠经虚则补曲池，实则泻二间。

（3）三焦：手少阳经在五行属火，其本经的火穴在五输为经，所在穴为支沟。支沟者手少阳之脉所行为经，其母穴为中渚（木），其子穴为天井（土）。故三焦经虚则补中渚，实则泻天井。

（4）膀胱：足太阳经在五行属水，其本经的水穴在五输为荥，所在穴为通谷。通谷者足太阳之脉所溜为荥，其母穴为至阴（金），其子穴为束骨（木）。故膀胱经虚则补至阴，实则泻束骨。

（5）胃：足阳明经在五行属土，其本经的土穴在五输为合，所在穴为足三里。三里者足阳明之脉所入为土，其母穴为解溪（火），其子穴为厉兑（金）。故胃经虚则补解溪，实则泻厉兑。

（6）胆：足少阳经在五行属木，其本经的木穴在五输为输，所在穴为临泣。临泣者足少阳之脉所注为输，其母穴为侠溪（水），其子穴为阳辅（火）。故胆经虚则补侠溪，实则泻阳辅。

**3. 十二经子母穴补泻歌赋**

根据以上推理，分别得出子十二条经脉母穴。前人对子母穴早有歌赋记载，兹抄录之，供临证参考。

肺泻尺泽补太渊，大肠二间曲池间；
胃泻厉兑解溪补，脾在商丘大都边；
心先神门后少冲，小肠小海后溪连；
膀胱束骨补至阴，肾泻涌泉复溜焉；
包络大陵中冲补，三焦天井中渚痊；
胆泻阳辅补侠溪，肝泻行间补曲泉。

## （三）十二经子母穴解

**1. 肺泻尺泽补太渊，大肠二间曲池间**

（1）尺泽（肺实泻）

**【位置】**在肘中，约（纹）上动脉。

**【取法】**肘横纹上，当大筋外侧凹陷处取之。

**【穴性】**泄肺降气，清上焦热。

**【类别】**手太阴之脉所入为合。

**【主治】**泻肺经的实证。如风寒壅肺，或水饮停蓄致喘息气粗，干呕短气，仰息咳吐，胸肋胀满，咽喉闭塞肿痛，腥臭脓痰等以及手太阴之经络病。

**【泻法作用】**针泻尺泽穴，可以疏调气机、停喘降逆、宽胸化浊，以及消胀止痛。

**【按语】**①尺泽点刺放血可除上焦的瘀血及郁热，能治疗属于实证的鼻病和眼病。②补之有滋阴补肾之功，对肺气虚弱或肾气不足所引起的小便淋漓不禁或遗尿有效。③尺泽配少泽治心烦。

（2）太渊（肺虚补）

【位置】在掌后陷者中。

【取法】仰掌，于桡动脉外侧取之。

【穴性】祛风化痰，理肺止咳，清肃肺气。

【类别】手太阴之脉所注为输，肺之原穴，脉会太渊。

【主治】肺虚的病证，分肺气虚、肺阴虚两类。肺气虚有呼吸细微，语言低弱，恶寒，自汗，喉干，久咳短气，气喘乏力等。肺阴虚有潮热盗汗，咽干口渴，两颧发赤，呛咳，咳血等，以及手太阴之经络病。

【补法作用】针补太渊穴，是培土生金法。因为脾胃属土，脾胃虚弱，运化失职，土不生金，致肺气虚弱，不能生水，火无水制则虚火上炎，而出现各种阴虚火动的证候。补太渊就是增强脾胃，促进运化，充实肺气。

【按语】①太渊是肺经原穴，又是八会穴之一的脉会，可治肺的一切病证。②太渊有补肺的功用。若因肺气虚弱影响其他脏腑的病变者均可取之。③太渊配列缺治咳嗽风痰。

（3）二间（大肠实泻）

【位置】在手大指次指本节前横纹桡侧骨下取之。

【穴性】散邪热，利咽喉。

【类别】手阳明之脉所溜为荥。

【主治】泻大肠经的实证为阳明郁热，发热而肿，目黄，口干，鼻衄血，齿痛，喉痹，颌肿，肩背疼痛等症，以及手阳明之经络病。

【泻法作用】针泻二间穴，有清热开郁，消肿止痛之功。

【按语】①二间为本经的子穴。②高烧时放血有退热之效。③针泻二间治疗齿痛及喉中肿闭更有奇功。④二间配三间治疗肘痛及多卧善睡。

（4）曲池（大肠虚补）

【位置】在肘外辅骨肘骨之中。

【取法】屈肘成直角，在肘横纹尽处。

【穴性】疏邪热，利关节，祛风湿，调气血。

【类别】手阳明之脉所入为合。

【主治】补大肠经的虚证。指经络病而言，半身不遂、痿证、痹证之类，以及血不荣筋的抽痛、麻木等症状，以及手阳明之经络病。

【补法作用】曲池是大肠经的母穴，虚则补其母，在曲池行补法可以散风、除寒、祛湿、化滞，恢复荣卫气血的正常运行，以达到活血通络的作用。

【按语】①补曲池有培土壮气的功效，可治疗因气虚则麻，血虚则木的病患。②泻曲池可清降阳明郁热，降低高血压。③双侧曲池同时捻转，治疗荨麻疹有显效。

**2. 胃泻厉兑解溪补，脾在商丘大都边**

（1）厉兑（胃实泻）

【位置】足次趾之端，去爪甲角 1 分。

【取穴】伸趾，于第 2 趾甲外侧后角约 1 分处取之。

【穴性】通经和胃清神，疏泄阳明邪热。

【类别】足阳明之脉所出为井。

【主治】泻胃经的实证。如面肿，口歪，齿痛，鼻衄血，喉痹，心腹胀满，热盛而发生的癫狂病或尸厥口禁，神志昏乱等症，以及足阳明之经络病。

【泻法作用】泻厉兑穴以清热导痰，开郁通滞，引火下行。

【按语】①足阳明胃经蕴热所引起的神志病，取厉兑、太冲均有疗效。②胃热上冲所致口腔、牙齿、鼻腔、咽喉等症均可取厉兑、合谷治之。③厉兑配四白可治眼生诸翳障。配风池、期门治胬肉攀睛。

（2）解溪（胃虚补）

**【位置】**在冲阳后 1.5 寸，腕上陷者中。

**【取穴】**第 2 趾直上至踝关节前面横纹，当两筋间凹陷中取之。

**【穴性】**扶脾化湿，清胃宁神。

**【类别】**足阳明之脉所行为经。

**【主治】**补胃经的虚证。如颜面浮肿，腹胀，胃中绵绵作痛，喜按，纳少不香，夜寐不宁，面色白，脉虚缓无力等症，以及足阳明之经络病。

**【补法作用】**补解溪穴以益火生土，加强脾胃健运的功能，促进营养，往往可以获得疗效。

**【按语】**①针泻解溪可治前额头痛、面赤，心烦便秘，癫痫发狂等胃经的实证。②解溪配天突治厥气冲腹。③解溪可治眉棱骨痛。

（3）商丘（脾实泻）

**【位置】**在足内踝下，微前陷者中。

**【取穴】**内踝前下方取之。

**【穴性】**扶脾胃，理气机，助运化，调血脉。

**【类别】**足太阴之脉所行为经。

**【主治】**泻脾经的实证。如胸闷气塞，腹满胀痛，头沉嗜睡，纳少不饥，二便不利等症，以及足太阴之经络病。

**【泻法作用】**泻商丘穴有行湿导浊，消胀散结，宣化脾胃，疏泄郁阻之功。

**【按语】**①商丘穴治疗因消化不良而引起的胃肠炎。②商丘配三阴交（灸法）治疗脾虚大便不畅。③商丘配曲池、合谷治疗百日咳。

（4）大都（脾虚补）

**【位置】**在足大趾本节前陷中。

【取法】拇趾内侧，趾跖关节前赤白肉际取之。

【穴性】扶脾和中，调理气血。

【类别】足太阴之脉所溜为荥。

【主治】补脾经的虚证，如饮食减少，四肢乏力，肢体消瘦，食后不易消化，腹胀呕吐，肠鸣腹痛，便溏泄泻，腹部喜按，唇干多痰，面色萎黄，甚则全身浮肿，肢冷恶寒，小便不利等症，以及足太阴之经络病。

【补法作用】补大都穴有温脾健运，益火补中，振奋脾阳的效果。若灸之疗效更佳。

【按语】①泻大都能清除脾胃的邪热，特别是对于元气不足而有发热者。②大都配经渠，治疗热病无汗。③大都配太白，治疗暴泄、胃痛、腹胀有效。

**3. 心先神门后少冲，小肠小海后溪连**

（1）神门（心实泻）

【位置】在掌后兑骨之端陷者中。

【取穴】豆骨下，尺骨端之凹陷中，避开动脉取之。

【穴性】安神，清营，调气，理血。

【类别】手少阴之脉所注为输，心之原穴。

【主治】泻心经的实证。如面赤口渴，目赤肿痛，胸闷烦热，睡眠不安，谵语如狂，喜笑不休，吐血衄血，舌尖红赤，脉数等症，以及手少阴之经络病。

【泻法作用】神门是主治心脏疾病的要穴，针泻神门穴有清热除烦、宁心安神的功效。

【按语】①若属心气虚怯而引起的惊悸、怔忡、健忘等症取神门，改用补法。②神门配三阴交主治心肾不交之失眠。③神门配上脘治发狂奔走。

（2）少冲（心虚补）

【位置】在手小指内廉之端，去爪甲如韭叶。

【取法】小指桡侧指甲角后凹陷处取之。

【穴性】开心窍，清神志，苏厥逆，泄邪热。

【类别】手少阴之脉所出为井。

【主治】补心经的虚证。如心悸怔忡，惊惕不安，善忧愁，健忘多梦，甚至心下暴痛，四肢厥冷等症，以及手少阴之经络病。

【补法作用】补少冲穴治疗因心血不足或心火不足的症状，均能取得良效。

【按语】①泻少冲穴可以治疗肝风内动发生的热病烦满，中风昏迷等症。②少冲配曲池可治发热。③刺少冲能治疗神经性心动过速。

（3）小海（小肠实泻）

【位置】在肘内大骨外，去肘端五分凹陷者中，屈肘乃得之。

【取法】屈肘抬臂，当肘内两骨之间取之。

【穴性】清热疏表，祛风利水。

【类别】手太阳之脉所入为合。

【主治】泻小肠经的实证。如目黄，耳聋，颊肿，齿根肿痛，寒热癫疾等症，以及手太阳之经络病。

【泻法作用】泻小海穴能清小肠经的邪热和散手太阳经的蕴结，泻火止痛，效果明显。

【按语】①根据经络、脏腑相通，对下焦蕴热的疝痛亦有疗效。②小海配神门、灵道治疗尺神经麻痹。③小海配极泉治疗上肢麻木。

（4）后溪（小肠虚补）

【位置】在手小指外侧，本节后陷者中。

【取穴】轻握拳，于小指尺侧本节后掌骨下取之。

【穴性】清神祛热，通督固表。

【类别】手太阳之脉所注为输，八脉交会穴之一，通于督脉。

【主治】补小肠经的虚证。如耳聋，泣出，项不可顾，腰痛不得俯仰等症，以及手太阳之经络病。

【补法作用】补后溪穴，可增强精神，助长经气，治疗虚证。

【按语】①针泻后溪，对阴虚火盛的盗汗有清热止汗之功。②后溪配风府治疗头项痛。③刺后溪能治急性腰痛。

**4. 膀胱束骨补至阴，肾泻涌泉复溜焉**

（1）束骨（膀胱实泻）

【位置】在足小趾外侧，本节后陷者中。

【取法】小趾外侧当第 5 跖骨小头后，骨下方取之。

【穴性】疏风散瘀，清热理气。

【类别】足太阳之脉所注为输。

【主治】泻膀胱经的实证。如暴病头痛，身热痛，耳聋，恶风，目眦烂赤，项痛，寒热，腰痛如折，身痛，癫狂，痫等症，以及足太阳之经络病。

【泻法作用】泻束骨穴不但可以疏调膀胱经的经气，解表退热，开郁宁神，缓解疼痛等。

【按语】①束骨是治疗背生疔疮、发背、痈疽等特效穴。②束骨配京骨治疗目内眦赤烂。③束骨配飞扬、承筋治疗腰痛如折。

（2）至阴（膀胱虚补）

【位置】在足小趾外侧，去爪甲角如韭叶。

【取法】小趾外侧爪甲角 1 分取之。

【穴性】疏巅顶风邪，宣下焦气机。

【类别】足太阳之脉所出为井。

【主治】补膀胱经的虚证，如小便淋漓，频数，遗尿，小便不利，浮肿等症，以及足太阳之经络病。

【补法作用】补至阴穴可以增强膀胱气化的功能。若灸之能温暖下元，更有催生的特殊功效。

【按语】①膀胱与肾相表里，如肾阳不足不能温化水气，致膀胱虚寒，失去正常的收缩功能。补至阴可以温中散寒，降逆止痛，能治膀胱经的一切虚证。②至阴是壮水补虚的有效穴。③至阴配太阳、列缺治疗偏头痛。

（3）涌泉（肾实泻）

**【位置】**在足心陷者中，屈足踡趾宛宛中。

**【取法】**卧位，踡趾，当足掌心中央凹陷处取之。

**【穴性】**滋阴清热，引火归原。

**【类别】**足少阴之脉所出为井。

**【主治】**泻肾经的实证。如肾热引起的腰痛，腿疼，口渴，身热，巅顶痛，咽肿喉痹，舌干，鼻衄不止，心痛，心下结热，咳嗽吐血等症，以及足少阴之经络病。

**【泻法作用】**泻涌泉穴治疗肾病而引起的肝火亢盛、心火上炎之病证。

**【按语】**①针泻涌泉穴，往往能迅速引火归原，达到清热开窍之目的，是回阳九针穴之一。②涌泉配关元、丰隆治虚劳咳嗽。③强刺涌泉可以治疗妇人脏躁。

(4) 复溜（肾虚补）

**【位置】**在足内踝上 2 寸陷者中。

**【取法】**当太溪穴直上 2 寸取之，后傍筋腱。

**【穴性】**疏调玄府，利导膀胱，祛湿消滞，滋肾润燥。

**【类别】**足少阴之脉所行为经。

**【主治】**肾虚症状很多，应分肾阴虚、肾阳虚。①肾阴虚：耳鸣，齿摇，腰痛，遗精，腰腿酸软等。②肾阳虚：滑泄精冷，阳痿不举，腰腿觉冷，两足痿弱，小便不利，浮肿身重，腹部胀满等水气停聚的症状，以及足少阴之经络病。

**【补法作用】**各种肾虚证。不论是阴虚阳虚，在治疗本病时，以“虚则补其母”的原则，取肾经母穴复溜，可有补肾益精、振作元阳、恢复下元虚衰的功效。

【按语】①若由于肾虚影响他脏出现阴虚火旺的病证，针复溜取补法，也可以取得滋阴降火，生津解渴，以及止盗汗，安神志的效果。②复溜配劳宫治善怒。③刺复溜有止汗之功。

**5. 包络大陵中冲补，三焦天井中渚痊**

（1）大陵（心包络实泻）

【位置】在掌后两筋间陷之中。

【取法】仰掌，于腕关节横纹正中取之。

【穴性】清心安神，和胃宽胸，清营凉血。

【类别】手厥阴之脉所注为输，心包之原穴。

【主治】泻心包络的实证。如心烦掌热，癫狂，喜笑不休，胸胁痛，目赤喉痹，腋肿，吐血，热病汗不出等症，以及心包络之经络病。

【泻法作用】泻大陵穴对心火过盛、热邪郁积的症状有效。

【按语】①泻大陵可以调理脾胃疾患，又有止吐降逆之功。②补大陵善调中焦，可以和胃理脾，益中疏气。③大陵配外关、支沟治疗腹痛便秘。

（2）中冲（心包络虚补）

【位置】在中指之端，去爪甲如韭叶陷者中。

【取法】俯掌，在中指桡侧指甲后取之。

【穴性】开窍苏厥，清心退热。

【类别】手厥阴之脉所出为井。

【主治】补心包络的虚证。如突然发作的心下暴痛，内热烦闷，心中似嘈似饥，血虚猝倒，昏厥失神等症，以及心包络之经络病。

【补法作用】补中冲穴能补心血，益心气，调整血脉。

【按语】①泻中冲可以泻火退热，有宣窍之效。②中冲配廉泉治舌下肿痛。③中冲配命门，治身热如火，头痛如裂。

（3）天井（三焦实泻）

**【位置】**在肘外大骨之后，两筋间陷者中。

**【取法】**屈肘成直角，横臂取之。

**【穴性】**通络化痰，理气清热。

**【类别】**手少阳之脉所入为合。

**【主治】**泻三焦经的实证。如偏头痛，眼外角痛，耳聋，颊肿痛，喉痹，耳后痛等症，以及手少阳的经络病。

**【泻法作用】**泻天井穴可清三焦之热，平息阳热怫郁的病变，对神志病、热性病有效。

**【按语】**①泻天井能清热邪，除火毒，可治疗一切瘰疬疮肿瘾疹。②天井配少海治瘰疬。③刺天井对精神分裂症有效。

(4) 中渚（三焦虚补）

**【位置】**在手小指、次指本节后间陷者中。

**【取法】**轻握拳，于第四五掌骨间避开血管取之。

**【穴性】**疏少阳气机，解三焦邪热。

**【类别】**手少阳之脉所注为输。

**【主治】**补三焦经的虚证。如头眩耳鸣，视物模糊，恶风寒，伤寒肩背痛，腰疼背痛等症，以及手少阳之经络病。

**【补法作用】**补中渚穴可以调理三焦元气衰微，对久病虚弱者有补虚的功效。

**【按语】**①泻中渚可以治疗三焦经的实证。②中渚配液门治疗手臂红肿。③中渚配太溪治疗咽肿。

**6. 胆泻阳辅补侠溪，肝泻行间补曲泉**

（1）阳辅（胆实泻）

**【位置】**在足外踝上 4 寸，微前 3 分，居光明、悬钟二穴之间。

**【取法】**从光明穴下 1 寸，再微向前 3 分处取之。

**【穴性】**疏调气血，清热通经。

【类别】足少阳之脉所行为经。

【主治】泻胆经的实证。如口苦，易怒，往来寒热，夜寐不实，眩晕，偏头痛，胸脘满闷，胁下胀痛等症，以及足少阳之经络病。

【泻法作用】泻阳辅穴有疏调气血，清热止痛之功。

【按语】①泻阳辅能治筋脉拘挛，关节酸痛。②针阳辅可疗腋下肿。若配丘墟、足临泣效果更佳。③阳辅配阳交、绝骨、行间，善治两足麻木。

（2）侠溪（胆虚补）

【位置】在足小趾、次趾二歧骨间本节前陷者中。

【取法】卧位，在四五趾缝间，本节前陷中取之。

【穴性】清热、息风、止痛。

【类别】足少阳之脉所溜为荥。

【主治】补胆经的虚证。如头晕，目眩，耳鸣，胸脘烦闷，胆怯，喜作长叹，虚烦不眠等症，以及足少阳之经络病。

【补法作用】补侠溪穴有升发清阳，调气补虚的作用。

【按语】①补侠溪有调和阴阳，扶正祛邪善治热病。②侠溪配合地五会治疗足背麻。③刺侠溪可以治疗肋间神经痛。

（3）行间（肝实泻）

【位置】在足大趾间，动脉陷者中。

【取法】当第一二趾缝间取之。

【穴性】泄肝火，凉血热，清下焦。

【类别】足厥阴之脉所溜为荥。

【主治】泻肝经的实证。如眩晕，咳血，吐血，目赤红肿，口苦，下脘痛，呕吐，胸胁胀满，急躁，消渴，手足抽搐痉挛，角弓反张，夜寐不安，尿血，淋浊，茎中痛，痛泄，阴痛，骨蒸潮热，疝气等症，以及足厥阴的经络病。

【泻法作用】泻行间穴有平肝息风，清热泻火的功能。

**【按语】**①针泻行间有散结行瘀，降逆平肝，引火下行之作用。②行间配涌泉治疗消渴、肾阴虚相火旺。③行间配神庭治流泪。

（4）曲泉（肝虚补）

**【位置】**在膝内辅骨下，大筋上，小筋下陷者中，屈膝得之。

**【取法】**屈膝正坐或卧位，膝内侧大筋上取之。

**【穴性】**清湿热，利膀胱，泄肝火，通下焦。

**【类别】**足厥阴之脉所入为合。

**【主治】**补肝经的虚证。如眩晕，筋骨挛痛，拘急，肢体麻木不仁，雀盲，耳鸣，少腹胀痛，肾囊收缩，疝气，阴股痛等症状，以及足厥阴之经络病。

**【补法作用】**补曲泉穴可达到补益肝肾、温暖下焦之作用。

**【按语】**①补曲泉可以治疗肝肾两虚的病证。②曲泉配行间治疗癃闭、茎中痛。③曲泉配照海、大敦治疗阴挺出。④刺曲泉，双侧同时捻针治疗阴痒。

### （四）体会与讨论

1.“虚则补之，实则泻之，不实不虚以经取之。”此不实不虚以经取之，是指本经自病而言。当然本经自病者除包括经络病变外，也包含着本脏（腑）本经（络）的或虚或实之证候而言，因此调整时，只限于取本经有子母关系的穴位进行治疗。

2. 应用“十二经子母穴补泻法”，其取穴少是主要特点，当然其病证也应当比较简单。所以在辨证、辨经、辨病时要求清楚而准确，使每次取穴的目的性很强。

3. 针刺补泻手法应当熟练而掌握全面，根据病证的寒热虚实，选择针对性比较强的补泻手法，是取得疗效的重要环节。

4. 补虚泻实在本经内的运用，实际亦是“五输穴”在临床中应用的组成部分，其特点取穴少，理性强，易掌握，疗效好。

“十二经子母穴补泻法”在治疗比较复杂的病证时，其疗效价值有待于进一步在实践中探讨。

## 二、“治痿者独取阳明”的应用体会

痿证是指肢体筋脉弛缓软弱无力，手不能握，足不能行，病肢肌肉逐渐枯萎的一种病证。此病多见于下肢发病，故称“痿躄”。

痿证的特点，类似现代医学中小儿麻痹后遗症、外伤或病理性截瘫、急性脊髓炎、癔症性瘫痪、脊柱结核后遗症、进行性肌萎缩、多发性神经炎、周期性麻痹、重症肌无力、肌营养不良症等等，在临证治疗时，针灸是行之有效的主要治疗方法。

《素问·痿论篇》说：“肺热叶焦则皮毛虚弱急薄，著则生痿躄也。”后世各家根据经旨对痿证又有了进一步的认识，如张景岳认为“元气败伤，则精虚不能灌溉，血虚不能营养”以致筋骨痿废不用。又如邹滋九指出：“痿证之旨不外肝、肾、肺、胃四经之病，盖肝主筋，肝伤则四肢不为人用，而筋骨拘挛；肾藏精，精血相生，精虚则不能灌溉诸末，血虚则不能营养筋骨；肺主气，为清高之脏，肺虚则高源化绝，化绝则水涸，水涸则不能濡润筋骨。阳明为宗筋之长，阳明虚则宗筋纵，宗筋纵则不能束筋以流利机关，此不能步履，痿弱筋缩之证作矣”（见叶天士《临证指南医案·痿》）。这说明胃弱气少，气血津液的不足，是形成痿证的主要因素。

### （一）痿和阳明的关系

《素问·痿论篇》说“治痿者独取阳明，何也？岐伯曰：阳明者，五脏六腑之海，主润宗筋，宗筋主束骨而利机关也”。经文重点提示治疗痿证，应当取治阳明的意义。认为痿证的病因是五脏气热，病属虚，与湿热浸润阳明的“湿热不攘，大筋软短，小筋弛长”而致痿的实证有所不同。

阳明属胃，胃是五脏六腑之海，受纳水谷，变生气血。在正常情况下，气血充沛能润泽调养宗筋，因为宗筋的作用是约束骨骼，有利于关节运动，使筋骨强劲有力。当阳明胃发生病变时，宗筋失去正常的滋养故不能约束骨骼，使关节运动软弱无力发生障碍而致“痿躄”。

“治痿独取阳明”原指的是针灸的治疗方法。在临证运用时，古人多取足阳明胃经的穴位来进行调治，例如解溪、冲阳等穴都是经常被选用的。但这一原则也被逐步应用到药物治疗上，因为手足气血充沛才能强劲筋骨，四肢运用自如，而气血的来源又依靠水谷的补充，所以胃的功能强壮，其气血必然旺盛，筋骨运动得力，正如古人所说“胃为水谷之海，气血之源”。痿病的患者，只要胃气尚旺，相对来讲治疗就比较容易，这是历代医家在实践中共同体会出的宝贵经验。由此也反映出足阳明胃在全身机能中的重要性，不论治疗任何疾病都应该照顾到病人的胃气，所以古人说“胃为后天之本”，“得谷者昌，失谷者亡”。这在临证治疗上确有实践意义。

### （二）对痿的分析

**1. 痿和痹的鉴别**

痿证与痹证在证候上有些相似，但两者是有区别的。痹证周身肢体疼痛，痿证手足痿软，并不疼痛，因而治法各异，这是不容混淆的。

**2. 痿证分虚实**

（1）痿证因于阴虚热伤津液者病属虚，治宜滋阴益肾补津法。

（2）痿证因于湿热浸淫阳明者病属实，治宜化湿清热法。《素问·生气通天论篇》说：“因于湿，首如裹，湿热不攘，大筋软短，小筋弛长，软短为拘，弛长为痿。”

**3. 痿和肺的关系密切**

《内经》在《病能》篇中介绍了“五痿”的发病机制，虽各有其因，但总的病理和肺脏的关系最为密切。《景岳全书·痿证》说：“肺者脏之长也……肺热叶焦发为痿躄，此之谓也。”又如《素问·至真要大论篇》说：“诸痿喘呕，皆属于上。”因此说，痿之形成和肺脏的关系最为密切。

**4. “五痿”的成因和证候**

（1）脉痿（心痿）

病因：由于心气热，迫使血液上涌，血液奔集于上，而下部经脉中血液减少；或因失血过多，血脉空虚，使肌肉麻痹，致下肢弛缓无力，进而发生脉痿。

证候：下肢肌肉萎缩无力，胫部软弱不能站立，膝、踝关节不能提屈，小便黄赤。

（2）筋痿（肝痿）

病因：由于肝气热，肝阴亏损或房劳太过，耗伤肾阴，母病及子，使筋和筋膜失去滋养，而致筋痿。

证候：面色青黄少泽，四末爪枯，口苦，筋急而痉挛，阴茎弛缓不收，滑精，女子白淫等。

（3）肉痿（脾痿）

病因：由于脾气内热，胃阴不足，致使肌肉得不到水谷精微的荣养；或因久居湿地，或嗜饮水浆，肌肉为湿邪所伤。

证候：面色黄，口渴，肌肉麻木不仁，两下肢痿软无力。

（4）皮痿（肺痿）

病因：由于肺有热，则肺叶受到熏灼，不能把精气布输到皮毛之间，于是在表的皮毛虚弱干枯，久之会发生皮毛痿的见证，此为皮痿。

证候：皮毛枯槁，失去润泽，手不能握，足不能行，足膝软弱不能任地。

（5）骨痿（肾痿）

病因：由于肾气有热熏蒸骨髓，火热灼伤阴液，或远行劳倦，肾精亏损，肾火亢盛，使骨枯髓减所致骨痿。

证候：面色黧黑少泽，齿摇且枯，腰脊不能伸举，足不能任地。

## （三）痿证的治疗

痿证的发病原因虽多，但不管哪方面的原因，多数都影响到督脉、带脉。《素问·痿论篇》说："阳明总宗筋之会，会于气街，而阳明为之长，皆属于带脉而络于督脉，故阳明虚则宗筋纵，带脉不引，故足痿不用也。"

中医学认为，督脉循行贯脊，统帅全身阳气，手足三阳与之交会。若督脉损伤，气血、经气运行不畅，阻滞不通，不能营养筋、骨、肌肉而致"痿证"。

**1. 治疗原则**

第一，遵照《素问·痿论篇》"治痿者独取阳明"的经旨，选用手足阳明经的腧穴为主。

第二，督脉为阳脉之海，阳主动，取督脉穴用以疏导周身的阳气，畅通气血，运行经气是治痿的主要措施。

第三，根据整体情况取穴调治是不可缺少的基本法则。

**2. 基本取穴**

（1）督脉穴：根据病变和损伤情况选择适当的督脉穴。例如最常用的风府、大椎、身柱、脊中、命门等。

（2）手阳明经穴：肩髃、曲池、手三里、外关、合谷。

（3）足阳明经穴：气冲、髀关、伏兔、犊鼻、足三里、解溪、内庭。

**3. 加减配穴**

（1）华佗夹脊穴：增强对督脉的通督兴阳作用。

（2）膀胱经的背俞穴、八髎穴、昆仑；胆经的环跳、阳陵泉、悬钟；脾经的血海、三阴交；肾经的涌泉；肝经的太冲都是整体治疗的有效穴位。

（3）任脉的三脘促进脾胃运化功能；气海、关元、中极调理膀胱功能，疗效较好。

总之，治疗“痿躄”的取穴应以阳经穴为主体，适量配合阴经穴。每次取穴不宜过多、过少。根据病情适当选择，以留针30分钟为佳，手法轻重以进针穴位的感觉情况而灵活运用。

### （四）病案举例

**例1：**孔某，男，4岁，初诊日期：1976年10月25日。

**【主诉】**全身瘫痪45天。

**【现病史】**发病前因上呼吸道感染，咳嗽，胸闷，呼吸困难，行气管切开术，持续高热，10天后突然四肢瘫痪，曾使用多种抗生素、维生素对症治疗不效，患者健康状况显著下降，自汗，乏力，故转我院治疗。

**【主证】**1个半月来两下肢瘫软无力，不能站立及行走，两上肢不能抬举及持握，颈软呈低头状，坐不能挺胸，全身乏力，精神甚差，语音低沉微弱，自汗出，纳少不思食，喜卧嗜睡，气短心悸，畏寒肢凉，小便黄少，大便不畅。舌苔薄白，质淡红，脉象细数无力。

**【检查】**四肢运动功能障碍，呈不完全性瘫痪，颈软，头不能挺起，腱反射消失，巴彬斯基征（-）。

**【西医诊断】**格林-巴利综合征。

**【辨证】**外感风热之邪，热邪袭肺，耗伤阴液而致筋脉失养，气血阻滞发为痿躄。

**【治法】**疏通经络，调督益中。

**【取穴】**

①组：大椎、身柱、命门、肩髃、曲池、阳陵泉、三阴交。

②组：中脘、关元、髀关、伏兔、足三里、解溪、内庭。

【**刺法**】两组穴交替使用，每周针 3 次，留针 30 分钟。

疗效：连续治疗 3 个月，针刺 30 次，四肢软瘫完全恢复，可以行走 300 米以上，结束治疗后已返原籍。

**例 2**：张某，男，51 岁，初诊日期：1977 年 3 月 15 日。

【**主诉**】高位截瘫 5 个月。

【**现病史**】患者因在保定市被汽车撞伤颈部，当即四肢不能活动而致高位截瘫。不能翻身、起、坐、站、走，小便失禁，大便不能控制。曾经在当地中西医治疗无效，遂转我院门诊治疗。

【**主证**】两上肢瘫软持握无力、抬举困难，两下肢抽搐，不能抬腿及行走，全身麻木不仁，无痛感，虽然已能翻身，但力量较弱，每逢急躁郁怒或遇冷则下肢筋脉收引，小便不能自控，排便无力，有时需服泻药，夜寐尚可，纳谷甚佳。舌苔白，质淡红，脉弦滑。

【**检查**】四肢运动障碍，痛觉平面在颈髓第 7 节段，触觉正常。上肢腱反射（-），下肢腱反射亢进，巴彬斯基征 (+)。X 线片显示颈 6 压缩性骨折，呈楔形变 1 ～ 2 度。

【**西医诊断**】①颈髓不完全损伤；②外伤性高位截瘫。

【**辨证**】督脉损伤，肝肾阴虚，血不养筋，以致拘挛硬瘫。

【**治法**】疏通督脉，养阴缓筋。

【**取穴**】

①组：百会、风府、大椎、身柱、部分华佗夹脊穴。

②组：肩髃、曲池、手三里、合谷、环跳、涌泉。

③组：中脘、气海、关元、髀关、血海、足三里、解溪、三阴交。

【**刺法**】每周针 3 次，交替应用，留针 30 分钟。

疗效：经 1 年治疗，已能自由行走，二便功能基本正常，结束治疗返回原籍。

### （五）讨论

1.“痿证”是一个概括很多疾病的病种，虽有五痿之分，但临证中是很难严格区分的。往往五种痿证中部分相兼，多数都属神经科疾病，应用针灸治疗是颇有成效的。

2.“治痿独取阳明”的治疗原则，虽然是两千多年的经验传授，但至今仍然很有实践价值，普遍受到医学界的重视。笔者曾查阅过上世纪70年代公开发表论文和内部资料及临床报道，就小儿麻痹后遗症和外伤性截瘫两方面的特点归纳如下：

（1）针灸治疗痿证是综合治疗中的主要组成部分。

（2）穴位筛选中，阳经穴的比例占80%以上。

（3）在阳经穴中，仅手足阳明经穴占半数以上。

（4）留针的疗效好。

以上特点说明阳明经在治疗瘫痪之中起到了主导作用。

3.“痿证”的治疗以针灸为主，配合内服药和病人的功能锻炼是很重要的。所以说，综合治疗是行之有效的治疗措施，应当不断充实其内容，逐渐完善，应用于临床。

## 三、关于色素膜炎针药治疗探讨

### （一）概说

1.眼球壁由三层膜组成，中层是色素膜，又称葡萄膜。从前向后，色素膜可分为虹膜、睫状体及脉络膜三部分。色素膜是营养眼球的重要组织，如果发炎不但影响眼球的营养，而且大量渗出物进入前、后房或玻璃体内产生浑浊，使视力减退，同时影响房水循环，引起继发性青光眼，视力减弱，甚至失明。色素膜炎又称“葡萄膜炎”，是指虹膜、睫状体、脉络膜先后或同时出现炎症的眼科疾病。该病多发于青壮年，病因复杂，治疗不当可导致失明。其发生及复发机制尚不完全清楚，西医主要使用激素等药物进行治疗，效果很不理想。中医通过辨证论治，运用针药结合等方法，对于治疗该病有独特优势。

色素膜炎主要的临床症状为若隐若现、搏动性、间歇性的疼痛，不限于眼眶周围，可放射到同侧的颜面部。畏光，流泪，视力减退，角膜内皮水肿，透明度减低，后期沉淀物可导致内皮损伤，角膜基质水肿，形成疤痕，角膜浑浊或暂时性近视，并发白内障，继发青光眼。体征检查可见睫状体充血，房水浑浊，角膜后有沉淀物，瞳孔变小，虹膜水肿、结节，出现纤维化或玻璃样变性、玻璃体浑浊，视网膜黄斑水肿、视神经乳头水肿或充血。

2. 中医认为，色素膜炎为外邪侵袭或脏腑功能失调，邪热炽盛从而损伤目睛。肝主疏泄，开窍于目，肝经风热或肝郁化火，热邪上扰，灼伤目睛；或嗜好肥甘厚味，脾胃湿热，热邪上蒸于目，熏灼瞳神；或素体阴虚，病久伤阴，肝肾阴亏，虚火上炎，瞳仁受损。根据患者的临床表现，通过辨证论治，急性期以热邪为主，予以清热解毒，活血化瘀。慢性期多见阴虚，肝肾不足，重在滋养肝肾，养阴清热，活血化瘀，以防复发。胡老治疗色素膜炎，采取针药结合方法，常能取得桴鼓之效。这是多年前胡老记录的一个医案，现在读来，仍然对指导色素炎的临床治疗有重要意义。

### （二）病案举例

**病例：**汪某，男，20 岁，学生，门诊病例。初诊日期：1978 年 1 月 3 日。

**【主诉】**患“虹膜睫状体炎和色素膜炎”两月余。

【现病史】2个月前因偶然事件与家人争吵而暴怒，哭泣2日，发现左眼红肿，并且刺痛跳痛，牵连颈侧及头部疼痛，头晕，视物模糊，怕光，流泪，有闪光感。由于目痛不止，昼夜难寐，心烦急躁，呻吟不已，少食、乏味，大便干涩。

【既往史】1977年10月中旬左眼忽然红肿疼痛，转侧不宁。次日在某医院治疗，诊断为“深层角膜炎”。第三日又去另一医院就诊，认为是“虹膜睫状体炎”。在某医院连续治疗两月有余，用了大量激素、抗癌、消炎、止痛、扩张血管等药物，并用静脉点滴、自血眼球注射等多种方法治疗，但病情仍在急剧地向严重方面发展。最后确诊为“色素膜炎”。该医院主治大夫对患者家长说:“病情很严重，目前只能保右眼，不保左眼…”

【眼科检查】眼球结膜下混合性充血，角膜水肿，后弹力层皱褶，角膜后沉着物（+），前房闪光（++），有细小白色颗粒状渗出游动，瞳孔药物散大，晶状体前有大片出血及渗出。眼底玻璃体浑浊（+++），眼底模糊，视网膜静脉充盈，视力在0.07 ~ 0.3之间波动，经四家医院诊断一致。

【西医诊断】色素膜炎。

【舌象】舌质红赤，有齿痕，苔厚腻。

【脉象】弦数而涩。

【辨证】湿热内蕴，肝火上冲于目。

【治法】平肝、清热、定痛为主，疏风、滋阴为辅。

【取穴】瞳子髎、角孙透太阳、三间、养老。

【手法】以上穴位均留针30分钟，取平补平泻法，每日针刺1次，每周治疗5次。针刺10次为一个疗程。开始加服中药，采用针药结合治疗。

【方药】

石决明25g　草决明25g　赤芍药10g　粉丹皮10g
全当归10g　条黄芩10g　炒防风10g　甘菊花10g

青连翘 10g　炒芥穗 10g　冬桑叶 10g　龙胆草 10g
酒大黄　6g　生薏仁 20g　茺蔚子 15g

【治疗经过】2月10日五诊：经过连续5周的针药治疗，共服前方20剂。患者自述：目痛、头痛、颈侧痛与跳痛已止。视力较前好转，能看清座钟时刻，目赤减轻，积血面积减少，但仍有内闪光感。夜安眠，饮食佳，烦躁大减。

【眼科检查】左角膜后沉着物（+），棕色细小，前房闪光（+），浮游（+）。虹膜与瞳孔边缘晶状体前有部分粘连，瞳孔药物性散大。眼底：视乳头稍红，边不太清，上房有少量火焰状出血，黄斑部有水肿，上半部重。

【针刺】风池（左）、攒竹、太阳、养老、三间（右）。

【方药】

炒荆芥 10g　炒防风 10g　细生地 20g　赤芍药 15g
全当归 10g　大川芎 10g　草红花 10g　粉丹皮 10g
干地龙 10g　甘菊花 12g　枸杞子 15g　远志肉 10g
柏子仁 10g　五味子　6g　冬桑叶 10g　生甘草　6g

3月20日十一诊：再经过治疗6周，共服前方35剂，针治30次。患者自觉头痛，目痛，头晕，流泪，怕光，闪光感等症状均已消失。精神好，饮食增，无不适，能看书报。

【眼科检查】左眼棕色角膜后沉着物（+），前层闪光（–），浮游物（–），虹膜纹理清，眼底视网膜静脉不充盈，黄斑中心反射（–），水肿消失。

鉴于以上患者临床症状消失，说明色素膜炎基本治愈，故停服中药，仍按照原针刺取穴，每周治疗2次，再巩固治疗5周共10次之后结束治疗。

10月27日随访，患者于4月26日结束治疗后，至今已然半年。患者自述双眼一切都好，没有任何不适症状，视力与得病之前一样，他感谢积水潭医院针灸科胡老医生的精心治疗。经统计共针治65次，服中药55剂，治疗全过程为113天。取得最佳疗效，临床治愈。

## （三）体会

1. 患者因情志不舒、暴怒、哭泣过久所引起。此乃肝胆之气被抑郁，气血上冲，郁而不通，发病于目所致。头颈痛为少阳经所过之处，目赤为心肝火热盛而上攻于目。视物不明（目昏），为七情不节，悲泣过久，湿热之气蒸腾，玄府闭塞，气血不能升降也。故上症为血脉逆行，湿热上蒸，肝火怒冲，三火交炽，热而生风，风乘火势，火借风威，上达于头而惯于目，血游于络外，因而头痛目赤、目肿痛疼等症，闪光感为阴精亏损，独阳飞跃而光欲散之故。舌质红赤，齿痕历历，舌苔厚腻，为阴虚血热。脉弦数而涩，为肝郁火炽夺精之象。

总之，此病为本虚标实之证，肝肾不足为之本，湿热内蕴，肝火上炎为之标，故用清热平肝定痛治其标，用补肝血、滋肾阴治其本，循序渐进而治之。

2. 针刺取穴：首取足少阳胆经瞳子髎，为手太阳、手足少阳经交会穴，有疏风散热、清脑明目、消肿止痛之功能，主治目赤肿痛，视网膜出血，流泪，视物不清；角孙为手少阳三焦经腧穴，是手足少阳、手太阳经交会穴，有清经络郁热，散三焦风邪之功能，主治视网膜出血，头晕头痛，目睛肿痛，视物昏花之候；太阳为经外奇穴，有清热散风、活血止痛之功能，主治头痛目眩，目赤睛痛之症；三间为手阳明大肠经输穴，有清阳明邪热、通大肠腑气，主治视物不明，目眦皆痛，《百症赋》说："目中漠漠，急取攒竹、三间。"养老为手太阳小肠经郄穴，有疏通经络、明目散风之功能，主治目视不明，眼红且痛痒干涩；风池为足少阳胆经腧穴，是手足少阳、阳维脉交会穴，有疏风清热、明目益聪之功能，主治各种目疾，能散上焦之风热而明其目也；攒竹为足太阳膀胱经腧穴，有祛风散热、通络明目之功能，主治视物不清，夜盲，迎风流泪，目赤肿痛，眼睑瞤动，是治疗眼病的常用穴。以上诸穴共奏平肝清热、疏风定痛的效应，是治疗该病的重要措施。

3. 方解：方取石决明、草决明二药为君，石决明清热明目，平肝息风，草决明清肝胆郁热，益肾明目，二药相配伍具有清热平肝、明目之功效；荆芥穗配防风是治疗眼科疾病的常用组合，荆芥芳香而散，气味轻扬，温而不燥，防风气味俱升，为风药之润剂，二药相助善走上焦，可治上焦之风邪；胆草、黄芩、酒大黄清肝胆，除阳明之邪热；桑叶、菊花助荆防明目；配茺蔚子、当归养血润燥；生地、川芎、赤芍、丹皮滋阴，凉血，散瘀，行血；生薏仁化湿消肿，连翘解毒清热。诸药配合主攻眼病。

为了治疗其内闪光感、头晕、心悸，后用治本之法，以“壮水之主，以制阳光”之意。在方中用柏子仁、远志以养心、定志、安神。用生地、石斛、枸杞子、五味子等药为补肾水、滋阴血、生津液。其中五味子为滋肾水之要药，肾水足壮而神志内敛，目则自明。补肾水则火不妄动，心神宁则闪光自消，头晕、心悸自除矣。

4. 该患者因气滞血瘀、肝热上冲以致疴疾。若治疗失误果真左眼不保，则为日后工作、生活带来不便和终身遗憾。经治疗不足四个月，采用针药结合之方法，并配合眼科的西医对照检查，临床喜获痊愈，此乃万幸。此例成功，实乃可贵。

## 四、环跳穴在临证的应用

环跳穴是临证常用腧穴，为足少阳胆经、足太阳膀胱经之会。历代针灸家皆重视此穴的应用，所以各针灸文献对环跳穴均有所论述。例如《玉龙歌》说：“环跳能治腿股风。”《天星秘诀》说：“冷风湿痹针何处，先取环跳次阳陵。”《百症赋》说：“后溪环跳，腿疼刺而即轻。”《标幽赋》说：“中风环跳而宜刺。”《席弘赋》说：“冷风冷痹疾难愈，环跳腰间针与烧。”《胜玉歌》说：“腿股转酸难移步，妙穴说与后人知，环跳风市及阴市。”《杂病心法歌》说：“腰痛环跳、委中神。”《千金方》说：“内庭、环跳，主胫骨不可屈伸。”《甲乙经》说：“腰胁相引痛急，髀筋瘈，胫痛不可屈伸，痹不仁，环跳主之。”等等。

## （一）穴解

【归经】足少阳胆经。

【特性】足少阳、足太阳之会。

【穴位】髀枢。

【功能】补肾强腰，疏通经络，祛风散寒。

【主治】腰胯痛、脚膝风寒湿痹、偏枯不遂、风疹脚气。

【取穴】侧卧，伸上腿屈下腿，在大转子高处与督脉腰俞穴之直线上，近大转子侧 1/3 处陷中取之。

【针灸】针 2 ～ 4 寸，灸 15 分钟。

【针感】针感向上传导可以治疗头、躯干部疾病。针感向下传导可以治疗下肢疾病。针感向会阴部传导，可以治疗泌尿生殖系统疾病。

## （二）病案举例

**病例 1：**腿股风（坐骨神经痛）

叶某，男，49 岁，初诊日期：1980 年 5 月 20 日。

【主诉】左下肢疼痛一月。

【主证】2 年来因经常骑摩托车而受风寒，常感下肢不适，但活动后可缓解，故未治疗。一月前腿疼加重，且有麻木胀感，甚则难以忍受，以至不能行走，从腰至足出现窜痛，服中西药、按摩、针灸治疗无效。舌质淡红、苔白，脉象弦滑。

**【既往史】**幼年曾患黄疸性肝炎，伤寒病；左上肢肩关节周围炎；1964 年因强力致腰扭伤。

**【检查】**直腿抬高试验左（+），沿坐骨神经走行部位有明显压痛。

**【西医诊断】**左侧坐骨神经痛（干性）。

**【辨证】**风寒袭络，筋脉阻滞。

**【治法】**祛风散寒，疏通经络。

**【取穴】**环跳、阳陵泉、昆仑。

治疗经过：针刺 1 次后腿疼明显好转，治疗 4 次后左下肢行走灵活，疼痛基本消失，针刺 7 次临床痊愈。坐骨神经沿线压痛消失，直腿抬高试验（—），经再巩固治疗 3 次，共针治 10 次结束治疗。

**病例 2**：气滞胁痛（肋间神经痛）

柳某，女，45 岁，初诊日期：1981 年 9 月 27 日。

**【主诉】**左侧胁肋痛三月余。

**【主证】**三月余来患者因生闷气而常感左侧胁痛，甚则左背部亦疼，有时左侧偏头痛，纳可便调，月经正常。常自服止痛剂，但疼痛不能根治。曾服中药 20 余剂，亦未见明显疗效。舌质淡红，苔白，脉象沉弦。

**【既往史】**10 年前曾患血管神经性头疼，已治愈。

**【西医诊断】**肋间神经痛。

**【辩证】**肝气郁结，经脉不畅。

**【治法】**疏导少阳，通调经络。

**【取穴】**环跳、风池。

治疗经过：针刺 1 次后，左侧胁肋疼痛明显减轻。治疗 3 次后胁肋已不痛，巩固治疗 2 次，共针 5 次临床痊愈，结束治疗。

**病例 3：**流火（下肢丹毒）

张某，女，65 岁，初诊日期：1980 年 6 月 21 日。

**【主诉】**右下肢丹毒月余。

**【主证】**患慢性丹毒已 30 年，每逢春季或初夏则复发，发作时伴有头昏，恶心，发热，口渴，小便热赤，右下肢红肿有沉重麻木感。此次发病已一月余，曾服中、西药治疗未愈。舌苔白滑，质红绛，有裂纹，脉象滑数。

**【检查】**右小腿皮肤除后侧少许部分外均皮色鲜红、肿胀，且有裂纹，扪之灼热。体温 38℃，血压 142/88mmHg。

**【西医诊断】**慢性丹毒急性发作。

**【辩证】**湿热下注，蕴于血分。

**【治法】**化湿清热，凉血通络。

**【取穴】**环跳、风市、委中。

治疗经过：针刺 2 次后，右小腿红肿范围明显减少，皮肤色泽由鲜红变深暗，部分皮肤开始脱屑，已不恶寒，体温 36.8℃，恶心亦止。针刺 6 次后，皮色变浅，红肿范围减少一半以上，局部触之已不发热。治疗 15 次后红肿消失，诸症均退，惟右小腿部仍有部分色素沉着，临床痊愈结束治疗。为防止来年春夏再行复发，嘱其长期服用二妙丸，以除湿热之邪。

**病例 4：**阳痿（性功能衰弱）

文某，男，29 岁，初诊日期：1979 年 8 月 15 日。

**【主诉】**阳痿两年余。

**【主证】**患者结婚五年，婚后即有早泄，逐渐出现性功能减弱，现阳痿病已两年余，且经常有滑精，腰酸腿软，头晕，健忘，夜寐不实，多梦。舌苔白，质淡红，脉象沉细两尺弱。

**【既往史】**少年有手淫史。

**【西医诊断】**性功能衰弱。

**【辨证】**肾经亏损，精关不固，宗筋失养。

【**治法**】补肾固精，荣筋兴阳。

【**取穴**】环跳、志室、命门（灸）。

治疗经过：针刺5次后，阳痿现象稍有好转，治疗10次后滑精止，精神转佳，头晕减轻，针灸20次后，阳事已兴，病人坚持治疗3个月诸症皆除，阳痿病已临床痊愈，结束治疗。

## （三）讨论和体会

1. 环跳穴可以治疗多种疾病，临证往往都能取得较好的疗效。一穴可以治疗几种病，主要是配穴、手法之不同。在配穴时如环跳配阳陵泉，可以治下肢病；环跳配命门、肾俞，可治腰骶痛；环跳配风池，可治偏头痛。手法操作时，如针尖略向内下方直刺，针感可以到脚；针尖向内侧斜刺针感可到会阴部；若针尖向上斜刺针感可以向上传导。

2. 叶案患者，因感受风寒所致腿股风症，故少阳主枢、太阳主升的机能失调而致筋脉阻滞，属于“干性坐骨神经痛”。这种类型比因腰椎病变引起的根性坐骨神经痛疗效较好，所以取环跳配胆经的阳陵泉、膀胱经的昆仑以祛风散寒，疏通经络，因此仅治疗10次而收功。

3. 柳案患者，因肝气郁结日久致经络不畅，出现气滞胁痛（肋间神经痛），以其经络循行，符合胆经足少阳之经脉，故取环跳疏通足少阳经气，再配胆经风池，两穴相济，共促足少阳胆经畅通，故“通则不痛”，共针刺5次则临床获愈。

4. 张案患者，因湿热下注蕴于血分，以致下肢红肿热痛，发为流火（丹毒），这种传染性皮肤疾病是很顽固的，取环跳、风市配合膀胱经的委中（解血毒）而达到化湿清热，凉血通络的目的，针刺15次获得痊愈。

5. 文案患者，因少年时误犯手淫损伤肾气，因而婚后早泄，惟患者不知节制，不但失去治疗时机，且又犯虚虚之弊，因而肾阳大伤，以致阳痿不举，精关不固。足厥阴肝经环阴器抵少腹，肝胆相表里，故取胆经环跳振兴肾阳之机能，灸督脉的命门补肾阳，刺志室（即精宫）固精关、补肾气，诸穴配伍共同辅肾阳、固精关，兴阳事之效。坚持治疗 3 个月取得临床痊愈。

# 第六章
# 薪火传承

胡老的弟子和再传弟子继承他的学术思想和针灸技法，在临床上均有建树，胡老九泉之下应感欣慰。本章收集了他们的临床经验总结共9篇。

# 针刺治疗顽固性呃逆的体会

潘春秀

［**作者介绍**］潘春秀医师，女，生于1933年，14岁开始学习中医，是“毫发金针”胡荫培教授的第一位入室弟子和助手。同时在北京汇通中医讲习所听课，学习经典著作。为人勤奋、朴实、肯钻研，颇受老师信任与重用。1960年经北京市卫生局考试取得针灸医师资格，1961年到中国科学院门诊部工作，之后转入中关村医院针灸科任医师。上世纪70年代调往朝阳区小庄医院针灸科，任科主任，副主任医师。发表文章数篇，“针刺治疗顽固性呃逆的体会”是她的代表作之一。

呃逆是由气逆于下，直冲于上，出口作声，声短而频。因其呃呃连声，所以叫做呃逆，是不能自己控制的临床症状。可偶然单独发生，亦可见于其他疾病的兼症，呈连续或间歇性发作。

考《内经》《金匮要略》之经典中，只有哕证的记载，并无呃逆的名称。张景岳说：“哕本呃逆，无待辨也。”朱丹溪说：“古谓之哕，近谓之呃，乃胃寒所生，寒气自逆而呃上；亦有热呃，亦有其他病发呃者，视其有余不足治之。”

呃逆，现代医学称为膈肌痉挛。对于呃逆之症，总由胃气上逆动膈而成，故治疗以理气和胃、降逆止呃为主。同时要分清寒、热、虚、实，针对不同病因、病机而治。即寒以温中，热以清胃，痰气郁阻以解郁化痰，脾胃虚弱以补脾和胃。顽固性呃逆久治不愈者，可因久病入络，故取针治则能取效。

对于呃逆预后的初步认识，一般可分三种情况区别划分：

1. 凡身体健康，偶因感受寒凉而发生呃逆者，其病势轻微，属于生理现象，呃逆虽然声音宏大，可不治自愈。

2. 患者因肝胃失和，逆气上冲，呃逆日久、持续不断，发作反复，属于病理现象，一般经过针对病因治疗，其呃逆渐渐平息。

3. 若病人患有严重疾病，例如癌症、脑血管病、心脏病、肺部感染，或肝硬化、尿毒症等，在治疗过程中若出现呃逆，其声怯弱、难续、额汗淋淋而出，甚则手足厥冷，此为脱证。病情严重，预后凶险，危在旦夕。

## 一、医案介绍

患者，男，49 岁。1978 年 10 月 9 日初诊。街道办事处干部。

呃逆反复发作 12 年。患者从 1966 年夏天开始，每年都犯呃逆病，每次发病约 3 ~ 5 天。最近 2 年来，几乎每月都发作，每次持续达 10 天之久。这次犯病时间最长，已经半个多月。曾在他院治疗，服用中西药，针刺多次，均无效，故来我院治疗。半月来，呃逆不断，呃声频频，胃脘憋闷，打嗝时全身为之上耸，仰卧时可见胃脘部因呃逆而频频上下跳动。饭后打嗝，常将食物吐出，嗝后上述症状可稍缓解。纳谷不香，睡眠欠佳，二便尚可，面色萎黄，精神不振。诊查：舌质淡红，苔白厚而腻，根微黄，脉象沉弦而滑。血压 140/90mmHg。既往曾患胃溃疡、食道裂孔疝。病前喜饮啤酒、浓茶。

【辨证】湿热内蕴，痰滞中焦，胃失和降。

【立法】燥湿化痰，降逆和中。

【取穴】中脘、气海、内关、合谷、足三里、三阴交，睛明加灸。

【手法】

①以毫针刺，采取平补平泻法，留针 30 分钟，隔日治疗 1

次。

②睛明加灸：先准备两个完整的半枚核桃外壳，去净壳内核桃仁、分心木等杂质，做成一副核桃眼镜，并以粗线系合适后戴于耳上固定，用来保护眼睛。医生取点燃之艾灸对准眼内侧角之睛明穴的针柄之上，左右交替灸之，时间每次 10 分钟，切勿烫伤。

## 二、治疗过程

10 月 11 日 2 诊：前日针灸后，病人感觉胸脘部憋闷感减轻，但呃逆未止。仍按前法刺之，待取针之后再刺膈俞穴放血。

10 月 20 日 6 诊：经过 5 次针、灸、放血治疗后，今日已不打嗝，症状明显好转。舌质淡红，苔白厚，脉沉滑。再拟前法继续巩固治疗。

10 月 30 日 10 诊：患者经 5 次针刺后呃逆停止，至今感觉良好，憋胀感完全消失，纳谷香，一顿可进餐 4 两，面色红润，舌质淡红，苔薄白，脉弦滑。再拟“调气疏肝，健脾和胃”之法。

**【取穴】**巨阙、中脘、气海、关元、天枢、内关、足三里、章门。

**【手法】**以毫针刺，内关穴用平补平泻法，其他腧穴均取补法。留针 30 分钟，隔日治疗 1 次。

11 月 22 日 20 诊：病情稳定，呃逆未发。病人配合治疗相当认真，已严格忌酒或茶，饮食基本清淡。睡眠安好，纳谷香，精神佳，二便正常。舌质淡红，苔薄白，脉弦滑。可以正常上班工作，结束针灸治疗。因做街道群众工作，难免情绪波动，故拟平肝舒络丸巩固疗效，以图理气疏肝，再求缓效。

随访情况：1979 年“三·八妇女节”到街道办事处参加活动，巧遇 5 个月之前的呃逆患者，是如今的办事处副主任。自述呃逆经针灸治疗后，未曾复发，并对医生的医德、医术表示称赞与感谢。

## 三、讨论

1. 穴解

（1）验穴：睛明是治疗呃逆的经验穴。它是膀胱经的起始穴，为手足太阳、足阳明、阳跷、阴跷五脉交会穴。其功能：散风泄火，滋阴明目。在背部膀胱经和人体脏腑联络最广。呃逆病位在膈，与肝脾胃均有密切关系，而膀胱经也与肝脾胃有联络作用，所以针睛明可以疏肝理脾、和胃降逆。再者，睛明穴位置在眼部，而肝开窍于目，故针睛明更可起到疏肝气、调胃气、止呃逆的作用。

（2）主穴

中脘：是腑会、胃的募穴。位置又在胃脘部，所以有清理中焦湿热、降逆和中的作用。

足三里：胃的下合穴，五输穴的合穴，属土，胃经之要穴，有健脾胃、调中焦之功。

以上两穴相配，前者近取，后者远取，共奏通降胃气之功。

（3）配穴

内关：为手厥阴之络穴，又为阴维交会穴。手厥阴下膈历络三焦，阴维主一身之里，故有宣通上中焦气机、宽胸安神、清热除烦、和胃止痛、降逆止呕之效。

三阴交：属足太阴脾经，又为足三阴经交会之要穴。脾胃相表里，脾主运化水湿，故取之以利水湿、调中焦而平冲逆之气。此穴与足三里相配起到疏调足太阴、足阳明经气，促使脾胃健运以恢复疏通水湿之功。

合谷：为手阳明经之原穴，泻合谷可达泻热之目的。呃逆多取阳明经多气多血之经，而取合谷乃同名经取穴之意。具有疏风清热、消炎止痛、醒脑开窍、通调气血之效。

气海：属任脉，为强壮穴之一，取其补中气，加强调气之作用。

膈俞：属足太阳膀胱经，为八会穴之一，血会膈俞。膈俞放血有宽胸膈、降逆气、化瘀血、和脾胃之效。

以上各穴相配，共有清热利湿、化痰降逆、和中止呕之效，加灸是为疏散湿浊之目的。

当呃逆止后，为巩固疗效，运用了调气疏肝、健脾和胃的一组配方。取任脉的巨阙、中脘，和胃降逆、宽胸化痰；气海、关元通调冲任，固肾纳气；胃经的天枢为手阳明募穴，有调中和胃、健脾化湿、降逆理气之功；妙在章门穴属足厥阴肝经，脾经募穴，八会穴之一，脏会章门。具有疏肝气、调五脏、和脾胃、化积滞之效；内关和胃安神，降逆止呃；足三里为足阳明胃经合穴，调和气血，补益脾胃。诸穴共奏调气疏肝，健脾和胃，此乃巩固治疗之措施。

2. 针、灸、放血都在不同阶段各自发挥了应有的治疗作用。值得一提的是针刺 20 次结束治疗之后，为了防止呃逆病再因情绪波动而诱发，巩固疗效，让患者暂服中药丸剂，实践证明是成功的。

药名：平肝舒络丸

剂型：丸剂，每丸重 6g。

功能：平肝疏络，活血散风。

主治：用于肝气郁结、经络不疏引起的胸胁胀痛，肩背窜痛，手足麻木，筋脉拘挛。

服法：温开水送服，一次 1 丸，一日 2 次。

3. 呃逆以气逆上冲，喉间连连有声，声短而频，令人不能自主为主症。病位在膈，与胃关系最密切，其次是肝脾肺等。病理：呃逆总由胃气上逆动膈而成。胃主受纳，以降为顺，若因饮食不节，情志所伤，湿热内蕴，痰湿中阻、久病重病均可导致胃失和降，上逆为呃。

患者从1966年夏天得病已12年之久，每因劳累、情绪紧张而发病。且患者生病前嗜饮酒、品浓茶，茶酒皆能生湿，久而久之湿蕴化热，煎熬成痰，阻滞中焦，痰湿为阴邪，易遏阳气（主要指脾阳），脾阳受遏，不能运化水湿。脾主升，胃主降，脾胃相表里，共居中焦，为升降运动的枢纽。脾阳受遏，水湿不化，则清阳不升，浊阴不降，胃气上逆为呃。又因此人常因劳累或情绪紧张后呃逆加重，说明脾土不能调养肝木，使肝气不得条达，肝木克脾土，更伤脾胃功能，浊气更易上逆而成呃。《素问·宣明五气篇》指出："胃为气逆为哕，为恐。"《景岳全书》说："然致呃之由总由气逆。"说明呃逆是由气逆而生也。此患者之呃逆正因于此，所以治疗针刺取穴方面，首选验方睛明穴，此乃治疗眼疾之要穴，针灸专著各书不曾载有可治呃逆。但是实践证明，睛明穴确实在治疗呃逆中有较好的作用。其他取穴组合也都是精练的配方，使这一顽固性呃逆只在短短的5次针刺后就获痊愈。

此患者在呃逆病重期间，先后两次住市立医院，并用中西药、针灸治疗，均不见效。今在我处诊治5次即见成效，充分说明中医学辨证、立法、取穴、手法的重要性、灵活性和特殊性。

呃逆的辨证也必须首先掌握虚实，分清寒热。在治疗方面，主要针对病因而治疗。该病案证属湿热内蕴，痰滞中焦，胃失和降。虽有12年病程，属顽固性呃逆，但应用燥湿化痰，降逆和中之法，最终治愈，实乃庆幸也。

# 针刺治疗瘿症的体会

王桂菊

［**作者介绍**］王桂菊医师，女，生于1925年。是毫发金针胡荫培教授的第二位入室弟子和助手。她于1953年在北京中医学会针灸门诊部成立时参加工作，跟随胡老侍诊多年，潜心钻研，深得真传，并收藏大量资料。之后，调入北京市护国寺中医医院针灸科，参与治疗甲状腺疾病的科研工作。从事针灸医疗工作近60年，有着丰富的临床经验，“针刺治疗瘿症的体会”是她的代表作。

关于瘿的记载首见于《山海经》。隋代《诸病源候论》将瘿分为“血瘿”、“息肉瘿”、“气瘿”三种，其中提出“息肉瘿可割之”的治疗方法。《外台秘要》对本病认识已趋深刻，治疗方法也增多。《医学入门》、《外科正宗》等都认为本病主要由于瘀血、浊气、痰凝而成。近年来针灸治疗本病有较大的发展，并且取得了较好的临床效果。

甲状腺机能亢进症、甲状腺肿、甲状腺腺瘤等，都可归属中医学“瘿病”范畴，与“瘿瘤”、“肉瘤”相似。

甲状腺机能亢进症：简称“甲亢”，是由甲状腺素分泌过多，以致机体的各种组织氧化速度加快和代谢率增高而起。引起甲状腺分泌过多的原因有精神、神经因素、发育、经期、妊娠、感染等。患者以20～40岁者为多，女性多于男性。临床诊断有五大主征：双手震颤、眼球突出、甲状腺肿大、心率加快、基础代谢率增加。

甲状腺肿：当碘缺少时，甲状腺素的合成减少，血液中甲状腺素浓度下降。此时通过中枢神经系统的作用，使垂体分泌更多的促甲状腺激素，促使甲状腺细胞增生和肥大而形成甲状腺肿。单纯甲状腺肿的患者，虽有甲状腺肿大，但甲状腺无震颤和杂音，无甲状腺中毒现象。

甲状腺腺瘤：良性肿瘤，多见于青年妇女。主要症状为颈前甲状腺体内发生圆形肿大的结节。结节多为单发，大小不一，常有囊性改变，可随吞咽动作而在颈前或两侧上下活动。腺瘤生长缓慢，由于腺瘤的生长而使颈前两侧甲状腺呈不对称，患者一般无自觉症状。

## 一、甲状腺机能亢进症

甲亢的病因分两种其一为脾胃失调，多因饥饱劳碌以致脾失运化，湿邪阻滞中焦，胃失和降，肝胃不调；其二为工作压力大，情绪抑郁、思虑过度、肝郁不舒、气滞血瘀，也是发病因素。

**1. 症状**

双眼突出（俗称金鱼眼）或眼闭不严，心率加速，每分钟脉搏能达到 100 ~ 130 次以上，最后可导致心衰，大便稀薄，每日 3 ~ 4 次，人体消瘦，面色萎黄或面色干枯色黑，身体疲倦，呼吸粗，心烦闷，自汗出。

**2. 针治**

主穴：风池、攒竹、甲状腺体上（取坐位）。中脘、气海、天枢、曲池、内关、神门、足三里、三阴交、肾俞（取卧位）。

配穴：①百会、太阳。②瞳子髎、大横。若心动过速者加心俞。③鱼腰、丝竹空、胆俞、胃俞。④百会、太阳、四白、肝俞、胃俞。

刺法：令患者取坐位，先刺风池、攒竹。然后医生左手扶住甲状腺体上，右手持针斜刺或卧刺，不可直刺或深刺，只能用提插手法做2次后针即拔出，绝对不可捻转。再请患者平卧，先刺腹部穴，再刺上肢穴、下肢穴，依顺序点刺，最后令患者俯卧位，针刺背俞穴。“腹如井、背如饼”，背部腧穴不宜深刺，但腰部可深刺。内关、神门、三阴交也可以取单侧。总之，一律不行针，四组配穴每次只取一组，轮流交替配合主穴治疗应用。

穴解：风池疏风清热、活血通经，为治疗头颈部一切病证的要穴；攒竹祛风散热、通络明目，主治眉棱骨痛，眼睑瞤动，眼球突出症；甲状腺体上针刺是局部取穴法，针刺直达病所，其治疗针对性极强，该刺法是治疗瘿症的关键所在。

中脘、气海、天枢，俗称“开四门”，有和胃调中、降逆消胀、通调腑气功用；内关疏肝解郁；足三里和胃健脾。以上诸穴相配共奏疏肝理气、健脾和胃、消导运化、祛痰消瘿之效。曲池清邪热，通腑气，疏经络，调气血，主治瘿症、肢端震颤；神门配三阴交益心健脾，交通心肾，安神定志，主治失眠；肾俞壮元阳，补腰肾，祛水湿，充耳目，扶正祛邪。

百会平肝息风，升阳益气，清脑安神；太阳散风通络，明目清神，治疗眼突。

瞳子髎疏风散热，清脑明目，消肿止痛，治疗眼突；大横调理大肠，宣通腑气；鱼腰清热平肝，活血通络，治疗眼突；丝竹空散风止痛，清火明目；四白疏风热，通经络；心俞养血安神，清心宁志，宽胸止痛，善治心悸、烦躁；肝俞清肝胆，除湿热，息肝风，安神解郁；胆俞泻肝胆，清湿热，宽胸膈，和脾胃；胃俞调中和胃，化湿消滞。

## 二、甲状腺腺瘤

甲状腺腺瘤简称甲瘤。但必须除外甲状腺癌（颈前两侧甲状腺内的肿块质坚硬，凹凸不平，边界不清，生长较快。常出现声音嘶哑，呼吸困难和颈部淋巴结肿大，争取早期根治性切除）。

如果是癌，不可针刺。

甲瘤属“瘿瘤”可分为五种：即气瘿、血瘿、筋瘿、肉瘿、石瘿。

甲瘤根据大小可分三级：1 级，甲瘤如枣核大小。2 级，甲瘤如核桃大小。3 级，甲瘤如鸡蛋大小。

**1. 症状**

腺瘤可随吞咽动作上下活动，生长缓慢，患者一般无自觉症状。如果瘤很大，压迫颈部的大静脉或气管时，则可发生颈部浅层静脉扩张或呼吸困难等症状。单个腺瘤有时可能产生恶性变。

**2. 针治**

取穴：瘿瘤中间穴（单侧）。

刺法：医生用左手托住瘿瘤，然后右手握住针柄，针刺到瘿瘤中间部位，不可从正面前后直刺，只可以从侧面横向刺，采用提插手法 2 次即可出针，不可使用捻转手法。因为瘿瘤旁边周围的毛细血管很多，容易出血。

## 三、弥漫性甲状腺肿大

俗称“大脖子”，各种年龄均可发生，其中非地方性者在青春期较为常见。患者渐觉颈前肿大，早期青年患者，腺体多为弥漫性肿大，质软光滑，无震颤及杂音；至中年腺体逐渐变硬，可出现结节。

**1. 症状**

甲状腺肿大显著者可压迫气管而引起咳嗽，少数可压迫喉返神经或食管，引起声音嘶哑或吞咽困难。一般无全身症状，但一部分结节性甲状腺肿的患者，可演变为甲状腺机能亢进或恶性变。

**2. 针治**

取穴：甲肿腺体的左右两侧各取 1 穴（双侧，左右侧各 1

次）。

刺法：医生用左手托扶住腺体，在腺体上左右各 1 针，提插手法 2 次后即可出针。特别注意不可使用捻转手法。

## 四、针刺注意事项

1. 治疗瘿症的针刺，一律为点刺，不行针。

2. 针刺治疗时医生应全神贯注，集中精力，为了保证医疗质量，不出医疗差错，所以操作时不要讲话。

3. 瘿症（包括甲亢、甲瘤、弥漫性甲状腺肿大）均为每周针治 3 次。

4. 针刺血瘿时可能出血，医生可以用手挤血外出，随后用干棉球擦除血迹。

5. 针刺甲亢时可取四组配穴交替使用，配合主穴组成治疗方案。

6. 针刺甲瘤、弥漫性甲状腺肿大时，既要针局部，又要配合针刺肢体穴位。

7. 如果针刺病位时，进针部位、针尖方向、进针深度正确，是不会发生毛细血管出血的。

8. 瘿症疾病治疗时，不宜食辛辣、甜食、醋。

# 针药并用治愈耳全聋的体会

胡益萍

[作者介绍]胡益萍医师，女，生于1944年。是毫发金针胡荫培教授的女儿，自幼深受“金针世家”的熏陶，颇语家学的独到，领略针药结合之奥妙。1964年毕业于北京市中医学校大专班，之后，在北京市和平里医院中医科工作，任主治医师。1979年在《北京市老中医经验选编》中为胡老整理发表“头痛治验”等多篇医案。1991年在《北京中医》一代名医栏目中，发表“著名针灸专家胡荫培教授”一文，影响很大。

## 一、医案介绍

患者，男，27岁，2000年6月2日初诊，房管所工人。

耳全聋已两月余。患者于3月24日在专科医院耳鼻喉科被诊断为左耳全聋，随即住院28天进行治疗，于4月21日出院，听力未见好转。现左耳聋，耳鸣，状如蝉声，时轻时重，按之不减，头晕且胀，夜寐多梦，心烦急躁，口苦咽干，嗜饮凉水，纳尚可，大便干结，一二日一行，小便短少而色黄。经常自服牛黄解毒丸、龙胆泻肝丸，没有取得疗效。舌质暗红，苔黄白相兼，脉弦滑而稍数。

辨证：肝郁化火，肝阳上亢，蒙蔽清窍。

治法：清肝潜阳，宣通耳窍。

取穴：耳门、听宫、听会、翳风、列缺、通里、丘墟、太冲。

手法：捻转泻法，留针30分钟，隔日治疗1次。

方药：

生石决45g　珍珠母45g　怀牛膝15g　龙胆草10g
大熟地25g　全当归10g　生白芍15g　枸杞子15g
净蝉衣10g　黑元参15g　苦杏仁10g　苦桔梗10g
桑白皮10g　苍耳子10g　生甘草　6g　玳瑁面　3g（分冲）

## 二、治疗过程

6月9日2诊：针治3次，服中药1周后，头晕减轻，耳鸣声明显减轻，但仍有心烦急躁，口苦嗜冷，夜寐多梦，大便通畅，尿黄，舌脉同前，再拟前法治疗。

6月23日4诊：继续治疗后头晕消失，夜寐梦少，耳鸣声渐小，二便通畅，再拟前法，针药并施。

7月14日7诊：听力明显提高，睡眠安稳，心情平和，已无烦躁的感觉，口苦消失。大便调，尿不黄。舌质淡红，苔白，脉沉滑。昨天去耳鼻喉科复查，其左耳听力较治疗前提高75%，耳鸣也基本消失。仍按前方继续治疗。

8月18日12诊：诸证消失，左耳听力完全恢复，惟时有少许耳鸣。仍再取前穴针刺，以巩固疗效。

## 三、讨论

### 1. 分析

耳聋病名出自《素问·缪刺论》等篇，如《素问·决气篇》说："精脱者，耳聋。"又名耳闭、耳聩。耳鸣病名出自《灵枢·海论》篇，又名耳作鸣蝉。二者均属于听力异常。造成耳鸣耳聋的原因很多，中医学认为本病有虚实之别，暴聋者多属实证，久聋者多属虚证。实证者多因情志不遂，木失调达，肝郁化火，肝阳上亢，清窍被蒙；或感受外邪，壅遏清窍所致。如《素问·脏气法时论篇》所说："肝病者，气逆则头痛，耳聋不聪。"虚证之耳聋则多因肾气虚弱，清窍失养；或肝肾阴虚，水不涵木，虚火上扰清窍所致。如《灵枢·脉度》讲："肾气通于耳，肾和则耳能闻五音矣。"联系本患者的舌脉及症候表现，可以看出其证属实。因患者年轻体壮，平素身体健康，在短时间内突然发生耳聋、耳鸣，并且鸣声不断，按之不减。头晕且胀，心烦急躁，夜寐梦多，舌红苔黄，脉细弦。因此，脉证合参，其证可辨为肝郁化火、肝阳上亢、蒙蔽清窍而发为耳聋。

**2. 穴解**

耳门：宣通气机，开窍聪耳；听宫：宣通耳窍，止鸣复聪；听会：疏通经气，聪耳开窍；翳风：宣散壅滞，疏解邪热。以上四穴均为耳的局部取穴，其中耳门、听会、翳风又为手足少阳经之穴。从少阳经与耳的联系看，手少阳之别支从翳风穴入耳内，从耳门出耳；足少阳之别支从耳后风池穴入耳内，出走耳前听会穴，所以决定此三穴主治耳聋、耳鸣。《玉龙歌》说："耳聋气闭痛难言，须刺翳风穴始痊。""耳聋之症不闻声，痛痒蝉鸣不快情……宜从听会用针行。"并且此三穴配伍还可以清利肝胆，宣通气机。

通里：为手少阴心经之络穴，心经通于手太阳小肠经与耳相系，故取通里穴即可宁心安神，又可通窍止鸣；列缺：为手太阴肺经之络穴，从经脉上分布看，肺的络脉会与耳中，因此取列缺可以宣通上焦经气，疏解邪热，使邪去耳聪；太冲：为足厥阴肝经之原穴，具有疏肝解郁，潜降肝阳的作用；丘墟：为足少阳胆经之原穴，具有疏肝利胆，化湿清热之功。以上太冲、丘墟两穴均为远端取穴，足少阳与足厥阴互为表里经，两穴合用可以平肝潜阳，清利耳窍，取"病在上，取之下"和"盛则泻之"之意。

**3. 方解**

龙胆草：大苦大寒，性沉而降，以清肝胆实火为长，为本方之主药，用之以清泄肝火，降肝气之逆。珍珠母、石决明、明玳瑁：三药均性寒质重，主入肝经。合用可以清肝热，平肝阳，治疗肝阳上亢所致的眩晕、耳鸣。熟地、枸杞子、当归：三药均为补血养阴之药，主入肝肾经。本证虽属肝胆火旺，但火热易于耗血伤阴，使肝阴愈虚，肝阳愈亢，耳聋耳鸣更甚，故用三味补益阴血之药，以防热盛伤阴，同时也可以帮助清泄肝热。桔梗、杏仁、桑皮、苍耳子：四药均为肺经之主药，常用治肺气失宣，肺热壅盛所致之喘咳、鼻塞不通，耳聋证用之较为少见。然魏舒和老大夫曾言："耳聋治肺。"中医学也认为耳与五脏六腑均有联系。《灵枢·口问》中载："耳者，为宗脉之所聚也。"即是指耳为诸经脉会合之处。如果从脏腑之间的相互关系来分析，这种观点也是正确的。肝属木，肺属金，金可以克木。当肺气清肃下降，就可以抑制肝阳的上亢，因此宣降肺气既可以使肝气得降，清气得升，又可以通利耳窍。玄参、牛膝：二药皆性寒而入肾经，合用可以滋肾养阴，以涵养肝木，并且还有引火下行，清热解毒之功。白芍、甘草：白芍味苦酸性寒，主入肝经。其酸敛以柔肝，苦寒以泻火，用之可以治疗肝气亢盛于上所带来的耳鸣、眩晕。同甘草配合可酸甘化阴，以资助肝阴，潜降肝阳。以上诸药配伍严谨，攻补兼施，使邪去而正不衰，从而达到治疗目的。

**4. 小结**

耳聋耳鸣是临床上的多发病、常见病。在治疗过程中，首先要分清虚实。实证多表现为耳聋耳鸣暴作，耳中觉胀，鸣声不断，按之不减，并伴有肝阳上亢或表证的证候；虚证多为久病耳聋，耳鸣时作时止，过劳则加剧，按之鸣声减弱，并兼有肾虚的证候。其次，治疗耳病时还要注意虚实补泻的运用，只有攻中有补，补中有通，方能获效。

"耳聋治肺"的观点，临床使用，疗效极佳。其原因在于它是建立在中医学脏腑学说和经络学说理论之上，并经过长期的临床实践检验，因此这种观点是可信的，也是可行的。

临床上治疗本病时，针药并用的效果往往比单用针或药要快，尤其是实证耳聋，只要辨证准确，立法得当，治疗精心，往往收效。该案针刺共计 33 次，服中药 50 余剂而临床治愈，说明针药相互配合取得了事半功倍之卓效。

# 针刺治疗血管神经性头痛的体会

陆续华　伍实善

［**作者介绍**］陆续华医师，女，生于1934年。是“毫发金针”胡荫培教授在积水潭医院针灸科工作期间所收的弟子，是上世纪60年代初医院党委为继承祖国医学遗产，为著名老中医配备的徒弟之一。陆续华跟随胡老侍诊学习，深得教诲，提高很快，曾为胡老整理不少验案和记载很多临床资料，很受老师赏识。之后，晋升为副主任医师，是针灸科的医疗业务骨干。1979年在《北京市老中医经验选编》中为胡老整理发表“昏厥治验”等多篇论文。

## 一、医案介绍

患者，男，67岁，1978年7月25日初诊，干部。

左侧偏头痛已两周，反复发作。发作时呈持续性搏动状，甚则如锥刺样抽痛，日夜疼痛不休，尤以白天为甚，自服止痛药效果不大。三天前到神经科检查，诊断为血管神经性头痛。现症：偏头痛掣及前额，心烦急躁，夜寐不安，虽困难眠，口苦嗜冷，食欲欠佳，大便干燥，小便尿黄，曾经对症治疗不见好转。舌苔白腻而厚，脉左关弦紧、右细涩。

既往史：颈椎5～6骨质增生；曾患过三叉神经痛经针刺治愈；血压正常，无高血压病史。

辨证：肝热受风，血滞不通。

治法：清热平肝，化瘀通络。

取穴：风池、太阳透率谷、攒竹、合谷。

手法：以毫针先刺风池，取轻刺，平稳刺入不做手法；太阳透率谷，用长针沿皮透刺，轻手法平补平泻；攒竹轻度捻转，皆针左侧。合谷取双侧，应用提插、捻转手法泻之。留针30分钟，每日治疗1次。

## 二、治疗经过

8月1日二诊：针刺6次后，左侧偏头痛减轻，锥刺样抽痛已除，夜间可以入睡，但不安稳，仍有心烦急躁、口苦，惟左前额胀痛，大便通畅，尿色黄，舌脉如前。再拟前法加左阳白穴，继续治疗。

8月8日三诊：头痛明显减轻，惟仍容易烦急，口苦，食欲欠佳，睡眠尚好，昨天出现头顶部位偶尔疼痛。舌质红苔黄白厚，脉弦滑。继续按前法治之，针刺改为隔日治疗1次。

8月18日四诊：近日因心情不好，左侧头痛夜间加重，睡眠很差，食欲不佳，有痰，大便稍干，尿黄少。舌质红苔黄白，脉沉滑。调整治疗方案。取穴：百会、风池（双）、太阳透率谷（左）、攒竹（左）、合谷（双）、丰隆（双）。成药：芎菊上清丸3袋，龙胆泻肝丸3袋，早晚各服1/3袋。

9月1日五诊：左侧偏头痛基本缓解，睡眠安稳，纳可便调，心情平和，烦急已除，血压120／76mmHg，停服中成药。取穴：风池、头维、列缺，皆取左侧，合谷取右侧。留针30分钟，隔日针治1次。

9月12日六诊：诸症皆愈未再复发，病人满意致谢。其疗程历经49天，共针治27次，配合服少许中成药，获得较好疗效，结束治疗。

随访：1978年11月28日患者曾来门诊看望，自诉：左侧偏头痛（血管神经性头痛）经胡老针治一次后即明显减轻，加服中成药后头痛逐渐痊愈，并已整日上班工作。

## 三、讨论

**1. 分析**

偏头痛以实证为多，以肝经病证为主。肝气郁结、肝血郁结、肝血瘀闭、肝经寒凝、肝火上炎均以实证为临床表现，实际对每一位患者而言，纯寒纯热之证并不多见，往往是寒热与虚实相互兼见者居多。血管神经性头痛的中医治疗法则，宜从“通”字着眼，所谓“不通则痛”、“通则不痛”是治疗偏头痛的核心手段，当然在疏通的过程中活血、理气、散寒、泄热结合辨证，因人而异各有侧重。该患者虽年过花甲，但身体一直都好，没有慢性疾病，惟性格急躁、口苦嗜冷、工作繁忙。从脉象证实其肝胆蕴热之体，复感风邪，闭塞络脉，血滞不通而致病。故以清热平肝，化瘀通络之法针刺而取效。

**2. 穴解**

百会：督脉腧穴，为足太阳，督脉交会穴。具有平肝息风，疏通经脉之功，主治一切头痛。风池：胆经腧穴，为手足少阳经与阳维脉交会穴。具有疏风清热，活血通脉之效，主治头痛、头晕有很好的功效。太阳：经外奇穴。具有清热散风，疏通经脉，活血止痛之能，主治因外感风寒引起的各种头痛，功效甚佳。率谷：胆经腧穴为足太阳、少阳经交会穴。具有疏风活络，镇静止搐之用，主治搏动性头痛有效。太阳透率谷专治血管神经性头痛，临床屡经应用，均获疗效。攒竹：膀胱经腧穴。具有祛风散热，通络明目，主治前额头痛、眩晕、眉棱骨痛、额神经痛，为常用穴。阳白：胆经腧穴，为手足少阳、手足阳明与阳维脉交会穴。具有祛风清热，益气明目之效。主治前额痛、眩晕、三叉神经额支疼痛。头维：胃经腧穴，为足少阳、阳明交会穴。具有散风邪，清头目之功效。主治头痛如裂，风寒头痛，眼睑瞤动。合谷：手阳明大肠经原穴。有疏风清热，消炎止痛，通调气血之功效。主治头面部一切疾病、疼痛等症。列缺：手太阴肺经络穴，八脉交会穴之一，通于任脉。具有疏风解表，通经活络之效。主治一切头痛。丰隆：足阳明胃经络穴。具有祛痰湿，和胃肠之功效。主治痰湿内阻，头痛、便秘等症。

**3. 成药作用**

（1）龙胆泻肝丸：功用泻肝胆实火，清三焦湿热。主治：①肝胆实火上炎证，症见头痛、胁痛、口苦、目赤、耳聋、耳肿；②肝经湿热下注证，症见小便淋浊、黄赤量少、阴痒、阴肿、妇女带下色黄。

（2）芎菊上清丸：功用清热、散风、止痛。主治感冒风寒、鼻塞头痛。

**4. 偏头痛在治疗过程中应特别注意几点**

（1）血管神经性头痛，为发作性的颅内和颅外血管功能障碍，属于功能性疾病，所以在治疗过程中应排除器质性疾病所引起的偏头痛。

（2）偏头痛复发率较高，临床应认识到患者的劳累、睡眠不足、感冒、烦躁都是发病的诱因。特别是喜食辛辣和上火的食品都会影响治疗效果。

（3）针刺头部穴位，其手法不宜过重，否则会造成头部的软组织损伤，影响局部头痛的恢复。

# 针刺治疗50例带状疱疹的临床小结

王木琴　禹淑凤

[作者介绍] 王木琴医师，女，生于1937年。是毫发金针胡荫培教授在积水潭医院针灸科工作期间所收的弟子，是六十年代初医院党委为继承祖国医学遗产，为著名老中医配备的徒弟之一。王木琴跟随胡老佐诊学习，刻苦钻研，业务能力很强。之后，担任针灸科主任，晋升为副主任医师。曾在相关医学刊物发表“针刺治疗50例带状疱疹的临床小结”、“针刺治疗面神经麻痹100例”等多篇文章。

## 一、一般资料

本组50例中，男29例，女21例；病变在躯干部者39例，四肢部者5例，面部者6例；证属外感风热者9例，热毒内蕴者34例，脾虚湿盛者3例，气滞血瘀者4例。

## 二、辨证分型

### 1. 外感风热型

病由素有蕴热，外感风邪，二邪相搏，发于皮表所致。证见急性起病，初期为粟粒到绿豆大的丘疱疹，外周有红晕、灼热刺痛，可伴有发热、头痛、口干欲饮、大便干结，舌红，苔白，脉数。

### 2. 热毒内蕴型

病由肝胆热毒炽盛，发于皮表所致。证见疱疹鲜红如豆，成簇成片，剧痛难忍，可伴有身热口渴、心烦不寐、大便干结，舌红绛，苔黄，脉洪大。

**3. 脾虚湿盛型**

病由素体阳虚，或过食生冷肥甘，湿浊内停，外溢皮表所致。证见起病较缓，皮疹色淡红或黄白，水疱壁松弛或糜烂，疼痛不重，口淡不渴，饮食无味，或食后腹胀，大便时溏，舌体胖淡，边有齿痕，舌苔白厚或白腻，脉缓或滑。

**4. 气滞血瘀型**

多见于年老体弱者，或病变后期，疱疹色深红，或疱疹消退后，遗留持久性针刺样串痛，舌质暗，脉沉涩或弦细。

## 三、治疗方法

**1. 外感风热型**

治则：疏风清热，通络止痛。

取穴：风池、曲池、合谷、外关、阳陵泉、血海。

手法：泻法。

穴解：风池为足少阳与阳维脉之会，可祛风解表清热；曲池与合谷为大肠经的合穴与原穴，可以清热祛风；外关为三焦经之络穴，长于散风活络，而止胁痛；阳陵泉为胆经合穴，善清肝胆之火；血海健脾益气，活血止痛。

**2. 热毒内蕴型**

治则：清热解毒，通络止痛。

取穴：阿是穴、华佗夹脊为主，辅以曲池、外关、阳陵泉。

手法：泻法。

穴解：阿是穴针对病位，通络止痛，加速皮损的愈合；华佗夹脊位于督脉与足太阳两条阳经之间，有表散阳邪、清泄热毒之效；配用手阳明之曲池、手少阳之外关、足少阳之阳陵泉，更能加强通络、止痛之效。

**3. 脾虚湿盛型**

治则：健脾化湿，通络止痛。

取穴：足三里、期门、渊液、丰隆、支沟、阿是穴。

手法：平补平泻。

穴解：足三里温阳益气，内调脾胃；丰隆祛痰化湿，健脾和胃；支沟畅达三焦，通调水道；配用期门、渊腋及阿是穴，更可针对病位疏泄肝胆。

**4. 气滞血瘀型**

治则：行气活血，通络止痛。

取穴：章门、翳风、支沟、阳陵泉。

手法：平补平泻。

穴解：章门为足厥阴肝经之穴，亦为脏会，长于疏肝理气、化痰导滞；翳风为手少阳之穴，可通行三焦气机、通脉止痛，配用支沟、阳陵泉，以启运枢机，扶正达邪。

## 四、结果

经治疗，痊愈者 38 例，占 76%；有效者 12 例，占 24%。

## 五、典型病例

张某，男，58 岁。右面部疱疹两月余。两月前右面部疱疹，经治疗疱疹已消，颜面留下暗紫色沉着。现耳屏前痛甚，抽痛不止，舌质暗，脉沉弦。证属肝胆瘀热，余毒不尽。治宜清热解毒，化瘀导滞。取章门、翳风、支沟、阳陵泉，平补平泻。留针 30 分钟，隔日治疗 1 次。经治第 2 次痛减，第 3 ~ 5 次疼痛明显减轻，第 6 次仅有麻木，第 7 次即告痊愈，治疗历时 15 天。

## 六、体会

1. 及时的针刺治疗是缩短疗程、提高疗效的关键。

2. 华佗夹脊穴是缓解疼痛的要穴，对胸胁、腰腹等部位的疱疹疗效最佳。本穴位于脊柱两侧，是脊神经发出的部位，与疱疹为病毒侵犯脊神经节的学说相吻合。因此，我们在针治过程中选用本穴后疗效提高，其中一例患者仅针治 4 次，即告痊愈。

3. 以痛为腧或邻近取穴，可调理患部气血，通脉止痛，加速疱疹的吸收、结痂。

4. 对重型疱疹患者用本法治疗也获得满意效果。对发于面部三叉神经第一支分布的眼区，并发结膜炎、角膜炎的患者，经治疗后炎症很快得到控制。我们用本法治疗几例这种重型患者亦获得良效，患者无任何后遗症发生。

# 临证治疗中风前驱症的探讨

钮韵铎　钮雪梅

[**作者介绍**] 钮韵铎医师，男，生于1938年。现代中医名家、著名治瘫专家。现任北京市东城金针研究学会会长，海运仓中医门诊部主任医师。出生于中医世家，自幼深受家学熏陶，苦研岐黄之术。1957年考入北京汇通中医讲习所，后转入北京市中医学校专科班，毕业分配到北京中医医院工作。先后师从北京名医陈慎吾、魏舒和、王乐亭、胡荫培，悬壶济世50余年。擅长针药并用，治疗脑和脊髓病变、各种瘫痿疑难病证。特别是治疗外伤性截瘫成绩突出。他所领导的截瘫病医疗组，曾被树为全国22个中西医结合先进典型之一。先后发表学术论文30多篇，并获市科技成果二等奖，著有《金针再传》一书。

中风前驱症，亦可称为高血压急性发作、脑卒中之前期。临床所见：突然眩晕或伴有恶心、呕吐，甚至出现心慌、汗出，说话舌头发笨，言语不清楚，单眼或双眼暂发黑暗或视物模糊，看东西出现复视，肢体无力，一侧手或脚以及面部有麻木感，甚至没有任何预感突然跌倒，或伴有短时间神志不清等症状，极有可能是脑中风的预兆，应高度警惕，争取早期治疗则效果较好。

《素问·至真要大论篇》指出："诸风掉眩，皆属于肝。"《医学正传·眩运》说："大抵人肥白而作眩者，治宜清痰降火为先，而兼补气之药；人黑瘦而作眩者，治宜滋阴降火为要，而带抑肝之剂。""眩晕者中风之渐也。"说明眩晕与中风有着密切关系。假若在这关键时候，病人得到积极妥善的治疗，则完全可以避免

“脑卒中”、“脑血管病”的神经损害。若治疗不及时或治疗措施没有控制住病情的发展，则难逃中风之劫。

## 一、医案介绍

患者，男，51岁，百货商场经理。2010年7月5日初诊。

高血压病多年，一直服用降压药，症状基本稳定，生化检查：总胆固醇、甘油三酯、血尿酸都比较高。测试血压一直维持在144/86mmHg左右。夙日恣食肥甘，有饮酒、嗜浓茶之习惯。惟近2天，因业务纠纷诱发头晕头痛，其痛如锥刺，心慌，恶心欲吐，头重脚轻，左侧颜面麻木状如虫爬，肢体无力，动则气急，左眼视物不清，时有健忘，有一时性的语言謇涩，心烦急躁，胸满郁闷，夜尿频数，大便秘结二日一解。血压196/118mmHg。已在急诊室输液，由于使用的药物有过敏反应，所以病人要求中医治疗。经诊查：体胖，面色红赤，唇口干燥，肢体活动正常。舌质紫红，苔黄白厚腻，脉象弦滑而数。

**【辨证】**阴虚阳亢，肝风内动，上扰清空。

**【治法】**镇肝潜阳，凉血息风。

**【取穴】**①百会、手十二井穴皆放血。②针刺：曲池、合谷、阳陵泉、三阴交、太冲。

**【手法】**①以三棱针放血，其治疗量可以每穴放血9滴。②取毫针刺之，用捻转泻法，特别是要强刺“四关”穴。每日针治1次，留针30分钟。

**【方药】**

生石决45g　珍珠母45g　生龙骨30g　生牡蛎30g
苏木屑15g　生地榆30g　川黄连10g　生杜仲15g
怀牛膝10g　生地黄20g　熟地黄20g　生白芍20g
粉丹皮10g　双钩藤30g　建泽泻15g　生大黄　5g（后下）
羚羊角粉1.8g（分冲）

## 二、治疗过程

7月7日2诊：针刺与放血治疗2次，服中药2剂，头晕明显减轻，大便畅通，日解2次。其余症状略有改善，血压182/106mmHg。再拟前法治疗。

7月12日3诊：连续治疗一周，针治4次，服药7剂。头晕、头痛基本缓解，颜面已经不麻木，视力恢复正常，言语通顺，烦躁减轻，大便日解，唯精神抑郁，夜尿频数，舌质较红、苔白，脉象沉弦。血压148/92mmHg。

**【取穴】**风池、曲池、内关、阳陵泉、三阴交、太冲。

**【手法】**取毫针刺之，太冲用捻转泻法，其余皆用平补平泻法，留针30分钟，隔日针刺治疗1次。

**【方药】**前方去生大黄，加生山楂30g，草决明20g，羚羊角粉减量为1.2g。

7月19日4诊：患者眩晕已除，睡眠较好，由于业务纠纷平息，其情绪稳定。血压130/82mmHg。已经完全脱离中风前驱症的危险。舌质淡红，苔薄白，脉沉弦细。中药可停，降压药照服，可以继续针刺治疗，以求育阴潜阳，滋补肝肾，巩固疗效，再图缓功。

## 三、讨论

### 1. 症状分析

（1）眩晕：头为诸阳之会，耳目为清空之窍，该病人之眩晕是属于内伤。其病因，由于肝肾阴虚，虚阳化风上扰，亦称肝风内动，虚火上炎。厥阴为风木之脏，少阳相火所居，风与火皆属阳而互动，风火相煽，则头脑为之旋转，乃呈下虚上实之候。

（2）视物不清：俗称“眼花”，习惯与眩晕并称。但眩为昏暗，晕为旋转。朱丹溪说：“目疾所因，不过虚实。虚者昏花，由肾经真水之微也。”由于阴血不足，肝热化风上扰，故目失肝阴所养，而出现视物不清。

（3）颜面麻木，状如虫爬：颜面为阳明经所过之处，当肝风上扰之时，阳明经必有瘀热，阻滞脉络畅通，很可能导致“中风”病的中络之初起现象，故表现出虫爬之异常感觉。

（4）夜尿频多：正常夜尿为0～1次，若夜间排尿次数过多，但排尿总量不变，其主要病位在肾与膀胱，多见于虚证，则由肾气不固，封藏失职，膀胱固摄无力所致。符合患者上实下虚之体征。

**2. 穴解**

（1）百会放血：百会属督脉经腧穴，具有疏风宁神之功。百会放血有平肝息风，清脑醒神之效。

（2）手十二井穴放血：刺手指端的井穴，即取少商、商阳、中冲、关冲、少府、少泽等6穴。左右双手皆针刺放血，故称“十二井穴”。其功能主治：中风猝倒、不省人事、为急救泻热之要穴。

（3）曲池、阳陵泉：曲池穴是手阳明大肠经的腧穴，乃本经脉气所入，为合土穴，具有宣行阳明经气和清热之功。阳陵泉为足少阳胆经腧穴，乃本经脉气所入，为合土穴，具有疏泄肝胆、清热除湿、疏经活络，缓急止痛之效。二穴配合，皆为合穴，一上一下，共济清热平肝，舒筋通络之作用.

（4）合谷、太冲：合谷为手阳明大肠经腧穴，乃为本经原穴，手阳明大肠经与足阳明胃经同属阳明，同为多气多血之经，故泻此穴能达到“泻阳明”，进而泻全身所“偏胜热邪”之目的。太冲为足厥阴肝经原穴，泻此穴能直泻亢胜的肝阳而清头目。二穴配伍，一气一血，一阴一阳，两个原穴共同开通气血，上疏下导，阴平阳秘，气血调和。左右双穴，共同组成，俗称“开四关”，是针灸医生最常用的有效组合。

（5）内关、三阴交：内关为手厥阴心包经腧穴，具有清泄心包经、宽胸理气、宁心安神之功。三阴交为脾经腧穴，是足三阴经肝、脾、肾之交会穴，太阴常多气少血。足三阴经均上交于任脉，任脉起于胞宫，又为“阴脉之海”。冲脉亦起于胞宫，有“血海”之称，具有健脾利湿、通调水道之效。二穴相伍，一上一下，共济养血安神、育阴补肾、交通心肾之妙。

**3. 处方探讨**

该方为笔者自拟验方，取名“羚角潜阳汤”加生大黄所组成。

（1）主治：原发性或继发性高血压。症见头晕目眩、耳鸣心烦、惊悸失眠、肢体麻木及中风前兆等。

（2）功能：镇肝潜阳，凉血息风。

（3）方解：处方的基本结构是清热解毒、凉血散瘀的“犀角地黄汤”为底方。由于犀角禁用故改羚羊角代之。羚羊角为咸寒清凉之品，能清心、肺、肝经的伏火，并有清营凉血之功效，是主药；生地凉血清热，协助羚羊角清解血分热毒，并能养阴，以治热甚伤阴；芍药、丹皮清热凉血，活血散瘀，既能增强凉血之力，并可防止瘀血停滞。四药合用，清热之中兼以养阴，使热清血宁而有滋养之优势。熟地滋水涵木；黄连苦寒去心火，除烦热效果甚佳；选“四镇”生石决明、珍珠母、生龙骨、生牡蛎镇肝潜阳、安神定惊；怀牛膝补肝肾，且引浮越之火下行；钩藤息风通经；泽泻利水除湿，更助降压之功；本方妙在生地榆配苏木，地榆性寒而降，善清火凉血，苏木行血祛瘀，散风通络，一入气一入血，可清泻“多气多血的阳明经之实热”，进而泻全身所“偏胜郁热”的效应。再佐生杜仲增强育阴补肾之力。综合诸药共济镇肝潜阳、凉血息风之功，以达到降低血压之效用。

（4）加减法

头痛且胀者：加蔓荆子 10g，白蒺藜 10g，北细辛 2g。

耳鸣重听者：加净蝉衣10g，龙胆草10g。

项颈强痛者：加粉葛根10g，乌梢蛇10g。

失眠较重者：加炒枣仁30g，朱茯神30g或北秫米30g，半夏曲15g。

盗汗严重者：加苎麻根15g，冬桑叶30～45g。

大便不爽者：加糖瓜蒌30g，元明粉6～10g或生大黄2～5g（后下）。

舌暗瘀血者：加紫丹参30g，鸡血藤20g。

高脂血症者：加生山楂30g，草决明30g。

（5）用法：水煎服，日1剂。先煎生石决、珍珠母、生龙骨、生牡蛎约15分钟，再纳群药，煎煮开锅后，武火煮10分钟，文火再煮20分钟。上法煎煮2次，将药液混合后，分为早晚2次服，最好是空腹服药，吸收快、作用强。若患者服药之后胃有不适的感觉，此为药物对胃产生刺激所致，即改为餐后1小时温服。方中羚羊角粉随汤药分2次冲服。

**4. 体会**

近年来，随着饮食结构和生活方式的改变，高血压病的发病率成逐年上升趋势，已成为我国中老年人的常见病和多发病。医生应嘱患者注意：①少吸烟，不喝酒，饮食低盐，低脂，禁辛辣；②调节情志，避免紧张、焦虑、烦恼情绪，保持镇静心态。③保持大便通畅，每日排便1～2次最宜。如果做到以上三条，再经过医生妥善的治疗，高血压病可以取得较好疗效。

# 针刺治疗肩周炎的体会

王　霞

[**编者按**]王霞医师，女，生于1975年，是毫发金针胡荫培教授再传弟子。自学中医多年，师承于针灸名家钮韵铎教授和王桂菊老中医，擅长针刺治疗甲状腺疾病、乳腺疾病及临床常见病证。并撰写“针刺治疗膝关节痛的体会”，“针刺治疗肩周炎的体会”等文章。

肩关节周围炎，简称“肩周炎”，是现代医学的病名，系指肩关节囊发生广泛的损伤性退化病变而引起关节和关节周围组织的一种慢性炎症反应。属于祖国医学的“痹证”范畴，俗称“漏肩风”或“肩凝”，又因本病多发于50岁左右的人，故又有“五十肩”之称。

肩周炎的主要临床表现为：开始时单侧或双侧肩部酸痛，甚则向颈部或臂部放射，日轻夜重，往往夜间痛醒，晨起后病变关节稍事活动则疼痛有所减轻。日久因疼痛而肩部外旋、外展上举、后伸动作均受限制，影响日常生活，如梳头、脱衣等。随着病情的发展，病变组织形成粘连，便出现日益加重的功能障碍，故“早期以疼痛为主，晚期以功能障碍为主”是本病一大特征。

本病的治疗，在针灸文献中已有丰富的临床实践经验总结。我们在中医学理论的指导下，运用传统的针刺方法，对多例肩周炎患者进行了治疗和观察，取得一定疗效。现举两例治疗病案，进行分析讨论。

## 一、病案介绍

**病例1**：张某，女，49岁，街道办事处干部。初诊日期：2010年8月1日。

主诉：右肩疼痛四月。

现病史：四月前逐渐出现右肩痛，畏寒怕风，进一步关节活动不利，右上肢上举不能过肩，发展到肩部和上肢稍活动就感疼痛，活动受限。经骨伤科医院诊为肩周炎，并给予手法按摩和局部封闭治疗，效果不太明显。现右肩关节活动范围很小，局部痛甚，静止痛较前加重。

既往史：否认有传染病史。2005年曾在宣武医院作子宫切除。

个人史：平素无烟酒嗜好。血压偏低，70～80/50～60mmHg，经常头晕。

检查：右肩部无红肿、无灼热、无畸形。右肩关节活动不利，右上肢上举不能过肩，右手不能摸及对侧肩部，后伸不能摸及脊柱。轻触局部有些疼痛，面容消瘦。

舌苔：舌质淡红，苔薄白。

脉象：脉弦细。

辨证：气血两虚，风寒袭络，经脉失和。

立法：祛风活络，调和气血，舒筋除痹。

取穴：条口透承山、肩髃、肩贞、肩髎、天柱。

手法：补法，留针30分钟。隔日1次。

治疗经过：患者以上穴针治6次后，自觉疼痛减轻，右上肢活动范围增大，已能上举过肩，能用右手梳头，后伸亦可。但用右手摸对侧肩部时，仍感右肩臂前内廉疼痛，故在原穴基础上加后溪穴，继针3次，疼痛明显减轻。8月24日又诉感受风寒，病情略有反复，继用前方加极泉等穴，再针8次后，右肩疼痛明显减轻，基本痊愈。

**病例 2**：武某，男，62 岁，中学教师。初诊日期：2010 年 7 月 17 日。

主诉：左肩臂痛近半年。

现病史：自年初起因受风寒，始感左肩臂疼痛，伴肘部疼痛。肩肘关节均屈伸不利，肢体无力，头晕，耳鸣，睡眠不好，大便通畅。

既往史：高血压病史 20 年。

检查：左肩关节活动受限，左上肢上举手不能摸头，外展、后伸功能皆不能自如。

舌苔：舌质暗红，苔白腻。

脉象：脉弦滑。

辨证：风寒外袭，气滞血瘀，经脉痹阻。

立法：散风行气，活血通络。

取穴：肩髃、腋缝、风池、曲池、外关、合谷、足三里、后溪。

治疗经过：第一周每日针 1 次，后改隔日针。针 20 次后左臂活动好转，疼痛减轻，唯活动仍不及常人。自行停针 1 周后，疼痛又作，又隔日针 10 次，疼痛缓解，活动已正常。由于患者尚感臂力不足，嘱其针刺后配合功能锻炼，结束治疗。

## 二、穴解

本病选穴以局部、近部取穴为主，配合同侧或对侧下肢取穴。

肩髃穴为手阳明脉气所发，又是手阳明大肠经与阳跷脉的交会穴，具有疏经络、祛风湿、利关节、调气血之功，是治肩周炎的主要穴之一。《长桑君天星秘诀歌》说："手臂挛痹取肩髃。"《玉龙歌》说："肩端红肿痛难当，寒湿相争气血旺，若向肩髃明补泻，管君多灸自安康。"肩髎为手少阳三焦经之穴，主臂痛，肩不能举；肩贞为手太阳小肠经穴，亦为治肩臂疼痛的常用穴。以上三穴为手三阳经脉之穴，都为局部选穴，共奏疏调经气、通络止痛之功。

曲池为手阳明大肠经的合穴，主治手臂肿痛，手肘无力。《玉龙歌》说："两肘拘挛筋骨连，艰难动作欠安然，只将曲池针泻动，尺泽兼行见圣传。"《胜玉歌》说："两手酸疼难执物，曲池合谷共肩髃。"《甲乙经》讲："肩肘中痛难屈伸，手不可举，腕重急，曲池主之。"说明曲池在治疗肩肘痛时确有功效。

后溪为手太阳小肠经输穴，为八脉交会穴之一，通于督脉，除有解表清热、醒神通阳作用外，亦用治肩臂痛。《甲乙经》有"肩臑肘臂痛，头不可顾……臂重痛，肘挛……后溪主之"之说。

另外，配以能治臂痛、调和气血的手阳明大肠经原穴合谷；能通阳维、祛风活络的手少阳三焦经的外关；能健脾和胃、扶正培元的足阳明胃经之足三里；主治臂肘厥寒、四肢不收的极泉；以及祛风之风池；行气活血宣痹之经外奇穴腋缝等穴，共达散风行气、活血通络之功效。

条口透承山是治肩周炎的主穴，是根据足太阳经筋所过的原理，既"足太阳之筋……其别者，结于臑外……其支者以腋后外廉结于肩髃"，本着"病在上，取之下"的原理而选用。此一透针，具有疏通太阳、阳明二经之经气，活络止痛的作用。

## 三、讨论

肩周炎在中医学中属于痹证范围，多因年老体弱，气血不足，风寒湿邪乘虚而入，侵于肩部以致经络阻滞，气血不畅，经筋失养而成。

《素问·痹证篇》载："风寒湿三气杂至，合而为痹也。"说明痹证的原因，在外因是风寒湿邪气；而内因为气血虚，即"邪之所凑，其气必虚”。《素问·长刺节论篇》又有“病在筋，筋挛节痛，不可以行，名曰筋痹”，《素问·寿夭刚柔篇》有“寒痹之为病也，留而不去，时痛而皮不仁”之说。说明病邪在筋，则筋脉拘挛。关节疼痛，不能正常活动，其囊关节、司运动的功能失调。又寒为阴邪，其性凝滞，若寒邪入于气血，则血凝不通，不通则痛。

另外，肩关节周围又为足阳明经筋所过，而经筋的功能主要依靠经络的渗灌气血而得到濡养。若起居失调，卫气不固，腠理空虚，或劳累之后，汗出当风，或夜间贪凉，肩部受风，均可致风寒湿邪痹阻经络及其联属部分—经筋，使其不能发挥约束骨骼、利关节、主屈伸的作用，而出现一系列临床症状。

故本病治疗上，当以疏调气血，活络止痛，祛风除痹为主，兼扶正气。

## 四、体会

1. 本病主要因年老体弱，气血不足，久劳局部受损，外感风寒而致。故针刺时应根据患者体质的不同选用不同的配穴，并给予不同强度的刺激。

2. 本病内因为气血虚弱，故治疗上选取三阳经，且以阳明经为主。阳明经为多气多血之经，主里，为后天之本，气血生化之源，扶助阳明以助正气，使阳气得复，气血温通，通则不痛。又可祛除风寒之邪，使经络得通，发挥正常生理功能。因本病在上肢，故配穴以手阳明大肠经为主，皆用补法针之。

3. 临床治疗时，除上述诸穴外，亦可使用透穴方法。如肩髃透极泉，腋缝透胛缝，曲池透少海，外关透内关，合谷透后溪等，也都取得较好疗效。

4. 本病属于经络受邪，凝滞不通，针刺可直达病所，调整阴阳。故临床显效较快，疗效亦很好。

## 五、小结

肩周炎是针灸科的常见病，以50岁左右的中年人多见。临床治疗以局部、近部配穴结合远端取穴为主，条口透承山是治疗本病的经验穴，临床应用表明确有独特疗效。至于本穴左肩痛取右下肢，右肩痛取左下肢，则是宗古人缪刺、巨刺之法。

肩周炎的肩部疼痛病程较长，范围较广，伴有向颈部、臂部放射及局部广泛压痛点，且静止痛明显，故除施以针刺治疗外，当嘱患者配合功能锻炼，以达疏其气血、通其经络之目的。

# 针灸治疗心动过缓的体会

闫松涛　韩　丹

［**编者按**］闫松涛医师，男，生于1972年。2002年毕业于北京中医药大学，之后，参加金针研究学会海运仓中医门诊部工作，师承于针灸名家钮韵铎教授，为再传金针学术流派技艺传人。擅长运用针、药结合的方法，治疗多种病证。并撰写“针刺治疗失语症的体会”、“针灸治疗心动过缓的体会”等论文，“针药结合临床应用体会”一文在《中国中医药信息杂志》发表。

心脏是维持人体生命活动的重要器官。在安静状态下，正常成年人的心率为72次/分，其生理变动较大，一般每分钟心跳60～100次都为正常。临床上，一般成人心率少于60次/分者称为“心动过缓”。

在中医学典籍和现代医学文献中，对心动过速有着大量的论述和临床报道，而对心动过缓的临床报道相对少些。我们运用针灸疗法对两例心动过缓的患者进行了治疗和观察，取得初步疗效。现就这两个病例谈谈我们的体会。

## 一、病案介绍

**病例1：**张某，女，49岁，政府机关干部。初诊日期：2009年11月16日。

主诉：心前区疼痛不舒，心率慢近一年。

现病史：患者于2008年冬始感胸闷疼痛，每遇劳累或情绪紧张后疼痛明显。近两月更感病情加重，故在家休养。每日犯病数次，持续时间不定，有胸部憋闷感及恐惧感，头晕心悸，心烦易怒，情绪易波动。疼痛发作时由左胸向后背放射。患者曾在北京市和平里医院作心电图检查，诊为：心动过缓（47 次 / 分），冠状动脉供血不足。现饮食尚可，二便调，咽喉疼痛不适。

既往史：有冠心病史，已绝经一年。

检查：面色皖白，语低无力，神志清楚，咽喉微红肿。查脉率 52 次 / 分钟。

舌苔：舌质淡，苔薄白。

脉象：沉迟缓。

辨证：心气不足，气血两虚。

立法：强心，益气，和中。

取穴：中脘、气海、内关、神阙（灸）。

手法：取毫针直刺中脘、气海，采用捻转补法。内关用轻手法浅刺，平补平泻，取双侧。留针 30 分钟，隔日针治 1 次。神阙穴取艾条灸之，在家自己操作。每次灸 15 分钟，每日早、晚各灸 1 次，切勿烫伤。

治疗经过：

11 月 30 日（六诊）：患者诉心前区疼痛次数减少，且疼痛向后背胁部放射。仍然情绪不好，睡眠差。故在前穴基础上加刺三阳络透内关、丘墟透照海。留针 30 分钟后查脉率 60 次 / 分，脉象仍沉缓无力。

12 月 7 日（九诊）：自诉昨日稍感劳累，犯病次数又增多，咽喉仍痛，身倦乏力，放射疼痛已缓解。故予针刺中脘、气海、内关、神门、三阴交，灸神阙。

12 月 14 日（十二诊）：患者诉前两日感觉已好，胸闷减轻，心跳 60 次 / 分左右。因昨晚情绪不好，心率又减慢，自查脉率为 52 次 / 分。故仍宗前法，加刺足三里。针后查脉率 61 次 / 分。

12 月 23 日（十五诊）：自诉睡眠已好，疼痛减轻，咽喉不适感也明显减轻，胸部不再像以前那样憋闷。唯左胸左臂仍有不适感，继取前穴加通里刺之。针后脉率62次/分。

此患者经针灸治疗15次，除心前区疼痛、胸闷、咽喉疼痛减轻外，睡眠已好，脉率每分钟提高10次左右。仍按原法巩固治疗。

病例2：孔某，男，45岁，商业局干部。初诊日期：2010年5月10日。

主诉：心跳缓慢20余年。

现病史：自学生时代起始有心动过缓。近来除心动过缓加重外，伴有右下肢麻木，足跟发凉，腰膝酸软无力，疼痛不适。曾在朝阳医院作心电图检查，提示：窦性心动过缓，窦性心律不齐。夜寐多梦，二便正常。血压：108/68mmHg。

既往史：偏头痛，1993年4月患右侧颜面神经麻痹，经针刺治愈。

检查：心率48次/分。

舌苔：舌质淡红，苔薄白。

脉象：脉弦细。

辨证：心脾两虚，肾气不足。

立法：强心益气，温补脾肾。

取穴：内关、神门、环跳、阳陵泉、命门（灸）。

手法：取毫针浅刺内关、神门，平补平泻法；环跳、阳陵泉用深刺补法法。诸穴皆取双侧，留针30分钟，隔日针治1次。灸命门穴取艾灸盒，在家做，每日灸1次，每次灸20分钟。

治疗经过：针灸治疗8次以后，脉率开始增加，但患者自诉感觉略有不舒服，有心慌心乱感。继续再治疗4次之后，下肢麻木、足跟发凉、腰酸乏力等症减轻。脉率升高为60次/分，且心胸不适感明显减轻，感觉良好。经针灸治疗25次，心率较初诊每分钟提高10多次，并且较稳定。自我感觉也好，下肢麻、足跟凉等兼症消失，结束治疗。

## 二、讨论

### 1. 分析

中医学的“心”，不完全等同于现代医学的心脏，它包括现代医学的心脏功能，还包括精神、思维活动等。

中医学将心称为“君主之官”。《灵枢·邪客》将心称为“五脏六腑之大主”。就心的生理功能来说，主要表现为三个方面：①心主阳气。《素问·六节脏象论篇》指出：“心为阳中之太阳，通于夏气。”《金匮真言论》亦说：“阳中之阳，心也。”②心主血脉。《素问·痿论》说：“心主身之血脉。”《素问·六节脏象论》说：“心者，其充在血脉。”心脏之所以能主持血脉，全有赖于所储备的阳气，因而有“气为血帅、“气行则血行”之说。而且心主持血脉循行的功能是永不休止的。正如《举痛论》说：“经脉流行不止，环周不休。”③心主神志。《灵枢·邪客》说：“心者，五脏六腑之大主也，精神之所舍也。”《灵枢·本神》说：“任物者谓之心。”而心所营运的血液，又是神志活动的物质基础。故《灵枢·本神》又说：“心藏脉，脉舍神。”心的这三个功能是互相作用，是不可分割的。

导致心动过缓的原因是多方面的。临床上以心阳虚、心气虚所致的为多见。因为心的功能首先是主阳气，其次是主血脉，所以发生病变，亦首先在于阳气的亏虚，其次是血脉有所损害。由于心阳虚损或心气不足，不能推动血液在血管中正常运行，因而导致心动过缓，在脉象上则表现为沉迟无力。

值得注意的是，虽然冠心病人以心悸、怔忡、心动过速多见，但也不能简单地认为是邪实所致，也要注意到它是由“损”所致的虚证，是虚中夹实，本虚标实。《金匮·胸痹心痛短气篇》说：“夫脉当取太过不及，阳微阴弦，即胸痹而痛，所以然者，责其极虚也。”《诸病源候论·心痛候》说:“若诸阳气虚，少阴之经气逆，谓之阳虚阴厥，亦令心痛。”

另外，水谷精微的输布，也就是说脾胃在此也占有一定的位置。因为组成血液的基本物质是由水谷精微化生而成的。《灵枢·决气》中说:“中焦受气取汁，变化而赤，是谓血。”且胃为水谷之海，人体之热产于胃，集于脉，附于血，籍心阳之鼓动充沛于周身，濡养四肢百骸。所以脉以胃气为本，“有胃气则生，无胃气则死”。

基于以上病因病机，我们在选穴时主要选取了以下诸穴：中脘、气海、内关、通里、神门、足三里、三阴交，灸神阙、灸命门。

**2. 穴解**

中脘：足阳明胃经之募穴，八会穴之一的“腑会”，又是任脉、手少阳三焦经和足阳明胃经之交会穴。功用：调理肠胃，行气活血，清热化滞。又能升清降浊，温通肠胃之腑气，乃回阳九针之一。凡暴亡诸阳欲脱者，均宜治之，是临床常用穴之一。《甲乙经》说:“心寒痛，难以俛仰，心疝冲胃，死不知人，中脘主之。”故选用中脘为主穴，以生发气血，鼓舞胃气。

气海：意为“元气之海”，偏于补气，常用于脏器功能低下之见症，擅治肠胃虚弱，为强壮穴之一。具有补肾培元，益气和血之功效。《胜玉歌》说:“诸般气症从何治，气海针之灸亦宜。”

内关：手厥阴心包经的络穴，八脉交会穴之一。具有理气降逆，宁心安神，镇痉止痛，调和脾胃，活血通络的作用，是临床治疗胸心病、神志病及胃肠病的要穴。《百症赋》说:“建里、内关，扫尽胸中之苦闷。”《甲乙经》说:“心澹澹而善惊恐，心悲，内关主之。”又说:“实则心暴痛，虚则烦心，心惕惕不能动，失智，内关主之。”在现代医学文献中，有针刺内关可引起健康人心率改变的报道，针刺前心率慢者（51 次 / 分钟以下），针刺后可使心率加快。

通里：手少阴心经之络穴，别走手少阳小肠经，是治疗心血瘀阻、痹阻不通之心痛的主穴，具有行气活血、宁心醒神之功。据报道，针刺通里，亦可引起心率加快。

神门：此穴为手少阴心经所注为输，是治疗心血管，脑神经系统病证的常用穴。《十二经治症主客原络诀》说："少阴心痛并干嗌，渴欲饮兮为臂厥……惊悸呕血及怔忡，神门支正何堪缺。"《杂病穴法歌》说："神门专治心痴呆。"

足三里：足阳明胃经之合穴。阳明经为多气多血之经，且胃为后天之本，五脏六腑之海，针之可壮一身之元，补诸虚百损，有健脾和胃，生发气血之功。

阳陵泉：足少阳胆经之合穴，又为筋之会。《类经图翼》说："可主胸胁胀满，心中怵惕。"

三阴交：足太阴脾经之穴，又是足三阴经的交会穴，具有健脾益气，调补肝肾之功。

神阙：任脉之穴，为回阳救逆之主要灸穴。灸之可培元固本，温暖下元，壮一身之阳气，配合中脘、气海，共奏培补先后天之功。

命门：为督脉经气所发。督脉主一身之阳，为阳脉之海。且命门有生命的关键之意，是先天之气蕴藏所在，人体生化的来源，生命的根本。命门之火体现肾阳的功能，故灸命门可培元补肾，强健腰膝，疏经调气。

以上诸穴相配，可达强心益气和中之目的。

## 三、体会

心动过缓在脉象上表现为沉迟无力，并兼有其他诸症。

**病例1：**张某，因有冠心病史，故伴有胸前区阵发性疼痛，憋闷感。另诉咽喉疼痛不适，如有物阻。查《圣济总录·心痛总论》中有“心痛诸候……有阳虚阴厥，痛引喉者”之说。手少阴心经也上肺挟咽，故此患者咽喉疼痛亦为冠心病诸症之一，非单纯梅核气所致。在对张某治疗及观察中也看出，情绪正常与否对疾病转归有很大影响。每当她情绪抑郁或烦躁不舒时，胸前区疼痛、胸闷不适感也随之加重。《诸病源候论校释·咽喉心胸病诸候》说：“思虑烦多则损心，心虚故邪乘之，邪积而不去。”

**病例 2：**孔某，除心动过缓外，尚有肢体麻木、足跟发凉等症。肾主骨生髓，心主阳气。阳气充足则血脉流通，四肢百骸得以温煦。若心肾阳虚，气血不足，则不能“营阴阳，濡筋骨，利关节”，而见上症。

张某和孔某在初诊时心率都在 50 次 / 分钟左右，都表现为心阳、心气不足。当针灸治疗使心率提高到正常范围以后，其他诸症也不同程度地减轻。

## 四、小结

心动过缓，多因虚而致，临床上当先补虚，并注意“心胃同治。”

治疗时，针对两患者的情况不同，配取不同的穴位。张某以温补心阳、益气和中为主；孔某以强心益气、温补脾肾为主。且都采用灸法，前者灸神阙，后者灸命门，使先后天均得以补，最后都达到预期目标，使心率每分钟提高 10 次左右。

另外，两患者治疗前心率过缓时间较久，经治疗提高 10 次 / 分就可视为初步获效，若一味贪功，使心率很快升上去，恐患者不能耐受，产生相反效果。

心动过缓是心脏功能不正常的表现之一，临床上亦应注意导致心动过缓的原因及原发病，并加以治疗，才能真正增强心脏功能。

# 针药结合治疗杂病之探讨

钮雪松

[**编者按**]钮雪松医师，男，生于1974年。1995年毕业于北京中医药大学。之后，调入北京市公安医院针灸科工作。2005年转到金针研究学会海运仓中医门诊部，任内分泌研究治疗组主任，主治医师。师承“金针世家”钮韵铎教授，系统学习金针流派，临床采用针药结合，主攻内分泌系统相关病证的治疗。近年来曾发表“麻黄连翘赤小豆汤治疗复发性口腔溃疡”、“六腑俞加膈俞的临床应用”等多篇文章。曾参加《金针再传》一书的整理。

古人云：“医者，一针、二灸、三用药。”意思是说，医生治病应首选针刺，第二步再取艾灸，然后才考虑用药。还可以理解为医生应该是既能针、善灸，而又能娴熟遣方用药者，方能称得上是全面完整的医生。

从古至今历代医家中，能“针药并施”的佼佼者不胜枚举，众多前贤为我们后学者树立了典范。我辈比较熟悉的楷模，当数我的外公“毫发金针”胡荫培教授，他老人家以施门弟子问世，兼有祖传三代世医之针法，誉满京城。他一生惯用“针药结合”，治愈的疑难病证难以计数，数十年弘扬医道，众门人受益匪浅。今将个人几例临床资料展示分析，以供参考，共同提高。临床上真正做到“针药结合”，而不是硬性搭配，充分体现出1+1 > 2的治疗效果。

## 一、针与药结合，相辅相成

**病例：** 癃闭（尿潴留）。

董某，男，51岁，因排尿困难，癃闭尿不出而插导尿管，已经一年零四个月。由于长期插导尿管刺激尿道而发生慢性炎症，所以时常因急性发作而体温39.5℃以上。经中西药多方对症治疗，均未从根本上解决痼疾。患者6年前开始出现泌尿系感染，经检查发现膀胱残余尿存在30%以上，虽常服利尿药、消炎药，日久最终酿成尿潴留。为了解决尿路刺激性炎症感染，泌尿科曾提出做膀胱造瘘术来解除导尿管的异物存在。患者畏惧手术，故由西北来京看病，一心希望求助中医解决痛苦。证如上述，面色暗黄，表情悲观，身着厚装，手足厥冷，大便稀溏，舌质淡红苔白，脉沉细滑。生化检查：肾功能正常。

辨证：肾阳虚弱，膀胱闭阻，气化失司。

治则：温肾助阳，疏利膀胱，益气利尿。

方案：针药并施，利用温肾助阳的药物优势，配合针灸疏导膀胱经气的作用，两者全力结合，共同攻坚，以求消除感染、控制炎症、恢复自行排尿。

针灸：①命门、肾俞、八髎、秩边、太溪。命门加灸10分钟。②中脘、气海、关元、中极、阴陵泉、大敦、大钟。关元加灸10分钟。以上两组配穴，交替使用，留针30分钟。

方药：

冬葵子30g　石韦片15g　益智仁30g　车前子30g
山瞿麦15g　滑石块30g　菟丝子20g　大熟地20g
生黄芪30g　潞党参20g　茯苓块20g　生甘草10g
肉桂面　2g（分冲）　黑附片12g（先煎30分钟）

另苦杏仁、紫苏叶、枇杷叶各10g，每日1剂煎汤代茶饮。

**按语**

1. 穴解：取肾俞、八髎、秩边疏导膀胱经气；命门补火助阳；太溪、大钟补益肾气；大敦、阴陵泉疏肝健脾；中脘调气和中配气海、关元、中极培补元气。

2. 方解：中药处方以《证治汇补》石韦散加味，组成治疗尿潴留的“冬葵合剂”。冬葵子、石韦相辅相成，通利膀胱；益智仁、车前子通利水道、攻补相佐，促使膀胱气化；瞿麦、肉桂一温一通，温化利水；甘草、滑石取其导滞滑窍之用；再加熟地、菟丝子补肾助阳；生芪、党参、茯苓益气健脾；妙在黑附片补火助阳，温肾利水。代茶饮的小配方，仅三味草药，其功用是宣畅肺气以助水道通畅。此即《内经》所谓之“开鬼门、洁净府”，民间俗称“提壶揭盖法”。

3. 遵照方案治疗5天后，病人发现在关闭导尿管的情况下，自己收缩少腹，尿液可以从导尿管的四周溢出，说明膀胱括约肌已经恢复了一定的功能。再经过7天治疗，将导尿管拔除，病人可以排尿。继续巩固治疗20天后，患者排尿正常。由于排除了尿路的异物刺激和清除了膀胱内残余尿液的存在，彻底避免感染途径，从而消除炎症的发生，以致患者没有再出现发热现象。针药并施治疗32天，其中针灸28次，服中药加减30剂，完全治愈癃闭证（尿潴留），其疗效好于针与药的单一疗法，取得预期效果。

4. 癃闭是小便不通，即膀胱内充满尿液而不能自行排出的症状，称为尿潴留。常由排尿困难发展而来，尿潴留急性者多责之膀胱，慢性者可及于肾。一般实证居多，产后、久病、老人以虚证为多。本案患者6年前由于膀胱残余尿而导致尿路感染，日久治疗失误发展为癃闭，故以安置导尿管定时排尿来解决尿潴留。这种迫不得已的办法，诱发了慢性炎症，所以出现经常性的高烧，将会导致走向膀胱造瘘的结局。实践证明了中医针药结合治疗的优越效果，及时为患者解除了烦恼和病痛。

## 二、针与药相配，作用互补

**病例：**抑郁症、严重失眠。

吴某，女，53岁。因长期心情压抑而患抑郁症5年，患者情绪低落，悲观失望，时而烦躁悲泣，彻夜难眠，经常出现紧张甚至恐惧。多年来一直服用精神科药物，时好时差。半年前开始两腿无力，行走不稳，眩晕耳鸣，惊悸汗出，有肢体筋脉蠕动、抽搐的现象。虽每晚服用大剂量安眠药，仍然睡眠不实，患者非常痛苦，多次表示厌世，曾服药自尽，经洗胃抢救脱险。由于服西药时间太久，病情仍不见好转，所以转投中医治疗。证如上述，面色青黄，表情淡漠，大便稍干不畅，舌质微红苔白厚，脉沉弦稍数。

辨证：肝郁气滞，心脾两虚，神志不宁。

治则：疏肝解郁，补益心脾，镇静安神。

方案：以针刺督脉穴位镇静安神、补脑益髓；同时配合中药疏肝解郁、补益心脾。针药相配，作用互补，平衡脑神与脏神及脏神之间的阴阳失调。

针刺：百会、四神聪、风府、大椎、陶道、身柱、神道、至阳、筋缩、脊中、悬枢、命门、腰阳关、长强、内关、神门、三阴交。

手法：皆用补法，留针30分钟。

方药：

浮小麦45g　大红枣10g　炙甘草10g　远志肉10g
茯神木30g　醋柴胡10g　广郁金10g　节菖蒲10g
杭白芍15g　白头翁30g　川黄连10g　小青皮10g
陈皮丝10g　苦秦皮10g　炒黄柏10g　炒枣仁45g
羚羊角粉1.2g（分冲）

**按语**

1. 穴解：督脉上行风府、入于脑，贯脊属肾，肾主骨生髓，脑为髓海，补督脉则能补脑益髓。脑主神明，为精神、意识、思维、聪明之府。“神志病”即五神（心神、肝魂、肺魄、脾意、肾志）与五志（喜、怒、思、悲、恐）相互交杂、影响和谐而发生脑的控制紊乱，所以产生抑郁等神经系统疾病，故督脉可以起到安神定志的作用。取诸阳之会的百会和醒脑开窍的四神聪、风府；大椎、陶道宣通阳气，补阳通络；身柱、神道镇惊健脑通脉；至阳、筋缩、脊中安神志、强腰脊；悬枢、命门、腰阳关健脾补肾，为元阳之根，命门之火；最重要的是长强，为督脉起始第一穴，是督脉的根基。再配合心包经的络穴内关，有宽胸安神、理气疏肝之作用；取神门、三阴交有交通心肾、养血安神之功效。

2. 方解：由于七情六欲使脑神与脏神失调，从而导致失眠、烦躁、多愁善感、疑虑妄想、惊悸恐惧、喜怒悲泣等神经官能症，为内源性抑郁症。此方系《金匮要略》甘麦大枣汤为主，配合远志丸、白头翁汤等合方加减。方用浮小麦补养心脾，甘草、大枣润燥缓急；远志、菖蒲、茯神交通心肾，理脾安神；柴胡、白芍、郁金疏肝解郁，理气和血；配合青皮、陈皮行气疏肝、化痰散结；白头翁、秦皮、黄连、黄柏四味药原本为治血痢而设，经多年临床验证，白头翁汤具有凉血、清热、息风、缓筋之功能；更加酸枣仁除烦安神；贵在羚羊角粉凉肝、息风作用最强。

3. 遵照方案治疗，针刺当日即能入睡 3 小时，患者与家属的治疗信心顿时倍增。经过认真服药、配合针刺 15 次后，诸症明显好转，病家提出欲停所有西药，为了防止停药后的病情反弹，嘱患者只能逐渐减量，切不可操之过急，否则欲速则不达。按治疗方案执行略有加减，坚持治疗 4 个月后，患者情绪稳定，每晚能睡眠 6 小时；原有的眩晕、耳鸣、惊悸汗出、肢体抽动、烦躁哭啼、紧张恐惧等症状完全消失，抑郁症状彻底改变。唯有口干、眼干症状突出，表现为阴虚津液不足的燥毒症（干燥综合征），故改投《柳州医话》一贯煎、《景岳全书》玉女煎合方加减，做善后调理。内源性抑郁症治疗4个半月，其中针刺95次，服中药加减120剂，临床获得显效，患者与其家属都很满意。两年后带孙子前来看病，患者情况较好，疗效基本得到巩固。

4. 以情绪低落抑郁为主要临床特征，症状持续两周以上，且常伴有兴趣丧失、精力减退、行为迟钝、自轻自责、思绪缓慢、消极自杀、失眠或嗜睡，食欲不振、性欲减退，凡具备其中四项者，称为抑郁症。抑郁症分为4型：即内源性抑郁症、反应性抑郁症、心因性抑郁症、更年期抑郁症。①内源性抑郁症有单相和双相两类，双相为抑郁与狂躁交替表现；单相以抑郁为主，为抑郁性精神病，可从“神郁”论治。在调脏解郁的同时，应醒脑通窍，心脑共调。②反应性抑郁症多因超强精神打击而急性发作，也有少数因长期罹难、绝望而慢性发病者。治宜调脏解郁，佐以敛精益肾。③心因性抑郁症较为多见，比反应性抑郁为轻。多数是工作、生活挫折，加上自身心理和性格缺乏适应能力而心情抑郁。治宜调脏解郁兼理气健脾。④更年期抑郁症常有更年期综合征前驱症状，表现为焦虑与忧郁，此乃精衰血少所致。治宜安神解郁、滋补肝肾，男女之比为1∶3。

## 三、针与药“补虚、泻实”各有优势

**病例：**下肢浮肿合并2级高血压。

刘某，男，69岁。两下肢膝以下至足浮肿3个月，按之如泥、深凹不起，精神疲倦，恶寒喜暖，两膝发凉，手足不温，食少腹胀，大便稀溏，小便清长。近日头晕、夜寐多梦、耳鸣心烦，经某医院诊断为2级高血压，血压：174/106mmHg，心电图（—），尿常规（—），生化检查：肾功能正常。曾服中药治疗，以化湿消肿的春泽汤、实脾散合方加减调治，但浮肿仍然不消。伴血压较高、头晕耳鸣，每日坚持服用2种降压药，但收效甚微。经他人介绍来我门诊求治。证如上述，面色黄垢，情绪稳定且开朗，舌质淡白、苔白厚而滑腻，脉沉滑。

辨证：脾肾阳虚，水湿泛滥，发为浮肿。

治则：温肾健脾，化湿利水，消肿轻身。

方案：虽然以下肢浮肿为主诉，但二级高血压客观存在。其治疗很难两者兼顾，同时一方获双赢。针对阳虚浮肿，理应选择温阳益气之品，但对高血压而言肯定有实实之险；若先治高血压的阳亢，法当滋阴潜阳、平肝息风，而对阳虚浮肿，必然会有虚虚之害，两者在治疗大法上存在明显差异，所以实难两全。经过再三思考，决定用药补虚消肿；以针刺泻实、潜阳、降压，双重措施，同时发挥各自优势，力争稳妥中求功效。

针刺：①百会、风府、曲池、合谷、中脘、太冲、降压沟。②风池、大椎、内关、肝俞、肾俞、下髎、太溪、涌泉。

手法：以上两组配穴，交替使用，留针 30 分钟。

方药：

灵磁石 40g　茯苓块 30g　杭白芍 15g　淡干姜 15g
焦苍术 20g　焦白术 20g　全当归 10g　潞党参 20g
豆黄卷 20g　建泽泻 15g　生黄芪 15g　紫肉桂 4g
白通草 3g　车前子 30g　汉防己 30g　缩砂仁 10g
白蔻仁 10g　草红花 10g　冬瓜皮 20g
黑附片 20g（先煎 30 分钟）

**按语**

1. 穴解：针刺百会是手足三阳与督脉之会穴，有清脑安神的作用；风府有散风解表之功；风池是足少阳与阳维脉之会，可散风解表，潜镇头痛；曲池是手阳明合穴，有清热、潜阳、降压的作用；合谷为手阳明的原穴，有通调气血之功；大椎为督脉、手足三阳经交会穴，有清心宁神之能；中脘为足阳明胃经之募穴，八会穴之一，腑会中脘，是任脉与手太阳、手少阳、足阳明经交会穴，且能调理中焦、健脾利湿、和胃降逆，亦有治疗高血压病的作用；内关宽胸安神、清热除烦；太冲泄肝火、清头目、行气血、化湿热；下髎通调二便，是治疗高血压的经验用穴；肝俞、肾俞（膀胱）滋补肝肾；太溪、涌泉二穴相配滋肾潜阳，疗效明显；降压沟虽是新穴，但历史悠久，临床应用有一定作用。群穴协调，分为两组，交替使用。

2. 方解：该方以《伤寒论》真武汤、《金匮要略》防己黄芪汤为基本架构所组成。主治少阴虚寒，水气内停。取茯苓、白术培土制水；姜、附温中散寒；芍药敛阴和阳，且治腹痛腹胀，诸药配伍共济偏重于温散，以逐水气。为图功效，再增生芪、党参、苍术、豆黄卷益气健脾、化湿消肿；当归配黄芪具有补血汤之寓意；泽泻、通草、车前子、冬瓜皮利湿逐水；而汉防己专治下肢浮肿，是防己黄芪汤的重要组成；砂蔻仁和胃醒脾、红花活血化瘀；肉桂与黑附片均为辛热药，有温补肾阳的作用，都能治阴寒之证。附子祛寒可通行十二经，无所不至，走而不守；而肉桂祛寒偏于局部，尤其下腹冷痛，非用肉桂不温。该方同时使用桂、附、姜同类温热药相比较，附子性烈，能回阳救逆；肉桂性缓，能引火归元；干姜温中散寒善治里寒之证。方中首味药用灵磁石，是突出的妙用法，磁石具有潜阳之功，附子为温阳要药，两者相配，磁石可以抑制附子辛燥升浮之害，这种温潜结合是“温阳潜镇”法的合理配伍。

3. 遵照方案治疗，两周后下肢明显消肿，尿量增多，而血压有下降趋势，头晕减轻，血压156/88mmHg，手足见温，精神稍好，纳可便调，故为进一步调理，原方黑附片增量为30g灵磁石改为60g，连续治疗6周后，患者精神状况明显好转，下肢浮肿基本消失。血压144/76mmHg，没有出现附子中毒的情况发生。

4. 应用附子的注意事项：通常一般用量在15 ~ 60g之间，符合使用附子的患者开始剂量为10 ~ 20g。若没有口干、咽燥、舌体、口周麻木感者，可加用5 ~ 10g，直至临床症状得到改善。

极量：即最佳治疗量，不同患者极量不同。当患者在一定的剂量出现口干、咽燥、舌体口周麻木、甚至有心率减慢等中毒表现时，则此前最贴近中毒量的用量就是该患者的极量。煎药法：用量在 30g 以下时，一般先煎煮半小时即可；40 ~ 60g 煎煮时间应在 50 ~ 60 分钟以上，以不麻口为度。

## 四、针药结合，分别治疗“标与本”

**病例：**慢性丹毒急性发作。

孙某，女，45 岁。左腿丹毒，每年春天必发，每次发作时以输液治疗为主，约四周后能治愈，已经连续第 12 年发病。两天前左小腿外侧红肿发硬且疼痛，发热恶寒，体温 38.5℃，头疼，恶心，局部红肿逐渐蔓延至膝关节以上、下至脚面，全部呈红肿硬，边界清楚，且无水疱，左侧腹股沟淋巴结肿大，小便色黄，大便正常。舌质红、苔白厚，脉滑数。病人考虑多年来都使用抗生素治疗，害怕西药的副作用，故要求改用中医药治疗。

辨证：血燥风湿，热毒内蕴，凝滞脉络。

治则：凉血清热，祛湿解毒，散瘀通络。

方案：针药结合，以中药凉血清热、祛湿解毒攻其内、治其本；再取毫针刺经络、通血脉而治其标，内外兼治，以求捷报。

针刺：环跳、秩边、委中。

方药：

紫草茸 15g　紫地丁 15g　金银花 40g　杭菊花 15g
蒲公英 15g　茜草根 15g　全当归 10g　青连翘 15g
赤小豆 25g　焦白术 15g　焦苍术 15g　炒黄柏 10g
滑石块 25g　炒栀子 10g　粉丹皮 15g　生苡米 30g
水牛角粉 30g（包煎）

**按语**

1. 穴解：环跳为足少阳、足太阳经交会穴，具有疏通经络、祛风散寒之功，善治下肢水肿、湿毒风疹、脚气等症，临床治疗下肢丹毒疗效甚佳；秩边清湿热、理下焦、通血脉、化瘀浊，与环跳配伍加强其功效；委中为足太阳膀胱经合穴，有舒经脉、解血毒之功能，善治下肢丹毒、疔疮、痈疡等皮外科疾病。

2. 方解：该方取《医宗金鉴》五味消毒饮、《丹溪心法》二妙散及当归连翘赤小豆汤合方加减组成。用紫草、地丁、茜草、丹皮凉血清热、活血化瘀；重用银花、菊花、公英、连翘清热解毒；苍术、黄柏清热燥湿；生苡米、滑石块、赤小豆利湿理脾化浊；当归和血、栀子清三焦之热；再加水牛角粉作用甚佳，有凉血定惊、清热解毒，主治温病高烧、神昏谵语、发斑发疹、吐血衄血之症，是当今犀角粉禁用后的代用品。

3. 遵照方案治疗，针药结合一周后左腿丹毒明显好转，体温正常 36.5℃，局部肿硬变软，红色病灶都转为浅色，疼痛症状消失，腹股沟淋巴结不肿，二便正常。舌质淡红、苔薄白，脉沉滑。再拟前方案略做调整，继续治疗 12 天后临床完全治愈。共针刺 9 次，服中药加减 18 剂，疗程共计 19 天。病人很满意，并道出其满意的理由：①比往年缩短疗程约 1/3 的时间。②花费少，相当原来医药费的 1/4。③减少了抗生素对人体的毒副作用。④过去发病治愈后都有体虚乏力的现象，这次用中药与针刺治愈后体力甚好，没有出现体虚乏力的感觉。当然病人评价是真实客观的，说明针与药相结合是提高疗效的积极措施。

4. 丹毒因其发病时皮肤突然发红如染丹脂，伴有发冷发烧，而且又为火毒所诱发故名为丹毒。关于慢性经常复发的丹毒（尤以下肢多见），主要是因为湿热之毒蕴于肌肤，缠绵不愈致使下肢肿硬。急性发作期间还是要重用凉血化湿、解毒清热的药物。如何防止复发？首先要忌食辛辣等燥热的食物以减少湿热之内生。对于慢性丹毒患者，可以用生苡米一两，水煎服，每日 1 剂，连续服用一阶段。取其健脾、利湿之功效，还是有一定作用的。

## 五、针与药同时治疗两大主症

**病例：**痛风并发三叉神经痛。

张某，男，39 岁。患三叉神经痛两年余，偶尔发作，发作时左侧颜面出现阵发性闪电剧烈疼痛，状如火灼刀割，持续时间约 4 秒钟，或 1 分钟发作 6 ~ 7 次。有时伴有同侧面部肌肉抽搐，发作部位以面神经的第 2 支、第 3 支之间为重点，经服西药卡马西平维持病情稳定。但病人两天前发现左脚的第一拇趾关节红、肿、热、痛，活动受限，经医院检查血尿酸 864 微摩尔 / 升，诊断为痛风。左脚拇趾关节夜间跳痛严重，不能下地行走，由于脚痛，彻夜难眠，因此诱发三叉神经痛，致使病人颜面与拇趾同时发作并产生剧烈抽痛，其痛苦难以言表。虽服对症药物，均未有效，接诊医生亦无两全之策，故推荐中医治疗。证如上述，患者两目红肿，精神疲惫，口唇焦干，舌质淡红、苔白，脉弦细稍数。

辨证：气血瘀滞，痰湿阻络，肝风上扰。

治则：活血化瘀，除湿通络，缓痉息风。

方案：以缓解疼痛为当务之急。而面痛与趾痛很难分清主次，都是严重影响睡眠的根源，故两大主证必须同时解决。所以选择取针治疗面痛，用药调理痛风，上下并举共起沉疴。

针刺：颧髎、列缺、合谷、照海、太冲、头维、厉兑。

方药：

①内服方

| | | | |
|---|---|---|---|
| 忍冬藤 30g | 夜交藤 30g | 桂枝木 10g | 威灵仙 15g |
| 北细辛 3g | 生地黄 15g | 熟地黄 15g | 广地龙 15g |
| 汉防己 15g | 油松节 10g | 全当归 10g | 茅苍术 10g |
| 京赤芍 10g | 焦白术 10g | 炒黄柏 10g | 大川芎 10g |
| 净桃仁 10g | 草红花 10g | | |

②外用方

草红花 20g　全当归 15g　赤芍药 15g　大川芎 15g
嫩桑枝 15g　川羌活 15g　川独活 15g　桂枝木 10g
紫丹参 20g　泽兰叶 15g　苏木屑 30g　制乳香 10g
制没药 10g

用法：上药煎汤，每日外洗浸泡患足 2 次，每剂药可以使用 3 次，切勿烫伤。

③代茶饮：车前草 15g，车前子 30g，煮水代茶饮，每日 1 剂。

**按语**

1. 穴解：颧髎通经活络、散风止痛，是手少阳、手太阳经交会穴，能疏导面部经气。是主治面痛、面抽、面瘫的经验用穴。列缺配照海益气养阴；合谷配太冲平肝息风；足阳明胃经的“根”穴厉兑配“结”穴头维，是“根结法”的一组配穴，运用于临床治疗脏腑及经络循行所出现的虚寒性病变。以上从三方面协同调理三叉神经痛，可以取得良好止痛效果。

2. 方解：内服方以《医宗金鉴》桃红四物汤及二妙丸、桂枝汤合方加减而成。取熟地滋阴补血为主药；当归补血养肝，和血调经；白芍和营养肝；川芎活血行滞；再加桃仁、红花活血化瘀；苍术、黄柏清热燥湿；桂枝、白芍调和营卫；忍冬藤、夜交藤、威灵仙、地龙、油松节疏通经络，清热化湿；赤芍清热凉血，散瘀止痛；汉防己消肿除湿；细辛祛风化痰、止痛降浊。群药共济活血化瘀、除湿通络之功效。

外用方之组成，都是活血通络、化瘀消肿的药物，经过多年的临床应用，对痛风病的红、肿、热、痛均有良好疗效。

以车前草、车前子煮水代茶饮，有清热、通利、降浊的作用，对于痛风患者有降低嘌呤含量的功能。此方法来源于民间，但用之有效。

3. 遵照方案治疗 2 天，患者三叉神经痛明显减轻，左脚趾关节红肿见消，疼痛基本消失，可以下地负重行走。由于三叉神经痛与痛风症状改善，病人情绪稳定，夜间睡眠基本恢复正常。继续执行治疗方案10天后，颜面与足趾的疼痛消失，足面红肿痊愈，再巩固治疗7天后，复查血尿酸为322微摩尔/升（正常值210～416微摩尔/升）。共针刺12次，服中药加减19剂，使用外洗药10剂，服用代茶饮小药方18剂，疗程共计20天，结束治疗。3个月后随访情况良好，未再复发，患者对中医治疗表示满意。

4. 痛风是体内嘌呤代谢紊乱的疾病，与长期食用高嘌呤食物有关，这些食物又是餐桌上的美味，因此痛风又被称为“富贵病”。高尿酸血症是痛风的重要标志，尿酸沉积于关节、肾脏、结缔组织会引起细胞浸润且导致局部的疼痛、肿胀及发红等炎症反应。所以痛风病人应控制不吃动物内脏、各种肉汤，不饮浓茶、咖啡、酒，尤其是啤酒，其嘌呤含量最高。

该患者夙日膏粱厚味，嗜酒如饮水，日久痰湿阻络，足患痛风。由于局部红、肿、热、痛而诱发面痛（三叉神经痛），两痛并发，难以忍受。经多年临床总结略有体会，凡面痛、面抽的病人应当特别注意四个因素：①缺觉；②疲劳；③感冒；④生气。若有两方面的因素同时存在，就极有可能诱发三叉神经痛或面肌痉挛，这一个常识不可不知。

## 六、体会与讨论

1. 通过以上5个病例的治疗情况，笔者认为采用针与药的结合运用，为临证治疗一些疑难杂病提供了新的思路。当然药物与针灸都能分别治疗脏腑病和经络病，而且这方面经验相当丰富。《灵枢·海论》说：“十二经脉者，内属于腑脏，外络于肢节。”《灵枢·本脏》说：“经脉者，所以行血气而营阴阳，濡筋骨，利关节者也。”说明经络中的十二经脉内连脏腑、外络肢节的同时是运行营、卫、气、血的主体；经别是经脉的深在部分的分支，以沟通脏与腑的联系；十五络脉是经脉的浅在部分的分支，以连接经脉表与里的关系。所以说经络的生理作用，具有通达内外，使周身一切组织器官得到濡润和温养，对整体有积极的调节作用。

2. 多年来人们都有这样的共识，即脏腑病以药物治疗为首选；经络病选择针灸治疗最适宜，这种择医习惯无可厚非。无论脏腑病还是经络病，“针药结合”，内外兼治，由表入里或由里达表，两者配伍，共同调治，必然有突出疗效，其结果应当是 1+1 ＞ 2。

3. 回顾病例

**病例 1**：癃闭（尿潴留）由于长时间依靠保留导尿管排尿，而致病人尿道内异物刺激，诱发泌尿系感染而发烧，若医生总是停留在控制尿路炎症的治疗中徘徊，显然其治疗措施总是处于被动之中。中医的基本论点，《素问·阴阳应象大论篇》说：“治病必求于本。”该病人的“本”是什么？是肾阳虚、膀胱气化失职而尿液难以排泄。通过温肾助阳、疏导膀胱，针药相结合，针由表及里，药由里达表，相辅相成，目标一致，共同协力，最终拔除了导尿管，并恢复了膀胱的机能，使患者正常排尿。这种理想的效果在短期内获得成功，若使用单一的方法，估计难以实现。

**病例 2**：抑郁症、严重失眠病已多年，患者有些症状是长期服用镇静药的副作用，例如：精神紧张、两腿无力行走不稳、惊悸汗出，但是为了解决睡眠还是离不开安眠药。故选择针刺督脉，其镇静安神作用较快，而且没有任何副作用；配合疏肝、补心、健脾的方药调节神志、平衡阴阳以求功效，充分发挥了针与药的各自优势，令其作用互补，经过 120 天的共同努力治好痼疾。展示了针刺络脉达脏腑，药从脏腑通脑神，使典型的神志病获得疗效。

**病例 3**：脾肾阳虚下肢浮肿的患者同时并发高血压，这样典型的病例并不多见。经过反复思考认为，两方面的疾病很难设想出使用一张处方可以同时兼治，取得两全。最后在诸多矛盾之中选择利用针药结合的方法，发挥各自的优势来寻求出路。通过实践证实：针刺达到了降压作用，为温热药治疗虚性浮肿保驾护航，避免了实实之险；用针刺调理经络，并不妨碍化湿消肿，其结果保持了血压稳定，下肢浮肿取得了较好的治疗效果。

**病例4：**发病12年的慢性丹毒，每年春天必定急性发作，患者对自己病情的发展、治疗用药、病程的长短了如指掌。由于多年来一直采取抗生素治疗，从来没有接触和体验过中医药。近年来知道了使用消炎药的毒副作用的危害，而转投中医求治。针刺治疗丹毒其疗效是肯定的，但是凉血、化湿的功能，确实不是针灸的优势。因此考虑用药来配合，利用针与药分别标本兼治。经过19天的治疗一举成功，使初涉中医药领域的患者，产生信任而得到满意。

**病例5：**痛风患者并发三叉神经痛，两痛相割，令其苦矣。孰主孰次，医难取舍。因为两大主证必须同时解决，奈何两痛之病因不同，其治法有差异，一方一法难以胜任，故利用针药结合，分别调治。取针刺应对面痛（三叉神经痛）；用三种不同剂型的中药围攻趾痛（痛风）上下结合，内外呼应，使复杂症状三周平息。充分显示了古人所教导的“医者，一针、二灸、三用药”在临床实践中的效应。

以上体会乃个人的初步见解，尚需充实提高，所以敢于抛砖引玉，其用意是力求日益完善，促使“针药结合”或“针药并施”在临床实践中的运用，能挖掘出更广泛的结合方法，为日后治疗疑难杂病发挥出更多的积极作用。

# 附录 1

## 胡荫培先生生平年表

1913 年，生于河北清苑。

1932 年，考入华北国医学院研究生班，毕业后拜四大名医之一的施今墨先生为师。

1933 年，经常陪同施今墨老师前往天津、张家口、太原、南京等地出诊，医治疑难病证，受益颇深。

1935 年，经北平市卫生局，考取针灸医师开业执照，继承并恢复父亲的医馆。开业后以家传针灸并施门弟子问世，业务繁忙，有“毫发金针”之誉。在京城享有“南王（王乐亭）北胡”的盛名。

1945 年，北平国医公会，任理事。

1946 年，施今墨老师离京外出，曾代理华北国医学院院长之职。

1950 年，北京中医学会成立，当选为理事。

1951 年，北京中医学会成立针灸委员会，当选为委员。

1953 年，北京中医学会针灸门诊部成立，主动参加半日工作，任针灸主治医师。同年被选为东城区政协委员。

1954 年，北京市第二中医门诊部成立，任顾问。

1957 年，北京中医进修学校，任针灸学讲师、顾问。

1958 年，放弃私人诊所，正式参加工作。调入北京积水潭医院，任针灸科主任、主任医师、教授。

1978 年，北京市中医学会针灸分会，任顾问。

1981 年，卫生部医学科学委员会，任学术委员。

1987 年 3 月 16 日，在北京病逝，享年 74 岁。

# 附录 2

## 配穴精义

《配穴精义》来源于 1937 年 8 月中华书局出版，由李文宪先生编著的《针灸精粹》。胡荫培教授颇好藏书，他所藏的线装、精装、平装等书籍，约有千余册。他认为《配穴精义》虽文字不多，但很有应用价值。所以胡荫培教授在指定随他学习的学生必读的一些医籍中总少不了《针灸精粹》一书，足见他对该文的重视。原文词句偏繁，为了便于理解，编者将原文译为白话文，附录其中，供读者参考。

【原文】

配穴　配穴云者，乃某穴之特性与某穴之特性，互相佐使而成特效之功用，犹之用药，某药为君，某药为臣，相得益彰也。故研究针灸学者，不知穴之配合，犹之瘸马乱跑，不独不能治病，且有使病机变生他种危险之状态，不观市医乎，往往使病者得无穷之危机，此未得师传也。爰特编述，以与诸君研讨焉。

【译文】

配穴：所谓配穴，就是利用某穴与他穴的治疗特点相配伍，相互佐使而形成某种独特的治疗功效，就像药物的配伍应用一样，分君药和臣药，君臣相配，可以使疗效更加显著。所以研究针灸的学者，不掌握穴位的相互配合使用，就像瘸马乱跑，没有方向，不仅不能治病，而且还会使疾病的病机发生变化，病情加重转危。难道没有看到市井的医生吗，他们往往使患者处于变化无穷的危机之中，这是因为没有得到老师的传授和指导。所以特意编述以下配穴原则，和各位同道一起研讨。

## 第一节　大椎　曲池　合谷

【原文】

大椎，手足三阳督脉之会，纯阳主表，故凡外感六淫之在于表者，皆能疏解也；佐以曲池、合谷者，以阳从阳，助大椎而干旋营卫，清里以达表也。审其身热自汗，则泻大椎以解肌；无汗恶寒，则补大椎以发表，或先补而后泻，或先泻而后补，神而明之，存乎其人矣。至于外感变症，至繁且杂，兼他症者，尤必兼而治之。是以邪在于经，头项强痛者，则加风池透风府；热甚而心烦、溺赤者，则加内关；谵语、便燥，胃家实者，则加丰隆三里；胁痛、呕吐，见少阳证者，则加支沟、阳陵泉；气逆、喘嗽，则加鱼际；伤风鼻塞，则加上星。又若疟疾之病，虽有阴阳表里之别，而其寒往热来，无不关乎营卫，故是法亦能兼治。再如骨蒸潮热、盗汗等症，虽系阴虚劳损之候，余采用此法，亦大有养阴清热之功，谁谓个中无活泼泼天机也耶？

【译文】

大椎，是手、足三阳经和督脉的交会穴，是纯阳主表的穴位，所以凡是外感六淫之邪停留在表者，针刺大椎能疏解表邪；大椎佐以曲池、合谷，是以阳从阳，协助大椎调和营卫，清里解表。如果出现身热、自汗症状，则泻大椎以解肌除邪，出现无汗、恶寒症状，则补大椎以发汗解表，或者先用补法然后用泻法，或者先用泻法然后用补法。要真正明白这其中的奥妙之处，还在于各人的认真领会。至于外感变症，变化多种多样，兼有他症者，尤其需要兼而治之。因此外邪侵犯经络，症见头项强痛者，则加风池透风府；内热甚者，症见心中烦热、小便色红者，则加内关；谵语、大便干燥，胃家实者，则加丰隆、三里；胁痛、呕吐，见少阳证者，则加支沟、阳陵泉；气逆、喘嗽，则加鱼际；伤风、鼻塞，则加上星。又如疟疾，虽然有阴阳表里之分别，但是寒热往来临床症状都与营卫不和有关，所以这个方法也能治疗疟疾。再如骨蒸潮热、盗汗等症，虽然证候是阴虚劳损，但是采用此法，也大有养阴清热的功效。谁说这里面没有很多奥妙之处呢？

## 第二节　合谷　复溜

**【原文】**

二穴止汗发汗，书有明文，针家皆知之。而其所以能止汗发汗之理，则多未知也，试申言之。夫止汗补复溜者，以复溜属肾，能温肾中之阳升膀胱之气，使达于周身而卫外自实也；泻合谷者，即所以清气分之热，热解则汗自止矣。发汗补合谷者，则以合谷属阳清轻走表，故能发表托邪，随汗出而解也；佐以泻复溜者，疏外卫之阳，而成其开皮毛之作用也。至若阳虚之自汗，阴虚之盗汗，固与外邪有别，而合谷、复溜亦能止之者，盖亦以复溜匪特能温肾中之阳，亦且以滋肾中之阴也。尤有进者，寒饮、喘逆、水肿等症，余推详其理，借用复溜以振阳行水，合谷以利气降逆，破有奇效。可见此中变化无穷，学者当隅反之。

【译文】

合谷、复溜二穴，有止汗、发汗的功效，书上有明文记载，针灸大夫也都知道。然而其中之所以能止汗、发汗的机理，很多人却尚未通晓，在此作进一步阐述。要止汗需补复溜，是因为复溜属肾，能温肾中之阳以升膀胱之气，使达于周身而卫外自实，所以能止汗；泻合谷，可以清气分之热，热解则汗出自止。发汗，补合谷的机理，则是因合谷属阳，清轻走表，所以能发表托邪，使邪随汗出而解；佐以泻复溜之法，以疏外卫之阳，而开皮毛，故汗出。至于阳虚之自汗、阴虚之盗汗，固然与感受外邪所致的自汗、盗汗不同，但合谷、复溜之所以也能止汗，是因为复溜不仅能温肾中之阳，还可以滋肾中之阴。还有进一步的应用，用来治疗寒饮、喘逆、水肿等症，我推究其治疗原理，是借复溜以振阳行水，用合谷以利气降逆，且具有非常神奇的疗效。由此可见其中的变化无穷，学者可以此类推。

## 第三节　曲池　合谷

【原文】

二穴属手阳明经，主气。曲池走而不守，合谷升而能散，二穴相合，清热散风，为清理上焦之妙法，以轻清之气上浮故也。头者，诸阳之会也；耳目口鼻咽喉者，清窍也，故禀清阳之气者，皆能上走头面诸窍也。以合谷之轻，载曲池之走，上升于头面诸窍，而实行其清散作用，故能扫荡其一切邪秽，消弭一切障碍也。虽然二穴之上行也，漫无定所，苟欲其专达某处，势必再取某穴，以为向导，则其径捷，其力专，其收效也亦速。故头痛、头昏，取风府、头维；目赤、目翳，加丝竹、睛明；鼻痔、鼻渊配迎香、禾髎；耳鸣、耳聋，选听会、翳风；口臭、舌裂，水沟、劳宫；咽肿、喉痹，鱼际、颊车；龈肿、齿痛，则有下关；口眼歪斜，则参地仓。君臣合力，标本兼施，何患疾之不瘳也乎？

【译文】

曲池、合谷二穴，属于手阳明大肠经，主气。曲池性走而不守，合谷性升而能散，二穴相互配伍使用，有清热散风之效，是清理上焦的妙法，使轻清之气上浮以散邪。头为诸阳之会，耳、目、口、鼻、咽喉都属清窍，所以只要禀有清阳之气者，都能上走头面诸窍。用合谷之轻，载曲池之走，使经气上升于头面诸窍，从而实行其清散作用，所以能扫荡一切邪气、污秽，消除一切障碍。虽然二穴配合可以使经气上行，但经气的行走却漫无定所，如果要让经气专达某处，一定要再取某穴，以作为向导，这样可以直接、有力地作用到病变部位，便可很快见效。所以有头痛、头昏等症，再取风府、头维；目赤、目翳等症，加丝竹空、睛明；鼻痔、鼻渊等症，配迎香、禾髎；耳鸣、耳聋等症，选听会、翳风；口臭、舌裂等症，加水沟、劳宫；咽肿、喉痹等症，配鱼际、颊车；龈肿、齿痛等症，则加下关；口眼歪斜等症，则加地仓。君臣合力，标本兼施，还用担心疾病不愈吗。

## 第四节　水沟　风府

【原文】

风者，百病之长也，善行而数变。《金匮》曰："邪入于脏，舌即难言口吐涎。"盖肾脉挟舌本，脾脉络舌本、散舌下，心之别络亦系舌本，故风邪中于此三脏，则令人舌强难言，口吐涎而神昏不省也；又三阳之经并络入颔颊挟于口，今诸阳为风寒所客，故筋急而口噤不开也。是法补水沟，以开关解噤、通阳安神；泻风府，搜舌本之风，舒三阳之经。凡一切卒中急症，牙关不开，不省人事，施之关窍立开，随即苏醒，语言自和，转危为安，诚针科之首选，起死回生之实筏也。

他如口眼歪斜、偏枯不遂等症，虽有中经中络之别，然异流同源，亦其所宜矣。

**【译文】**

风邪，为百病之长，善行而数变。《金匮要略》曰："邪入于脏，舌即难言，口吐涎。"因为足少阴肾经挟舌本，足太阴脾经络舌本、散舌下，手少阴心经之别络亦系舌本，所以风邪中于肾、脾、心三脏，则使人舌强难言，口吐涎沫，甚至神昏不省；又有三阳经（手阳明大肠经、足阳明胃经、足少阳胆经）一起络入颔颊，挟于口，如果三阳经被风寒邪气侵入，就会出现筋脉挛急、口噤不开的症状。用此方法，补水沟，可以开关解噤、通阳安神；泻风府，可以清除舌本的风邪，疏通三阳经。凡是一切卒中急症，牙关不开，不省人事，用此法可以使关窍立开，随即苏醒，言语正常，病情转危为安。这真是针灸起死回生方法之首选。其他像口眼歪斜、偏枯不遂等症，虽然有中经、中络的区别，但是异流同源，也在此法应用范围。

## 第五节　肩髃　曲池

**【原文】**

二穴皆属手阳明大肠经。大肠为肺之腑，故是法有调理肺气之特效。尤妙在肩髃卧针，有舒通之象，而曲池更走而不守，擅能宣气行血，搜风逐邪。二者相配，真可谓之珠联壁合。举凡一切经络客邪、气血阻滞之病，无不能舒畅调和之。而尤以中风、偏枯、诸痹、七气等症为对工，所谓一通百通也。昔仲景有云:“客气邪风，中人多死，”预料此法风行后，其或能减少客气邪风中人之卒死率欤

【译文】

肩髃、曲池二穴，都属于手阳明大肠经。大肠为肺之腑，所以两穴相配在调理肺的气机方面功效显著。尤其妙在肩髃针刺留针，有舒通经脉之意，而且曲池性走而不守，善于宣气行血，搜风逐邪。二穴相配，真可以称得上珠联璧合，凡一切邪客经络、气血阻滞之病，没有不能舒畅调和的。尤其适合治疗中风、偏枯、诸痹、七气等症，这就是所谓经络、气血的一通百通。仲景曾经说过:“客气邪风，中人多死。”可以想象此法运用以后，或许能减少客气、邪风中人后的卒死率。

## 第六节　环跳　阳陵泉

【原文】

二穴皆属足少阳胆经，厥性舒通宣散，善能理气调血，祛风祛湿。且阳陵泉又为筋之所会，尤有舒筋利节之功，故凡中风偏枯不遂，诸痹不仁，以及瘛瘲筋挛，腰痛痿废等症，皆其杰奏。余尝以环跳拟肩颙，阳陵泉拟曲池，以彼此上下相应，形性相仿，而功效尤当同者也。

【译文】

环跳、阳陵泉二穴，都属于足少阳胆经，禀性舒通宣散，善于理气调血，祛风祛湿。而且阳陵泉又为筋之会穴，有较好的舒

筋利节功效，所以凡是中风、偏枯不遂、诸痹不仁，以及瘛疭、筋挛、腰痛、痿废等症，用环跳、阳陵泉二穴相配治疗都能得到很好的疗效。我曾经以肩髃效法环跳，曲池效法阳陵泉，用肩髃配曲池。因为它们都处于四肢关节附近，治疗作用相似，能疏通上下经络，所以肩髃配曲池，与环跳配阳陵泉的功效一样。

## 第七节　曲池　委中　下廉

【原文】

痹者，风、寒、湿三邪合而为病也。风气胜者为行痹，以风性游走也；寒气胜者为痛痹，以寒性凝结也；湿气胜者为着痹，以湿性重着也。主以是法者，曲池搜风以行湿，委中疏风以利湿，下廉通畅以渗湿。其寒气胜者，则补泻兼行，散寒祛风而燥湿，并兼以各舒其经，各通其络，邪去而经亦通，何痹之有哉？

【译文】

痹证，是风、寒、湿三邪杂合而为病。风气胜者为行痹，因为风善游走；寒气胜者为痛痹，因为寒性凝结；湿气胜者为着痹，因为湿性重着。若用此法治疗痹证，曲池可以搜风以行湿，委中可以疏风以利湿，下廉可以通畅以渗湿。如果是寒气胜的痹证，则补泻兼行，既能散寒祛风，又能燥湿，而且三穴还可以各自舒通所在的经络。邪去而经络通，痹证怎么还会出现呢？

## 第八节　曲池　阳陵泉

【原文】

曲池居于肘内，阳陵泉位于膝下，同为大关节要。曲池行气血，通经络；阳陵泉舒筋利节，皆具有宣通下降之功，以之配合，相得益彰。《百症赋》列：其治半身不遂，是举其要，余如瘛瘲、历节、诸痹等症，可一望而知矣。且也二穴又有降浊泻火之功，曲池清肺走表，阳陵泉泻肝胆平里。余因推广其用，凡肝肺郁抑，胸胁作痛，或热结肠胃，腹胀、便浊等症，借其清利疏泄之力，靡不获效。由是可见穴法之妙，全在善用者之配合也。

【译文】

曲池位于肘关节内，阳陵泉位于膝关节下，都处在关节的重要部位。曲池可以行气活血、疏通经络，阳陵泉可以舒筋利节，都具有宣通下降的功能，它们相互配合，疗效更加明显。《百症赋》列出的疾病里，在治疗半身不遂方面首推曲池和阳陵泉两穴的配合，其他像瘛瘲、历节、诸痹等病证，由此也可以知道通过取何穴来获得更好的疗效。而且曲池、阳陵泉二穴又有降浊泻火的功能，曲池可以清肺走表，阳陵泉可以泻肝胆平里，由此可以扩大曲池、阳陵泉相配合的临床治疗应用。凡是由肝肺郁滞引起的胸胁作痛，或因热结肠胃而出现腹胀、便浊等症，借助曲池、阳陵泉的清利疏泄之力，没有不获效的。由此可见，穴法的精妙，全在善用者的穴位配合中。

## 第九节　曲池　三阴交

【原文】

一阴一阳，恰相配偶。曲池，性游走通导，擅能清热搜风；三阴交，乃三阴之会，为肝脾肾三经之枢纽，亦即血科之主穴。二者相合，曲池入三阴之分，故能清血中之热，搜肝木之风，而瘀自行，血自通矣。是以诸般肿痛得之，而肿消痛止；花柳毒疮得之，而毒消疮平。余如风温之痹、腰痛、脚气、瘾瘕，以及妇女崩带、瘕聚、经闭等症，尤能着手成春也。

【译文】

曲池、三阴交，一阳一阴，恰好互相配对。曲池，性属游走通导，善于清热搜风；三阴交，是足三阴经的交会穴，为肝、脾、肾三条经络的枢纽，也是治疗血症疾病的主穴。两穴相配合后，曲池可以入三阴经的血分，所以能清血中之热，搜肝木之风，风、热去而瘀自行，血自通。因此，各种肿痛类疾病运用两穴配合治疗，很快就肿消痛止；花柳毒疮运用两穴配合治疗，也能消毒平疮。其他的像风温之痹、腰痛、脚气、瘾瘕，以及妇女崩带、瘕聚、经闭等病证，应用此法也可以妙手回春，迅速获得疗效。

## 第十节　三里　三阴交

【原文】

三里升阳益胃，三阴交滋阴健脾，阴阳相配，为脾胃虚寒气血亏薄之主法，虚损门所不可少者也。亦有胃浊脾弱，阳元阴亏者，则补阴之中，势必兼行清导，补三阴交、泻三里是也。更有阳虚气乏，风温客邪成痹，腿胻麻木疼痛者，则一以振阳，一以和阴血，合而舒经理痹，其功效尤卓著者也。

【译文】

足三里有升阳益胃之功效，三阴交有滋阴健脾之功用，两穴阴阳相配，是治疗脾胃虚寒、气血亏薄的重要方法，是治疗虚损类疾病不可缺少的用穴。临床上也见到胃强脾弱、阳亢阴亏的患者，治疗时，在补阴的同时，也一定要清导，也就是补三阴交，泻足三里，才能取得疗效。还有阳虚气乏、风温客邪成痹、腿脚麻木疼痛等病证，那就一方面用足三里来振阳气，一方面用三阴交来和阴血，相互配合可以起到舒经理痹的作用，其功效也是非常明显的。

## 第十一节　阳陵泉　三里

【原文】

阳陵泉为胆经之关键，三里为胃腑之枢纽。二穴相合，泻阳陵泉以肃清净之府，平肝火之横降上逆之势，输胆汁入胃，从木疏土而完成其中精之府之吏能也；再泻三里以导胃中之浊，通胃之阳，于是清阳得升，浊阴得降。凡木土不和之病，如中消停痰、吞酸口苦、泄泻呕吐等症，得之自然烟消瓦解，而饮食因之畅和矣。且阳陵泉为筋之所会，大有舒筋利节、搜风祛湿之特力；三里亦有通畅活血、渗湿散寒之功能，进而治诸痹、膝痛、筋挛、历节、痿躄、脚气等症，亦未始非针法之妙用也。

【译文】

阳陵泉为胆经之关键，足三里为胃腑之枢纽。两穴相配，泻阳陵泉可以用来肃清清净之府，平肝火的横窜上逆之势，输导胆汁入胃，用木疏土，从而完成胆为中精之府的功能。再泻足三里可以用来导胃中的浊气，宣通胃阳，以取得清阳得升，浊阴得降的效果。凡是木土不和之病，如中消停痰、吞酸口苦、泄泻呕吐等病证，应用此法自然可以烟消瓦解，饮食也因此而通畅调和。而且阳陵泉为筋之会穴，有很好的舒筋利节、搜风祛湿效果；足三里也有通畅活血、渗湿散寒的功能，两穴相配还可以治疗诸痹、膝痛、筋挛、历节、痿躄、脚气等病证，这未尝不是针法的妙用。

## 第十二节　四关

**【原文】**

四关者，合谷、太冲四穴也。经外奇穴，以之名关，盖有精义存焉。夫合谷原穴也，太冲亦原穴也。以形势言，合谷位于两歧之间，而太冲亦位于两歧之间，是二者相同之处也；再以性质言，合谷属阳主气，而太冲则属阴主血，是又二者同中之异也。然二者之同正所以成其虎口冲要之名，二者之异亦正所以竟其斩关破巢之功。观其开关节，以搜风理痹，行气血，以通经行瘀。及乎配丰隆、阳陵泉，以坠痰泻火，而治癫狂；配百会、神门，以镇顶安神，而疗五痫，是明证矣。

**【译文】**

所谓四关，就是合谷、太冲四穴。经外奇穴，之所以称得上“关”，自有其中的道理。合谷是原穴，太冲也是原穴。就所处部位而言，合谷位于两歧之间，太冲也位于两歧之间，这是两穴的相同点；再从性质来看，合谷属阳，主气，太冲属阴，主血，这是两穴的同中之异。然而两穴的相同点正是它们成为虎口冲要之名的原因，两穴之异也正可以使它们完成斩关破巢之功。由此可见，两穴相配，可以开关节以搜风理痹，行气血以通经行瘀。至于两穴再配丰隆、阳陵泉，以坠痰泻火来治疗癫狂，或配百会、神门，以镇顶安神来治疗五痫，就是最好的证明。

## 第十三节　丰隆　阳陵泉

**【原文】**

二穴为通大便之主法。何以言之？夫丰隆为足阳明胃经之脉，络别走太阴，其性通降，从阳明以下行也，得太阴湿土以润下也；阳陵泉性亦沉降，斜针向下透三里，从木以疏土也。余尝以此法拟承气，有承气之功，而不若承气之猛峻，其治癫狂等症，非但泻其实，亦且折其痰也。

**【译文】**

丰隆、阳陵泉二穴，为通导大便的重要方法。为什么这样说呢？丰隆为足阳明胃经之络穴，别走足太阴脾经，其性通降，既有足阳明胃经的下行之力，又获得足太阴脾经湿土的滋润，从而形成润下作用；阳陵泉，性也沉降，斜针向下透足三里，可以从木以疏土，助胃通降。我曾用丰隆、阳陵泉两穴配合以效仿承气汤，可以获得承气汤通便之功效，但不像承气汤那样猛峻，用来治疗癫狂等症，不但可以泻其实，还可以折其痰。

## 第十四节　气海　天枢

**【原文】**

气海者，气血之会，呼吸之根，藏精之府，生气之海，下焦至要之穴也。补之，益脏真回生气，益下元振肾阳，有如斧底添薪，故能蒸发膀胱之水，使化气上腾，而布于周身也。天枢乃大肠之募，胃经之穴，其分理水谷糟粕，清导一切浊滞，实有特效。以之与气海相配，取气海振下焦之阳，以散群阴，取天枢调肠胃之气，以利运行。故擅治腹寒疝瘕、奔豚脱阳、失精阴缩、厥逆胀满、疞痛气喘、小便不利、妇女转胞、崩带、月事不调等症，为虚劳羸瘦，积寒固冷之首法，较之天雄散、肾气丸等方，犹且过之，无不及也。

【译文】

气海穴，是气血之会，呼吸之根，藏精之府，生气之海，是下焦至关重要的穴位。补气海，可以益脏真以回生气，益下元以振肾阳，有如釜底添薪，所以能蒸发膀胱之水，使膀胱之水化气上腾，而输布于全身。天枢是大肠的募穴，属足阳明胃经，在分理水谷糟粕、清导一切浊滞方面，确实有特效。用天枢与气海相配，即是取气海以振下焦之阳来消散阴翳，取天枢以调肠胃之气来温通运化。所以两穴相配能治疗腹寒、疝瘕、奔豚、脱阳、失精、阴缩、厥逆、胀满、疞痛、气喘、小便不利、妇女转胞、崩带、月事不调等病证，是虚劳羸瘦、积寒痼冷病证的首选穴位，与天雄散、肾气丸等方相比，有过之而无不及。

## 第十五节　中脘　三里

【原文】

经云:“阳明之上燥气治之。”燥者，阳明之本气也，胃腑禀此燥气，故能消腐水谷。若此燥气，不足，则水谷停矣；太过，则又为中消噎隔等症。燥气之关乎胃者如此，是法专理胃府，兼治腹中一切疾病。君以中脘者，以中脘为六腑之会，胃之募也；臣以三里者，正所以应中脘而安胃也。审其胃中虚寒，饮食不下，胀痛积聚，或停痰蓄饮者，则补中脘，即所以壮胃气，散寒邪也；

泻三里者，引胃气下行，降浊导滞，而襄助中脘以利运行也。其或胃腑燥化太过，消谷引饮，呕吐反胃者，则中脘亦可酌泻也。至于霍乱为病，总由忧愁之时饮食不节，暑湿污秽，扰乱中宫，以致清浊不分，阴阳混淆，上吐下泻，腹中疠痛，而挥霍变乱，治之先刺出恶血，以去暑秽，然后补中脘以升清，泻三里以降浊，中气调畅阴阳接续斯愈矣。再者胃病而兼有其他症候者，兼治必须加减。如下元虚寒，补气海；上焦郁热，泻通谷；脏气微，补章门；肠中滞，泻天枢，或取上脘，或去三里等是也。

【译文】

《内经》说："阳明之上，燥气治之。"燥者，是阳明之本气，胃腑因为禀有这种燥气，所以才能消腐水谷。如果燥气不足，则水谷运化停滞，如果燥气太过，则又导致中消、噎隔等症，燥气与胃的关系是如此重要。而中脘、足三里相配却可以专门调理胃腑，并兼治腹中的一切疾病。以中脘为君，是因为中脘是六腑之会穴，也是胃之募穴；以足三里为臣，可以辅助中脘安胃。如果辨证属于胃中虚寒、饮食不下、胀痛积聚、或停痰蓄饮病证，治法则应补中脘，以壮胃气、散寒邪，泻足三里，以引胃气下行、降浊导滞，并辅助中脘以改善胃的水谷运化功能。如果胃腑燥化太过，出现消谷引饮、呕吐反胃病证，治疗时则中脘可酌用泻法。至于霍乱疾病，总是由于忧愁之时，饮食不节，暑湿污秽，扰乱中宫，以致清浊不分，阴阳混淆，上吐下泻，腹中疼痛，而挥霍变乱。治疗霍乱需要先刺出恶血，以祛除暑秽邪气，然后补中脘以升清阳，泻三里以降浊，中气调畅，阴阳续接，霍乱即愈。还有胃病而兼有他症的，处方治疗必须进行穴位加减。如下元虚寒，则补气海；上焦郁热，则泻通谷；脏气衰微，则补章门；肠中停滞，则泻天枢，或加上脘，或去足三里等。

## 第十六节　合谷　三里

**【原文】**

二穴皆属阳明，一手一足，上下相应。合谷为大肠经原穴，能升能降，能宣能通；三里为土中真土，补之益气升清，泻之通阳降浊，二穴相合，肠胃并调。若清肠下陷，胃气虚弱，纳谷不畅者，则补三里，应合谷以升下陷之阳，俾胃气升而食自进；若湿热壅塞，浊滞中宫，或蓄食停饭，而腹胀嗳哕者，则泻三里，引合谷下行以导浊降逆，斯中宫利而气自畅矣。昔贤调理中宫，以宣通为胃腑之法，信不诬也。

**【译文】**

合谷、足三里二穴皆属于阳明经，一个在手阳明大肠经，一个在足阳明胃经，上下相应。合谷为手阳明大肠经原穴，能升能降，能宣能通；足三里为土中真土，用补法可以益气升清，用泻法可以通阳降浊，两穴相互配合，可以肠胃并调。如果是清肠下陷，胃气虚弱，纳谷不畅病证，则补足三里，以辅助合谷升下陷之阳，使胃气升则饮食自进；如果是湿热壅塞，浊滞中宫，或者因宿食停滞，出现腹胀、嗳哕病证，则泻足三里，引合谷之气下行以导浊降逆，这样肠胃调和而气机通畅。以前的贤能医士在调理肠胃时，通常以宣通肠胃为胃腑之法，针灸临床治疗确实也是这样。

## 第十七节　三里（二穴）

**【原文】**

五脏六腑，皆赖胃气以为营养。有胃气则生，无胃气则死，盖以胃气为后天之本，水谷之海，主消纳者也。胃气盛，则纳谷自畅，营养自周，否则脏腑失养，而生气绝矣。夫胃者戊土也，三里者合土也，是三里为土中真土，胃之枢纽，后天精华之所根也。奉承祖云“诸病皆治”，盖又以胃为五脏六腑之海也。余取之以壮人身之元阳，补脏腑之亏损。凡寒气积聚之癥瘕，皆得而温之化之；湿浊迷漫之肿胀，亦得而燥之消之。至其升清降浊之功，导痰行滞之力，补中升阳等方，不能擅美于前也。

【译文】

五脏六腑，都依靠胃气的营养。有胃气则生，无胃气则死，所以胃气为后天之本，水谷之海，主消纳。只有胃气盛，饮食才能通畅，营养才能周转，否则脏腑失养，精气不断衰竭。胃属戊土，足三里属合土，所以足三里为土中真土，胃的枢纽，后天精华的本源。诚如先人所言“诸病皆治”，这是因为胃为五脏六腑之海。我用足三里来壮人身的元阳，补脏腑的亏损。凡是寒气积聚的癥瘕，都可以取足三里来温化寒积；因湿邪侵袭而引起的弥漫肿胀，也可以取足三里以燥湿消肿。足三里的升清降浊之功和导痰行滞之力，并不逊色于补中益气、升阳等方。

## 第十八节　劳宫　三里

【原文】

劳宫属心包络，性清善降，功能理劳役气滞，开七情郁结，尤擅清胸膈之热，导火腑下行之路，与三里相合，大泻心胃之火，挫上逆之势。凡结胸痞满、呕吐干哕、噫气吞酸、烦倦嗜卧等症，无不效若桴鼓，用针者其勿忽诸。

【译文】

劳宫属手厥阴心包经，性清善降，可以调理劳役气滞，疏散七情郁结，尤其善于清理胸膈之热，引导上焦之火下行，与足三里相互配合，可以大泻心胃之火，挫其上逆之势。凡是结胸、痞满、呕吐、干哕、噫气、吞酸、烦倦、嗜卧等病证，治疗立竿见影，针灸大夫不要不重视其疗效。

## 第十九节　三阴交（二穴）

【原文】

李东垣治病以脾胃为主，宗之者颇不乏人，惟立方皆升提辛燥，与阴虚体质大相违背。自唐容川氏滋脾阴说倡与以来，深得医林多数人之信仰。盖脾阳虚陷，运化失司，诚宜益气升阳，若脾阴枯槁，津液不行者，则温燥之法，断断乎不可尝试，而当滋润燥者也。考三阴交为肝脾肾三经之交会，故其补脾之中，间接可补肝阴肾阳，是三阴交独有气血两补之功，可为女科之主穴，亦且为内伤、虚劳、杂病门中之要法也。其治腹痛、泻痢、疝瘕、转胞、崩带、经闭、绝嗣等症，较之理中、建中、八珍肾气等方，实不可同日而语也。

【译文】

李东垣治病以脾胃为主，受到有很多人的推崇，只是在治疗脾胃病时处方都是用升提、辛燥的药，与阴虚体质者却是大相违背。自从唐容川提倡滋脾阴学说以来，深得医林多数人的信服。因脾阳虚陷、运化失司病证，确实需要益气升阳，如果是脾阴枯槁、津液不行病证，则温燥之法绝对不可尝试，而应当滋阴润燥。因为三阴交为肝、脾、肾三经之交会穴，所以三阴交在补脾的同时，间接可以补肝阴和肾阳，这是三阴交独有的气血两补功能，可以作为妇科治疗的主穴，也可作为内伤、虚劳、疑难杂病治疗的要法。其治腹痛、泻痢、疝瘕、转胞、崩带、经闭、绝嗣等症，与理中汤、建中汤、八珍汤、肾气丸等方相比，确实不可同日而语。

## 第二十节　隐白（二穴）

【原文】

脾主运化，全赖阳气为之旋转。苟脾阳不运，则腹胀泄泻、倦怠少气、崩带等症作矣。东垣立补中、调中、升阳等方，即本此意。余取隐白，亦复如是。缘隐白为太阴之根，补之大益脾气，升举下陷之阳，温散沉痼之寒，直如统驭中州之主帅，内伤虚痨门中之良相，所谓扶中央即可固四维也。

【译文】

脾主运化，脾的运化功能全赖脾阳来帮助运转。如果脾阳不运，则腹胀、泄泻、倦怠、少气、崩漏、带下等症就会出现。李东垣立补中、调中、升阳等药方，即源于本意，我取隐白来进行治疗，也源于本意。因为隐白为足太阴脾经之根，补隐白可以大益脾气，升举下陷之阳，温散沉痼之寒，就像统领中州的主帅，治疗内伤、虚痨等疾病的良相。这就是所谓的扶中央以固四方。

## 第二十一节　大敦（二穴）

【原文】

肝主筋，前阴为宗筋所聚，而足厥阴之经又环阴器、抵小腹，故诸疝皆属于肝。大敦为肝经井穴，余取其直接舒经调肝，祛邪。寒则补之，热则泻之。兼风湿者，加曲池、委中；寒甚卵缩，引小腹痛者，加隐白，见效后再取三阴交、太冲、行间、中封、蠡沟、曲泉诸穴继之，即可痊愈。又若妇女寒瘕下坠、痛引小腹、阴挺、肿痛等症，与男子诸疝无异，故此法亦为对症，学者其细参可也。

**【译文】**

肝主筋，前阴为所有筋脉聚集的地方，而足厥阴肝经又环绕阴器，上抵小腹，所以各种疝气发病都归属于肝经。大敦是足厥阴肝经的井穴，取大敦可以直接舒经调肝，祛邪。疝气属寒者，则大敦用补法，属热者，则用泻法，兼有风湿者，则加曲池、委中。如果是因寒甚阴缩，引小腹痛者，则加隐白，见效后再取三阴交、太冲、行间、中封、蠡沟、曲泉等穴继续治疗，就可痊愈。如果是妇女寒瘕下坠，痛引小腹，阴挺，肿痛等症，其病机与男子诸疝发病一样，所以此法也可进行对症治疗，大家临床可以仔细体会。

## 第二十二节　大椎　内关

**【原文】**

夫饮水邪也，水停于胸膈之间，气道壅塞，则作喘咳、胸满、吐逆等症。然水何以能停也？是又当责之于三焦。经云："三焦者，决渎之官，水道出焉。"盖三焦，即人身之油膜，水之道路，全在油膜之中。人饮之水，由三焦而下膀胱，则决渎通畅，水自无停留之患。如三焦之油膜不利，于是水道闭塞，气不化行，而饮症作矣。

此法大椎为督脉，手三阳之会，余取之以调太阳之气，气行则水自利也，内关为手厥阴心主之络，别走少阳三焦，余取之宣心阳以退群阴，利油膜以通其瘀塞，则决渎畅而饮症自蠲矣。是说本自《内经》，参之唐氏，又与仲景青龙、苓桂诸方吻合，其亦愚者之千虑一得欤！

【译文】

饮属于水邪，水邪停于胸膈之间，气道壅塞，则出现喘咳、胸满、吐逆等症。然而水为什么会停滞呢？这应当归责于三焦。《内经》说："三焦者，决渎之官，水道出焉。"三焦，即人身之油膜，水所循行的道路全在油膜之中。人所饮入的水，由三焦向下输入膀胱，如果三焦的决渎功能通畅，自然没有水停留的隐患。要是三焦的油膜不利，则水道闭塞，气不化行，饮症就逐渐形成。此治法中，大椎为督脉、手足三阳经之会穴，取大椎可以调太阳经之气，气行则水自利也，内关为手厥阴心包经的别络，别走手少阳三焦经，取内关可以宣心阳以退群阴，利油膜以通瘀塞，这样三焦的决渎功能通畅而饮症自可消除。此治疗方法的基本理论基础源于《内经》，并参阅唐氏学术思想而形成，又与张仲景的小青龙汤、苓桂术甘汤等诸方吻合，这就是愚者千虑，必有一得啊！

## 第二十三节　内关　三阴交

【原文】

内关手厥阴心主之别络，别走手少阳三焦，能清心胸闷热，使从水道下行。配以三阴交滋阴养血，交济坎离，为阴虚劳损之要法。盖下焦之阴津一亏，则上焦之阳独亢，而骨蒸、盗汗、咳嗽、失血、梦遗、经闭等症作矣。

内关清上，三阴交清下，一以和阳，一以固阴，阴阳和合，斯可滋生化育矣。

【译文】

内关是手厥阴心包经的别络，别走手少阳三焦经，能清心胸闷热，并使热从水道下行。配伍三阴交可以滋阴养血，交通心肾，因此内关与三阴交为治疗阴虚劳损的重要方法。如果下焦的肾阴一旦亏损，那么上焦的心阳就独亢，骨蒸、盗汗、咳嗽、失血、梦遗、经闭等病证就会出现。内关可以清上焦实热，三阴交可以清下焦虚热，一以和阳，一以固阴，阴阳合和，这样就可以滋养脏腑，化育生命了。

## 第二十四节　鱼际　太溪

【原文】

虚痨之病，现咳嗽吐血、骨蒸潮热者，十居八九皆缘近世之人，溺于酒色，沉于思欲，脾肾两亏，阴液枯槁不能上滋心肺，以致火炎肺萎，柔金遭克，遂现损症。施治大法，宜仿喻嘉言氏清燥救肺汤之意，清火势以减金刑，滋阴液以润肺燥，水火交济，子母相生，庶几有一线生机也。是法君太溪，补水中之土，润燥而生金；臣鱼际，泻金中之火，逐邪而扶正。理肾者兼理色欲，清肺者亦清酒伤，丝丝入扣，宜其累奏奇功也。

【译文】

虚痨疾病之所以出现咳嗽吐血、骨蒸潮热等症状，十之八九都是源于近代之人沉溺于酒色和思欲，导致脾、肾两脏亏虚，阴液枯槁不能上滋心肺，以致火炎肺萎，柔金遭克，才见虚损症状。此虚痨的针灸施治大法，应当效仿喻嘉言的清燥救肺汤处方原则，通过清上炎的火势来减轻肺金之刑，以滋阴液来滋润肺燥，这样水火交济，母子相生，或许还有一线生机。针灸处方以太溪为君，即补水中之土，以润燥生金；以鱼际为臣，即泻金中之火，以扶正逐邪。虚痨疾病的治疗，在调理肾脏的同时需要节制色欲，清肺火的同时需要忌酒，丝丝入扣，这样才能累奏奇功。

## 第二十五节 天柱 大杼

**【原文】**

东垣曰："五脏气乱于头者，取之天柱、大杼，不补不泻以导气而已。"旨哉斯言。夫膀胱者，州都之官，气化所出，故统周身之阳气，而名太阳经也。且五脏之俞穴，皆在于背，是五脏之气，又皆通于太阳也。若夫气乱于头者，则头昏目眩者有之，头冒者有之，耳中鸣者亦有之，治者当然以导气下行为定律。今考天柱、大杼二穴，皆属足太阳经，而大杼更为督脉别络手足太阳、少阳之会，其能调理气道可知矣。至云"不补不泻"者，盖又以气既乱矣，补之泻之皆足以益其乱，故不必操之过急，但觅得其头绪，徐徐导之，使循太阳经而下，则无紊乱之弊矣。再如，风寒客于太阳之经，头项脊背强痛，是法亦所当用，惟邪之所在，势不得不行泻性，以疏经散邪也。

**【译文】**

李东垣说："五脏气乱于头者，取之天柱、大杼，不补不泻，以导气而已。"这句话很有临床道理。膀胱，属州都之官，气化所出，可以统周身之阳气，所以称为太阳经。而且五脏之俞穴，皆在后背的足太阳膀胱经上，所以五脏之气，又都通于足太阳膀胱经。如果气乱于头，则有的出现头昏目眩症状，有的出现头冒汗症状，有的出现耳鸣症状，治疗当然以导气下行为定律。现在看天柱、大杼二穴，都属足太阳膀胱经，而且大杼还是督脉的别络，手足太阳经、少阳经的交会穴，大杼调理气道的功能即是由此而来。至于所说的“不补不泻”，是因为气机既然已紊乱，不管是用补法还是泻法都只会使气机更乱，所以治疗时不必操之过急，只要找到引起气机紊乱的病因，徐徐引导，使病邪循太阳经而下，气机则得以改善，不会再有紊乱之弊。再如，风寒邪气客于太阳经，头项、脊背强痛，此法也是可以用的，但是有外邪侵入太阳经，所以不得不对天柱、大杼两穴行泻法，以疏经散邪。

## 第二十六节　巨骨（二穴）

**【原文】**

巨骨，属于手阳明大肠经，穴在肩端两义骨罅中，刺之居高临下，宛如左右各树一镇压物然，且其性沉降，大能开胸镇逆，宣肺利气。举凡胸中瘀滞，及一切上逆之邪，均能推之使下，故为定喘之无上妙法。他如咳逆上气，肝火上冲，呕血、吐血等症，亦能挫其上逆之势，急切收效也。

**【译文】**

巨骨，属于手阳明大肠经，穴位在肩上部，锁骨肩峰端与肩胛冈之间凹陷处，针刺后可以形成居高临下之势，犹如左右两边各竖着一个镇压物一样。巨骨性属沉降，善于开胸镇逆，宣肺利气。凡是胸中瘀滞，及一切上逆的邪气，巨骨都能起到重镇降逆，使邪下行的作用，所以可以作为定喘的无上妙法。其他像咳逆上气、肝火上冲、呕血、吐血等病证，用此法也能重镇降逆，挫邪上逆之势，可以快速收效。

## 第二十七节　俞府　云门

【原文】

咳嗽、喘息，本至普通之症，而施治每多不效，何也？一言以蔽之，要皆未彻底认识其标本原因也。夫咳嗽、喘息，因是肺病，然而近因也，标病也，其根本原因固不在肺，而在肾也。肾主收纳，冲脉又交乎肾经，至胸中而散。若下元空虚，收纳失司，则浊阴之气随冲脉上逆入胸，鼓动肺叶，故咳嗽而喘息也。今人不问来源，只知治肺，一味宣散清利，轻者或可取效一时，重则不啻隔靴搔痒，毫无所觉。良以肺部未遑廓清，而冲气已复上逆，前仆后继，尚梦想咳止嗽宁喘定也。余取此法，君俞府，以降冲气之逆，理肾气之源；佐云门，以开胸顺气，导痰理肺，标本兼施，则诸症悉愈矣。亦有阴火随冲脉上逆，以致胸中结闷，烦热呛咳者，此法亦有奇效，是又在学者之遴选耳。

【译文】

咳嗽、喘息，本是最普通的病证，却屡治不效，为什么呢？一句话概括，就是都没有彻底认识疾病的标本原因。咳嗽、喘息，虽然属肺部疾病，然而这只是近因，是标。咳嗽、喘息发病的根本原因不在肺，而在肾。肾主收纳，冲脉从气街起，与足少阴经相并上行，至胸中而散。如果下焦肾气亏虚，肾的纳气功能减退，摄纳无权，那么冲脉气机上逆，阴浊之气随之上冲于胸中，使得肺气上逆，升降失职，则出现咳嗽、喘息的症状。现今医生不探究疾病的根本原因，只知道从肺着手，一味地以清利宣散之法治疗，病轻者有可能取得一时的疗效，但对于病重者则没有任何功效。肺部上逆之气未能肃降，冲脉上逆之气又来，前仆后继，这样一来，咳嗽怎么能止，喘息怎么能平呢？针灸治疗应采取这样的配穴方法，用俞府穴为君，以降上逆之冲气，并补肾气之虚；佐以云门穴，清肺理气，疏痰导滞，标本兼施，则咳嗽、喘息诸症都能治愈了。也有因阴虚之火随冲脉上逆而出现胸中结闷、烦热、呛咳症状的，用俞府、云门配合治疗，也能标本兼施，获得奇效，这也是很多针灸学者所没有考虑到的。

## 第二十八节　气海　关元　中极　子宫

**【原文】**

方书求嗣之方，不胜枚举，而有应、不应者，何也？盖未得其症结所在故耳。经云：“女子二七天癸至，任脉通，太冲脉盛，月事以时下；男子二八，肾气盛，天癸至，精气溢泻。”又云：“阴阳和，故能有子。”惟其阴阳和，始能有子。惟其男子精气溢泻，女子月事以时下，阴阳斯之谓和，否则阴阳既不和，则子嗣又乌从而得哉。是以求嗣之道，男子首在调精，女子首在经行。在男子有淫欲过度，阴津亏损，稀薄散淡者，亦有先天不足，肾气不充，精不注射者；在女子月经不调之外，更有子宫寒冷，胞门闭塞者。凡此等等，皆无成孕之可能，求嗣之士，可知着眼所在矣。余于男子之阳不和者，取气海以振阳气，取关元以滋阴精，盖以气海为男子生气之海，关元为三阴任脉之会，藏精之所也。其于女子之阴不和者，则取中极以调经，取子宫穴以开胞。盖又以中极亦为三阴任脉之会，胞宫之门户也。子宫二穴，在中极旁三寸，位居小腹，正当胞宫之处，胞宫今亦名子宫，此穴此名其义可知。补之者，正所以暖胞开胞，俾其直接受孕也。育嗣之穴固不在此，然苟能于此法，此理融会贯通之，则求嗣之道思过半矣。

【译文】

方剂著作中记载的求子之方，不胜枚举，但是有的药方有效，有的药方无效，为什么会这样呢？这是因为没有找到导致不孕不育的根本病因所在。《内经》说：“女子二七，天癸至，任脉通，太冲脉盛，月事以时下。”“男子二八，肾气盛，天癸至，精气溢泻。”又说：“阴阳和，故能有子。”只有阴阳平衡，才能孕育。只有当男子肾气旺盛，精气充足，女子经血按时来潮，才能称作阴阳平衡，否则如果阴阳不平衡，又怎么能孕育呢？因此，治疗不孕不育的方法，男子重在调理精气，女子重在调理月经。男子方面，有因纵欲过度，肾精亏损，精液清稀的，也有因先天肾气不足，不射精者；女子方面，除了月经失调之外，还有因胞宫寒冷，胞脉阻滞不通的。这些原因，都有可能导致不孕，由此可知治疗不孕不育的处方关键所在。我治疗男子不育属阳气不足的，取气海以振奋阳气，取关元以滋养阴精，因为气海是男子生气之海，关元是足三阴经与任脉的交会穴，是藏精之所。治疗女子不孕属阴气不足的，则取中极以调理月经，取子宫穴以疏通胞脉。中极也是足三阴经与任脉的交会穴，女子胞宫的门户。子宫穴是中极旁开 3 寸的两个穴位，位于小腹，相当两侧输卵管的位置，也是胞宫所在之处，胞宫如今也叫子宫，通过穴位的名称和定位便可知其治疗作用所在。补子宫穴，正可以暖胞宫通胞脉，使女子直接受孕。治疗不孕不育的穴位当然不只限于这 4 个，然而如果能够将这种治疗思路和方法融会贯通，那么治疗不孕不育的方法也已掌握大半了。

## 第二十九节　合谷　三阴交

【原文】

二穴安胎堕胎之理，已详于《针灸大成》中，故不再赘。兹所预言者，不过引申其义而已。夫三阴交补脾养血，固为妊娠要穴。然其安胎之力，尤赖乎合谷之清热也，何以言之？观乎徐灵胎先生之言曰：“妇人怀孕，胞中一点真阳，日吸母血以养，故阳日旺而阴日衰。凡半产滑胎，皆火盛阴衰，不能全其形体故也。”又读叶天士先生“胎得凉而安”一语，益信其真，故昔贤安胎，皆主黄芩以清热也；脾主后天生化，故又佐白术以补脾而养胎也。再参之是法，合谷亦犹黄芩也，三阴交亦犹白术也。白术虑其燥，而黄芩适以平之，三阴交虑其温，而合谷适以和之。是法与是方吻合如此，且三阴交为三阴之会，中寓肝阴肾阳，能温补而又能滋润者也。余常借用是法，取合谷以清上中之热，取三阴交以滋中下之阴，故凡阳亢阴亏，上热下寒者，皆其宜也。

【译文】

合谷和三阴交安胎堕胎的原理，《针灸大成》已有详细记载，所以在此不再赘述。现在我要展开细说的，是合谷和三阴交之所以能安胎堕胎的原理。三阴交功可补脾养血，当然可作为妊娠调理的重要穴位，但是三阴交能安胎的功效，特别依赖于合谷的清热作用，为什么这么说呢？徐灵胎先生说：“妇人怀孕，胞中一点真阳，日吸母血以养，故阳日旺而阴日衰。凡半产滑胎，皆火盛阴衰，不能全其形体故也。”又读到叶天士先生“胎得凉而安”

一话，更加坚信他所说的是正确的。过去的贤能医士给人安胎，方中都用黄芩来清热，脾主运化，为后天生化之本，所以又佐以白术来补脾益气养胎。参照这个处方原则，合谷也就是黄芩，三阴交也就是白术。担心白术性偏燥，黄芩正好可以制其燥性，担心三阴交性偏温补，合谷正好可以通过清热来调和三阴交温补之性。合谷、三阴交的配伍和黄芩、白术的配伍原理是非常的吻合，而且三阴交是三阴经之会，并可以同时调理肝阴、肾阳，既能温补又能滋润。我常用合谷、三阴交两穴来相互配合，取合谷穴以清上中焦之热，取三阴交以滋中下焦之阴，所以凡是阳亢阴虚，上热下寒的病证，都能治疗。

## 第三十节　少商　商阳　合谷（刺出血）

【原文】

此三穴，医家多取以为喉科之主法，以其清肺热也。余因推广其用，以为儿科之主。以小儿禀质纯阳，内热最盛，肺为娇脏，首当其冲；且小儿卫气未充，感邪尤易，肺合皮毛，故见症辄多咳嗽、喘逆、发热。由是观之，余主此法不无相当理由也，惟加减之法，他书未详，兹特分别述之。夫咽喉见症，固由内热蟠结，然热有脏腑之殊，轻重之别，取之必丝丝入扣，方能有效。今是法竟泻太阴、阳明之热为有限，故必再取关冲、少冲、中冲、少泽等穴配之，以完全功。至于小儿外感时邪，兼停食积滞，以致吐泻者，加四缝四穴；腹痛者，加隐白、厉兑、大敦；热盛，喘逆、烦躁者，酌加少冲、中冲、少泽；热极生风，惊痫瘛瘲，目直色青，或角弓反张者，必再取手足诸井、十宣穴应之；若邪炽病危，险象丛生，诸治不效者，则必及水沟、风府、百会、前顶、素髎、瘛脉、涌泉、昆仑、身柱、命门等穴尽取之，庶几能挽回一二也。尤有进者，此法不特为儿科之主，即成人内热外感见症，先刺之出血，重者亦可见效，轻者能使立愈。余经此有素，裨益殊多也。

【译文】

少商、商阳、合谷三穴，很多医家都选做喉科疾病治疗的常用穴。因为少商、商阳、合谷三穴可以清肺热，所以我扩大了它们的临床范围，作为儿科治疗的常用穴。因为小儿禀质纯阳，内热最盛，而肺为娇脏，最易先受内热的侵扰；且小儿卫气不足，易于感受外邪，所以症状多见咳嗽、喘逆、发热。由此可见，我用少商、商阳、合谷做儿科治疗常用穴不是没有理论依据的，只是穴位加减的方法，没有详细记载的书籍，现在我特此分别论述。小儿咽喉部位所出现的症状，虽然属内热郁结引起，然而热有在脏在腑的不同，有轻与重的差别，取穴治疗必须辨证论治，紧扣病情，才能奏效。如果只用少商、商阳、合谷来泻太阴、阳明经之热，力度肯定不够，所以必须再取关冲、少冲、中冲、少泽等穴配合，才能达到泻太阴、阳明经之热的疗效。如果小儿外感时邪，兼有因饮食停滞，引起呕吐、泄泻症状的，加四缝四穴；兼有腹痛症状的，加隐白、厉兑、大敦；兼有因热盛引起喘逆、烦躁症状的，酌加少冲、中冲、少泽；或因热极生风，引起急惊风，出现肌肉痉挛、两眼直视、面色青紫或角弓反张病证的，必须再取手足十二井穴、十宣穴以治疗；若热邪炽甚，病情危急，险象丛生，各种治疗都没有效果的，则需取水沟、风府、百会、前顶、素髎、瘛脉、涌泉、昆仑、身柱、命门等穴，或许还有挽救生命的希望。少商、商阳、合谷三穴在临床上，不仅是儿科常用穴，也适用于成人内热和外感病证，遇此类成人患者，可先刺三穴出血，轻者可以立即痊愈，重者也能见效。我用此法治疗过许多例患者，收效的很多。

## 第三十一节　曲泽　委中

【原文】

二穴皆大经动脉所在，故能出血，为霍乱吐泻之妙法。其出血之能力，非只放出暑湿、风热、毒秽即已，他如暴绝、厥逆，阴阳气不相接续等闭症，亦有起死回生之功。盖邪之卒中于人也，内外为之闭绝，犹如河道为淤泥阻塞，则水无去路，上下断隔。苟决以出口，则河流通行，瘀塞自去也。且曲泽通于心，有清烦热、涤邪秽之力，故凡心乱神昏，皆其所宜；委中住于下，有祛风湿、解暑秽、清血毒之功，故善治泻痢，而花柳、恶疮之未溃者，刺之血出即消，尤具特效也。惟金鉴针科，以曲泽误为尺泽，未免差之毫厘，谬以千里。以尺泽，既无大筋可以出血，亦无清心安神之可能也，甚有更误为曲池者，尤属风马牛之不相及，宜其传为笑柄也。至于加减之法，亦当审慎。如霍乱，呕吐不止者，可加金津、玉液、少商、商阳、合谷；心烦乱者，再加中冲、少冲、百会；不泻痢者，去委中；如刺之后，腹痛、吐痢仍不止者，可再取中脘、天枢、三里留针以继之，始克奏其全功也。

【译文】

曲泽、委中二穴都位于大动脉经过的地方，所以针刺后会出血，是治疗霍乱、呕吐、泄泻的妙法。两穴刺络放血的功效，并非只放出暑湿、风热、毒秽等邪毒而已，其他像暴厥、厥逆，阴阳之气不相接续等闭证，也有起死回生的作用。如果人体突然感受外邪，内外闭绝，就像河道被淤泥阻塞了一样，水没有了流通的渠道，上下被阻断。如果疏通水道，给瘀阻以出口，则河流运行通畅，瘀浊阻塞之物自然就没有了。且曲泽通于心经，有清热除烦、涤邪除秽的功效，所以凡是心烦、神昏等病证，都能治疗；委中穴位于下焦，有祛风湿、解暑秽、清血毒的功效，所以善于治疗泻痢，如果遇到花柳病，恶疮未破溃的，针刺出血后恶疮即消，非常有效。但是有些针灸书籍，将曲泽穴放血误以为是尺泽穴放血，表面看起来一字之差，未免差之毫厘，谬以千里。因为尺泽穴既没有大动脉可以刺出血，也没有清心安神的功能。更有甚者，把曲泽误认为是曲池，更是风马牛不相及，毫不相关，只会被人传为笑料。至于加减之方法，应当审察病情，辨证论治。例如霍乱，见呕吐不止者，可加金津、玉液、少商、商阳、合谷；见心烦乱者，再加中冲、少冲、百会；不泻痢者，去委中；如针刺之后腹痛、吐痢仍不止者，可再取中脘、天枢、三里穴留针以继续治疗，才能达到治疗效果。

**【编者按】**本文介绍三十一节经验配方，每组配伍之中都以理论指导临床实践。所选之腧穴，大部分都是“五输穴”，其中合谷、曲池、足三里、三阴交、阳陵泉、内关、委中、大椎、气海等 35 个腧穴，相互组合，治疗多种病证，并有特殊疗效。实乃多年的疗效总结、经验介绍，是针灸学的精华所在，读者不可忽略。